国家哲学社会科学基金"十五"规划重点项目

北京市社会科学理论著作出版基金重点资助项目

现代科学技术与马克思主义哲学创新

马克思主义哲学创新研究 第3部

曾国屏◎主编

MAKESI ZHUYI ZHEXUE CHUANGXIN YANJIU

人民出版社

序

黄枬森

　　马克思主义哲学体系从上世纪 30 年代以来就被公认为是从苏联传来的辩证唯物主义和历史唯物主义，没有过不同说法。改革开放以后，由于时代的变化，西方哲学思潮的传入，特别是许多哲学问题的探讨与争论，马克思主义哲学体系逐渐成为学者们热烈讨论的问题之一，例如认为马克思主义哲学应该是实践唯物主义、马克思主义哲学就是人学、历史的唯物主义是马克思主义的新世界观等观点都是对原体系的否定，特别是对辩证唯物主义的否定。同时，由于教学的需要，教师们在课堂讲授中和教材编写中已在着手改造旧教材体系，只是这些改动都还没有达到根本废除旧体系代之以新体系的地步。在这种情况下，关于马克思主义哲学的体系的讨论也就多起来。

　　关于马克思主义哲学体系的问题很多。首先是马克思主义哲学要不要体系，有种意见认为它是实践和思维的方法，不需要体系，讲究体系是教条主义思想作祟，但多数人都认为体系还是需要的，问题不在于体系，而在于体系是否合理，在于是以科学的态度还是以教条主义的态度来构建和对待体系。后来大家的注意点便转移到构建怎样的体系，转移到对旧体系的讨论。大家对旧体系——辩证唯物主义与历史唯物主义都不满意，甚至对名称也不满意，但不满意的问题和程度大不相同，因而对于应该如何改变，以怎样的体系取代它，也是见解各异。这些意见分歧首先源于对马克思主义哲学的理解，坚持它是辩证唯物主义的，主张它是实践唯物主义的，主张它是人学的，主张它是历史的唯物主义的，其体系当然各个不同；其次源于对构建体系的原则的不同理解，认为体系不过是一种便于受众理解的叙述方式的，认为体系不过是一个思想家的哲学思想的内部联系的，认为体系是由世界普遍规律和人类认识规律决定的，其体系当然也会各不相同；第三源于对哲学学科性质的不同看法，认为哲学不可能成为科学，只是一种信念的，认为马克思主义哲学是一门科学的，其体系当然会大不相同。这样，哲学体系的讨论逐渐成为涉及马克思主义哲学的全局问题。就是在这种条件下，1985年国家教委组织当时全国普通高校的8个博士点的马克思主义哲学博士导师，开展一项科学研究——国家教委"七五"规划重点项目《马克思主义哲学原理体系改革研究》，第二年这个项目又被批准为国家"七五"规划重点项目，我一直参加这项研究，直至1993年写成《马克思主义哲学原理》一书，次年由中国人民大学出版社出版。

课题组是由观点不同的学者们组成的，可以代表当时国内对哲学体系的各种见解，课题组内部争论颇为热烈，有时针锋相对，尽管如此，在有些问题上大家还是达成了共识。大家一致同意马克思主义哲学是时代精神的精华，因此，其体系的改革应与时代及其精神的变化发展一致，首先应该了解时代精神，掌握时代及其精神的变化发展。大家认为时代及其精神应分为三个方面去具体把握，一是国内外和境内外的经济、政治、文化的状况；二是自然科学和社会科学的发展状况；三是中西哲学的发展状况。于是课题组组织其成员参加一系列调查研究和学术会议：先后赴广东、江苏、上海、四川、天津、北京、湖北等省市考察了社会主义建设，又到香港、澳门两地考察了现代资本主义状况；又与自然辩证法研究会、中国哲学史研究会分别探讨了自然科学与马克思主义哲学的关系、中国哲学史与马克思主义哲学的关系等问题，还计划与外国现代哲学研究会合作探讨西方现代哲学与马克思主义哲学的关系问题，惜因故停止。这些活动虽然在许多问题上未能达成共识，但对大家进一步思考这些问题有极大的启发，从而对体系的改革和构建发挥了一定的积极作用。这次活动的最终成果《马克思主义哲学原理》不但吸收了大量新的内容，在体系上也有较大的变动。它坚持了辩证唯物主义世界观的优先地位，再辅之以若干部门哲学，首先是历史观，然后是科学学、认识论、价值论、文化论，等等。这个思路与旧体系有一致之处，但打破了两大板块框架。这个体系显然并不成熟，因而未能得到我国理论界的普遍肯定。在我看来；构建一个新的马克思主义哲学科学体系这个目标绝不是少数十几名学者几年内所能达成的，不过这次活动仍不失为一个有益的开端、一次有益的尝试，其是非得失都会成为马克思主义哲学体系改革中的宝贵财富。

21 世纪初我主持的这项课题——《马克思主义哲学体系的坚持、发展与创新研究》可以说是上述课题的继续。这个课题于 2002 年作为国家重点课题立项，后又得到北京市社科联出版基金的大力资助，已于今年完成了最终成果的写作。最终成果为《马克思主义创新研究》，分为 4 部：第 1 部《马克思主义哲学体系的当代构建》、第 2 部《时代精神与马克思主义哲学创新》、第 3 部《现代科学技术与马克思主义哲学创新》、第 4 部《中西哲学的当代研究与马克思主义哲学创新》。不难看出，这项成果也是在努力体现真正的哲学是时代精神的精华这一原则。第 1 部的体系仍然沿袭了世界观优先，辅以若干部门哲学的思路。下面我将我在项目进行这几年中思考得较多的几个关键问题简略谈一谈，作为本书的序言。

第一，思想体系是任何一门科学都不能不具有的东西，是任何学科建设都不能回避的问题，哲学也不能例外。在人类科学史上，一门新科学的诞生至少要具备三个条件：明确的对象、真实的内容和合理的思想体系。一门科学，在其萌芽和成长时期，可能已有对象，但其对象与相邻学科的对象往往界限不清；可能已有不少论断、观点、原理，但这些内容往往泥沙俱下，鱼龙混杂，真伪难分，是非共处；特别是各种观点之间或者缺乏联系，或者联系勉强，甚至互不相容，前后矛盾，缺乏一个首尾连贯的合逻辑的思想体系。这时它徒有学科之名，但还不是一门真正的科学。这三个条件是互相联系的，这三个条件差不多同时成熟时，这门科学就算真正诞生了。合理的思想体系不可少，没有它，对象也明确不起来，内容的整体真实性也无法保证。西方历史上的哲学家们十分重视构建自己的哲学体系，就是一种力图使自己的哲学成为科学的自觉努力。由于种种原因，他们的努力都失败了，他们虽然都构建了自己的哲学体系，但都没有使哲学成为真正的科学。因此，现代许多哲学家都根本放弃了这种构建科学的哲学体系的努力。马克思主义哲学的创立使空想社会主义成为科学社会主义，也结束了哲学的前科学的历史，使哲学成为科学，但其创始人马克思和恩格斯也没有自觉地构建完整的科学的马克思主义哲学的思想体系，只是在其著作中包含其哲学思想体系的基本内容，而作为自觉地构建的完整的科学思想体系——辩证唯物主义和历史唯物主义，是在 20 世纪 30 年代初才在苏联完成的，下面我们将具体谈谈这一过程。

第二，马克思和恩格斯最初自觉地提出的是历史唯物主义，至于辩证唯物主义只是作为世界观前提蕴涵于历史唯物主义之中。我国理论界一般把写于 1845—1846 年的《关于费尔巴哈的提纲》，尤其是《德意志意识形态》作为马克思主义及其哲学形成的标志，因为其中提出了实践观点和历史唯物主义的基本框架，他们不仅批判了那种以人的本质的异化和异化的扬弃来解释历史的人道主义历史观，而且指出实践是人的本质，也是社会的本质，并从最根本的实践活动——生产劳动的矛盾运动中去寻求历史发展的最终动力。他们在《德意志意识形态》中相当系统地表述了历史唯物主义的思想体系，称之为"这种历史观"，说："这种历史观和唯心主义历史观不同，它不是在每个时代中寻找某种范畴，而是始终站在现实历史的基础上，不是从观念出发来解释实践，而是从物质实践出发来解释观念的形成。"①"唯物主义历史观"的名称已经是呼之欲出了，但他们在《德意志意识形态》中始终没有这样叫。他们又说："当费尔巴哈是一个唯物主义者的时候，历史在他的视野之外；当他去探讨历史的时候，他不是一个唯物主义者。在他那里，唯物主义和历史是彼此完全脱离的。"② 可见，反过来说，他们是完全以唯物主义原则来探讨历史的。那么，他们自己的历史观除了唯物主义历史观而外又能是什么呢？他们当时虽未如此命名，应该说这是最确切的名字。他们当时对自己哲学称呼过的名称大致有唯物主义、新唯物主义、历史观、现代唯物主义等，所有这些名称包含的核心内容就是唯物主义历史观。后来，他们便自己把它命名为唯物主义历史观，恩格斯又称之为历史唯物主义。那么，如何看待辩证唯物主义呢？他们创立马克思主义时有没有世界观呢？如有，又是什么呢？

马克思和恩格斯的唯物主义历史观无疑是有世界观前提的，那就是唯物

---

① 《马克思恩格斯选集》第 1 卷，人民出版社 1995 年版，第 92 页。
② 《马克思恩格斯选集》第 1 卷，人民出版社 1995 年版，第 78 页。

主义。这一点不但从上述那些称呼，而且从他们的许多言论中表现的观点都可以看出来，如他们在谈到人的实践时承认自然界的"优先地位"，批评费尔巴哈没有把唯物主义原则贯穿于对历史的研究，他们的历史观与唯心主义历史观相反，等等，只要不带偏见，这点是非常清楚的。那么，这是怎样的唯物主义呢？马克思和恩格斯曾经是青年黑格尔派，其世界观是唯心主义的，但在工作实践中，特别是在接受了费尔巴哈的唯物主义影响之后，他们加入了批判德国唯心主义的行列，并开始运用唯物主义来探讨人类社会历史问题，同时也批评了包括费尔巴哈唯物主义在内的旧唯物主义的直观性（不了解实践的作用）和不彻底性（只限于自然界）。可以断言，他们的唯物主义世界观是实践的、非直观的、彻底的、非机械的、非形而上学的。如果考虑到他们对黑格尔哲学的态度（否定其唯心主义，肯定其辩证法），考虑到他们多次明确宣称他们的辩证法是唯物主义的，可以进一步断言他们的唯物主义世界观是辩证的。但是，大家知道，他们当时只有一些零星的世界观论断，并无辩证唯物主义世界观的思想体系，像唯物主义历史观那样，因此，我认为，他们的辩证唯物主义是作为世界观前提逻辑地蕴涵于历史唯物主义之中，其思想体系是恩格斯后来才提出来的。

第三，苏联哲学家们上世纪 30 年代初构建的辩证唯物主义和历史唯物主义是马克思主义哲学的科学的思想体系，是根据马克思、恩格斯、狄慈根、普列汉诺夫、列宁等人的观点构建起来的。恩格斯实际上明确揭示了逻辑地蕴含在唯物主义历史观中的辩证唯物主义。19 世纪后半叶，马克思和恩格斯之间有一种自然的分工，马克思着重研究政治经济学，恩格斯着重研究自然观，这就是恩格斯在 19 世纪 70 年代研究自然辩证法的工作，他当时提出了若干世界观的基本观点。自然辩证法的手稿没有完成，没有发表，但若干观点在当时的《反杜林论》中得到表达，使他实际上提出了辩证唯物主义世界观的思想体系。恩格斯在《反杜林论》1888 年第二版序中曾说："本书所阐述的世界观，绝大部分是由马克思确立和阐发的"，并称之为"辩证的同时又是唯物主义的自然观"①，虽然他没有提出辩证唯物主义这一名称，但这不会影响问题的实质。辩证唯物主义这一名称是狄慈根于 1886

---

① 《马克思恩格斯选集》第 3 卷，人民出版社 1995 年版，第 347、349 页。

年首先提出来的，几年后普列汉诺夫也使用了这一称呼。列宁于 1909 年发表的《唯物主义与经验批判主义》的重大贡献之一就是论证了马克思主义哲学就是辩证唯物主义，并奠定了它在马克思主义理论体系中的世界观地位。它又经过 20 多年的传播、研究，于 20 世纪 30 年代初在苏联形成了辩证唯物主义与历史唯物主义的科学体系。辩证唯物主义实际包括世界观与认识论，历史唯物主义是历史观。由于社会主义在苏联、中国以及世界各地取得辉煌胜利，这个体系在世界范围内获得过高度认可，认可的广度、深度和强度以及实际效果，在世界哲学史上都是绝无仅有的。随着世界史上社会主义低谷的出现，这个体系已不再有昔日的地位。但在今天的中国，马克思主义哲学仍然是辩证唯物主义和历史唯物主义，虽然在理论界持异议者大有人在。概括起来，异议不外来自历史和来自学术，即认为它不符合马克思的思想，也不符合科学，这两方面又往往互相交叉。从历史上讲，有人认为马克思表达过历史唯物主义，没有表达过辩证唯物主义，不但没有这个名称，而且没有这种思想。这个理由显然不能成立。马克思确实没有提过这个名称，但不能说他没有这个思想，前面多处都谈到过这个问题，这里就不多说了。从道理上讲，有人企图以历史唯物主义取代辩证唯物主义的世界观地位，有人企图以实践唯物主义，甚至以实践本体论或实践一元论来取代辩证唯物主义的地位，所有这些企图的主要目的都是要取消马克思主义哲学的核心——辩证唯物主义世界观，都是要否定现实世界及其规律的客观存在。我过去写过很多文章同这些观点争论，这里就不谈了，我想还是正面分析一下这个体系的科学性更有意义。

我们以明确的对象、真实的内容和合理的思想体系三个条件来考察它，它基本上是合格的。它由三个部分构成：世界观、认识论和历史观，三者的对象都是很明确的，三者之间的关系也很清楚，世界是整体，世界观是哲学总体，历史观和认识论是其分支（人类社会历史与认识现象都是世界内的部分），是部门哲学。它们的所有内容都是以人类实践和科学原理为依据，都是经过实践的反复检验的，而且承诺继续接受实践检验，并在实践的检验中不断修正和发展。它从世界观开端，世界观又以物质范畴为开端，从抽象到具体，从简单到复杂，逐步展开，基本上呈现出一个合理的思想结构。应该说，苏联哲学家们为马克思和恩格斯所创立的马克思主义哲学构建了基本上科学的思想体系，基本完成了哲学从前科学向科学的转变。但是作为一个科学的哲学体系，它并不是无懈可击的。

辩证唯物主义的对象缺乏足够的明确性。它包括世界观和认识论，其实它们并未适当地区分开而是混在一起（中间还插了一个意识论）。就内容看，苏联的体系强调批判西方现代资产阶级哲学及其在科学研究中的影响，忽视了西方哲学发展中的积极因素，忽视了如何从现代科学发展去吸取其哲学因素来丰富马克思主义哲学。在思想体系上也有诸多不合理的地方。实践、意识、认识这些内容应该摆在历史观之后或之中，然而在这个体系中它们都在历史观之前。总之，这个体系只能说基本上是一个科学的思想体系，许多地方都表现出不够科学。

第四，今天应该更加自觉地来从事构建一个更加科学的，即更加真实、更加完整、更加严密的马克思主义哲学的思想体系。在我看来，今天从事马克思主义哲学学科建设，不应该完全抛弃原有体系，另立门户，而应该采取分析的态度，保留其科学的基础，修正其不科学之处，补充其缺失，使之更加真实、更加完整、更加严密。那么，怎么才能做到使它更加真实、更加完整、更加严密呢？马克思说，真正的哲学是时代精神的精华。这是颠扑不破的真理。马克思主义哲学的学科建设离不开这个真理。我们只能从时代的变化发展中，从自然科学和社会科学的进展中，从西方哲学、东方哲学和中国哲学的研究和创新中去取得新的借鉴、启迪、素材、因素、观点、方法等等，借以构建更加科学的思想体系。前面提到的那次哲学学科建设就是按照这个原则进行的。在本课题进行中，我根据这个原则，结合几十年来我国理论界的努力和我个人的思考，提出了由 4 本书（包括一个马克思主义哲学的理论框架）组成的建议，并得到了课题组成员的认可。4 本书的名字前面已经提到，第 1 本的理论框架由 6 个部分组成：世界观、历史观、人学、认识论、价值论和方法论。那么，我们是怎么考虑的呢？我们认为，假如真正的哲学是时代精神的精华，那么，马克思主义哲学的理论体系的构建就绝不仅是对一些哲学范畴的取舍和范畴顺序的安排，如果没有新颖的科学内容，仅仅在形式上做文章是无济于事的。新颖的科学内容要到各方面去探寻。

首先是从对时代的研究中去寻求。马克思主义哲学创立至今一个半世纪过去了，经济、政治、文化的形势都发生了巨大的变化，出现了许多新鲜事物。从经济领域看，知识经济、网络经济、经济全球化、伴随着生产高度发展的空前严重的生态问题、资本主义的一统天下为两种经济制度的复杂关系所取代、世界大战为战争与和平的此伏彼起所取代、各种社会经济政治制度既明争暗斗又互相借鉴、各种意识形态和文化形态既争夺市场和阵地又互相渗透……如何从哲学上认识和对待这些现象，如何明确把握时代精神，是马克思主义哲学必须回答的，也必须用时代精神的哲学总结来丰富和构建马克思主义哲学体系。

其次是从自然科学与社会科学的研究去寻求。科学的发展包含在时代的发展中，以其对哲学的特殊意义有必要作专门研究，特别是自然科学，因为社会科学的发展的许多内容已包含在时代的研究之中。自古代到近代，哲学与自然科学的关系是非常密切的，许多伟大的哲学家同时也是地道的自然科学家，如培根、康德、笛卡尔等。但到了现代，由于自然科学的专业化程度越来越高，分工越来越细，要精通多门学科越来越难，哲学与自然科学的距离也拉大了。但哲学作为世界观绝不能离开自然科学，以自然科学的成果来支撑世界观，丰富和发展世界观，就成为不能回避的难题。马克思主义哲学为了构建更真实、更完整、更严密的科学体系，必须以现代自然科学如相对论、量子力学、系统科学、生命科学等等成果的哲学概括作为基础。

第三是从外国哲学（特别是西方哲学）与中国哲学的发展中去寻求。马克思主义哲学必须以其他学派的哲学作为自己的思想资料并从中吸取营养。马克思主义哲学的创立是如此，它的发展也是如此，今天也应如此。这在今天已成为共识。但西方哲学，特别是当代哲学中哪些理论、哪些观点可以经过改造而融入马克思主义哲学之中；中国哲学，特别是传统哲学中哪些理论、哪些观点可以经过改造而融入马克思主义哲学之中，尽管理论界多所涉及，但缺乏系统的回答和总结，这也是构建马克思主义哲学科学体系不能回避的问题。

有了新颖的丰富的思想，当然还要按照一定的原则把这些思想联系起来，形成一个思想体系。我认为这个体系应由几个组成部分构成，这就是前面谈到的6个组成部分，其中世界观是整体，5部分均是分支，世界观就是哲学本身，其余5部分均是部门哲学；如果更细一点分层，这6部分可分为

3个层次：一层世界观，二层历史观和人学，三层认识论、价值论和方法论。这6部分的顺序是按照从抽象到具体、从简单到复杂的顺序原则安排的，每一部分的内容也是按这一原则安排的。为什么如此安排呢？有4点理由可谈：

其一，学科对象明确。哲学的对象在历史上是不明确的，问题主要在于哲学家所说的对象五花八门，莫衷一是。一般学科都以对象命名，从名称即可知其对象，但我们不能从哲学之名推知其对象，因为我们不知"哲"是什么东西。但是两千多年以来，中外哲学家们实际上还是有个共同的对象，即一切事物存在的最后根据，中国人称之为道，为理，为精，为神，为阴阳，为五行；外国人称之为本体，为形而上学的理念，为存在，为原子，为上帝，为物质，为梵，为四大，为空，为无；中国人称这种学问为道学、玄学或理学，外国人称这种学问为形而上学、本体论。西方现代哲学中的实证主义流派从根本上否定这种学问，认为其中原理的真假都是无法肯定或否定的，提出"拒斥形而上学"的口号。实际上，这种学问是无法拒斥的，除非你不思考、不研究、不言说。马克思主义是肯定这种学问的，它的对象就是无所不包的物质世界，即宇宙，这种学问被称为世界观或宇宙观。但中外哲学家所说的哲学，除世界观外，还包括大量对各式各样对象的研究，这些对象不外是世界的这个部分或那个部分，有自然、社会、人、生命、精神、意识、认识、美、善……等等。这样，哲学的对象实际就是整体，一个是世界整体，其余都是世界的大大小小部分的整体，哲学都是整体研究：一个是世界观，其余是部门哲学。每一个哲学家的哲学、每一个流派的哲学都包括世界观和其他部门哲学。马克思主义哲学，即辩证唯物主义和历史唯物主义，也不例外。只有实证主义否定世界整体研究，但他们的哲学也是整体研究，即部门哲学。其实，一门学科包括一个整体和若干部门这种情况具有很大的普遍性。任何一门科学的对象都是一个整体，要说明它必须说明它的各个组成部分，每一部分就是一门部门科学。如生物学就有动物学、植物学、古生物学、微生物学等。哲学当然有其部门哲学，问题是：部门哲学甚多，可以说，不可胜数，我们为什么选择上述5种纳入马克思主义哲学的思想体系之中呢？

其二，选择历史观、人学、认识论、价值论和方法论作为世界观的部门哲学，共同构成一个思想体系，是出于两个理由，一是它们在学科分类中的重要地位；一是学科发展的实际需要和实际可能。从学科分类来讲，自然哲学、社会哲学、精神哲学都是很重要的，但自然哲学的内容与世界观的内容有很大部分重复，没有必要重复这些内容；历史观就是社会哲学，是一个非常重要的部门哲学，当然不可缺少；精神哲学很需要，但研究很差，还难于形成部门哲学；人学是过去马克思主义理论研究的一个薄弱环节，经过几十年的研究，形成了人学的思想体系，就是说，成为部门哲学的条件已经成熟。人有三种基本活动，即改造世界的活动、认识世界的活动和评价世界的活动，以这三种活动作为研究对象的部门哲学就是实践论、认识论和评价论，实践论的大部分内容已在历史观和人学中论述，再列为部门哲学似无必要。认识论过去已成为部门哲学，现在显然应该保留。研究评价活动的价值论过去为理论界所忽视，近年来，已成热门学科，应该而且已有条件进入部门哲学之列。价值论已涵盖美学与伦理学，而且美学与伦理学均已成为专业目录中的二级学科，就没有必要列入马克思主义哲学中了。方法论过去一直被公认为辩证唯物主义一部分，常与世界观并列，即辩证法，但实际上它并不是方法论，而是世界观本身的一部分。世界观包括物质观、时空观、发展观等部分，辩证法即为发展观。世界观一方面是理论，而被运用来指导人的活动时就是方法，不仅发展观是方法，物质观、时空观也是方法，所以在原来的辩证唯物主义理论体系里并不存在真正的方法论。看来应该有一个部门哲学来专门研究人的活动的方法，即论述方法的理论。马克思主义哲学于是成了包括一个整体哲学和5个部门哲学的思想体系。

其三，这些组成部分的顺序以及每一部分内部原理的顺序之所以按从抽象到具体、从简单到复杂安排，因为这种安排符合事物发展的规律，也符合认识的规律，作为叙述的顺序也符合从易到难的顺序，最易于为受众所接受。这就是列宁常讲的逻辑与历史一致的原则，逻辑即思想体系，历史包括客观的历史和认识的历史。不仅哲学内容的展开应该遵循这个原则，一切科学体系的展开也应该遵循这个原则，实际上人们在叙述或介绍一种主张或谈论一种理论时往往自发地遵循了这个原则，否则受众难于理解、接受你的思想。

其四，马克思主义哲学的最确切的名称是辩证唯物主义，称之为辩证唯物主义和历史唯物主义也能恰当地表达其主要内容。近30年来对辩证唯物主义与历史唯物主义这一名称持异议者越来越多，其理由主要有：辩证唯物主义不是马克思，甚至也不是恩格斯提出的名称；辩证唯物主义与历史唯物主义并列把统一的哲学二元化了；历史唯物主义是辩证唯物主义在人类社会历史领域的应用和推广是斯大林说的，等等，这些观点我认为都不能成立，其道理从前面的一些论述即可明白，无须多说。那么，什么名称与实相副呢？据我所知大致有以下几种建议：应称为历史唯物主义，应称为新唯物主义，应称为实践唯物主义，应称为辩证的历史的实践的唯物主义，等等。这些名称均与其建议者的观点有关。在我看来，原来的称呼并非无懈可击。历史唯物主义的名称与辩证唯物主义的名称不协调。辩证唯物主义的"辩证"是形容词，描摹唯物主义的特征；历史唯物主义的"历史"则是指唯物主义所研究的对象，辩证唯物主义与历史唯物主义字面上很对称，其实并不对称。但用"辩证"来描摹马克思主义唯物主义确实是十分确切的，因为辩证的可以概括那些与直观的、机械的、形而上的等特征相反的特征。哲学的核心是世界观，把马克思主义的世界观称做辩证唯物主义，辩证唯物主义就足以代表马克思主义的全部哲学。至于其他部门哲学也应顺理成章地叫做辩证唯物主义历史观、辩证唯物主义认识论等等。大家知道，在这些部门哲学中最重要的是历史观，因为历史观是科学社会主义的直接的理论基础，过去的称呼中特别把它标明出来，与世界观并列，叫做辩证唯物主义和历史唯物主义，我认为是可以的。而且这一称呼已使用了几十年，今天也没有什么非改不可的理由。因此，我认为"辩证唯物主义"和"辩证唯物主义和历史唯物主义"这两个名称都是可以使用的。

马克思主义哲学不能不有一个理论体系，但这个体系不会是单一的，也不会是僵化的。说到底，真正的哲学既然是时代精神的精华，而时代及其精神总是不断发展的，马克思主义哲学及其体系当然是会相应地不断变化发展的。不存在一劳永逸的一成不变的绝对完美的哲学体系，我们只能不断地探索更加真实、更加完整、更加严密的哲学体系。

根据以上的认识，我们课题研究的最终成果被设计成前面提到的4本书。后3本分别研究时代精神的不同方面与马克思主义哲学体系创新的关系，第1本应该充分反映这3本的研究成果，但事实上4本书的写作是齐头并进的，第 1 本没有完全反映后 3 本的研究成果。第 1 本不可能在后 3 本完成后再来写作。但这绝不是说这本书不是按照时代精神原则来写作的，相反，这本书的作者们都努力根据自己的理解以时代精神、科学的发展和中西哲学的成就来构建当代马克思主义哲学体系。同样，后 3 本的作者们也是根据自己的研究来得出自己关于马克思主义哲学体系的观点。由于 4 本书各自同时进行，它们的基本倾向和基本观点虽然是一致的，但在一些较具体的问题上的观点仍然是有差异的。按照课题组原来的设计，全书应由编委会负责进行最后的统稿和定稿，由于全书规模较大，作者们分属若干单位，工作又忙，最后的统稿和定稿只有由各部书在主编的主持下分别进行了，这当然就更难保证观点的一致。但是，无论如何，各个成员和整个课题组，都是在遵循着真正的哲学是时代精神的精华这一原则从事体系的研究和创新的。这些成果显然达不到我们预期的目标，看来，这个任务不是几个人用几年时间就能完成的，要真正构建起真实完整严密的马克思主义哲学的科学体系，我想需要几代哲学家的艰辛努力，但随着人类社会的发展，随着社会主义事业的发展，随着整个科学事业的发展，这个科学体系终有一天是会出现的。

　　本课题的立项、实施和完成得到了许多同志的关注与支持。首先是国家哲学社科基金的哲学评议组的支持，还有北京市社会科学理论著作出版基金的大力支持与资助，人民出版社的同志们为此书出版付出了大量辛勤的劳动，此外还有些热心的同志为课题工作的开展贡献了无私的劳动，让我代表课题组全体成员向他们表示衷心的敬意和谢意。

目　　录

导　言*

　　马克思恩格斯把科学技术看成是"一种在历史上起推动作用的、革命的力量"②，是"人的本质力量的公开的展示"③。在他们有关的探讨中，分别研究了数学和各门自然科学的哲学，特别关注了科学技术、产业革命与社会发展。

　　在马克思恩格斯之后，出现了世纪之交的物理学新发展和物理学革命，19 世纪下半叶开始的第二次产业革命有了进一步的发展，科学技术及其与自然、社会的相互作用更加显著，推动着资本主义从自由竞争发展到垄断资本主义阶段，发达国家在 20 世纪下半叶以来出现了较长时期的持续的发展和繁荣，人类社会正在走向知识经济时代。但是同时却存在着关于资源、污染与环境的"全球问题"，以及南北差距悬殊、贫富鸿沟扩大等诸多不和谐。

第一节　科学技术扩展了人的视野，革新了宇宙观和世界观

　　20 世纪之初出现了持续 30 年之久的物理学革命，取得了相对论和量子力学两大理论成果，把人类对外部世界的认识视野从传统的低速物质运动领

---

　　* 原文以《来自科学技术的哲学诉求》为题发表在《北京大学学报（哲学社会科学版）》2007 年第 6 期，第 14—18 页。

　　② 恩格斯：《卡尔·马克思的葬仪》，见《马克思恩格斯全集》第 19 卷，人民出版社 1963 年版，第 375 页（本书所引用的文献中，《马克思恩格斯全集》、《马克思恩格斯选集》，以及马克思、恩格斯和列宁的著作，未标记编者和出版者的，均系中共中央马克思恩格斯列宁斯大林著作编译局编、人民出版社出版）。

　　③ 马克思：《1844 年经济学哲学手稿》，2000 年第 3 版，第 89 页。

域扩展到高速运动领域，从宏观世界扩展到宇观世界，并深入到微观世界。在相对论中，时空成为物质的基本属性，物质与运动结成了紧密的关系。通过量子力学，使人们认识到物质的波粒二象性、微观世界的概率统计性和不确定性等问题。进一步发展起来的粒子物理学，产生了关于基本粒子的夸克理论，推进了物质的"可分性"研究。在关于物质世界的统一性问题方面的进展，人们逐步瞻望四种基本相互作用的"大统一理论"的实现问题，宇宙的有限和无限问题、关于暗物质或者暗能量的问题都受到反复的探讨。最新的研究进展认为，宇宙中普通物质仅有4%，暗物质占23%，而最多的是暗能量，占73%。这些新发现和新探索，需要哲学的思考：物质、反物质、暗物质之间是什么关系？能量与暗能量的关系又是怎样？如何在新发现的背景下重新思考宇宙无限与有限的问题？

在物理学革命的推动下，化学、生物学、天文学、地学等都取得了革命性进展，在此基础上出现了许多新兴的交叉学科，使传统学科之间的界限被打破，当代科学发展呈现了整体化和综合化趋势，导致横断学科——系统科学的建立。系统科学作为一种新的科学形态，为人们提供了全新的思维方式，它着重于整体，侧重于事物中的联系和交互作用，以及注重系统的内部结构和功能的关联；复杂性自组织理论的产生，把人们关于系统的认识进一步推向系统演化的组织条件、演化途径、演化动力和机制等；另外，系统科学和复杂性科学理论提出了一系列的新范畴，如有序与无序，可逆与不可逆，平衡与非平衡，组织与涌现，简单性与复杂性，（宏观）确定性与非确定性等等，丰富和深化了马克思主义哲学的辩证发展观。

分子生物学的产生，生物学的探索、生物基因组学的创立，以及生命科学技术的发展，使得人们预言21世纪将是"生命科学的世纪"。20世纪50年代发现和建立DNA双螺旋结构；60年代，遗传密码破译，实现了人工合成蛋白质；70年代，提出了生命起源新理论，实现了人工合成核酸；80年代，展开生物工程研究；90年代，克隆大型哺乳动物成功，展开了人体基因工程，完成了人类基因组初步计划。目前，国际人类蛋白质研究正在展开，克隆技术研究正在向纵深方向发展。是否可以进行人类生命的克隆以及能否进行有关的研究，直接关联着生命特别是人这种生命究竟是什么，人的本质、人的尊严、人在宇宙中的位置、存在和形象等等，要求哲学作出深沉的回应。

信息科学技术把人类社会带入到信息时代，以信息、知识为基础的经济已经有别于传统的以物质为基础的农业和工业经济，成为一种报酬递增的经济；在现代信息技术基础上产生的赛博空间（Cyberspace）这一新型社会中，社会将成为"多细胞的生命体"网络，互联网就是这个超级生命体的神经。数字化生存、虚拟生存、新型人际关系正在形成，现实世界的人的存在和生活、社会的发展和演化，都需要新的哲学思考。

第二节　科学技术成为第一生产力，推动人类社会走向知识社会

人类社会发展史，是一部生产力与生产关系相互作用的历史，是一部生产力不断发展、先进生产力取代落后生产力的历史。科学技术的进步、先进的劳动工具代表着先进的生产力，"生产力中也包括科学"[①]，机器大工业"把巨大的自然力和自然科学并入生产过程，必然大大提高劳动生产率"[②]。资产阶级正是利用科学、技术与工业，在它的不到一百年的阶级统治中，创造出比过去一切世代创造的全部生产力还要多，还要大。

进入20世纪，不仅科学与技术之间的相互依赖性得到加强，而且科学和技术的发展成为生产和市场的先导。科学发现日益走在生产的前面，为生产技术的进步开辟道路，决定它的发展方向；"科学—技术—生产"的一体化进一步向"科学—技术—生产—市场"的一体化发展，科学技术已经成为生产力系统中一个极为重要的组成部分，科学技术业已成为国家的先导性战略性产业——科学技术业。

一大批在最新现代科学成果基础上的高技术的相继崛起，形成了以信息技术为先导，以新材料技术、先进制造技术为基础，以新能源技术为支柱，在微观领域向生物技术、纳米技术开拓，在宏观领域向环境技术、海洋技术、空间技术扩展的一大批相互关联、成群集队的高科技和高科技产业群落，把人类社会从工业社会加速推向知识社会。"知识产业"、"后工业社

[①]　马克思：《政治经济学批判》，见《马克思恩格斯全集》第46卷（下册），1979年版，第211页。
[②]　马克思：《资本论》，见《马克思恩格斯全集》第23卷，1972年版，第424页。

会"、"第三次浪潮"、"大趋势"等等惊世骇俗学说的问世，向人们表达了这样的信息：以知识为核心的知识社会已经来临。

经济计量学研究表明：科学技术在当代已经成为第一生产力。美国经济学家索洛的测算认为，美国 1909—1948 年间人均资本增长对人均产出增长的贡献仅为 12.5%，其余都可归结为广义的"技术进步"的结果。另一位美国经济学家的研究表明，资本、劳动和土地对 1948—1981 年美国经济增长的贡献分别为 15%、19% 和 0%，三项共计 34%。剩余的 66% 则归功于全要素生产率（TFP），其中教育为 19%、知识进步为 47%。在经济发达国家，科学技术进步因素对国民生产总值增长的贡献率不断提高，人们比较共识的结果是：20 世纪之初为 5%—20%；到 50—60 年代上升为 50% 左右；到 80 年代则高达 60%—80%。

走向知识社会，社会物质生产的要素发生着重大变化，生产方式发生着重大变化，知识生产力成为社会生产力、竞争力和经济成就的关键，"信息和知识正在取代资本和能源而成为创造财富的主要资产，正如资本和能源在 300 年前取代土地和劳动力一样。"科学技术和知识在社会经济发展中的作用越大，表明人离开天然的自在的狭义自然就越远，因而社会的人工的自然即广义自然的生成便越来越重要。正是借助和依赖科学技术，人们才可能更深入更积极地认识、利用和改造自然。换言之，人们的社会实践和社会生活越来越倚重知本而不是物本，逐渐地远离物本，不断地深入知本，从而人在人和自然的交互作用关系中获得越来越大的自由。而且，这种自由在网络时代的赛博空间、虚拟实践中得到了进一步扩展。人们的社会实践，由直接地倚重自然资本，越来越更加倚重知识资本。马克思主义哲学的发展，必须直面由此引出的一系列重大理论问题。

科学技术推动了全球化，改变着世界历史的进程和面貌。马克思主义创始人尽管没有使用"全球化"这个术语，但早就洞察到经济全球化的趋势。他们已经指出：由于生产工具的迅速改进，由于交通的极其便利，资产阶级通过廉价商品的输出，开拓了世界市场，"使一切国家的生产和消费都成为世界性的了。"①

① 马克思、恩格斯：《共产党宣言》，见《马克思恩格斯选集》第 1 卷，1995 年版，第 275—276 页。

　　当代的经济全球化，是借助于科学技术迅猛发展提供的信息、交通等便利条件，各国的商品、服务、资本、技术和人员的流动高速度大容量地跨越国界，在世界范围内相互开放、相互融合，并不断向纵深方向发展的趋势。当代科学技术日新月异，科学技术进步，特别是技术创新对国家经济发展、对国际竞争力的提高至关重要，因而技术输出（主要表现为技术贸易）代替了商品输出、资本输出，成为经济全球化中最重要的因素，由此带来的资源的全球性配置必然会对国际关系、社会关系等方面产生重大的影响。

　　全球化同时也是一系列全球性问题推动的结果。污染、资源、温室效应等等问题，成为当代世界各国所共同面临的问题，这是任何单独某个国家或某些国家难以解决的问题，需要世界各国的共同努力。例如，各国生物学家对于人类遗传基因问题的研究，各国科学家和工程师对全球气候变暖问题所作出的努力，等等，体现了这种全球问题推动着的全球化。

　　在科学技术全球化方面，由于现代科学技术特别是高技术具有高度的复杂性和综合性，任何个人、企业或者单个国家，都不可能垄断全部科学技术知识和完成技术创新的全过程，而不得不通过国家之间、企业之间的科技交流与合作，来增加本国的科学知识储备，促进本国的技术创新。当代科技成果在国际上的传播、技术创新链条在全球的延伸，已超越各国间有形边界的限制，以至于带来了科技问题、科技活动、科技体制以及科技影响的全球化。

　　全球化作为一种客观的历史进程势不可挡。全球化的推动力主要来自发达国家的生产力和经济的发展，而且主要受益者也是发达国家。发达资本主义国家在平等竞争的旗号下，利用科学技术和知识优势以及雄厚的资本优势，推行有利于自己的对外经济贸易战略，成为经济全球化的最大受益者。同时也会对所在国家的经济发展、科技创新乃至社会文化价值观念等产生重要的影响。

　　但是全球化并非只是带来福音，发达与欠发达之间、南方与北方之间的差距不仅没有随着全球化而减少，反而甚至有被进一步拉大的趋势，由此带来了反全球化浪潮的此起彼伏。正是在这种激烈的竞争中，形成了世界经济的全球化与世界政治的多极化并存、经济全球化之中同时存在着文化的多元化等等。这一切，要求人们必须以全新的眼光来重新审视人力资源、物质资源、资本及其市场、生产方式、消费方式以及文化建设等等一系列涉及社会的基本生存和发展问题，在理论上和实践上，这些都既充满着挑战，也充满着机遇。

第三节　人与自然关系走向全新阶段，走向
生态文明和生态自然观

自从自然界中有了人，人和自然之间就结成了不可分割的关系。在人类历史的长河中，这种关系实际上都只不过是局部的、浅层的现象关系，还不至于影响到整个人类的生存和发展。

但是，20 世纪以来，随着人们对于自然的认识和实践活动由局部走向全面，由浅层走向深层，由现象走向本质，人与自然的关系相应地发生了历史性的转折和变化，即发生着由局部走向全面，由浅层走向深层，由现象走向本质的变迁。

今天，科学技术的发展，包括新能源和新材料科学技术，以及还有海洋科学技术、空间科学技术等等，大大地拓展了人们的生存和活动的空间，也就在更大范围内影响着人类生存的生态系统。正是在这个借助科学技术而展现自己本质力量的过程中，人类对自身力量的滥用以及对科学技术的滥用，给有着如此灿烂生命的蓝色星球到处以生态危机、环境污染、温室效应、臭氧层空洞、战争和毁灭性武器，如此等等，以至于威胁到人类的未来前途。

如此之多的问题，促使人类猛醒。美国女科学家卡逊通过多年努力终于弄清了 DDT 的后果，以《寂静的春天》告诫了世人；世界环发委员会在《我们共同的未来》中提出的“可持续”发展概念，已经成为全人类的共同信念。绿色运动组织、和平运动蓬勃兴起，所有这一切都促使人们反思那种只知索取的人与自然的关系，反思那种以“人定胜天”思想为基础的科学技术观、社会经济和文化发展观。

要实现可持续发展，就必然要求相应的生态文明和生态自然观。无论如何，人类都是大自然的一个物种，她与其他物种不同的只是她具有自觉的意识。人与自然的主客体两分还会继续存在吗？如果仍然存在，是在何种意义上的继续存在？在我们看来，无论主客体两分法是否应该抛弃，在什么意义上抛弃，人都是这个自然系统中的有自觉意识的、最为能动的方面，因此人也就应该承担一种对于地球环境以及地球上其他物种的道德、责任，即对其他物种和所有生命的保护和对这个蓝色星球自然演化得以延续的道德义务。

科学技术在促进人与自然、人与人的关系的演变中，不仅作为物质生产力也作为精神生产力，日益发挥并将继续发挥着最终意义上的决定性作用。但是，发达国家与发展中国家的差距，南方与北方的差距，人类共同利益与局部的国家和地区的利益之间的冲突，如此等等，仅仅依靠科学技术是无法解决这个变化着的世界中产生的这种种问题。人与自然关系的不协调，从根本上是由人与人关系的不协调引起的。人与自然的关系本质上是社会和自然的关系，人与自然的协调发展是与人与人的关系的协调发展紧密联系在一起的，只有实现这两方面的共同协调，才可能真正实现可持续发展。

可持续发展已经成为国际共识，成为各国政府制定政策的必要基础。在联合国《21世纪议程》之后，我国率先制订了《中国21世纪议程》，把可持续发展战略作为国家发展的基本战略。人们还提出了绿色科技、绿色创新、生态文化等等概念，并正在努力把这些概念、理论变化为操作，付诸行为。然而，人类在可持续发展道路上的行进历程仍然十分艰难，环境局部状况有所改进，但总的环境状况仍然令人担忧。可持续发展任重而道远，生态文明和生态自然观的建设仍然任重道远，理论的探索还有待深入。中国传统文化在对于人与自然的和谐发展问题上，有着丰厚的思想积淀，需要与时俱进地发扬光大。

第四节　科学技术与人文社会强烈作用，对人的全面素质提出了新要求

走向世界历史的这个新时代，创新成为科学技术进步和社会发展的关键性因素。从技术创新到建设国家创新体系，从科学技术领域的创新到人文社会科学领域的创新，从科学与人文的冲突走向科学与人文的交融，从仅仅以工具主义态度来对待科学技术到包括对于科学技术的自然、社会以及伦理和文化后果进行给予充分关注的创新，等等，这一切都离不开科学技术与人文社会的强烈相互作用。

建设国家创新体系，提高国家综合竞争力，成为世界各国不约而同采取的行动。国家创新体系的建设，既包括技术创新、制度创新、管理创新和知识创新的整合和互动，还包括创新文化、创新人才、创新机制和创新管理的集成，国家创新体系就是诸方面因素的结合。在此不仅是各种生产要素的合

理组合，也包括文化要素的组合。人们不能仅仅停留在去发现客观世界的新规律上，而是进一步强调要能动地利用我们对于客观规律的已有认识。现代化是一个持续性动态调整与适应的过程，制度创新也绝非可以一劳永逸，哲学社会科学有责任给出社会动态的分析、制度合理性的设计和制度合法性的论证，以及赋予其深刻的人文社会关怀。

科学技术与人文社会的强烈相互作用，意味着两者的紧密结合，要求自然科学技术与人文社会科学共同进步，也应该实现这种互动的协调发展。承认科学技术的巨大力量，积极利用科学技术来推动社会的发展，成为题中应有之义，而非与人文社会相对立。对此，我们赞成龚育之先生的观点："在强调弘扬科学精神的同时，也应该强调人文精神，尤其应该致力于科学精神和人文精神的相互结合、相互促进。……我们提倡的科学精神应该是有高度人文关怀的科学精神，我们提倡的人文精神应该是有现代科学意识的人文精神。"[①]

在这样的时代，科技创新与科技普及都不可少，知识的生产和知识的扩散同等重要。这需要有相应的广泛的社会基础，需要全体公民素质的全面提高。人的综合素质的提高是人的全面发展的基础。人的综合素质，包括思想道德素质、科学文化素质以及身体心理健康素质等。在科学技术已成为第一生产力、科学技术与人文社会强烈相互作用的时代，人的科学文化素质提高无疑具有特别重要的意义，它是具有竞争力的劳动者的显著标志。在知识社会化和知识全民化的语境下，一个没有基本的、起码的科学技术知识的劳动者，很难成为一个合格的劳动者；而且知识传播与扩散的接受者的文化特质、知识基础和吸收能力等就直接影响着知识传播的效果，制约着社会发展的步伐。

总之，人类的科学技术处在不断地发展之中，世界也在不断地变革之中，新问题层出不穷。我们要发展马克思主义哲学，就必须运用马克思主义的立场和方法来研究当代科学技术及其实践中提出的新问题，并从中吸收丰富和发展自己的营养，促进人与自然、人与人关系的协调，科学技术与人文社会和谐发展，以及人的更全面发展。

---

① 龚育之：《新世纪中国科学普及工作的"十大关系"》，载《江西财经大学学报》2001 年第 1 期，第 3 页。

第 一 章

关于追求物质世界统一性

　　20 世纪科学技术取得的伟大成就为我们展示出了物质世界的丰富多彩，从绚丽多彩的天体系统，到纷繁复杂的生物种类，再到层出不穷的基本粒子，人类的认识视野在不断拓展，认识程度也在逐渐深化。人们在认识到物质世界多样性的同时，又在不断探索物质世界的统一性问题：多样的物质世界是不是具有统一性，是否存在可以解释一切现象的终极理论？物质结构是否无限可分？宇宙是否具有无限性？等等。

第一节 "终极理论"是否存在?

——20 世纪科学对物质世界统一性的探索及其哲学问题

　　在1940 年 5 月 15 日于华盛顿召开的第八届美国科学会议上，爱因斯坦曾经讲道："物理学研究的大部分工作，是致力于要发展物理学的各个分科，每一分科的目的都是要对那些多少有一定范围的经验作理论上的了解，而且每一分科中的定律和概念都要同经验保持尽可能密切的联系。……另一方面，从一开始就一直存在着这样的企图，即要寻找一个关于所有这些学科的统一的理论基础，它由最少数的概念和基本关系所组成，从它那里，可用逻辑方法推导出各个分科的一切概念和一切关系。这就是我们所以要探索整个物理学的基础的用意所在。认为这个终极目标是可以达到的，这样一个深挚的信念，是经常鼓舞着研究者的强烈的热情的主要源泉。"①爱因斯坦的这段话是对几百年来物理学发展历史的一个很好总结，即人们在探寻局部物质世界的同时，又在寻求统一的"终极理论"，包括爱因斯坦在内的许多杰出物理学家都为此付出了艰苦的努力。

对"终极理论"的追求之所以是一项艰巨的智力事业，一定程度上是由于自然科学所揭示的物质世界本身的多样性所促使的。

一、20 世纪科学所揭示的物质世界多样性

现代自然科学的成果不断揭示出自然界物质形态的多样性。

从宏观来讲，已观测到距地球 100 多亿光年之遥的天体，迄今发现的天体和天体系统有卫星、行星、恒星、星系、星系团、星系集团、总星系等。

从量上看，这些天体和天体系统多得难以数计，可谓无穷无尽。我们人类所在的太阳系是以中心天体太阳（恒星）和 9 颗行星，50 多个卫星、数以万计的小行星以及许多彗星、流星体所组成的行星系统。星系是银河系和河外星系的通称，是恒星的巨大集团，如银河系是由 1000 多亿颗恒星和大量星云、星际物质所组成的恒星系统。总星系则是目前人类观测所及的宇宙部分，是由 10 亿多个星系所组成的庞大的天体系统。不过，现在仍未发现它的中心和边缘，即使将来确定了总星系的范围，还可能会发现更为庞大的天体系统，总星系只不过是广袤无垠宇宙的沧海一粟。

从质上看，这些天体和天体系统千姿百态，绚丽多彩。恒星是一种最常见的天体，它们不仅普遍地以数个甚至成千上万个的"群居"形式聚集在一起，形成双星、聚星、星团等形态，而且在其起源和演化过程中又呈现出原始星云、恒星胎、主序星、红外星、脉动变星、超新星乃至中子星、白矮星、黑矮星、黑洞等形态。依恒星质量大小的不同，表面温度有高有低，呈现出各种不同颜色，有红星、橙星、黄星、白星、蓝白星、蓝星等多种类型。我们的太阳是一个中等质量的黄星。

现在人类认识到的地球上的生物种类也越来越多、越来越复杂了。据统计，自有生命以来曾经产生过 4 亿多物种，已灭亡了绝大部分，现今生存约

---

① 《爱因斯坦文集》第 1 卷，许良英、范岱年编译，商务印书馆 1976 年版，第 384—385 页。

有四五百万种，已经分类的有 200 多万种。由于发现的物种繁多，生物分类已由传统的二界进化系统发展为三界、四界、五界乃至多界系统，其中美国生物学家魏泰克在 1969 年提出的原核生物界、原生生物界、动物界、真菌界、植物界的五界系统已广泛被人们接受，每界下面又按物种亲缘关系依次设门、纲、目、科、属、种等级，并根据需要又加设亚门、亚纲、亚目、亚科、亚属、亚种和变种、品种等分类单元。

根据现代分子生物学的成就，揭示出蛋白质和核酸这两种生物大分子是构成生命物质的两大主角，而蛋白质又是由有机小分子氨基酸构成，核酸是由有机小分子核苷酸构成。天然存在的氨基酸有 20 种，核苷酸有 4 种，这些有机小分子以不同数量和不同顺序可以组成无限多样的蛋白质和核酸，使生命界丰富多彩、生机盎然。

从微观来说，人类现已深入到 10^{-13} 厘米的基本粒子内部，探索其结构和运动规律性。迄今发现的基本粒子已达 300 多种，而且新粒子层出不穷，人们正在寻找夸克（层子）、亚夸克（亚层子）等微小的粒子。目前已发现的化学元素已达 108 种，绝大部分元素又有多种同位素，已确定的同位素近 2000 种。然而人类对化学元素的认识并没有停止，现已进入探索超重元素（原子序数大于 108）的新阶段，还将发现更多的新元素和新同位素。

总之，随着现代科学技术的飞跃发展，人类对自然界的认识不断向宏观扩展、向微观深入，从天体到生命，从元素到基本粒子，不断有新的发展，为我们展示了丰富多样的自然界物质形态。

二、20 世纪对物质世界"终极理论"的科学探索

自然界呈现给人们的第一个直接印象就是它的多样性。面对纷繁复杂的万事万物，人类总是试图寻找其中的某种统一性，即用最综合的概念描述自然规律，用最简单的规则解释自然现象，以归整并促进我们对世界的认识，从而最终彰显我们人类自身的智慧。霍金这样写道："自从文明开始，人们即不甘心于将事件看作互不相关而且不可理解的。他们渴求理解世界的根本秩序。今天我们仍然渴望知道，我们为何在此？我们从何而来？人类求知的最深切的意愿足以为我们所从事的不断探索提供正当的理由。而我们的目标

恰恰正是对于我们生存其中的宇宙做出完整的描述。"①

人类对物质世界统一性的追求可以追溯到古希腊时期，那时的一些智者已经开始寻找基元物质，并用这些物质去解释所有的自然现象。被尊奉为西方哲学始祖的泰勒斯认为水是万事万物的本原，万物由它产生，最后毁灭时又复归于它；阿那克西美尼把气作为万物本原，并用气描绘了宇宙天体的生成图景；赫拉克利特认为世界本是一团永恒的活火，火产生一切，一切又都统一于火；毕达哥拉斯则将万物的本原抽象化，认为数的本原才是万物的本原；而德谟克里特和留基波则告诉人们，所有物质都是由被称作原子的永恒的小粒子组成，原子是世界的基元。古希腊时代的自然哲学家取得了辉煌的理性成就，但在今天看来，他们对物质世界的认识没有一个是十分合格的；他们的认识没有定量化，也从来没有想过要创立一个能够精确所有自然物的定律体系，亚里士多德的"物理学"也同样如此。

现代终极理论的梦想是从牛顿开始的，此后，众多杰出的科学家不断被这一梦想所吸引，并投身于这一艰巨的事业中。1854 年黎曼在致父亲的信中说："我专注于所有物理定律统一的研究"②，并认为数学将为此铺平道路。爱因斯坦是"终极理论"最执著的追求者之一，他把自己最后 30 年的大部分生命都奉献给了统一场论。自爱因斯坦之后，许多科学家认为建构终极理论的时机已经到来。

那么，到底什么是"终极理论"？一般而言，"终极理论"这个概念包含两个相反的含义：第一，理论的"起点"。例如，几何学是从"点"概念开始，推导出"线"、"面"、"体"，直至推导出几何学全部学科体系，"点"就是这门学科达到终极的"起点"。相对几何学这门学科，这就是"终极起点"的"终极理论"概念；第二，理论的"最终完成"。理论已经将所有问题都解决了，没有不可说明的问题了。这是"终极完成"式的"终极理论"概念。

绝大多数科学家追求的"终极理论"都是指"终极的起点"。宇宙之

---

① 霍金：《时间简史——从大爆炸到黑洞》，许明贤、吴忠超译，湖南科学技术出版社 2004 年版，第 13 页。

② 加来道雄：《超越时空：通过平行宇宙、时间卷曲和第十纬度的科学之旅》，刘玉玺、曹志良译，上海科技教育出版社 1999 年版，第 43 页。

大，未知无尽，难有"完成的理论"。牛顿曾经说过："自然哲学的任务，是从现象中求论证，……从结果中求原因，直到我们求得其最初的原因为止"①。霍金也曾追求"终极的起点"，他宣称：存在一种可以把所有自然规律都以一个单一的、优美的数学模型表现出来的"终极理论"，也许简洁到在一件 T 恤衫上就能打印出来。温伯格更明确地论述道："我们今天的理论只有有限的意义，是暂时的、不完备的。但是，我们总会隐约看到在它们背后的一个终极理论的影子……，我们寻求自然的普遍真理，找到一个理论的时候，我们会试着从更深层的理论推出它，从而证明它、解释它。想象科学原理的空间充满着箭头，每个箭头都从一个原理出发，指向被解释的原理。这些解释的箭头表现出令人瞩目的图样：它们不是独立的科学所表现的单独分离的团块，也不是在空间随意指向——它们都关联着，逆着箭头方向望去，它们似乎都源于一个共同的起点，那个能追溯所有解释的起点，就是我所谓的终极理论。"② 这里所论述的，也主要涉及这个意义上的"终极理论"。

　　近代物理学发展中出现过几次大的理论综合，这些理论综合一定程度上反映了人们追求终极理论的努力和成果。

（一）从古典力学到狭义相对论再到广义相对论

　　古典力学的建立是近代物理学的第一次理论综合。这次理论综合是由牛顿完成的。在牛顿之前，伽利略发现了物体自由下落规律，刻卜勒发现了行星运动规律等。然而，这些规律是个别的和分散的，彼此之间看不出有什么内在联系。伽利略的自由落体规律只描述地球上的物体运动，而不涉及地球以外的物体；刻卜勒的行星运动规律则只描述行星运动，而不涉及地球上的物体。它们各司其职，天上与人间仍然是两个不同的世界，地球之外的空间仍然可以被用来作为某种超物质存在的藏身之所。

　　在前人工作的基础上，牛顿通过自己的观察和思考，以三条运动定律（惯性定律、加速度定律、反作用定律）和一条万有引力定律为核心，创立了一套系统的力学理论——牛顿力学。牛顿力学将地球上的物体运动规律和

---

① W·C. 丹皮尔：《科学史及其与哲学和宗教的关系》（下），李珩译，商务印书馆 1997 年版，第 643 页。

② S. 温伯格：《终极理论之梦》，李泳译，湖南科学技术出版社 2003 年版，第 3 页。

天体运动规律统一在一个严密的理论体系中，伽利略定律和刻卜勒定律都不再独立无关，而是可以从牛顿定律中直接推导出来。

牛顿力学描述的是宏观低速物体运动的规律，它不能描述物体的高速运动，也不能描述微观物体的运动，因此，它所揭示的自然界物质统一的范围是很有限的。牛顿力学的这一局限被 20 世纪初兴起的相对论和量子力学所突破。

1905 年，爱因斯坦发表了题为《论动体的电动力学》的论文，完整地提出了狭义相对性理论。他根据其所提出的相对性原理和光速不变原理，重新考察了古典物理学中空间、时间和运动等基本概念，导致了时空观的一次革命。首先，对于高速运动物体而言，"同时"不是绝对的，而是相对的，即对处在不同运动状态下的两个观察者，同一事件不是同时发生的；其次，运动的物体产生"尺缩钟慢"效应；最后，物体的质量随物体运动速度的增加而变大，物体质量 m 与能量 E 之间的关系为 $E = mc^2$（c 代表光速）。

狭义相对论揭示了时间、空间、运动、质量、能量等物质属性之间的内在联系，描述的是包括高速现象在内的宏观物体运动规律。牛顿力学作为一种特例被概括到狭义相对论当中，从而扩大了自然界统一性的范围。但是，狭义相对论描述物体运动规律还仅仅局限于惯性系统，它不能解决引力现象。为此，爱因斯坦进行了十年的探索，终于在 1916 年提出广义相对论，解决了这一问题。

在广义相对论中，爱因斯坦根据引力质量和惯性质量等价原理以及物理规律广义协变性原理，建立了引力场理论。根据引力场理论，有重物体的密度和分布决定着引力场这种物质的强度的空间分布，而引力场强度的空间分布又决定了弯曲的四维时空连续区，也即决定了时空的性质；反过来，这种具有弯曲的四维时空连续区形式的引力场又影响了有重物体在其中的运动状态。

因此，广义相对论科学地论证了空间、时间与物质的不可分割的联系，揭示出空间、时间不是独立的存在物，只是物质的存在形式。在引力场很弱的情况下，广义相对论可以用狭义相对论来表示，这样，广义相对论就将牛顿力学和狭义相对论统统包括在内，完成了物理学理论的一次新的综合，自然界统一性的范围被进一步扩大了。

（二）从古典电磁学到量子力学再到统一场论和弦理论

实物和场是自然界物质的两种最基本形态。牛顿力学所描述的只是实物物质的运动，而没有涉及场以及场与实物的关系等。广义相对论虽然涉及了场及其与实物的关系，但是爱因斯坦尝试建立统一场论的努力却未能成功。

实际上，关于场的研究，早在 19 世纪中期伴随着古典电磁理论的建立就已开始，而真正彻底突破实物和场的界限却是 20 世纪初量子力学建立之后的事情。

古典电磁理论的建立，完成了物理学理论的一次新的综合。首先它揭示了电和磁的相互转化，把电和磁这两种物质属性统一起来；其次证明了电磁场是物质的一种特殊形态，作为在空间传播的交变电磁场——电磁波，也是物质的一种特殊形态。光也是一种电磁波。因此，这次理论综合的最终结果是用"场"这种物质形态将电场、磁场和光这三种具体物质形态统一起来。

为了克服古典物理学对黑体辐射现象解释中的困难，德国物理学家普朗克在 1900 年提出了能量子假说，认为物体在吸收和发射辐射（电磁波）时，能量的变化是不连续的，即提出了"能量子"概念。第一个坚持量子概念并把它加以推广的是爱因斯坦，他于 1905 年提出"光量子"概念，认为光既具有波动的性质，又具有粒子的性质。这就是光的波粒二象性。1924年，法国物理学家德布罗意受爱因斯坦光量子论的启发，认为波粒二象性不只局限于光现象，实物粒子同样也有这一特性，并给出了表征波动性的量与表征粒子性的量之间的关系，即德布罗意公式。

在德布罗意的启示下，奥地利物理学家薛定谔从实物粒子的波动性出发，于 1926 年建立了描述微观物质运动规律的波动力学方程；同年，德国物理学家海森堡从微观粒子的量子性出发，为微观物质运动规律建立了矩阵力学方程。这两个方程后被证明在理论上是等效的。此后，经过物理学家玻恩、狄拉克等人的努力，最后使得量子理论发展成为一套逻辑上完整的量子力学体系，从而完成了物理学史上的又一次新综合。

量子力学揭示的物质的波粒二象性说明，不仅光具有波粒二象性，实物也具有波粒二象性，二者具有共同的内部矛盾，具有相似的运动规律，这就将二者统一起来。因此，如果说，电磁学理论仅仅在场的范围内实现了自然界物质的某种程度的统一、牛顿力学只在实物范围内实现了自然界物质的统一的话，量子力学则彻底打破了实物和场的界限，使自然界的物质在一个巨大的范围内统一起来。

万有引力相互作用、电磁相互作用、弱相互作用和强相互作用是迄今为止人类发现的自然界中普遍存在的四种最基本的相互作用。这四种相互作用可以说明概括自然界的一切物理现象，这实际上已经使人类对自然界的认识达到了某种程度的统一。但是，人们对此仍不满意。20世纪中叶以来，物理学家们致力于把这四种相互作用进一步统一起来，即形成了统一场论的研究。可以设想，若人们能将目前所知的自然界的四种相互作用用一种物质场来统一描述，而场和实物又是联系着的，这就将为世界物质统一性命题提供更为有力的辩护。

最早进行统一场论研究的是爱因斯坦，他试图使当时人们所能认识到的两大基本相互作用——引力作用与电磁作用统一起来。然而，直到20世纪50年代初，这一研究没有取得任何实质性进展。就在统一场论的研究面临绝境的时候，1954年，杨振宁和密尔斯提出了"规范场理论"，为统一场论的研究开辟了一条新路。60年代初，温伯格和萨拉姆运用规范场理论统一地描述了电磁相互作用和弱相互作用，建立起弱电统一理论；70年代，用规范场理论处理强相互作用的量子色动力学的诞生，为统一描述电、弱、强三种相互作用提供了希望。近些年，用规范场理论描述引力相互作用的努力也非常活跃，引力规范、超引力、超对称等理论的提出表明有可能把引力相互作用也纳入到规范场理论中来，从而为实现引力、电磁力、弱力和强力四个基本力的大统一创造了条件。总之，统一场论的研究趋势表明，自相对论和量子力学之后，物理学新的理论综合正在不断推进之中。

另外，弦理论也为物质世界的统一性研究开辟了新的方向。弦理论的基本观点是自然界的所有物质和作用都是由振动着的弦组成的。有的弦像一根线，有的弦像一个环。弦很小，比基本粒子都要小很多。弦理论在很长一段时期内很难用观测或实验来检验，因此，目前的研究还不能充分体现它的价值，围绕这些理论的争论也很多。但它毕竟包含了不少新的思想，是追求自然统一图景的新尝试。

三、有关"终极理论"的哲学问题

表面上看来，20世纪科学尤其是物理学的发展正在逐渐逼近"终极理论"，许多科学家也正在为此付出艰苦的努力，取得了一个个重要成果。但是，围绕"终极理论"问题，科学家的态度并不完全一致。背后的问题是："终极理论"到底是否存在？它为我们提供了怎样的哲学反思？

（一）"终极理论"是否存在？

许多科学家对此有专门论述。例如，温伯格认为，我们应当探求能够推导出一切物理学知识的最简单的物理学原理。"我们要探求的就是：寻求一组简单的物理原理，它们可能具有最必然的意味，而且我们所知有关物理学的所有一切，原则上都可以从这些原理推导出来。"[①] 温伯格对"终极理论"的存在抱乐观态度，他说："我个人猜测，存在一个终极理论，我们也有能力发现它，也许，超级对撞机的实验结果就能照亮理论家去完成最后的理论，而不再需要研究普朗克能量下的粒子。我们也许甚至能在今天的弦理论中发现某个候选的终极理论。"[②] 同时他又指出："一个终极理论当然不可能终结科学研究，甚至不可能终结纯科学的研究，即使纯物理学的研究也不可能终结。"[③] 还有许多奇妙的问题等着人们去探索，例如，人们会不断地继续追问，为什么会有引力这样的东西？为什么自然会服从量子力学的法则？为什么会存在天下万物？等等。而且，还有很多问题也不是终极理论所能涵括的，例如，遗传机制是如何开始的？记忆是如何储存在大脑的？等等。尽管还有无限多的科学问题和整个宇宙等着我们去探索，"但是，我想未来的科学家也许会嫉妒今天的物理学家，因为我们还走在发现终极定律的航线上。"[④]

1999年诺贝尔物理学奖获得者特霍夫特说："如果物理学的最终定律是一些仅含0和1的定律，那么人类迟早会把它搞清楚的。对于人类创造性的

---

① 费曼、温伯格：《从反粒子到最终定律》，李培廉译，湖南科学技术出版社2003年版，第42页。
② S. 温伯格：《终极理论之梦》，李泳译，湖南科学技术出版社2003年版，第188页。
③ S. 温伯格：《终极理论之梦》，李泳译，湖南科学技术出版社2003年版，第15页。
④ S. 温伯格：《终极理论之梦》，李泳译，湖南科学技术出版社2003年版，第192页。

这种巨大信念，我确信是有的。""有一天我们会有一个坚如磐石的'万物之理'——一个基本定律，其最终的数学表达是如此的简单和普适，以致不可能有任何小的变化和修正，……物质的所有性质，时空中的一切现象，以及物理学中的全部其他定律都由这一普适定律导出。"① 但他同样认为，即使找到了"万物之理"，解答这种科学问题的难度仍然一如既往，也不能在心理学、社会学中乱用。

霍金曾经说："科学的终极目的在于提供一个简单的理论去描述整个宇宙。"② "我们会拥有一套物理相互作用的完整的协调的统一理论，这一理论能描述所有可能的观测。"③ 但他又进一步指出："即使我们发现了一套完整的统一理论，由于两个原因，这并不表明我们能够一般地预言事件。第一是我们无法避免不确定性原理给我们的预言能力设立的极限。对此，我们无能为力。然而，在实际上更为严厉的是第二个限制。它是说，除了非常简单的情形，我们不能准确解出这理论的方程（在牛顿引力论中，我们甚至连三体运动问题都不能准确地解出，而且随着物体的数目和理论复杂性的增加，困难愈来愈大）。……一个完全的协调的统一理论只是第一步，我们的目标是完全理解发生在我们周围的事件以及我们自身的存在。"④ 2001 年，霍金在《果壳中的宇宙》的前言中写道："当 1988 年《时间简史》初版时，万物的终极理论似乎已经在望了。从那时开始情形发生了什么变化呢？我们是否更接近目标？正如在本书将要描述的，从那时到现在我们又走了很长的路。但是，这仍然是一条蜿蜒的路径，而且其终点仍未在望。正如古老谚语所说的，充满希望的旅途胜过终点的到达。……如果我们已经抵达终点，则人类精神将枯萎死亡。"⑤ 到 2004 年，霍金宣布放弃对"终极理论"的追

① 特霍夫特：《寻觅基元：探索物质的终极结构》，冯承天译，上海科技教育出版社 2002 年版，第 194—195 页。

② 霍金：《时间简史——从大爆炸到黑洞》，许明贤、吴忠超译，湖南科学技术出版社 2004 年版，第 11 页。

③ 霍金：《霍金讲演录：黑洞、婴儿及其他》，杜欣欣、吴忠超译，湖南科学技术出版社 2002 年版，第 35 页。

④ 霍金：《时间简史——从大爆炸到黑洞》，许明贤、吴忠超译，湖南科学技术出版社 2004 年版，第 167 页。

⑤ 霍金：《果壳中的宇宙》，吴忠超译，湖南科学技术出版社 2002 年版，第 1—2 页。

求，引起了人们的新的广泛关注和讨论。

事实上，在科学史上曾不止一次出现物理学家宣布物理学已经完成的事情，可是话音刚落，物理学便有了新的突破。20世纪20年代末，玻恩对一群访问哥廷根的科学家宣称：据我所知，物理学将在六个月内完结。可是不久就发现了中子和核力。甚至，许多科学家还主张多重宇宙、多重历史，"终极理论"是否能包容多重宇宙、多重历史的万象？为什么宇宙和历史是多重的，而科学理论最终却要求是单一的？

总之，"终极理论"只是一定意义和一定程度上的"终极"，因而是相对的、有条件的和分层次的。我们应该辩证地看待人类的这一追求，从马克思主义的认识论和真理观的立场来观察、思考和理解它。正如中国科学院院士、前中国物理学会理事长冯端教授所言，"有些科学家说粒子理论现在已经建立了标准模型，下一步就希望建立万事万物的理论。要进行这类尝试是完全应该的，要向未知领域再推进！但一定要采取辩证的观点来对待这一问题。即使这个理论取得进展，也不意味着万事万物的问题就可迎刃而解了。应该说物理学现在还是很有生命力的科学，但并不意味着要把它的全部命运都跟万事万物理论联系在一起，而是有很多新的发展余地。"①

（二）是"存是"还是"生成"意义上的"终极理论"？

20世纪，科学家在追求物质世界统一性的过程中存在两条截然不同的路径，一条是对存是（being，亦译存在）世界统一性的追求；另一条是对生成（becoming）世界统一性的追求。前者以爱因斯坦为代表，后者则以普里戈金为典型。②

前面已经提到，对物质世界统一性的追求是爱因斯坦毕生的信念。从1900年底完成的第一篇论文，到1954年的最后一篇科学论文，从研究毛细现象、布朗运动到研究光电效应，特别是从狭义相对论、广义相对论到统一场论，统一性思想贯穿其始终。但我们不难发现，爱因斯坦所追求的这种统一性是存是意义上的统一性。存是的观念对他影响深远，例如爱因斯坦在写给早他一个月去世的老朋友贝索的妹妹和儿子的一封信中写道："就我们这

① 冯端：《漫谈物理学的过去、现在与未来》，载《物理》1999年第9期，第524页。

② 参见曾国屏：《爱因斯坦、普里戈金与〈自然辩证法〉》，载《自然辩证法研究》1993年第4期。

些受人们信任的物理学家而言，过去、现在和将来之间的区别只是一种幻觉，然而，这种区别仍然存在着。"① 尽管爱因斯坦并没有否认外在世界的发展变化，也不否认热力学时间箭头，但他却宁愿把它们搁置在一旁，而不让它们在其统一性理论中占据任何位置。或许也正因为如此，当恩格斯的《自然辩证法》稿件被送到爱因斯坦手中，请其审阅并给予能否出版的意见时，爱因斯坦对这本文稿的评价很低，甚至是否定的。

普里戈金则反复地质疑爱因斯坦的上述"幻觉"，将自己毕生的经历都贡献在对时间的探索上。这反映着普里戈金对物质世界统一性的追求，但这是生成意义上的统一性。他曾经这样回忆道："在我年轻的时候，我就读了许多哲学著作，在阅读柏格森的《创造进化论》时所感到的魔力至今记忆犹新。尤其是他评注的这样一句话：'我们越是深入地分析时间的自然性质，我们就越加懂得时间的延续就意味着发明，就意味着新形式的创造，就意味着一切新鲜事物的连续不断地产生。'这句话对我来说似乎包含着一个虽然还难以确定，但是却是具有重要作用的启示。"② 普里戈金认为，自然界既是存在着，又是处于不断的演化之中。他明确提出：在爱因斯坦统一性方向上，"再迈出一步，因为我们的宇宙不仅仅是一个完整的系统，在此我们发现了某种统一性，弱力、强力等等各种力之间的联系；而且，我们的宇宙是一个进化着的系统，在地质水平上，在宇宙作为整体的水平上、在人类的水平上、在文化的水平上，我们的宇宙是一个进化着的系统，它是一个进化的结果。"③ 于是，与爱因斯坦相反，普里戈金则认为恩格斯论述了"自然界的历史发展的思想"，具有里程碑式贡献。

"存是"与"生成"是古希腊便已经诞生的两个基本哲学范畴。确定性的"存是"世界，是巴门尼德的世界；而生生不息的"生成"世界，是赫拉克利特的世界。此后很多哲学家都对这两种截然不同的世界观给予了进一步的阐发。例如，黑格尔指出，"赫拉克利特进到了'变'这个范畴。这是第一个具体者，是统一对立者在自身中的'绝对'。因此，在赫拉克利特那里，哲学的理念第一次以它的思辨形式出现了；巴门尼德和芝

---

① 转引自普里戈金：《从存在到演化》，曾庆宏等译，上海科学技术出版社 1986 年版，第 174 页。

② 湛垦华、沈小峰等编：《普利高津与耗散结构理论》，陕西科学技术出版社 1982 年版，第 2 页。

③ 邱仁宗主编：《国外自然科学哲学问题》，中国社会科学出版社 1991 年版，第 176 页。

诺的形式推理只是抽象的理智；所以赫拉克利特普遍地被认作深思的哲学家，虽说他也被诽谤。……没有一个赫拉克利特的命题我没有纳入我的逻辑学中。"① 罗素这样写道："象赫拉克利特所教导的那种永恒流变的学说是会令人痛苦的，而正如我们所已经看到的，科学对于否定这种学说却无能为力。""希腊人并不耽溺于中庸之道，无论是在他们的理论上或是在他们的实践上。赫拉克利特认为万物都在变化着；巴门尼德则反驳说：没有事物是变化的。"②

恩格斯在《自然辩证法》中第一次系统阐述了辩证的自然观。他在批判了形而上学静止、孤立、片面的世界观的基础上，进一步指出，随着18世纪下半叶近代自然科学的进一步发展，康德星云假说中地球和太阳表现为某种在时间过程中生成的东西；赖尔的地质渐变论奠定了地质学发展的思想；物理学方面能量守恒和转化定律揭示了各种运动的统一性；化学中人工合成有机物证明了无机界和有机界的统一性；细胞学说则揭示了生命的统一性；达尔文进化论进一步揭示了生物界的发展演化。因此，"新自然观的基本点是完备了：一切僵硬的东西溶化了，一切固定的东西消散了，一切被当作永久存在的特殊东西变成了转瞬即逝的东西，整个自然界被证明是在永恒的流动和循环中运动着。"③

站在辩证唯物主义自然观以及20世纪科学的新进展的高度，我们认为，一定意义、一定层次上的"终极理论"不仅要阐明存是世界的统一性，同时也要阐明生成世界的统一性，而且存是世界与生成世界是有机地结合在一起的，这才是我们关于世界真实的、完整的图景。这里有两层含义：第一，"终极理论"要同时具有空间维度和时间维度，前者要覆盖存在于世界之中的物质及其理论，后者则要囊括演化世界的过程，包括可能新产生的物质和现象及其规律；第二，当我们以生成演化的视角看待"终极理论"时，我们将获得一个更加辩证的结论，即生成演化的特性强化了"终极理论"的相对意义。

①　黑格尔：《哲学史讲演录》第1卷，贺麟、王太庆译，商务印书馆1959年版，第295页。
②　罗素：《西方哲学史》上卷，何兆武、李约瑟译，商务印书馆1963年版，第77页。
③　恩格斯：《自然辩证法》，于光远等译编，人民出版社1984年版，第15页。

第二节　物质结构是否无限可分？

——20 世纪科学对物质结构的探索及其哲学问题

自近代自然科学兴起以后，古代原子论观念得到了复兴。这时候人们普遍认为，原子是组成物质的最小粒子或"宇宙之砖"，它是不可分割的，也是永无变化的；并且，人们认为，从宏观天体，到微观原子，一切运动都服从牛顿力学的规律。这是近代科学关于宇宙图景的机械自然观的一个基本方面。但是，自从 19 世纪末 20 世纪初，原子的大门被打开以来，旧的原子观念和物质分割有限论，被自然科学中的一系列新发现否定了。随着人们对原子结构研究的不断深入，人们又发现了原子核，继而发现了质子、中子等微观粒子。面对自然科学的这些新进展，有人提出这一连续的进程似乎永远没有终点，而有些人则提前为这一进程画上了句号。那么，我们到底应该如何认识物质结构的"可分性"概念？物质结构是"无限可分"，还是"有限可分"的？这些问题不仅需要自然科学的研究，也需要哲学的关注。正如海森伯指出的那样："两千五百年以来，哲学家和自然科学家一直在探讨这个问题：如果人们试图把物质一次又一次地不断分割下去，将出现什么情况？什么是物质的最小成分？不同的哲学家对这个问题作出了很不同的回答。所有这些问题都对自然科学的历史产生了影响。"[1]

一、人类对微观物质层次的认识发展

人类对自然界物质微观层次的科学认识有一个不断深化的过程，经历了几次重大突破。

第一次突破是科学原子论的建立。古希腊时期就有原子论猜想，直到 19 世纪初道尔顿的化学原子论和阿伏伽德罗的分子假说才使得原子论的猜想走向科学，并在 19 世纪 60 年代由于科学实验的成果而被看作科学真理。科学的原子论被牢固地确立，标志着人类认识自然界微观物质层次首次取得了重大突破。

---

[1]　海森伯：《物理学和哲学》，范岱年译，商务印书馆 1981 年版，第 195 页。

第二次突破是原子可分性理论的建立。科学原子论的建立表明人类已踏上揭示自然界微观物质层次的科学征途，但由于近代形而上学思维方式的束缚，原子论被看成是物质结构的终极理论，原子也被视为终极不可再分的微粒。恩格斯在19世纪下半叶已经指出，原子只不过是物质无限层次中的一个层次，"原子绝不能被看作简单的东西或者甚而看作已知的最小的物质粒子。"① 19世纪末物理学的三大发现（X射线、电子和放射性现象），表明了原子具有内部结构，它是由更微小的粒子所组成的复杂物质层次，由此彻底打破了原子不可再分的观念，证实了恩格斯的预言。这次重大突破，标志着人类已进入原子世界的大门。

第三次突破是原子核理论的建立。20世纪初由于实验物理学的发展，人们相继发现了原子核以及质子和中子；物理学家提出原子核是由质子和中子构成的假说，很快为实验所证实。这使人们认识到，原子核同原子一样也是可分割的，它也只是自然物质世界中的一个层次。

20世纪中叶以来，人类对自然界物质层次的认识面临着第四次重大突破，即基本粒子结构理论的建立。随着科学技术的发展，基本粒子大量涌现，实验结果还显示出，这些基本粒子并不基本，它们仍然是有结构的。

50年代中期，日本著名理论物理学家坂田昌一在辩证唯物论的影响下，提出了基本粒子中强子的复合模型（即坂田模型），为研究基本粒子结构开辟了道路。60年代中期，美国物理学家盖尔曼提出了夸克模型，认为基本粒子中的强子是由夸克组成的。现在自由夸克（层子）虽然还没有发现，但科学家们已普遍接受基本粒子具有内部结构、仍然是可分的思想。科学家们还进一步认为夸克也是具有内部结构的，并将组成夸克（层子）的更深一层的粒子命名为亚夸克（亚层子），美国著名理论物理学家、诺贝尔物理学奖获得者格拉肖甚至把这种粒子称为"毛粒子"（Maons）②，以纪念毛泽东关于"自然界有无限层次"的哲学思想。

当前，新粒子和新现象不断涌现，理论研究不断深入，基本粒子物理学日新月异，成为当代科学前沿阵地之一。

---

① 《马克思恩格斯选集》第4卷，1995年版，第368页。
② 龚育之等：《毛泽东的读书生活》，三联书店1986年版，第106—107页。

二、围绕"物质结构是否无限可分"的两种观点

自 20 世纪 60 年代以来，我国自然辩证法学界对物质结构可分性的哲学问题表现出了浓厚的兴趣，直到现在，争论仍在持续之中。其基本观点可以概括为如下两个方面：

第一，认为物质结构具有无限可分性。在国内，大部分学者都相信物质结构无限可分论是马克思主义的一个基本原理，是一个毋庸置疑的辩证法命题，并力图用自然科学成果加以论证。

例如，查汝强在《自然界辩证法范畴体系设想》一文中提出三条宇宙总规律，其中第一条就是层次无限律。他指出："宇宙总规律第一条是无限层次律，即自然界系统层次和运动形态的无限性规律。自然界的物质结构具有层次性，无论从小的方面还是从大的方面说，层次都是无限的。每一个层次都有不同的物质形态和不同的运动形态。因为层次是无限的，这些物质形态和运动形态也是无限的。这个基本思想是恩格斯提出，列宁也提及过的，不过他们没有用规律的语言来表达而已。"①

再如，钱时惕认为，"世界作为一个统一的整体，是由无限个物质层次所组成，各个层次在性质上各不相同，服从特定的运动规律，它们均在永恒的运动及变化之中。"②"物质结构从小的方面说，是无限可分的；从大的方面说，也是无限扩展的。"③

第二，质疑"物质结构的无限可分性"。例如，金吾伦围绕物质结构观专门写了一本著作《物质可分性新论》，对传统的"物质结构无限可分论"提出了批评。他提出："今天，人们对自我同一的原子观已有了较清醒的认识，对它的主要表现形式的机械决定论日益划清了界线；然而，对物质结构无限可分论的形而上学机械性，却依然缺乏一致的深入认识，不少人还把它当作辩证唯物主义的基本原理看待并使之盛行。这在思想领域内造成极大的混乱，有碍于科学，也损害了哲学。"④"毫无疑问，对于原子论和物质结构

① 查汝强：《自然界辩证法范畴体系设想》，载《中国社会科学》1985 年第 2 期，第 21 页。
② 钱时惕：《世界统一性问题的现代认识》，载《哲学研究》1985 年第 12 期，第 14 页。
③ 钱时惕：《世界统一性问题的现代认识》，载《哲学研究》1985 年第 12 期，第 14 页。
④ 金吾伦：《物质可分性新论》，中国社会科学出版社 1988 年版，第 152 页。

无限可分论在方法论上的功能意义，我们不应一笔抹煞。但对于本体论意义上的自我统一的原子观和物质结构无限可分论，则必须对之进行科学的辩证的批评。这原因很简单：因为它们不是辩证法，而是形而上学机械论。"[1]

"夸克禁闭"是一些学者质疑"物质结构无限可分论"时经常使用的一个"武器"。自 1964 年夸克假说被提出之后，人们一直试图找到夸克，但是迄今为止一直没有成功。自由夸克是否存在成为一个谜，被称为"夸克禁闭"之谜。夸克禁闭的问题引起了人们对物质无限可分性的怀疑。

事实上，围绕"物质结构可分性"问题，针对当时科学家和哲学家在有关自然界层次问题上的形而上学观念，恩格斯曾明确指出，"作为物质的能独立存在的最小部分的分子……是在分割的无穷系列中的一个'关节点'，它并不结束这个系列，而是规定质的差别。从前被描写成可分性的极限的原子，现在只不过是一种关系。"[2] 他在另一处又说："各个不同阶段的各个分立的部分（以太原子、化学原子、物体、天体）是各种不同的关节点，这些关节点制约一般物质的各种不同的质的存在形式。"[3]

列宁在新的历史条件下也曾经指出："电子和原子一样，也是不可穷尽的；自然界是无限的，而且它无限地存在着。"[4] 他在《哲学笔记》中摘录了黑格尔论述有限与无限辩证统一的观点，并加批注"有限和无限的统一，……在有限性中包含着无限性即有限性自身的他者"，并在旁批注，"应用于原子和电子的关系。总之就是物质的深邃的无限性……。"[5]

---

① 金吾伦：《物质可分性新论》，中国社会科学出版社 1988 年版，第 152 页。

金吾伦等人质疑"物质结构无限可分"的主要论据有三个：其一，将恩格斯和列宁的有关论述进行语境还原，在当时的历史背景下重新理解这些经典论述的初衷，指出，恩格斯和列宁试图展现是在这一问题上的辩证观念，而不是其他；其二，由于人类实践的局限性，物质无限可分的论断永远得不到证实，其只是有限可分的外推；其三，运用科学实践所遇到的问题如"夸克禁闭"对"物质结构无限可分"的观念提出挑战。针对金吾伦的观点，何祚庥表达了强烈的不同意见，并引发了两者的争论。参见何祚庥：《毛泽东和粒子物理学研究》，《自然辩证法研究》1993 年第 11 期，第 51—55 页；金吾伦：《再论物质可分性问题——兼答何祚庥先生》，《自然辩证法研究》1994 年第 10 期，第 57—62 页；何祚庥：《〈新论〉乎？"旧论"乎？——对〈再论物质可分性问题〉的再评论》，《自然辩证法研究》1995 年第 2 期，第 50—53 页。

② 《马克思恩格斯全集》第 31 卷，1972 年版，第 309 页。

③ 恩格斯：《自然辩证法》，于光远等译编，1984 年版，第 275 页。

④ 列宁：《唯物主义和经验批判主义》，1971 年版，第 262 页。

⑤ 《列宁全集》第 55 卷，1990 年第 2 版，第 95 页。

如上所述，目前在"物质可分性"问题上，学界出现了两种截然不同的观点。但是，事实上这两种观点所依托的论据以及论证的起点却是相同的，那就是恩格斯、列宁对"物质可分性"的有关论述以及自然科学的已有成果。从相同的前提出发得到迥异的结论，这的确值得我们深思。而如何正确理解经典作家的相关论述，并基于 20 世纪自然科学的新进展，获得正确的新见解和新表述，就成为我们继承和发展马克思主义哲学的一个重要方面。

三、如何理解"物质可分性"问题？

（一）两个相关问题的讨论

在这里我们首先需要明确两个相关问题：

第一，关于"可分性"与"可分析性"问题。"可分性"概念有两重含义，其一是质的规定意义上的"可分性"。这是指一物体由几部分组成，我们可以把它分成组成它的几个部分。以前说原子不可分，就是指它再也没有比它更小的组成部分了。例如，波义耳在《怀疑派的化学家》中对元素作了如下定义（在这里，元素概念与原子概念是等价的），"为了避免误解，我必须向大家声明，我所指的元素，就是那些化学家讲得非常清楚的要素，也就是某种不由任何其他物体构成的或是互相构成的原始和简单的物质，或是完全没有混杂的物质，它们是一些基本成分，一切称为真正的混合物都是由这些成分直接混合而成，并且最后仍可分解为这些成分。"① 再如，道尔顿的原子论，认为各种物质都是由同样大小的原子构成的，这里的原子就是"构成物质的最小单位"的意思。其二是量的规定意义上的"可分性"。例如，"一尺之棰，日取其半，万世不竭"，就是一种量的意义上的"可分性"。

与"可分性"概念容易混淆的是"可分析性"概念。例如，许多学者认为，基本粒子或夸克虽然不能分割，但它们有"内部矛盾"，因此也是可以分析的。在这里，"可分性"与"可分析性"概念就混用了。事实上，"可分性"与"可分析性"是不能等同的，在英语中，两者的区分更为明

---

① 亨利·M. 莱斯特：《化学的历史背景》，吴忠译，商务印书馆 1982 年版，第 126 页。

显，前者是 divisibility，后者是 analyzable。"可分析性"指的是事物具有内部矛盾，我们可以对其进行理论或抽象意义上的探讨。哲学讨论很大程度上都是"分析性"的。①

第二，哲学与自然学科的差异问题。自然科学的对象是自然界，它是建立在严格实证基础上的，要时刻接受实验的检验。而哲学作为对整个世界本质的把握，是抽象意义上的思辨，它立足于自然科学成果，而又不局限于此，哲学的目标是在有限中把握无限。因此自然科学和哲学的关系是特殊和普遍的关系。哲学认识不仅需要逻辑证明，也需要自然科学成果的证明。一个哲学理论不能与自然科学成果是矛盾的。但是同时值得注意的是，有限的实践无法证明无限的论题，从而"有限的"科学结论永远无法在当下证实试图"把握无限"的哲学理论。这只能是在人类的认识和实践的不断发展中去不断探索和解决。

把握这样一个性质区分，我们就会在讨论"物质结构是否无限可分"时不再滞留于如此这般的问题：如"'无限可分性'这一哲学论断无法得到以后的经验证实，因此其是不可取的"，"'有限可分'与当下的经验成果相符，因此是可取的"等。

（二）如何理解"物质可分性"问题？

以上讨论表明，需要从以下几个方面把握"物质可分性"问题。

1. "物质可分性"是在连续与分立的对立统一基础上的可分性

恩格斯从 19 世纪自然科学发展的科学事实出发，从唯物辩证法的立场对物质结构可分性问题进行了考察。他针对旧的原子理论对科学进一步发展的束缚作用，指出"原子理论已经被引向这样一个极端，以至于它不久必定要破产。"② 而"新的原子论和所有以前的原子论的区别，在于它并不主

---

① 对于正确理解"物质结构是否具有无限可分性"这一问题而言，将"可分性"与"可分析性"区别开来是很重要的。哲学意义上的"可分析性"具有普遍性，任何事物都具有内部矛盾，都可以进行一分为二的理论或抽象分析；而质和量上的"可分性"则与人类实践密切相关。何祚庥先生与金吾伦先生争论的一个焦点即在于这两个概念：前者因在很大程度上坚持哲学上的"可分析性"概念而认为物质结构具有无限可分性，后者则采用实践意义上的"可分割性"概念而反对物质结构具有无限可分性。参见何祚庥：《毛泽东和粒子物理学研究》，载《自然辩证法研究》1993 年第 11 期，第 53 页；金吾伦：《再论物质可分性问题——兼答何祚庥先生》，载《自然辩证法研究》1994 年第 10 期，第 57—62 页。

② 《马克思恩格斯全集》第 31 卷，1972 年版，第 171 页。

张（撇开蠢材不说）物质只是分立的，而是主张各个不同阶段的各个分立的部分（以太原子、化学、原子、物体、天体）是各种不同的关节点，这些关节点制约一般物质的各种不同的质的存在形式——往下直到没有重量的存在物和排斥的形式。"①

由此可见，恩格斯既不像旧原子观那样，认为"物质只是分立"的，也不像物质分割无限论那样，认为"物质只是连续的"。而是认为，"各个不同阶段的各个分立的部分"，乃是连续中的"各种不同的关节点"。就是说，从一定的历史阶段看来，物质结构具有特定的"分立性"的结构，而从长远的历史发展看来，物质结构又具有层次的"连续性"，这两者是对立统一的，片面强调其中任何一个属性都不是辩证唯物主义的正确观念。

2．"物质可分性"是在质与量的对立统一基础上的可分性

恩格斯曾批判过那种把"用位置变化来说明一切变化，用量的差异来说明一切质的差异"的机械论观点。他指出，这是由于"忽视了如同量可以转变为质那样，质也可以转变为量，忽视了所发生的恰好是相互作用。"②但是，"纯量的分割是有一个极限的，到了这个极限它就转化为质的差别：物体纯粹是由分子构成的，但它是本质上不同于分子的东西，正如分子又不同于原子一样。"③另外，恩格斯在论述物质可分性问题在具体科学中的表现时又指出："在化学中，存在着可分性的一个特定的界限，越过这个界限，物体便不能在化学上起作用了——原子"；同样，"在物理学中，我们也不得不接受有某种——对物理学的考察来说——最小的粒子。"④就是说，在物质可分性问题上，不仅存在量的分割，而且有质的转化；物质在量的意义上不断地分割下去，到一定程度必将引起质的转变，而具有不同的质的规定性的物质又可以在量上不断地分割下去。这就要求我们在理解物质的可分性问题时，不能把物质的可分性问题同单纯的数量的推演等同起来，不能由此陷入"片面的数学观点"。恩格斯在批判这种"片面的数学观点"时指出，"这种认为物质只在量上可以规定而在质上则自古以来都相同的观点，

① 恩格斯：《自然辩证法》，于光远等译编，人民出版社1984年版，第275页。
② 恩格斯：《自然辩证法》，于光远等译编，人民出版社1984年版，第154页。
③ 恩格斯：《自然辩证法》，于光远等译编，人民出版社1984年版，第78页。
④ 恩格斯：《自然辩证法》，于光远等译编，人民出版社1984年版，第144页。

'无非是'18 世纪法国唯物主义的'观点'。它甚至倒退到毕达哥拉斯那里去了，他早就把数，即量的规定性，理解为事物的本性。"①

总之，在物质可分性问题上，必须坚持质和量的辩证统一。这不仅仅是对"可分性"概念的澄清问题，而且也是一个方法论问题。单纯强调量的无限可分性，就会产生"片面的数学观点"，数学上的无限概念并不能简单地运用于现实，也不能在实践中起到应有的作用；而单纯强调质的可分性，一方面会纠缠于经验的局限，另一方面又会忽视"无限性"在量上的表现。

3. "物质可分性"是在有限与无限的对立统一基础上的可分性

20 世纪科学的新进展不断为我们展示出"无限性"的曙光，也遇上了诸如"夸克禁闭"等问题设置的障碍，使我们不得不重新面对有限的经验。那么，如何辩证唯物地理解有限与无限并阐述"物质可分性"问题呢？这可以从以下几个方面加以把握：

首先，物质的层次是以有限的形式表现出来的，每一个物质结构层次都有自己的质的规定性，每一个关节点都表现出一定范围内有限可分的特性。这种有限可分的特性，一方面体现为物质层次的相对固定性，另一方面表现为一定层次有限可分的内容与形式的特殊性。这样，物质无限伸展的层次，呈现为无限可分与有限可分的统一。

其次，物质层次是无限可分的，但分割的形式是特定的，有限的。这种分割形式的有限性，是与一定条件下物质可分的有限性内在联系在一起的，一定质的层次规定了质的分割形式。物质的机械分割只是分的一种形式，而不是全部形式。对物质层次的无限可分的把握，不能看成是机械分割的无限简单重复。

再次，物质层次是无限可分的，但人们对物质层次分割的手段，即人的认识能力，却受到一定的客观物质条件限制，表现为相对的有限性。物质层次的无限性和一定条件下人的认识能力的有限性这一矛盾，推动着人们对物质结构层次的认识不断深化。随着科学技术手段的无止境的发展和人们抽象思维能力的不断提高，人们不仅能够"观察"到原子、原子核，而且能够"观察"到组成原子核的基本粒子，以及更深层次微观粒子的"足迹"。尽

---

① 恩格斯：《自然辩证法》，于光远等译编，人民出版社 1984 年版，第 156 页。

管目前我们还没有完全掌握对强子和夸克"分"的内容和形式的特性，但是，人类迟早总会发现某种新的手段，探索至今被"禁闭"的夸克，甚至更深层次的物质粒子。

总之，物质结构层次的可分性是无限可分与有限可分的辩证统一，体现者有限与无限的对立统一这个辩证唯物主义的基本原理。

4. "物质可分性"是在还原论与整体论的张力中表现出来的可分性

在自然科学的意义上，对"物质可分性"问题的探索是与基本粒子物理学研究密切相关的。一般而言，基本粒子物理学家都或多或少对还原论有着一定程度的着迷，尽管有的物理学家声称自己不是"极端"还原论者，而只是"妥协"的还原论者。[①] 他们试图通过对更深层物质结构的研究去探讨自然界的"终极理论"。

还原论的物质结构观在一定意义上否定了自然界的偶然性和随机性，而陷入一种机械论之中。亚历山大·柯伊莱的话至今仍然有启发意义：牛顿、近代科学"把我们的世界一分为二。我一直认为，近代科学打破了隔绝天与地的屏障，并且联合和统一了宇宙。而且这是对的。但正如我也说过的，它这样做的方法，是把我们的质的和感知的世界，我们在里面生活着、爱着和死着的世界，代之以另一个量的世界，具体化了的几何世界，虽然有每一事物的位置但却没有人的位置的世界。于是科学的世界——现实世界——变得陌生了，并且与生命的世界完全分离，而这生命的世界是科学所无法解释的，甚至把它叫做'主观'的世界也不能解释。的确，这些世界每天都在（甚至越来越）被实践所连接。对于理论，我们还被一个深渊所划分。两个世界：这意味着两个真理，或者根本没有真理。这就是现代思想的悲剧，它'解决了宇宙之谜'，但仅是用另一个谜，它自身的谜来代替。"[②]

从根本上讲，我们的世界不仅是一个存的世界，还是一个生成演化着的世界。辩证唯物主义的一个基本观点就是承认自然物质世界处于普遍联系和永恒的变化和流动中。20 世纪兴起的许多新兴学科都已经揭示出事物联系、演化的整体性质，从宇宙演化论，到系统自组织理论如耗散结构理论、

---

① S. 温伯格：《终极理论之梦》，李泳译，湖南科学技术出版社 2003 年版，第 45 页。

② 转引自普里戈金、斯唐热：《从混沌到有序：人与自然的新对话》，曾庆宏、沈小峰译，上海译文出版社 1987 年版，第 71—72 页。

协同学、超循环理论等，科学的主要兴趣正在从相信简单性转向对复杂性的研究。科学的新进展要求我们破除旧的观念，建立新的概念和方法，尤其是必须要抛弃那种孤立地、静态地考察事物的方法，克服机械还原论，重视系统的整体性，促进科学思维方式的变革和新飞跃。这就要求我们，在对"物质可分性"的研究和认识过程中，应该在还原论和整体论之间保持必要的张力，即不仅要关注物质构成要素间的排列组合或分离分析，还要关注物质作为整体所表现出来的性质和能力；不仅要从静态角度研究"存是"，还要从动态角度关注"生成"，从而不仅要在科学上，而且还要在哲学上给人类提供一个完整的世界图景。

第三节　宇宙是否具有无限性？
——20 世纪宇宙学的进展及其哲学问题

茫茫的宇宙为人类提供了无限的哲学遐想，人类总是试图在这一遐想过程中超越自身，直面无穷，从而达到终极。在许多哲人看来，对宇宙的哲学反思赋予我们的不仅仅是深邃的智慧，还有宽广的气度，包容的精神，以及悠然的灵性。因此，可以理解的是，对宇宙学的探索更为切合人类的哲学理念。哲学所要反思的问题有很多，例如，宇宙是怎样起源的？宇宙的演化有无规律性？人是不是宇宙的中心，到底是宇宙选择了人类，还是人类选择了宇宙？等等。还有就是宇宙的无限性问题，即宇宙在本质上是有限的，还是无限的？

关于宇宙是无限的还是有限的问题，是一个争论不休的古老问题。康德看到了有限和无限的矛盾，但没有解决这个矛盾。黑格尔提出并系统论述了有限与无限的关系，但仅限于纯思辨的领域之中。至今只有马克思主义哲学，才科学地解决了有限与无限的矛盾。现代宇宙学的发展，证实并深化了马克思主义关于有限与无限的矛盾学说。

一、现代宇宙学的诞生和发展

宇宙学的发展离不开两个基本的条件，一是基础理论的发展，为宇宙学的发展提供了理论的手段；二是天文观测技术的发展，为宇宙学的研究提供了实践的基础。现代宇宙学就是在基础理论和观测实践的基础上生长起来的。爱因斯坦在 1916 年发表了广义相对论，为现代宇宙学的产生提供了理论前提。在 1917 年，他发表了题为《根据广义相对论对宇宙学所作的考查》的论文，提出了有限无界的宇宙模型，成为现代宇宙学的先声。1927 年哈勃发现了星系的视星等与红移之间存在着线性的关系，成为现代观测宇宙学的开端。在上述两个重大成果的基础上，现代宇宙学便产生和发展起来了。

20 世纪以来，宇宙学家根据天文观测材料，以及许多天文学的发现，提出了各种宇宙模型。到目前为止，其中受支持最多的是伽莫夫等人提出的大爆炸宇宙学。大爆炸宇宙学是伽莫夫、阿尔费尔和赫尔曼在 20 世纪 40 年代提出来的，之后又经过了不断地补充和完善，成为现代宇宙学的标准模型。

大爆炸宇宙学认为，宇宙最初是原始火球发生爆炸而产生的，在爆炸之后立即开始膨胀，于是，宇宙温度不断地从热到冷而下降，直至目前的这种状态。该理论有两个重要的假设①：第一，早期宇宙中的各种物质粒子和辐射，都处于热平衡状态；第二，在宇宙初期的强子数略多于反强子数，这个略多的差数，就是现今宇宙中物质的来源。作为科学假说，大爆炸宇宙学获得了不少天文观测事实的支持，但是也遇到了不少困难。例如，根据这个理论，宇宙从一个原始火球爆炸而来，爆炸时这个火球具有无限高的温度和无限大的密度，即所谓的"奇点"。但是，爆炸宇宙学却无法说明这种"奇"态。

除了大爆炸宇宙学模型之外，还有其他一些宇宙学模型，如稳恒态宇宙学、等级宇宙模型等。需要指出的是，所有这些模型都还存在一定程度的困难，目前都还只是假说，都还有理论和观测上的困难。

二、围绕"宇宙是否具有无限性"引发的哲学争论

我们首先回顾一下恩格斯关于宇宙有限和无限的论述，接下去再讨论围绕"宇宙是否具有无限性"引发的哲学争论。

（一）恩格斯对宇宙无限性的论述

恩格斯关于宇宙学原理做出了创造性的研究。他对宇宙论的主要贡献包

---

① 参见孙显元：《现代宇宙学的哲学问题》，人民出版社 1984 年版，第 9—18 页。

括，提出了宇宙体系和宇宙层次结构的思想；阐述了宇宙是物质的循环过程，从而以自身的原因说明宇宙起源的终极起源；详尽地阐述了宇宙演化的基本过程、基本规律和基本矛盾；探索了宇宙存在的形式，论证了宇宙是有限和无限的对立统一，等等。

针对宇宙有限无限的问题，恩格斯指出："无限性是一个矛盾，而且充满矛盾。无限纯粹是由有限组成的，这已经是矛盾，可是事情就是这样。物质世界的有限性所引起的矛盾，并不比它的无限性所引起的少。……任何消除这些矛盾的尝试都会引起新的更糟糕的矛盾。正因为无限性是矛盾，所以它是无限的、在时间上和空间上无止境的展开的过程。"① 他又进一步指出："诸宇宙在无限时间内永恒重复的先后相继，不过是无数宇宙在无限空间内同时并存的逻辑补充"②。在自然科学的极限即"我们的宇宙"之外，存在着"无限多的宇宙"。③

恩格斯的有关宇宙是无限和有限的辩证统一的论述中，认为宇宙在整体上是无限的，但无限是由无数的有限组成的，并通过有限表现出来。其中包含如下的要点：

1. 有限和无限是一对矛盾统一体。在有限中包含着无限，在无限中也包含着有限。有限无限相互转化，是对立统一的。

2. 无限性可以在时间上和空间上相互补充。时间和空间是辩证统一的，时间无限性和空间无限性也是相互关联、相互补充的。

3. 无限进步的过程是物质运动的永恒循环。既然宇宙存在的形式是无限的进步过程，它又是有限和无限的统一，那么，这种进步就表现为一个循环。这个循环并不是简单重复，而是存在着前进和后退、向上和向下的分支，但都是永恒物质运动的表现形式。

4. 量和质都是无限的。量的无限进展具有合理性，宇宙中的物质、运动、时空在量上都是无限的；但同时，质也是无限的，即具体内容的无限性和多样性。

---

① 《马克思恩格斯选集》第3卷，1995年版，第391页。
② 《马克思恩格斯选集》第4卷，1995年版，第278页。
③ 《马克思恩格斯选集》第4卷，1995年版，第344页。

（二）对宇宙无限性问题的两种论证方式及其问题

"大爆炸宇宙论"之后所引发的争论，涉及对于宇宙无限性论断的质疑。20世纪80年代，围绕宇宙无限性问题，在我国学术界展开了热烈的讨论，日趋尖锐。[①]

一种观点是对"宇宙是无限的"持否定态度。在这种观点看来，无论科学技术如何发展，人类所能观测到的永远只是有限宇宙的一部分，因此，人类没有办法认识到无限，宇宙无限的科学证明也永远无法完成，宇宙是无限的这个论断因而就是可疑的。

另一种观点是持赞同态度。这一时期学术界对于宇宙无限性所进行的论证具有两种方式[②]：第一是哲学论证；第二是对自然科学的宇宙和哲学的宇宙进行二分。

哲学论证主要采取了三种策略：第一是运用有限与无限的辩证关系，即只要承认有限宇宙的存在，就必须同时承认这个有限的宇宙可以进行超越；第二是采用归谬法。如果认为宇宙有限，那么这个限度在哪里？第三，因为人类的认识能力具有无限性，所以宇宙作为被认识的对象也具有无限性。这些哲学论证方式具有很强的思辨性，而且往往停留在纯粹的思辨层面。

二分法将哲学上的宇宙与自然科学中的宇宙区分开来，认为前者总是无限的，而后者总是有限的；于是，现代宇宙学的成果将不会影响哲学上对宇宙无限性的论断，从而使得哲学论断成为颠扑不破的永恒真理。事实上，这种做法由于割裂了自然科学与哲学的联系，造成了科学与哲学的对立，既无法解决宇宙的有限无限问题，也实际上就放弃了论证。

三、如何理解"宇宙无限性"问题？

那么，如何解决哲学的宇宙无限性同大爆炸宇宙学给出的有限结论之间的矛盾？宇宙无限性含义究竟是什么？如何把哲学上的宇宙无限性同科学上的宇宙有限性统一起来？或者说，宇宙的有限无限的问题是一个哲学命题，还是一个科学问题？仅仅依靠自然科学，或者仅仅依靠哲学的抽象能否可以

---

① 李秀果：《现代物理学向哲学提出的几个问题》，载《自然辩证法通讯》1980年第1期，第20页。

② 胡文耕主编：《科学前沿与哲学》，中共中央党校出版社1993年版，第156页。

把握无限性？

自然科学史告诉我们，以有限物为对象的自然科学无法把握宇宙的无限，而用纯粹哲学思辨的方式去把握无限又会割裂科学与哲学的联系，同样不能正确地解决宇宙的有限无限问题。要正确地理解"宇宙无限性"问题，必须用以唯物辩证法的立场、观点和方法来概括和总结 20 世纪宇宙学的最新进展：

第一，最新的科技成果既没有证实"上帝创造论"、"宇宙有限论"，也没有否定整个物质世界及其时空的无限性。"大爆炸宇宙论"及其他相关的宇宙演化学说的提出，是现代宇宙学家们在科学观测基础上探索宇宙奥秘的新成果，但这种学说本身仍然是一种科学假说，很多问题仍然需要解释和验证。"大爆炸宇宙论"的"宇宙"是指现代人类观测所及的宇宙，它的时空也只能是有限的。至于大爆炸之前宇宙及其时空的状况，以及在"观测宇宙"之外是否存在其他宇宙以及它们之间的相互作用，目前限于科技条件尚无观测依据，从科学上而言不能定论。但可以肯定的是，目前的观测结果并没有为否定物质世界的无限性提供直接的证据。在此意义上，这是对"宇宙无限性"的最弱意义上的论证。

第二，在有限与无限辩证统一的基础上把握"宇宙的无限性"。辩证唯物主义的物质观中包含了对物质形态的多样性及其运动变化的永恒性的肯定，物质世界本质上是无限的，不仅在空间上体现为无数有限具体的物质形态的集合体，而且在时间上体现为无数有限过程的集合体，即宇宙的无限性是有限与无限的辩证统一。有限和无限互为前提。一方面，无限要以有限为前提。无限不是存在于有限之外绝对的虚无，而是存在于有限之中。整个物质世界是无限的，但它是由无数有限的具体事物构成的，并且通过各种有限事物的不断生灭表现出来；另一方面，有限也要以无限为前提。任何有限的事物都是作为无限宇宙的环节和部分而存在，有限包含着无限。这不仅表现在物质结构的不可穷尽，各个有限事物的时空特性也是无限多样的。黑格尔说得好，有限物的本性就是超越自身规定的限制，趋向无限。由于事物矛盾运动的结果，事物的性质不断地从量变到质变，原来的时空界限也就相应地会不断被"超越"，从旧的时空变为新的时空。有限物的时空的这种转化是无限的。

第三，不仅要在存是的意义上把握宇宙的无限，更要在生成的意义上把握宇宙的无限。从存是的意义上看，"我们的宇宙"并不能提供直接的证据证明"无限的宇宙"；从生成的意义上看，"我们的宇宙"处于永无终点的演化发展之中，因而宇宙也就具有无限性。20世纪自然科学的巨大进展，尤其是70年代以来耗散结构论等自组织理论的发展，为我们展现出自然事物的生成演化特性，从而为宇宙无限性提供了新的论证。

第四，人类的认识能力可以通过有限把握无限。尽管进入人类认识领域的是有限的对象，但是人类思维的至上性可以从有限之中把握无限，把许多有限的东西综合为无限的东西。恩格斯曾经指出，"对自然界的一切真实的认识，都是对永恒的东西、对无限的东西的认识，因而本质上是绝对的。"[①]人类的认识完全有能力在实证科学的基础上把握物质世界的无限，从相对中把握绝对，从而为人们提供更为广阔的认识视阈和实践领域。

第五，哲学的任务就是在实证科学的基础上进行最高的抽象。这也是哲学与自然科学的差别之一。哲学不仅要思考有限，而且要联系有限来思考无限。因此，它既要尊重并吸取当代科学前沿的最新成果，又必须超越人类已经达到的认识的范围，超前思考尚未认识或尚未完全认识的领域。这是由哲学学科的特性所决定的。

---

① 《马克思恩格斯选集》第4卷，1995年版，第341页。

第 二 章

系统性、非线性和复杂性及其哲学问题

20 世纪上半叶以来，兴起了一批以由要素和要素之间关系组成的系统为研究对象的学科群，包括 20 世纪 30—40 年代产生的系统论、信息论和控制论，60—70 年代出现的耗散结构理论、协同学、超循环理论和突变论，以及 80 年代以后出现的自组织理论、混沌理论以及分形论非线性科学和复杂性科学。这些学科将系统作为研究对象，分别从不同的角度和不同的层面进行了深入细致的研究，使得人们越来越深刻地认识到科学所揭示的对象处于普遍的系统联系之中。本章侧重考察系统性、非线性以及复杂性的基本概念和原理，以及还原论与系统论的关系、决定论与非决定论的争论，以及简单性与复杂性的关系。

第一节　系统概念及还原论与整体论的关系

一、系统概念与世界的系统存在方式

"系统"一词源于希腊文 $\sigma\nu\sigma\tau\eta\mu\alpha$，原意为由各部分组成的整体、集合。客观世界的系统性通常指具有一定的相互联系、相互作用和相互制约关系与特殊方式中的两个以上要素或部分组成的具有特定的整体结构和适应环境的特定功能的有机整体。因此，系统概念本身与元素（或部分）、关系、联系、结构、整体性和功能等概念联系在一起。

1925 年怀特海发表了《科学与近代世界》一文，提出以机体论取代机械论的观点，把自然现象当作不断活动和创造进化的过程。同年美国人劳特卡发表了《物理生物学原理》，以及随后的德国人克勒于 1927 年发表了《论调节问题》，提出了系统论的基本原理。美籍奥地利生物学家贝塔朗菲从前人那里吸收了许多系统思想，把协调、秩序、目的性等概念应用于对有机体的研究，于 20 世纪 30 年代提出了生物学的有机概念，进而提出来一般系统论思想。

贝塔朗菲把系统定义为："相互联系、相互作用的诸要素的综合体"①。一个系统，具有如下基本特征：

（1）要素之间的相关性。同一个系统的不同元素之间总是处于一定的相互联系、相互作用之中，不存在与其他要素无关的孤立的要素。由于这种相关性，一个系统从根本上无法还原为若干孤立的部分。相同的要素由于彼此之间的相互关联方式不同，决定了系统具有不同的特征。因此，相互联系、相互作用方式是特定系统统一性的标志，是区别于其他系统的根据。此外，系统要素之间的相互作用方式具有某种确定性（无论是必然联系还是符合统计规律），而仅仅具有完全偶然联系的要素的集合不能称之为系统。

（2）系统的整体性。要素与要素之间的相关性，决定了系统的整体性和统一性，或称为有机整体。凡系统都有整体的形态、整体的结构、整体的边界、整体的特性、整体的行为、整体的功能，以及整体的空间占有和整体的时间展开，等等。所谓系统观点，首先是整体的观点，强调考察对象的整体性，从整体上认识和处理问题。但系统与整体不是一个概念，系统必是整体，而整体未必是系统。

（3）系统的环境性。所谓环境，是指系统以外的、并与该系统有着一定关联的事物。任何系统都处于一定的环境中，并与环境有着密切的关系。一般而言，把能够与环境进行物质交换、能量交换或者信息交换的系统称之为开放系统，而把与环境没有物质交换、能量交换或者信息交换的系统称之为孤立系统。孤立系统仅仅是一种抽象的理想化情况，真正的孤立系统并不存在。

---

① von Bertalanffy：General System Theory. New York：George Breziller, Inc. 1973. p. 33.

（4）特定的结构和功能。系统内部诸要素相互联系、相互作用的方式或者秩序，决定了该系统具有特定的结构，它说明了系统的存在状态。系统特定的结构决定了其具有某种特定的功能，往往表现在系统与外部环境之间进行物质、能量和信息交流与变换的关系上，以及系统具有特定的目的性等。系统的结构和功能密切相关，结构是系统的基本属性，要素与结构是系统具有特定功能的内在根据，功能是要素与结构的外在表现。

系统作为客观世界存在方式的科学概括，事物的整体性、整体与部分、结构与功能、系统与环境等的相互联系和相互作用的普遍规律性成为题中应有之义，成为具有普遍性的哲学范畴。

事实上，19世纪以前，近代科学主要研究既成的和孤立的客观事物。19世纪以来的近代自然科学，开始进入到对事物过程以及自然过程的相互联系的研究。例如，19世纪自然科学的三大发现分别揭示了细胞向生物体的转化、生物物种的进化、不同形式的能量之间的相互转化的科学事实，展示出一幅自然界相互转化和普遍联系的宇宙图景。

系统概念是随着系统科学的发展而确立的。20世纪30—40年代逐渐兴起的控制论、系统论和信息论，开始突破传统科学研究方法，从不同的侧面揭示了自然界、人类社会和思维领域之间许多现象的联系及其一致性，揭示了客观世界的系统本质，从新的角度论证着世界的物质统一性。到20世纪70年代，几乎同时诞生的耗散结构理论（普里戈金，亦译普里高津）、协同学（哈肯）、突变论（托姆）等自组织理论，进一步揭示出物质世界是在相互联系、渗透、作用、转化中体现其统一性的，是以系统演化方式展现出来的系统存在。

二、还原论与系统论的关系

凡是相信可以通过系统的构成要素或少数几个统帅这些要素相互作用的基本定律来认识现象的哲学，就叫做"还原论"（reductionism）。还原论是近代科学所奉行的基本方法论原则。[①] 近代欧洲唯理论的重要代表人物笛卡

---

① 笛卡尔把探求真理的指导原则归纳为21条，其中原则五至原则七都诠释了获得真知的还原论方法论。参见笛卡尔：《探求真理的指导原则》，管震湖译，商务印书馆2005年版，第25—39页。

尔认为，整体总是可以分解为部分，复杂的现象总是可以分解为简单现象来理解，非线性系统总是可以简化为线性问题来解决。正是在这种还原方法论的指引下，近代科学一步一步地把研究对象还原到越来越基本的层次，即把物质还原到基本粒子甚至夸克，把生命还原到基因。

还原论的一个基本信念是，相信客观世界是既定的，存在一个由"宇宙之砖"构成的基本层次，高层次的整体性质是由所有低层次的"砖块"性质共同决定的。因此，在还原论看来，只要把研究对象还原到基本的低层次上，弄清楚最小组分的性质，就能彻底弄清楚高层次的性质。在这样的方法论指导下，以牛顿力学为样板的近代科学取得了巨大成就，极大地深化了人类对世界的认识。牛顿把行星和卫星的运动"还原"为与苹果落地相同的运动，发现了万有引力定律，并用这一个定律统帅了宇宙间各种星体的力学现象。在 20 世纪对生命现象的研究中，还原论也顽强地表示出来，它使得人们相信，生命世界的全部奥秘就存在于 DNA 分子之中，因此，生命科学的研究被"还原"为 DNA 分子的研究。

还原论哲学在总结牛顿和分子生物学的成就中找到了它们所需要的例证，但是，还原论者却不能将它们的认识原则进行到底。比如，尽管 DNA 密码可以传达给我们许多关于生命体的信息，但是，生命系统的要素并不是按照简单的相互作用模式发生的。生命系统中各要素之间的相互作用方式比我们所想象的要复杂得多。因此，还原论方法在本质上无法彻底达到对整体性质的认识。

正如美国学者考温（George Cowan）所指出的，通往诺贝尔奖的堂皇道路通常是用还原论的方法取得的，我们为一群不同程度被理想化了的问题寻求解决方案，但却多少背离了真实的世界，并局限于你能够找到一个解答的地步，这就导致科学越分越细碎，而真实的世界却要求我们采取更加整体化的方法。例如，在微观上，随着科学越来越深入到更小尺度的微观层次，我们对物质系统的认识越来越精细，但对整体的认识反而越来越模糊。在宏观大尺度上，现代科学表明，许多宇宙的奥秘来源于整体的涌现性（emergency），而还原论方法无法揭示这类宇宙的奥秘，因为真正的整体涌现性在整体被分解为部分时已经不复存在了。此外，任何复杂的事物或系统，总是处于不断演化的过程之中，普里戈金的耗散结构理论已经揭示了这一点。也正是在这个意义上，普里戈金把他以前的物理学叫做存在的物理学，把他的耗散结构理论叫做演化的物理学。

近代科学经历数百年的发展带来的方法论启示是："不要还原论不行，只要还原论也不行；不要整体论不行，只要整体论也不行。正确的做法是把还原论与整体论结合起来，采用系统还原论。"[①] 对物质世界的认识，既要注重以还原的方法揭示系统要素的基本性质，又要注重以系统的方法把系统的诸要素结合起来，把握作为整体的现象，不可孤立地、片面地强调某一种方法的特殊地位。对整体的认识是建立在对部分的认识的基础上的，不对系统进行深入细致的了解，就无法真正认识整体。同样，仅仅对组分有了精细的了解，还不足以真正地理解作为整体的系统。只有将还原方法和系统方法辩证统一起来，才能更加完整地、准确地认识客观物质世界。正如切克兰德所断言的那样："我相信，系统思想和分析思想将逐渐被人们视为科学思想的孪生组分"[②]。

第二节　非线性科学与世界的非线性本质

一、非线性和非线性科学

以牛顿经典力学为代表的近代科学，实质上是以线性系统为研究对象的线性科学，相应地在数学上为研究和解决线性系统基本问题提供了强有力的解析方法和工具，包括线性代数、线性微分方程、傅里叶分析、线性算子理论和随机过程的线性理论等。正如人的认识是从简单对象开始的一样，近代科学的产生和发展也是从研究线性系统这种简单对象开始的。

近代以来的线性科学在理论和实践上都取得了辉煌的成就，深刻地影响着人类的物质生活，同时也逐渐成为人们认识和处理客观对象的基本观念：第一，把线性系统视为客观世界的常规现象、正常状态或本质特征，把非线性系统视为例外情形、病态现象或非本质特征，非线性系统仅仅是线性系统

---

① 苗东升：《系统科学精要》第 2 版，中国人民大学出版社 2006 年版，第 49 页。
② P. 切克兰德：《系统论的思想与实践》，左晓斯、史然译，华夏出版社 1999 年版，第 93 页。

的扰动；第二，认为只有线性现象才有普遍规律，可以提出一般原理，找到普适方法，而非线性现象没有普遍规律，不能建立一般原理和普适方法。客观世界被看作是一种以线性关系为基本特征的对象集合，世界本质是线性的，科学的对象世界被描绘成一个线性叠加的世界，没有间断、没有突变、没有分叉、也没有后混沌。世界的图景是简单的，也是单调的。

然而，线性世界观掩盖了真实的世界，特别是掩盖了宏观复杂现象领域的真实图景。20世纪70—80年代，分形、混沌等探索所刮起的"非线性风暴"，横扫了线性世界观的每个角落，将过去颠倒了的认识重新颠倒过来。于是人们终于明白，现实世界中的非线性特性不是细枝末节而是世界的本质属性，线性特性才是非本质的存在和次要方面；线性系统只不过是一部分简单非线性系统在一定条件下的近似。非线性现象根源于系统要素之间、或者系统与环境之间的非线性相互作用。而这种非线性相互作用普遍存在于世界之中，是物质世界的本质属性。我们需要从线性世界观走向非线性世界观。非线性世界观代表的是一种崭新的世界观，它把简单性与复杂性、有序性与无序性、确定性与随机性、必然性与偶然性等统一在新的绚丽多彩的自然图景之中。

概括地说，非线性现象具有下列四个基本特性：对初值的极端敏感性、非比例特性、反馈机制和吸引子。

1. 对初值的极端敏感性

经典动力学观点认为，系统的长期行为对初始条件是不敏感的，即初始条件的微小变化对未来状态所造成的影响也同样是微小的。然而，非线性科学尤其是混沌学的研究表明，在混沌系统中，初始条件的微小改变，经过非线性相互作用不断得到放大，对其未来状态会造成极其巨大的影响。混沌学家洛伦兹于1979年12月在华盛顿的美国科学促进会的一次讲演中形象地说：这犹如一只蝴蝶在巴西上空扇动翅膀，一个月后有可能会在美国的德克萨斯引起一场龙卷风。这就是所谓的"蝴蝶效应"。

2. 非比例特性

在线性关系中，原因与结果之间具有比例特性，一定的原因总是产生一定的结果。比例特性在函数关系上表现为，因变量与自变量成比例地变化，即变化过程中二者的比值不变；这就意味着，可以由现在已知的变量来预测其未来的发展结果。而非线性现象世界中，非比例特性是一种普遍存在的非线性现象。在此，微小的原因可能产生巨大的结果；反之，巨大的原因也可能导致微小的结果。换句话说，在非线性现象中，系统中各种关系并非具有严格的成比例特性，特定的原因将产生难以预料的结果。线性关系中的比例特性，不过是非线性中非比例变化逐渐趋缓的极限情形。

3. 反馈机制

所谓反馈，顾名思义，就是"终点又回到起点"，"结果又作用于原因"。在系统的演化方面，系统过去的历史决定其进行的方向，在随机与动态选择中，系统中各吸引子导致结果的产出，一切过程可以由非线性方程加以表示；如此反复进行，旧的成果会反馈至系统成为新的输入，并产生波动而激发产生下一次的新结构。反馈包括正反馈和负反馈，正反馈是所谓增加系统偏离现状的反馈，而负反馈则是所谓保持系统不偏离现状的反馈。反馈机制中，往往包括着正反馈和负反馈两种可能性，或者是他们的联合作用。

4. 奇异吸引子

吸引子本质上是某些元素或力量浮现出来而成为一个中心的组成部分环绕着事件运转循环。在非混沌系统中，吸引子的图像要么是一条直线，要么是像车胎一样的环形，其空间几何形状是整数维结构。而在混沌系统中，吸引子像两个连在一起的耳朵，其空间几何形状异常复杂，是分数维结构，因为其形状较非混沌中的吸引子有些奇特，又称奇异吸引子或奇怪吸引子。了解了混沌系统的吸引子，就了解了混沌系统的演化状态。吸引子的出现，体现的是系统必然存在一个或多个潜藏的规定或原则，它是影响系统运作的重要因素，主导系统的演变，成为系统秩序和规律的线索。

非线性科学的产生，标志着人类认识由线性现象领域进入非线性现象领域，是人类科学史上的一次巨大飞跃。非线性科学揭示出来的新事实、新特点和新规律，致使机械论自然观逐步丧失其最牢固的立足之地[①]，不仅为辩证唯物主义的自然观乃至世界观提供了更加坚实的理论依据，而且丰富和深化了人们关于世界的演化和发展的观点。

----

① 魏宏森、宋永华等：《开创复杂性研究的新学科——系统科学纵览》，四川教育出版社1991年版，第555页。

二、世界的非线性本质与非线性思维

(一) 非线性科学揭示出世界的非线性本质

自然事物或系统间的联系和相互作用是多样的。随着系统复杂程度的增加，系统内部与系统之间又会产生许多新型的联系和相互作用。但是，无论这些具体的相互作用有多少种，它们整体上可分为两种基本类型：一种是线性相互作用，另一种是非线性相互作用。按照系统内在要素之间或者系统与环境之间的相互作用方式的不同，系统可以划分为线性系统和非线性系统。这两类系统的基本特征可以归类如下（见表2.1）①:

表2.1　两类系统的特征对照

	线性系统	非线性系统
1	满足叠加原理，即解具有加和性:若 x 和 y 是解，则 x + y 也是解。	不满足叠加原理，即解具有非加和性:若 x 和 y 是解，则 x + y 不是解。
2	态空间至多有一个吸引子，没有不同吸引子的竞争。	态空间可能同时存在几个吸引子，不同吸引子相互竞争。
3	只有不动点(平衡态)吸引子，没有极限环等复杂吸引子。	不动点、极限环(周期态)、环面(准周期态)、奇怪吸引子(混沌态)应有尽有。
4	只有平庸的稳定性交换，即丧失稳定性或获得稳定性，没有不同吸引子之间的稳定性交换。	在同一态空间中，系统可能既有稳定运动，又有不稳定运动，具有所有可能形式的稳定。
5	只可能有他激震荡。	既有他激震荡，又有自激震荡。
6	原则上没有分岔现象。	出现分岔是常见现象。
7	没有突变。	出现突变是常见现象。
8	系统行为没有回归性;没有循环运动。	系统行为一般都有回归性;循环运动是常见的。
9	不可能发生混沌运动。	混沌运动是通有行为。
10	一切都是确定性的，未来完全可以预测，没有创新,没有发展。	既有确定性，又有不确定性,长期行为不可预测,富有创新,富于发展变化。

1. 分形的世界

分形，即分数维 (fractal dimension) 几何学，是与传统几何学即整数维

---

① 苗东升:《非线性思维初探》，载《首都师范大学学报 (社会科学版)》2003 年第 5 期，第 94—102 页。

几何学相对的一个概念。传统几何学的研究对象是那些规则的、光滑的整数维对象，并且认为，任何现实世界的客观物质存在，其物体的形状都可以投射到数学空间，并以数学上的零维的点、一维的线、二维的面和三维的体对其描述。然而，这种描述只是对丰富多彩的现实现象的一种近似和简化，现实世界并不存在严格的整数维的几何体。变化无常的云朵、眼花缭乱的繁星、漫天飞舞的雪花、弯弯曲曲的江河、起伏不平的山峦、郁郁葱葱的森林……这是一个不规则、不光滑的世界。传统几何学对于这些现象的描绘无能为力。

20世纪70年代，法国数学家B. B. 曼德布罗特提出分数维几何学的设想，并于1975年发表《分形：形态、机遇和维数》一书，创立了分形几何。分形（Fractal）被称为非线性科学中最重要的三个概念（分形、混沌、孤子）之一，分形几何成为当代最具吸引力的科学研究领域之一。

分形体是分形世界的基本存在形态，闪电、冲积扇、泥裂、材料断面、大脑皮层、支气管、树冠、星系、山川、脑电图，等等，都是具有分数维数的分形体，都可以用分形理论来描述。分形世界的本性就在于其极不光滑、处处不可微。分形世界尽管千变万化，无特征尺度和非光滑性，但是，在分形几何学的视野中，无特征标度却意味着某种自相似性，即无论采用什么样大小的尺度度量对象，其形不变。这就是标度变换下的不变性。分形的一些基本不变特性被法克涅（K. L. Falconer）归纳如下[①]：

（1）分形具有精细结构；

（2）分形具有高度的不规则性；

（3）分形具有某种程度上的自相似性；

（4）分形的某种意义下的维数大于它的拓扑维数；

（5）分形的生成方式很简单，比如可以用递归方式生成。

分形理论诞生后得到了迅速的发展，分形概念已从最初所指的形态上具有自相似性的几何对象这种狭义分形，扩展到结构、功能、信息和时间等具有自相似性质的广义分形，人们在自然、社会、思维等各个领域都发现了分

---

① K. J. Falconer: Fractal gemetry, mathmaticalfoundations and applications, Wiey, 1990. 转引自吴彤:《分形方法及其意义——系统空间形态与结构复杂性研究的方法》，载《内蒙古大学学报（人文社科版）》1999年第4期，第80—86页。

形现象。分形理论打破了整体与部分之间的隔阂，找到了整体与部分之间的相似性，从而深化和丰富了整体与部分之间的辩证关系。

2. 混沌的世界

科学家对混沌现象的关注由来已久。19 世纪中叶，热力学所探讨的热力学平衡态就是一种混沌态，与此相关的布朗运动、丁泽尔现象等混沌无序状态也受到了关注。19 世纪末 20 世纪初，法国数学家庞加莱在研究三体问题时也遇到了混沌问题。庞加莱证明，系统可以分为可积系统和不可积系统，可积系统可以对子系统分别进行研究，消除彼此间的相互作用，找出部分的运动积分，从而求解。但是，可积系统极其稀少，而自然界中绝大多数存在的是不可积系统，在原则上不能求出精确解，而混沌现象普遍存在于不可积系统。直到 20 世纪 60 年代，美国气象学家洛伦兹在研究"长期天气预报"问题时发现了混沌现象，其后发表《决定性的非周期流》一文，标志着混沌学作为一门学科的确立。

当代科学中的混沌是指确定的宏观的非线性系统在一定条件下所呈现的不确定的或不可预测的随机现象，是确定性与不确定性、规则性与非规则性、有序性与无序性融为一体的现象，其不确定性与随机性不是来源于外部干扰，而是来源于内部的非线性交叉耦合作用机制。① 混沌理论揭示出一个在形态上和结构上崭新的混沌世界：声学混沌、光学湍流、化学反应的混沌变化、太阳系中行星的混沌轨道、地震的混沌特征、长期天气预报的"蝴蝶效应"、虫口数目的混沌更迭、电子线路中的噪声输出以及电力网的复杂震荡等等。

分形论和混沌理论这两大非线性科学理论分别从不同角度揭示出一个非线性的世界本质。

（二）思维方式从线性到非线性的变革

线性思维源自简单性思想，这一思想可以追溯到古希腊毕达哥拉斯学派提出"美是和谐与比例"的观点，他们认为宇宙的和谐是由数决定的，这成为毕氏学派建立自然科学理论的一个原则。简单性之美此后长期统治着传统西方科学，线性思维方式是它的一个基本特征。

---

① 魏诺编著：《非线性科学基础与应用》，科学出版社 2004 年版，第 168 页。

　　那么，究竟什么是线性思维呢？线性思维方式具有如下三个基本特性：

　　（1）比例特性。线性思维方式在因果关系上呈现为比例特性，即原因与结果之间的存在某种相对稳定的比例关系。一定程度原因的改变，会造成相应程度的结果的改变。在对现实世界的描述上，线性思维体现在构建认知对象的数学模型上。线性模型描述现象 y 和变量集合 x_1，x_2，$\cdots$ x_n 之间的函数关系，通常具有如下线性形式：

$$y = b + a_1 x_1 + a_2 x_2 + \cdots + a_n x_n,$$

　　其中，a_1，a_2，$\cdots$，a_n 和 b 都是常数，所有的 x 都以一次幂的形式增长，且所有的 x 之间都是加和关系。当线性方程中所有变量以一次幂的形式变化时，方程呈现出"比例特性"：当 x 有一个增量时，现象 y 以相应的比例增长。这种比例特性告诉我们，一个系统输入的变化将导致系统输出端以某种常数比例变化，输入与输出之间是可以预测的。

　　（2）可叠加特性。可叠加特性是线性思维的又一基本特性，即认为通过对组成部分认识的叠加就能够到达对系统的整体的认识；相反，整体的特性等于各个部分的性质的代数和。在数学上，如果 ψ_1、ψ_2 是线性方程的两个解，那么（$a\psi_1 + b\psi_2$）也是方程的一个解；换言之，如果 ψ_1、ψ_2 代表系统的两个状态，那么这两个状态的线性叠加（$a\psi_1 + b\psi_2$）仍然是系统的可能状态，它实质上体现了系统的各种作用因素的相互独立性及其时空分布的对称与均匀性等特点。当变量之间是叠加关系时，模型是可以分解的。也就是说，变量之间可以互相分离，进而可以逐个得到研究，并且把它们再加起来，以获得对整个图景的完全理解。分解意味着被描述的现象 y 等于所有个体变量之合。因此，线性思维认为，所有复杂的对象都可以通过把它分解为越来越小的、可以逐个分析的个体，然后把这些分析结果叠加起来的方法以获得最终结果。

　　（3）推理的显明性。线性思维的再一个基本特性是推理的直接性和显明性，即我们可以根据现有某种特定的推理规则和已经获得的信息，直接且显明地通过推理来预测未来的结果。从牛顿力学原理到麦克斯韦电磁学理论，都属于线性思维模式，即把自然现象或规律用"函数关系、微分方程、相空间轨道等数学语言加以描述；具有严格的可预言性和可重复性。过程的起始条件一旦确定，就可以严格地预言此后的事件、过程；统一系统可以在相同条件下实现相同过程"①。

非线性科学的兴起，使人们逐步认识到，在一个复杂系统中，要素、子系统、巨系统之间的跨层次的相干性和耦合作用所表现出的运动，是在非线性相互作用下的不规则的运动。贝塔朗菲的"1+1不等于2"的隐喻式的表达式，表明了系统整体与部分之间的非线性关系。非线性思维逐渐成为认识非线性现象和复杂世界的基本思维方式，具有如下基本特性：

（1）变比特性。非线性具有变比特性，即原因与结果或者变量之间不按固定的比例变化。变比特性是非线性世界的一个普遍现象，例如，"蝴蝶效应"、生产中的投入与产出关系、科技发展的影响因素与其发展速度的关系，等等。这些现象在数学空间中对应于非线性方程，例如抛物线函数、指数函数等。非线性要求我们，不能用线性关系和比例特性来认识和处理非线性现象，线性比例关系仅仅是非线性世界的特例，非比例特性才是非线性世界的基本属性之一。具有比例特性的因果关系经验，在认识非线性世界时可能犯错，非线性现象不能简单地利用比例特性或者经验得出判断。

（2）非叠加特性。由于系统要素之间存在非线性相干特性，因此，非线性系统具有不可叠加性，即对部分的认识之不等于对整体的认识。在数学形式上，尽管 ψ_1、ψ_2 是线性方程的两个解，（$a\psi_1 + b\psi_2$）未必是非线性方程的一个解。非线性系统的不可叠加特性意味着，线性思维存在这样的认识误区，即对系统部分的研究越深入，对系统整体的认识越客观。不可叠加性在于部分之间存在相干性，其间的相互作用方式不断发生着变化。这就要求我们在对系统要素进行纵向深入分析的同时，还要注意把握和揭示要素之间的相互作用方式。

（3）隐喻特性。与线性思维最终获取对象的精确解和定量解不同，非线性思维模式往往旨在获取对复杂对象的定性理解和隐喻式的说明。复杂性理论为非线性思维模式提供了丰富的隐喻模型，形成了一系列隐喻式的概念、隐喻的推论以及实际的应用含义（见表2.2）②：

---

① 郑玉玲：《偶然性与科学》，中国社会科学出版社1990年版，第9页。

② 在能够达到本书的引用意图的范围内，本书有选择地引用了原文的完全列表。

表 2.2　复杂性理论隐喻

隐喻概念	线性系统	非线性系统
隐喻概念	推论	实际应用
适切景观1（Fitness landscape）	局部对全局最优	寻求（改进）策略
适切景观2（Fitness landscape）	在共同演化中改变形态	知道利益相关者之间的反馈环和相互作用
吸引子（Attractor）	行为积极遵从某种模式	选择比试图影响注定要发生的行为更重要
模拟退火1（Simulated annealing）	用"混沌"控制"混沌"	对于一个人群、数据流以及信息检索来说，有一点混乱可能是好事
模拟退火2（Simulated annealing）	"噪声"可以增加创造性	挑出噪音、新的声音或者不同寻常的观点的被支配的要素
生成关系（Generative relationships）	在每一个遭遇困难的今天，寻求明天的回报	要以问它是如何帮助我成长的方式，去面对困境
回报递增（Increasing returns）	以知识为基础的经济要素不同于传统的经济要素	提升网络和社区可能的影响
初值敏感依赖性（Sensitive dependence on initial conditions）	长期预测是不可能的	控制就其本身来说将不起作用

資料来源：Michael R. Lissack. Complexity：the science, its vocabulary, and its relation to organizations. Emergence, 1999, 1（1）：110—126.

隐喻思维是处理非线性现象和复杂对象的基本思维方式，尽管通过隐喻无法获得明确的、可靠的处理的方法，但是，面对非线性世界的丰富多彩和变化多端，隐喻这种思维方式给我们提供了富有启发意义的处理非线性复杂对象的思路。

世界的非线性本质要求我们要以非线性思维方式来认识和把握世界。尽管非线性现象和发展过程在本质上无法精确预测，无法获得对非线性现象确切和显明的认识，但是，仍然可以以非线性的思维模式有效地把握和处理这类研究对象。线性思维方式作为非线性思维方式的特例，在认识接近线性系统基本特征的对象时，具有直接性和明晰性。事实上，线性思维方式和非线性思维方式都是人类认识的基本方式。

三、决定论与非决定论的争论

决定论与非决定论的关系问题是一个长期争论的论题，随着科学的进一步发展而具有新的内容,引出新的争论。

基于牛顿力学的决定论是一种机械决定论,牛顿力学方程 $F = ma$ 反映了决定着(F)与被决定者(a)之间的线性因果关系。该力学方程表明,作为严格的线性因果链,只要已知系统的初始条件,过去与未来都可以准确地计算出来。换句话说,在机械决定论中,因果关系是一种单值函数关系,即认为只要存在某种原因,就必然会导致某种结果。正如牛顿所说,"我们已经详尽地解释了的规律可以用来说明各个天体和我们宇宙的所有运动"。

牛顿的机械决定论在近代物理学的发展中一直占统治地位,并在拉普拉斯那里达到了顶峰。拉普拉斯的结论是:"我们应当把宇宙的目前状态看作是它先前状态的结果,并且是以后状态的原因。我们暂时假定存在着一种理解力(intelligence),它能够理解使自然界生机盎然的全部自然力,而且能够理解构成自然的存在的种种状态(这个理解力广大无边,足以将所有资料加以分析),它在同一方式中将宇宙中最巨大物体的运动和最轻原子的运动都包罗无遗;对于这种理解力来说,没有任何事物是不确定的了;未来也一如过去一样全部呈现在它的眼中"。①

拉普拉斯的决定论大致可以概括为四层含义:② 第一,严格确定性,即宇宙状态是其在前一瞬间状态的必然结果,宇宙的发展具有严格的确定性;第二,可预言性,即宇宙的未来在原则上可以精确预测;第三,机械还原论,即宇宙是由大量力学系统构成的,并且满足叠加原理;第四,因果等当性,即宇宙处于线性因果关系中,一定的原因产生一定的结果,反之亦然。可见,经典科学基于线性因果关系,并提供了一种决定性的世界图景。

20 世纪初期,随着量子力学对微观领域的探索,经典线性力学方法的局限性也日益凸显出来,拉普拉斯意义上的确定性因果关系从根本上受到了挑战。量子力学的测不准关系表明,由于微观粒子的波粒二象性以及仪器的干扰作用,微观客体的行为状态呈现出明显的不确定性和概率特征,甚至主体的行为也直接影响着对客体的观察和测量。因此,确定性因果关系在微观领域不具有普遍性和有效性,机械决定论不再适用于微观世界。

---

① D. 拉普拉斯:《论概率》,载《自然辩证法研究》1991 年第 2 期,第 59—63 页。
② 刘劲扬:《复杂性与非决定论:论争与反思》,载《中国人民大学学报》2006 年第 6 期,第 93—100 页。

非线性科学更明确地揭示了世界的非线性因果关联，使传统的决定论再次面临重大挑战，从而引发了对决定论问题的重新思考。① 布里格斯基于非线性的不可预测特征，明确指出，"在非线性世界中，精确预测在实际中和在理论上都是不可能的。非线性打破了还原论者的迷梦"②。法国学者布多认为，混沌并"没有宣布拉普拉斯两个世纪前所说的普遍的决定论的著名学说失效"。③ 苗东升、刘华杰也认为，"混沌并不一般地否定决定论，它否定的是机械决定论"④。有学者则把非线性科学对传统决定论的冲击推向极端，例如黄顺基明确指出，普里戈金基于作为非线性科学的耗散结构理论《确定性的终结》一书"从经典科学的中心概念'时间'入手，向传统的科学观、宇宙观发起了总攻击，明确宣告传统科学观——决定论已经寿终正寝了。"⑤

在我们看来，从非线性科学所揭示的概率决定论为机械决定论与非决定论的辩证统一提供了科学依据。非线性科学指出，一方面，自然界的大多数系统具有明显的开放性、动态性，总是不断地与外界进行着物质、能量和信息交换，从而使系统受到外界干扰，表现为外在随机性；另一方面，系统内部诸要素间的非线性相互作用所固有的临界效应，使系统的稳定性并不总是有保证的，临界点附近被非线性作用吸收并放大了的某些巨涨落会导致系统失稳，从而表现出内在随机性。这种内在随机性的客观存在意味着事物的发展方向是不可精确预测的，但也不是完全不可知或非决定论的。在一定的范围内，概率决定论才是更为深刻、更辩证地反映了事物的本质。机械决定论只是概率决定论在一定条件下的近似，它反映的只是为数极少的可积系统，而事实上存在的客观系统，绝大部分都是不可积的系统。因此，"因果性、决定论的形成有其特定的自然科学背景，它只在满足其前提条件下的情形下成立，现代自然科学的发展使决定论显现出局限性；非因果联系与因果联系

① 林夏水：《国内非线性科学哲学研究综述》，载《哲学动态》2000 年第 6 期，第 25—29 页。

② J. 布里格斯、F·D. 皮特：《湍鉴——混沌理论与整体性科学导引》，商务印书馆 1998 年版，第 27 页。

③ 布多：《混沌哲学》，载《哲学译丛》1992 年第 3 期，第 9—16 页。

④ 刘华杰：《论浑沌对决定论的影响》，载《自然辩证法研究》1994 年第 12 期，第 1—12 页。

⑤ 黄顺基：《一种新的科学观——〈决定论的终结〉一书（中文版）序》，载《自然辩证法研究》1998 年第 2 期，第 24—25 页。

一样都是客观世界的普遍联系方式，偶然性与必然性一样也都体现自然界的本质属性，非决定论所描述的自然图景更富科学性和时代性。决定论与非决定论的对立只具有相对的意义，它们的结合与互补才能更准确地反映规律性。"①

第三节　复杂性探索及其哲学问题

20世纪的科学技术与社会的互相作用日益密切，需要解决的问题变得日益复杂，传统的简单性科学局限性日益明显。"我们被迫在一切知识领域中运用'整体'或'系统'概念来处理复杂性问题"②。20世纪70年代发展起来的自组织理论，掀起了复杂性探索的热潮。20世纪80年代，一批从事物理、经济、理论生物、计算机等学科的研究人员，在诺贝尔奖获得者盖尔曼（Gell Mann）、安德森（P. Anderson）和阿罗（K. Arrow）等人的组织下，成立了圣菲研究所（Santa Fe Institute，SFI），专门从事以计算机模拟为手段的复杂性研究，其研究目标是建立能够处理一切复杂性的一元化理论。我国学者钱学森于1990年提出了开放的复杂巨系统概念，推动了国内对复杂性和复杂系统的探索。作为复杂性研究的哲学响应，美国匹兹堡大学的莱斯彻（Nicholas Rescher）对复杂性进行了分类和哲学研究。③ 对复杂性的本体论、认识论意义，以及复杂性科学给科学世界观的影响的探索也正在深入。

一、复杂性科学与复杂的实在

如果说，20世纪50年代科学家们已经逐渐接受了客观世界的系统性观念，那么自从90年代起，科学家们逐步接受了系统的复杂性观念。这些新兴的以系统为研究对象的学科群，从总体上揭示了客观世界的组织性、非线性和复杂性特征。

---

① 宋伟：《因果性、决定论与科学规律》，载《自然辩证法研究》1995年第9期，第25—30页。
② 贝塔朗菲：《一般系统论——基础、发展和应用》，林康义等译，清华大学出版社1987年版，第2页。
③ Nicholas Rescher：Complexity：a philosophical overview，NJ：Transaction Publishers，1998.

（一）复杂性概念

复杂性探索的先锋普里戈金等人在《探索复杂性》一书中，开宗明义地以"什么是复杂性"为标题，后文又罗列了许多自然界中的复杂现象和复杂过程，然而却没有一个复杂性定义，只是指出："提复杂行为比复杂系统更自然些"。[①] 到目前为止，即使作为以研究复杂性为宗旨的圣菲研究所对于究竟什么是复杂性，并没有一个统一的看法。[②]

一般地说，学界都把复杂性研究作为介于有序和混沌边缘的科学。安德森以介绍圣菲研究所为题，把诸如对称破缺、局域化、分形和奇怪吸引子等"各种新性质怎样冒出来"的种种思想贯穿起来，作为复杂性科学的研究对象。他认为，复杂性研究不应像一般语义学或一般系统论那样，"早熟和轻率地"企图建立包罗万象的构架，而应当注重特定的、可以检验的机制和概念。

在各个不同领域的自然科学家、工程师甚至管理学家，也进行了大量的探索，并在各自的领域引入自己对于复杂性思想和概念的理解。据美国学者劳埃德和 SFI 的统计，目前大约有 50 多种复杂性概念。[③] 就其名称和概念内涵而言，它们不尽相同，有的差异很大。劳埃德认为，这些概念反映了人们对复杂对象的三种认识关切，即提出三种类型的认识上的问题：（1）描述复杂对象的艰难程度如何？（2）生成复杂对象的艰难程度如何？（3）复杂对象的组织化程度如何？吴彤把这些概念归结为信息类、熵类、描述长度类、深度类、多样性类、综合（隐喻）类等，并且认为，从哲学的角度这些概念可以分为两大类：本体论意义上的复杂性概念和认识论意义上的复杂性概念。[④]

---

① 尼科里斯、普里高津：《探索复杂性》，四川教育出版社 1986 年版。

② 郝柏林：《复杂性的刻画与"复杂性科学"》，载《物理》2001 年第 8 期，第 466—471 页。

③ 它们的名称如下：信息；熵；算法复杂性；算法信息；Renyi 熵；自划界编码长度；错误校正编码长度；Chernoff 信息；最小描述长度（Rissanen）；参量数，或自由度数，或维度；Lempel – Ziv 复杂性；多重信息，或信道能力；算法多重信息；相关性；存储信息；条件信息；条件算法信息容量；测量熵；实际维；自相似；随机复杂性；混合；拓扑机器尺寸；有效或理想复杂性；层次复杂性；数图多样性；相似复杂性；时间计算复杂性；空间计算复杂性；基于复杂性的信息；逻辑深度；热力学深度；语法复杂性（按照 Chomsky 层级指示）；Kullbach – Liebler 信息；差异性；Fisher 距离；辨别力（Zee）；信息距离（Shannon）；算法信息距离；Hamming 距离；远程序；自组织；复杂适应系统；混沌边缘；报酬递增；自组织临界性；对初始值极端敏感性；奇异吸引子；模拟退火；景观适切性，等。

④ 吴彤：《"复杂性"研究的若干哲学问题》，载《自然辩证法研究》2000 年第 1 期，第 6—10 页。

　　尽管普遍适用的复杂性定义也许并不存在，但是人们对于复杂性至少在以下几方面具有一致看法：（1）在存在论层面，承认多样性（异质性方面）和大量性（数量方面）是复杂性的基本方面。复杂对象往往由许多部分（或条目、单元、个体等）组成，对象的构成性要素和要素之间的相互关系往往具有异质性，不能把它们简化为同质的要素来处理。（2）从生成与演化的角度，都认为系统内部以及系统与环境之间存在的非线性相互作用，是系统复杂性得以产生和在演化过程中趋于复杂的动力机制；复杂系统具有特定的演化方向，并且具有不逆性。（3）在方法论层面，由于复杂现象或复杂模式的产生具有涌现性，即复杂现象或模式不是系统各组成部分行为的简单叠加，而是这些部分通过非线性相互作用产生的协同效应，是作为整体涌现出来的。这就要求在认识复杂性时要注重整体论的或者系统论的研究方法。

（二）复杂的实在

　　复杂性科学揭示了世界的复杂性本质，呈现出复杂的实在图景。在存在论层面，复杂性的实在主要体现在其组成、结构和功能的复杂性方面。

　　1. 组成复杂性

　　组成复杂性，即通过构成系统的组分数量和构成要素的异质性的多少来测度组分的复杂性。[①] 需要指出的是，这里所指的组分和构成要素，不单纯指系统内部孤立的要素，而是包含要素之间的相互作用关系和相互作用方式。例如，一辆自行车的零件不过千余件，而构成一艘航空母舰的零件则数以千万计。前者是相对简单的产品，而后者是相对复杂的产品。有的产品原来不是复杂产品，随着部件的增加和部件之间的相互关联方式的增加，而使该产品成为复杂产品。如汽车，1940 年之后就成为复杂产品了。[②]

　　2. 结构复杂性

　　结构复杂性（Structural Complexity）是系统结构复杂程度的基本测度。任何系统，都是系统诸要素通过特定的方式结合成为具有特定结构的整体。

---

　　① Nicholas Rescher：Complexity，A Philosophy Overview. Transaction Publishers，New Brunswick and London，1998，p. 9.

　　② Robert W. Rycroft and Don E. kash，The Complexity Challenge – Technological Innovation for the 21st Century，Pinter，London and New York，1999，p. 54.

系统要素相同，其结合方式不同，系统就具有不同的复杂程度。最简单的例子，金刚石和石墨，尽管构成要素相同，但是要素之间的结合方式不同，使二者具有不同的结构复杂性。

美国莱斯彻教授认为，结构复杂性包括组织复杂性和层级复杂性两种情形。其中，组织复杂性是指在相互联的不同模式中，构成组分排列的各种可能方法的多样性（比较七巧板二维排布与 LEGO 积木三维模型集合装配等）；层级复杂性指的是由一个分级结构系统不同层次所显示的多样性[①]，换言之，层级复杂性是指在包含和包容模式中的次要关系的精致构成（例如：基本粒子，原子，分子，宏观水平的物理客体，恒星和行星，星系，星云，等等；或分子，细胞组织，有机体，群体等）。一般来说，高层次单元总是比低层次单元更复杂些。[②]

成思危认为，系统的复杂性可以分为三个层次：[③]"（1）物理复杂性：即在无生命系统中存在的复杂性，例如在物质形态、结构、语言、计算、气象、天文等方面表现的复杂性。（2）生物复杂性：即在有生命系统中存在的复杂性，例如在生命起源、胚胎发育、疾病与免疫、生物进化等方面表现的复杂性。（3）社会复杂性：即在有人参与的系统中存在的复杂性，例如在群体决策、股票市场、企业运行、经济发展、社会进步、战争等方面表现的复杂性。"

涂序彦认为，复杂性有内部复杂性（关系复杂［多种关系］，结构复杂［多通路、多层次］，状态复杂［多变量、多目标、多参数］，特性复杂［非线性、非平稳性、非确定性］）和外部复杂性（环境复杂［各种环境］，影响复杂［多输出、输入，多干扰］，条件复杂［物质、能量、信息条件］，行为复杂［个体、群体行为］）。其中结构复杂性明确表述为"多通路、多层次"。[④] 吴彤则把结构复杂性具体区分为分形结构的复杂性和突变论意义

---

① John Horgan: From Complexity to Perplexity. Scientific American, Vol. 272, 6, 104—109. June 1995.

② Nicholas Rescher: Complexity, A Philosophy Overview. Transaction Publishers, New Brunswick and London, 1998, p. 9.

③ 成思危:《复杂科学与组织管理》，北京大学科学传播中心网（http//www.csc.pku.edu.cn）。

④ 涂序彦:《复杂系统的"协调控制论"》，参见成思危主编：《复杂性科学探索》，民主与建设出版社 1999 年版，第 212—226 页。

上的不稳定结构的复杂性两种类型。① 根据这一分类原则，结构复杂性可以
描述如下：

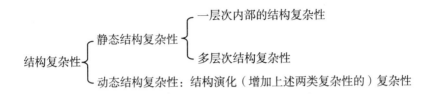

上述各种关于结构复杂性的看法都是立足于系统结构的特定方面来理解
复杂性，是对系统结构复杂性的不同视角的理解。

3. 功能复杂性

功能是指系统在对环境的作用中呈现出来的整体行为和能力。功能复
杂性涉及系统与环境之间的交互作用。简单系统，其功能往往具有单一性
和稳定性，而复杂系统，其功能则往往具有多样性和易变性。一个简单的
机械装置，比如自行车，其在与环境交互作用的过程中，始终具有稳定和
单一的使用功能，并不会因为环境的改变而有所变化；相反，一个复杂的
系统，如航天器，能够根据太空环境的变化而作出适当的响应，适应环境
的要求，从而维持系统本身的正常运转。这种功能复杂性反映了系统对环
境的适应性。还有学者提出存在边界的复杂性问题，② 系统的功能复杂性
具体体现为系统与环境之间的边界复杂性。复杂性来自混沌的边缘，其隐喻
也在于此。③

（三）复杂实在的演化

系统的结构、功能、状态、特性等随着时间的推移而发生的变化，称为
系统的演化。系统的演化有两种基本方向，一种是由低级到高级、由简单到
复杂的进化；一种是由高级到低级、由复杂到简单的退化。

自然界中的复杂系统都处在演化过程之中。例如从普通光到激光，从表
面上静态的水到贝纳得对流元胞模式的出现，稳定的湍流，生命系统、生态

---

① 吴彤：《科学哲学视野中的客观复杂性》，载《系统辩证学学报》2001 年第 4 期，第 44—47 页。

② 严广乐、王浣尘：《边界沉思》，载《管理科学学报》2000 年第 1 期，第 79—86 页。

③ 米歇尔·沃尔德罗普：《复杂——诞生于秩序与混沌边缘的科学》，陈玲译，生活·读书·新知
三联书店 1997 年版。

系统、社会系统的变化，等等。这些复杂系统有一个共同的特征，就是它们处于非平衡态，其演化和模式的维持需要从外界持续获得物质、能量和信息。

普里戈金的耗散结构理论揭示了这类处于非平衡态的复杂系统的演化问题。按照耗散结构理论，一个平衡系统从无序到有序状态的演化，需要如下三个基本条件：（1）系统内部存在非线性相互作用。非线性相互作用是复杂系统演化的内在根据，使得系统内部诸要素形成某种相互制约、彼此协调的关系，为系统从无序走向有序提供了可能性。（2）系统对环境开放。开放是复杂系统维持和形成有序结构的前提，只有通过系统开放和与外部进行物质的、信息的和能量的交换，系统的结构才能维持，否则系统将走向退化，并最终瓦解。（3）系统内部存在涨落。涨落为系统演化提供创造性的契机，涨落经过系统内部非线性相互作用的放大后，成为能够影响系统全局的支配性力量。涨落能够重新分配系统内部的能量，并改变系统内部的原有结构，进而形成新的模式。

复杂系统的演化程度在时间坐标中体现为演化的深度，系统演化深度的不同，所需要的资源也是不同的。演化深度既衡量了系统演化所需要的成本，又反映了认识系统演化特性所付出的代价。美国学者查尔斯·贝纳特（Charles Bennett）提出的"逻辑深度"① 和劳埃德等提出"热力学深度"② 来理解复杂系统演化程度问题，它们分别对应于经过编码的形式化的人工复杂系统，和未经过编码的客观存在的物理复杂系统。"深度"揭示了系统从初态沿着某一特定的路径演化到该系统的最终状态过程中所具有的某些性质，如在该过程中所花的时间代价，过程进行的艰难程度等，它揭示了复杂是在经过某种路径由相对简单过渡到复杂的演化图景，展示出复杂性的生成与演化过程。

二、简单性与复杂性关系的考察

复杂性是与简单性相对而言的，对复杂性的哲学讨论需要把复杂性置于简单性与复杂性之间的关系中来把握。

---

① Remo Badii, Antonio Politi: Complexity: Hierarchical structures and scaling in physics. Cambridge University Press 1997. p. 236.

② Seth Lloyd, Heinz Pagels: Complexity as Thermodynamic Depth. Annals of Physics 188, 186—213 (1988). p. 208.

（一）本体论层面的简单性与复杂性

在本体论层面，简单性与复杂性的哲学争论的核心在于何者是世界的本质。

第一种看法认为，简单性与复杂性同是世界的本质属性。持这种观点的人可以从"复杂性"的词源上获得支持。英语中的"复杂性"（complexity），是由 com－+plek－构成的。在希腊语中 plek－的原意是"编织状的"（braided）。"简单性"（simplexity）与复杂性具有相同的词根，都是来自 plek－，所不同的只是简单性是"单股编织的"，没有 com－的意思。从这两个词的词源上看，简单性与复杂性在本体论层面是两种不同样态的存在，二者并行不悖，都是世界的基本属性。

第二种看法认为，简单性是世界的本质，复杂性是世界的表象。这一思想可以追溯到古希腊，许多哲学家相信大千世界的丰富多彩正是由为数不多的始基逐渐演变而来，试图将"多"的世界概括为"一"的世界，即把复杂性概括为简单性。如德谟克里特把纷繁复杂的世界概括为简单性的原子；恩培多克勒把自然界的存在概括为土、水、气、火四种基本要素。到了近代科学，这种把复杂性概括为简单性的方法就导致了还原论范式。近代实验科学的奠基人伽利略认为，一切表面上复杂的运动都可以简化为简单的运动来认识；复杂性无非是简单性的叠加，只要找到一些方法把复杂运动分解为若干简单运动的合成，复杂运动就能得到理解。

第三种看法则认为，复杂性是世界的本质，简单性仅仅是一种理论诉求。这种观点立足于当代非线性科学以及复杂性研究成果。分形几何学就向我们展示了简单的规则可以生成复杂的模式，即通过不断迭代简单的规则，可以生成预先无法预料的各种复杂的图案和模式。同样地，复杂的现象也可以归结为简单的原因或者规则。然而，这并不意味着简单性具有本体论的第一性，简单性之所以能够演化出复杂的模式，其根本原因在于与简单性并存的系统中的非线性相互作用以及反馈机制。因此，不同于朴素的简单性生成复杂性的观点，复杂性科学所揭示的简单性生成复杂性的本质在于，演化本身就是复杂化过程，并不存在无条件的、孤立的简单事物。客观世界严格说是复杂的、非线性的、不可逆的，但是各种系统的复杂程度有所不同，有的接近于平衡态，简单、线性、可逆，即经典物理学所描述的理想情形；但有的远离平衡态，复杂、非线性、不可逆。

可见，在本体论层面，复杂性来源于简单性，简单性生成复杂性。但这并不意味着复杂性仅仅是世界的表象，而简单性才是世界的本质。吴彤指出，"承认复杂性是从简单性中生成演化而来，并不妨碍承认复杂性是世界的基本属性"。复杂性科学研究表明，复杂性才是世界的本质属性，复杂性是客观的、普遍存在的，它不是简单性的线性组合，特别不仅仅是简单性的表现结果。彭加勒和后来的 KLM 理论证明了，可积系统测度几乎为零，而不可积系统的测度几乎为无限；这个证明的意义在于它揭示了复杂性世界的真实存在，理想的简单性世界倒更像是人类的幻象[①]。

（二）认识论层面的简单性与复杂性

从认识论层面看，人们往往把复杂性的根源诉诸人世上的无能为力，并且认为"复杂性的数值是相对于观察者的能力而言的。它衡量客体和由主体推测的模型之间的一致性：事实上，一旦发现对象的'解释'，则现象'看上去'就不复杂了。"[②] 而且，"事实上，复杂性意味着我们运用已经建立起来的自然科学'基本定律'来解释我们所观察的现象注定是不充分的。我们的'实际模型'至多不过是一种粗略的估计。"[③] 格鲁瑟（R. Güther）和贝蒂都强调指出：对于足够复杂的观察者或能力很高的观察者而言，他能够确切地知道被测系统的一切，因此这些系统的复杂性测度应该为零。[④]

如果在认识论层面上将复杂性与简单性作为主体认识能力的测度，那么还需要在此做出一点区分。复杂性测度包含两方面：一是自然进化的深度值；二是我们所具有的对客观世界的知识复杂性。前者是复杂性的客观测度，所有的人类在如此大的时间尺度下其客观复杂性几乎都是相同的；而知识复杂性是人类自身复杂性测度的主观方面，具有较大的个体差异性，它决

① 吴彤：《"复杂性"研究的若干哲学问题》，载《自然辩证法研究》2000 年第 1 期，第 7—10 页。

② Remo Badii, Antonio Politi：Complexity：Hierarchical structures and scaling in physics. Cambridge University Press 1997. P. 263.

③ Nicholas Rescher：Complexity：a philosophical overview. New Brunswick, NJ：Transaction Publishers, c1998. P. 31.

④ R. Günther, B. Schapiro, and P. Wagner：Physical Complexity and Zipf's Law. International Journal of Theoretical Physics, Vol. 31, No. 3, 1992：525—543. P. 526.

定了人类在特定历史阶段的认知能力。知识复杂性由知识的广度和深度共同决定。知识的广度是知识多样性的测度，如知识的多学科性；而知识的深度则体现了知识在纵向上的细粒化程度，即知识的精细性。知识的广度和知识的深度即知识复杂性决定了主体的认知限度和基于知识复杂性的思维水平和思维效率。只有具有较大的知识复杂性，才具有认识复杂对象，解决复杂问题的能力。

王浣尘通过对社会经济系统的复杂性研究，也认为复杂性具有主客体的相对性。[①] 例如，一个普通的微积分数学问题，对于数学专家来说是简单的，而对于小学生来说则是复杂的（见表2.3）。

表2.3　表示复杂性的两重性表象

客体复杂性　　主体的能力	弱	强
复杂	复杂	相对简单
简单	相对复杂	简单

西蒙（Simon）也从认识论角度阐述了描述的简单性与系统的复杂性之间的关系及其特征：[②]

（1）系统的复杂性严格依赖于如何去描述它；

（2）大多数复杂系统含有大量冗余（redundancy）；

（3）通过寻求正确的表征，可以获得描述的简单性；

（4）复杂系统的层次性通常可以用少量的术语来刻画。

因此，在认识论层面，复杂性与简单性不是完全相对立的两极，简单与复杂是相对于认识主体和认识手段而言的。在某种意义上，我们可以认为简单性是一种经济性，复杂性是一种丰富性。经济性和丰富性不仅仅表现为数

---

① 王浣尘：《螺旋式演进与社会经济系统》，参见成思危：《复杂性科学探索》，民主与建设出版社1999年版，第83页。

② Simon H：The architecture of complexity. Chapter 8 in：the sciences of the artificial. MIT Press，. Cambridge Mass.，1996，pp. 183—216.

量的多少，更重要的表现为相互关联的强弱。简单性表示事物构造或对其操作中的经济性和条理性；复杂性即它的精细性和相互关联性。一般地说，随着一个系统内部要素数目的增多，问题会变得更加复杂，即多层次、多关联、多要素的系统是复杂的。这就是系统规模的复杂化效应，它使得对象或问题不断向着复杂度更高的系统演化。1986 年哈伯曼和霍格曾提出，复杂性与"缺乏自相似性"有关，需要用层次的多样性度量。贝蒂对这一思想作了进一步的发展，指出："具有少数相干信息的层次系统比在整个标度范围内用结构的层次性表征的系统简单"①。

三、从简单走向复杂的世界观

人类在长期与世界打交道的过程中，逐渐形成了对世界的总体看法，即形成某种世界观。然而，人们对世界的看法并不是一成不变的，而是随着人类知识成果的变化而变化。从历史上看，人类的世界观先后经历过古代朴素的唯物主义世界观、中世纪宗教神学世界观和近代机械论世界观。19 世纪自然科学的三大发现，使人们看到一个物质的、变化着的、普遍联系的世界。进入 20 世纪中叶以后，一个不断膨胀着的、不稳定的具有生成和演化历史的宇宙图景逐步取代了作为存在的世界图景。自 20 世纪上中叶以来，以系统为研究对象的科学群逐渐发展起来，逐步形成了系统的世界观。

现代复杂性科学的发展，与传统的简单性科学有着根本不同，在世界观层面产生了重大影响。这里把基于简单性科学的世界观称为传统世界观，把基于复杂性科学的世界观称为复杂性世界观（有学者称之为新兴的世界观）②。

简单性一向是近代以来自然科学、特别是物理学的一条指导原则。许多科学家相信自然界的基本规律是简单的。以牛顿力学为蓝本的经典科学以其基本定律的简单性为我们描绘了一幅简单的世界图景。虽然复杂现象比比皆是，人们总是努力要把它们还原成更简单的组分或过程。麦克斯韦方程、薛

① Remo Badii, Antonio Politi: Complexity: Hierarchical structures and scaling in physics. Cambridge University Press, 1997. p. 12.

② Eric B. Bent: Complexity Science: a Worldview Shift. Emergency, 1999, 1 (4): 5—19.

定谔方程以及哈密顿（Hamiltonian）力学等都可以用少数几个数学表达式给予描述。经典科学所取得的辉煌成就，强化了人们基于牛顿力学体系所建立起来的传统世界观的基本共识和基本假定：还原论，线性因果关系，实体作为分析的单位等。

复杂性科学所揭示的世界的复杂性与基于物理学基本定律的简单性形成了鲜明的对比。近年来，复杂性科学致力于复杂系统的研究，这些研究结果并不像简单性科学那样，给出某些简单明了的科学定律，而是给我们提供了一些趋近复杂系统的适当的方式。例如，圣塔菲研究所（Santa Fe Institute）的复杂性科学研究突破了传统牛顿科学研究的基本立场，假定事件的原因和结果并不是单向决定关系，而是互为因果的反馈机制，甚至因果之间存在多重关联。这样，单一的原因可以产生多重结果，而单一的结果也可能具有许多可能的原因。

复杂性科学向人们展示了一个丰富多彩的、充满新奇和不确定的迷人的复杂世界图景，从而深化了对马克思主义的辩证唯物主义世界观关于普遍联系和永恒发展原理的认识。包括整体论、视角主义观察、相互因果性、相互关联作为分析单位等，这些基本观点丰富了人们对世界本质的认识，改变着人们对世界的思考方式。这种思考方式的改变，可以从下列用以表征世界的描述符的不同来说明（表2.4）①

表2.4　新兴的和传统的世界观基本范畴比较

正在突现的（Emerging）	传统的（Traditional）
整体论（Holism）	还原论（Reductionism）
互为因果关系（Mutual causality）	线性因果关系（Linear causality）
视角中的实体（Perspectival reality）	客观的实体（Objective reality）
观察中的观察者（Observer in the observation）	观察外的观察者（Observer outside the observation）
非决定论（Indeterminism）	决定论（Determinism）
平等地关注外部和内部	主要关注外部（Wilber,1998）
适应性自组织（Adaptive self - organization）	适者生存（Survival of the fittest）

① Eric B. Bent: Complexity Science: a Worldview Shift. Emergency, 1999, 1 (4): 5—19.

续表

正在突现的（Emerging）	传统的（Traditional）
适应性自组织（Adaptive self – organization）	要么头要么尾"Lead or seed"（Resnick，1994）
注重实体间的相互关系	注重孤立的实体
对话式的研究方法	独白式的研究方法（Wilber，1998）
非线性关系——各种临界阈值	线性关系——各种边际增长
极性思维（Polarity thinking）	非此即彼思维（Either/ or thinking（Johnson，1992））
注重反馈（Focus on feedback）	注重指令（Focus on directives）
量子物理学观点	牛顿物理学观点
——通过迭代的非线性反馈发生影响	——通过一个到一个的直接力量发生影响
——世界是新奇的和或然的	——世界是可预言的
后现代 Postmodern	现代 Modern
去分化 Dedifferentiation	分化 Differentiation
关注层次内某层次	关注层次之间
理解/感受性/分析/说明	预言
平等性（Equality）	父权制（Patriarchy）
阴阳均衡（Yin/yang balance）	阳性支配（Yang dominance）
语言作为行动（Gergenand That chenkery，1996）	语言作为表征（Language as representation）
悖论（Paradox）	逻辑（Logic）
基于生物学——结构/模式/自组织/生命周期	基于 19 世纪物理学——平衡态/稳态/决定性动力学
关注模式 Focus on patterns	关注速度 Focus on pace（Bailey，1996）
关注变化 Focus on variation	关注平均值 Focus on averages
局部控制 Local control	全局控制 Global control
行为自下而上涌现	行为自上而下指定
形态形成的隐喻 Metaphor of morphogenesis	装配的隐喻 Metaphor of assembly
关注正在进行的行为	关注成绩效与结果
多面手 Generalist	专家 Specialist
模型不易或不可转换	模型容易转换
理论应用范围窄（Theory is narrowly applicable）	理论应用范围宽（Theory is widely applicable）
时间不可逆（Irreversible time）	时间可逆（Reversible time）
各种象征的生成（Generation of symbols）	各种象征的传播（Transmission of symbols）

　　复杂性世界观对传统世界观构成了挑战，但是，复杂性世界观不是对传统世界观的简单否定，而是在对传统世界观扬弃的基础上发展起来的。由于许多复杂的事物或现象背后也会存在简单的规律或过程，因而这两种世界观既相互对立，又相互依赖、互为补充和互相促进，在某些情况下一个是另一个的扩展；在另一些情况下，它们又重合在一起。因此，真正科学的世界观应该是简单性和复杂性的有机统一。

第 三 章

对人类智能与认知过程的探索

什么是智能？这是个古老而常新的哲学问题，对这个问题的探讨本身也体现了人类认识的智慧。由于近距离地关注心身、生命、智能以及人与世界关系等终极问题，认知科学同生命科学一起日益成为 21 世纪影响人类文明发展的重要科学领域。继 20 世纪末推出"人类基因组计划"（human genome project）和"人类认知组计划"（human cognome project）后，2001 年美国国家科学基金会和商务部又共同资助了"聚合四大技术，提高人类素质"科研计划（简称"CTIHP 计划"），该计划将纳米技术、生物技术、信息技术和认知科学看作 21 世纪四大前沿技术，并主张这四大技术融合发展，共同增进人类福祉。其中，认知科学被视为最优先发展的领域，具有重要的战略地位。这涵盖并汇聚了理解人类心智的几大重要学科：脑与神经科学、心理学、计算机科学、语言学、人类学和哲学。而且，随着认知科学研究的不断进展，同时还产生出许多新的哲学、伦理学和社会学问题，比如心智与智能的问题、人工智能问题、心身关系问题、意识和意向性问题，等等。

第一节　智能及其哲学思考

作为宇宙中已知的最高级的智能生命，人类从未停止过对自身奥秘的探索。古希腊德尔斐神庙镌刻的"认识你自己"这一神谕，一直指引着人们解开关于自身的谜团。20 世纪以来，现代科学在智能和认知方面进行了积极的探索。其中关于人工智能的探索尤为突出，这也催生了认知科学的兴起。

一、智能及对智能的研究

一般而言，智能（intelligence）是指人们在执行认知任务中所具有的分析性、创造性和实践性思维，其表现为"适应、形塑和选择环境的能力。"[①]具体来说，这包括在经验中学习或理解的能力，获得和保持知识的能力，迅速而又成功地对新情境做出反应的能力，运用推理有效地解决问题的能力等。而基于以上这些能力的信息加工、表征和计算，则体现了认知主体的认知过程。

关于智能的探索可谓与人类历史一样古老，而当代认知科学将这一工作提高到新的阶段。正如1978年"认知科学现状委员会"递交给斯隆基金会的报告所描述的，认知科学主要致力于智能实体与其环境相互作用的原理的研究。[②]它不但关注人类个体和人类社会的智能活动，而且研究人类智能和机器智能的性质。这即是说，除了以种种智力测验（IQ Test）来表征和度量智能之外，认知科学家们更为关注的是基于智能的认知过程——智能是与认知任务相关，还是作为认知成分而存在的。因为早先的心理度量理论，重视个体智力差异的测量，而不关注智能之上的认知过程。随着20世纪70年代认知科学的兴起，一些认知心理学家如亨特（Hunt, R.）和弗罗斯特（Frost, R.）等人开始尝试与认知相关的方法，结合传统的智力测验方法来设定实验室中的信息加工任务。例如，迪尔瑞和斯道（Deary, J. and Stough, C.）发现，信息加工的检测时与一般智力测验分数之间存在着稳定相关，可以作为解释智力个体差异的认知或生理学基础。而斯滕伯格（Sternberg, R.）指出，智能可以被看作复杂的推理或问题求解任务中信息加工成分——认知成分，比如认知主体在问题求解或者数学建模中，常常会将认知任务分解为其组分和策略加以处理。基于此斯滕伯格在1985年提出了智能

---

① Robert A. Wilson and Frank C. Keil（Eds.）：The MIT Encyclopedia of the Cognitive Sciences, MIT Press, 1999. p. 409。

② Cognitive Science, 1978. Unpublished Report to the Alfred P. Sloan Foundation, New York, 1 October 1978. Miller, G. 转引自 Gardner, H.：The Mind's New Science. New York：Basic Books, 1985, p. 37。

的三元理论。他认为，智力是由组合、经验和情境这三重结构组成的，其分别对应于分析性、创造性和实践性思维，如下图：

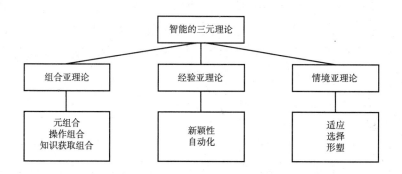

斯滕伯格的智能三元论，扩大和改进了传统的智能度量理论。先前的智能的心理测量模型较为关注智力的先天差异和高低之分，强调遗传、环境、种族乃至性别因素对人类智力的影响，这常常招致伦理学、哲学以及社会舆论的批判，例如智力的先天决定抑或环境形成之争（nature versus nurture）。而在智能的三元论那里，传统智力测验所测到的智力商数（IQ），只能代表三元论中的组合性能力，但经验性和情境性的能力也极大地影响着个人对信息处理的方式。智能的度量并不是简单的智商测验，需要采取多元的视角。加德纳（Gardner, H.）在 80 年代进一步深化了智能的多元理论，提出了多重智能理论。他认为智能并不是统一体，而是由八种不同的智能所构成：语言、逻辑—数学、空间关系、音乐、躯体运动感知、人际交往、内省以及自然探索。这些能力在大脑中各占独立的模块并独立运作。"与传统的智力观不同，多重智力观不把智力看成是一种稳固的、内在的特征，而是把它视为生物潜能与外在环境相互作用的产物。"[1] 这表明了新兴智能理论的多维取向。20 世纪 90 年代以来戴斯（Das, J.）等人提出的人类智能活动的三级认知功能系统理论（Planning-Attention-Simultaneous-Successive Processing Model，即 PASS 模型），是沿着"认知革命"开辟的研究智能的新途径。PASS 模型理论主张，智力有三级认知功能系统，即注意—唤醒系统、同

---

[1] 桑标：《对元认知和智力超常关系的探讨》，载《华东师范大学学报（教育科学版）》1999 年第 3 期。

时—继时编码加工系统和计划系统。而对智能的理解，应该从认知过程着手，依据大脑的活动来进行。

认知科学兴起以来的智能研究，基本都采取了认知的内部分析方法，"致力于从信息加工的角度刻画智能操作的心理机制，对'智能'概念进行认知过程的重构。"① 其中，信息加工的认知心理学和大脑机能组织化的脑与神经科学，为智能研究提供了理论基础。

二、认知心理学对智能的探索

认知心理学家和脑科学家关注人脑作为产生智能和思维的物理器官，如何产生认知和意识的问题。其中，认知心理学着重研究人的各种认知过程，并提出相应的认知模型或者信息加工模型，而脑科学则主要从分子水平、细胞水平和行为水平研究自然智能机理，建立脑模型来揭示人脑的本质。

早在19世纪，冯特等人（Wundt, W.）便希望建立一门关于"心理的科学"（science of mind）来解释意识和经验。其后，心理学经历了结构主义心理学和行为主义心理学两个阶段。到20世纪60年代，认知心理学在扬弃先前各派理论的基础上应运而生。认知心理学的兴起，一方面在于行为主义心理学在回答人类复杂认知过程上的失败，同时得益于计算机科学技术和人工智能研究迅速崛起的积极影响。与以往心理学研究的进路不同，认知心理学不仅在研究认知的内在结构和机制，也在研究认知的功能，研究认知的完形特征。② 一般认为，1967年美国心理学家奈塞（Neisser, U.）所著的《认知心理学》一书的问世，标志着认知心理学正式确立。认知心理学是在吸收了信息论、控制论和计算机科学的成果基础上，将人的认知过程类比为信息加工过程，用计算机模拟方法探索人类的认知过程。因此，智能在认知心理学家那里也被认为是信息加工的，是达到目标的能力中的计算部分。

信息加工理论一直是认知心理学的指导思想。这就是认知科学著名的"计算机隐喻"，即将人类认知系统比作计算机，把计算机的信息加工模型

---

① 戴斯等：《认知过程的评估：智力的PASS理论》，杨艳云、谭和平译，华东师范大学出版社1999年版，第3页。

② 邵志芳：《认知心理学——理论、实验和应用》，上海教育出版社2006年版，第15页。

作为人类认知过程的心理模型。因此，人的认知活动，包括知觉、记忆、学习、推理、语言和理解等，都可以看作是信息加工的，并且能够由计算机加以模拟。例如，感知觉可以被解释为信息的识别、理解和破译，记忆问题可以从信息的存储与提取角度进行研究，学习、推理等可被视为问题解决过程。这种信息化处理的好处是，能够对人的内部信息加工过程进行逻辑分析，通过程序缩减、流程分析和程序模拟等方法，最终实现心理过程的计算机模拟和理论分析。

传统信息加工理论认为，每个认知操作均由中央处理器发出的指令驱动，信息处理表现为一种串行、系列的加工。而脑与神经科学的研究表明，人类认知的许多方面是平行加工的，多项操作也是同时进行的，并且不同认知过程有着不同的激活方式。同时，认知心理学在人机类比和模拟方面也存在局限性。用计算机模拟研究只能撇开构成人脑的生物细胞和构成电脑的电子元件之间的差别，在行为水平上进行模拟。而人的心理的复杂性决不是任何复杂的机器可以比拟的。对此，认知心理学的创始人奈塞很早就指出，计算机程序编制一般只涉及心智的因素，忽视了情绪或情感方面的因素；计算机程序中的记忆太完美了，以致不能用来代表人类的信息贮存过程。此外，计算机程序在类推人类信息加工的复杂性方面还存在一些局限性，使得它不能适当地描述和检验人类的学习和信息加工。

总体上看，在人类智能的实证研究上，脑科学和认知心理学甚至生命科学始终是相辅相成、相融相通的。在某种意义上，认知心理学所进行的智能研究也是基于对于生物行为特别是人类行为的研究。例如，认知心理学注重智能行为的心理机制，其核心是输入和输出（刺激—反应）之间发生的内部心理过程。由于内部心理过程是一个"黑箱"，只好通过观察输入和输出的东西来加以推测。这样一来，心理过程的观测，极大地依赖于生命科学对生理过程的准确描述。而且，认知心理学上的发现也需要在脑神经科学中找到解释。因此，在研究理念上，越来越多的认知科学家趋向于将自下而上的脑科学（神经生理学）与自上而下的现象学（心理学）沟通起来，这直接衍生了许多交叉学科，如认知神经心理学（脑行为科学）、认知心理生理学、认知神经生物学，等等。同时，脑科学与认知心理学对人类智能的揭示，也直接促进了计算机科学对人工智能的探索。

三、脑与神经科学对认知的探索

根据美国神经科学学会的定义，脑与神经科学是关于脑的结构和功能的科学。脑与神经科学对智能的研究可分为基础神经科学与临床神经科学。前者侧重基础理论研究，后者偏重医学临床应用。其中基础神经科学又包括神经生物学与计算神经科学。神经生物学研究人和动物的神经系统的结构与功能；计算神经科学则应用数学理论和计算机模拟方法来研究脑功能。

脑与神经科学是人类历史上最为接近自身认知的科学，通过认识脑、保护脑与创造脑，可以为人类智能的认识与开发提供研究方法与策略。因此，脑科学研究受到世界各国的普遍重视。1989 年，美国国会便通过一项议案，将 1990 年 1 月 1 日开始的十年命名为"脑的十年"。随后，欧共体成立了"欧洲脑的十年委员会"及脑研究联盟；日本推出了"脑科学时代"计划纲要。我国始终紧随世界潮流，在 1992 年提出了"脑功能及其细胞和分子基础"的研究项目，并列入了国家的"攀登计划"。1995 年夏，国际脑研究组织 IBRO 在日本京都举办的第四届世界神经科学大会上，提议把 21 世纪称为"脑的世纪"。

在过去的几十年里，脑与神经科学通过结合计算机科学、生物医学以及认知心理学的研究成果，一些日趋成熟的脑成像技术和脑电技术被运用到认知活动的研究当中，深入系统地揭示了人脑的认知功能的机理机制问题。目前，脑与神经科学研究成果主要集中在以下五个方面：第一，分子和细胞水平的神经科学；第二，对感觉信息加工，特别是视觉的脑机制研究；第三，神经网络研究；第四，发育生物学；第五，神经和精神疾病研究。

智能的本质和意识的起源是脑与神经科学关注的核心问题，这些问题在实际中展现出一种复杂性——作为智能基础的基本认知过程，不但包括感知觉、注意、记忆、语言、思维和意识等，而且这些认知活动通常是综合发生的。对于脑与神经科学家来说，还存在着"究竟是从外部世界个别物理属性的检测开始，还是从人与环境相互作用的总体反应"这样的疑问①。当代

---

① M. S. Gazzaniga 主编：《认知神经科学》，王甦、朱滢、沈政等译，上海教育出版社 1998 年版，第 5 页。

脑科学在阐明认知过程的脑机制上，还没有形成统一的认知理论，而是呈现出多元化的理论观点，有些可以分别用于分析不同层次机制中，它们之间并无根本对立或排他性；但有些理论观点则很难相容。① 方法上，脑与神经科学目前主要采用两大类互补的研究方法：一类是无创性脑功能（认知）成像技术；另一类清醒动物认知生理心理学研究方法。前一类方法中又分为脑代谢功能成像和生理功能成像两种；后一类方法中包括单细胞记录、多细胞记录、多维（阵列）电极记录法和其他生理心理学方法（手术法、冷却法、药物法等）。

第二节 人工智能与人类智能

人类对智能的探索，还包括发明一种能够模拟自身智能和思维的工具，即人工智能（AI）。这是研究与开发用于模拟、延伸和扩展人的智能的理论、方法、技术及应用系统的一门学科，是伴随着 20 世纪中叶以来计算机技术的日益进步，认知科学家所努力的目标。1956 年，数十位数学家和逻辑学家在美国新罕布什尔州的达特茅斯学院举办一个夏季学术讨论会，与会人员包括麦卡锡（J. McCarthy）、明斯基（M. Minsky）、西蒙（H. Simon）和纽厄尔（A. Newell），即后来我们所熟知的人工智能的著名奠基人。这次会议奠定了人工智能这门交叉学科的基石，即指出人工智能研究的一个主要目标是使机器能够胜任一些通常需要人类智能才能完成的复杂工作。然而不同的时代、不同的人对这种"复杂工作"的理解是不同的，并且除了计算机科学以外，人工智能还涉及信息论、控制论、自动化、仿生学、生物学、心理学、逻辑学、语言学、医学和哲学等多门学科，因此人工智能及其实现从一开始就为众多研究者广泛讨论。例如，就人工智能的概念而言，包含"人工"和"智能"两部分。"人工"是指人力所能及的、人造的或模拟的。然而，由于我们对自身智能和智能构成的了解非常有限，对智能的理解也涉及其他诸如意识、自我、思维等问题，所以很难定义什么是"人工"

---

① M. S. Gazzaniga 主编：《认知神经科学》，王甦、朱滢、沈政等译，上海教育出版社 1998 年版，第 9 页。

的"智能",后来强弱人工智能之争从这里可见端倪。总体而言,目前对人工智能的定义可描述为,使计算机"像人一样思考"、"像人一样行动"、"理性地思考"和"理性地行动",所涉及智能研究的范畴具体包括:自然语言处理、知识表征、智能搜索、机器学习和知识获取、感知问题、模式识别、逻辑程序设计、不精确和不确定的管理、人工生命、神经网络、复杂系统、遗传算法,等等。

一、人工智能的三种研究进路

20 世纪 50 年代以来,人工智能的发展经历了符号主义、联结主义和行为主义三个阶段。

1. 符号主义

符号主义(symbolism)又称为逻辑主义学派或计算机学派,其基本理念认为,人的认知基元是符号,认知过程即符号操作过程。符号主义把人看作一个类似计算机的物理符号系统,强调我们能够用计算机来模拟人的智能行为,即用计算机的符号操作来模拟人的认知过程。在符号主义那里,知识是构成智能的基础,并且是信息的一种形式。因此,人工智能的核心问题就是知识表示、知识推理和知识运用,以此来建立基于知识的人类智能和机器智能的统一理论体系。

符号主义为人工智能的发展做出重要贡献,尤其是专家系统的成功开发与应用,对人工智能走向工程应用具有重要意义。前面所提到的认知心理学中信息加工学说,其理论来源可以看作是符号主义。对此,萨伽德(P. Thagard)曾指出:"认知科学的中心假设是:对思维最恰当的理解是将其视为心智中的表征结构以及在这些结构上进行操作的计算程序。"[①] 尽管符号主义纲领一直以来是科学家们研究的理论基础,但它所运用的表征计算模式在人工智能的发展中也不断遇到了新的问题。因为随着对人类认知的研究,科学家们发现,人类智能有着极其复杂的生物学基础,单纯以符号进行的计算和表征理论已经无法适应人工智能的新发展。在这样的情况下,人工智能研究必须要有新的思路与范式。联结主义及行为主义在这样的情况下应运而生。

---

① 萨伽德:《认识科学导论》,朱菁译,中国科学技术大学出版社 1999 年版,第 8 页。

2. 联结主义

联结主义（connectionism）是与符号主义完全不同的另一条认知路线，它主张人工智能源于仿生学，特别是人脑模型的研究，所以人们又将其称为仿生学派或生理学派。联结主义反对物理符号系统假设，认为人脑不同于电脑，人的思维基元不是符号处理，而是神经元的活动过程。联结主义主张知识是由神经元及其联结的网络构成的，其中心概念是"并行分布处理"，即认知或智能是从大量单一处理单元的相互作用中产生的。

可以看到，联结主义的目的不再是用符号来模拟认知过程，而是从大脑和神经系统的生理背景出发来模拟其工作机理和学习方式。与符号主义的研究进路相比，联结主义模型更能够体现人脑的基本特性，是人脑功能的一种抽象和简化，它为探索人脑的信息处理机制提供了一条新途径。20 世纪 90 年代以来，联结主义的研究蓬勃发展，在理论和应用上均取得了令人瞩目的成就。

3. 行为主义

行为主义（behaviourism）又称进化主义或控制论学派。其具体主张是，智能不需要知识，不需要表示，也不需要推理；智能行为只能在现实世界中与周围环境交互作用而表现出来；人工智能可以像人类智能一样逐步进化。在行为主义者看来，符号主义和联结主义对真实世界客观事物的描述及其智能行为工作模式是过于简化的抽象，因而是不能如实地反映客观存在的。只有把注意力集中在现实世界中那些可以自主地执行各种任务的生命和物理系统，才能够更深刻地认识智能的意义。

行为主义是近年来才以人工智能新学派的面孔出现的，引起了许多人的兴趣与研究。在理论方面，行为主义越过了知识的表达和推理的环节，在感知与行为之间建立直接的联系，通过模拟人类自适应、自学习以及与环境作用的能力，从而来研究新的具有更高能力的机器人；在方法上，行为主义采取自下而上的研究策略，主张通过对那些较低层的生物智能的认识，进而扩展到认识人类较高层次的思想。例如，一些人工智能专家提倡向自然中的各层次生物学习，参考自然界中的生物是如何出色地完成机器人所无所适从的工作的。

毫无疑问，行为主义对于认知科学的影响是极其巨大的。人类经历了数百万年的进化才达到了现在的生物适应能力及认知推理能力，科学家们想在短时间内通过符号的计算来模拟人类智能并不是容易的。因此，人工智能的研究有必要经历一个对人类生物行为能力的探索与学习过程。甚至人工智能创立者明斯基也不得不承认，"人脑在进化过程中形成了许多用以解决不同问题的高度特异性的结构，认知和智能活动不是由建基在公理上的数学运算所能统一描述的。无论是符号主义还是联结主义都受害于唯理主义倾向，都是用在物理学中获得成功的方法和简单漂亮的形式系统来解释智力。因此，要在认知科学领域有实质性突破，应当放弃唯理主义哲学，从生物学中得到启示和线索。"①

当然，每一种研究进路都有其自身不足，在诸多智能方法中进行交叉结合、取长补短成为人工智能发展的新方向。

二、人工智能的发展与应用

人工智能的发展虽然只经历了半个世纪，其成就却是引人瞩目的。20世纪50、60年代被看作是人工智能研究的形成期。其中，1955年西蒙和纽厄尔编写的"逻辑专家"（logic theorist）程序，被认为是第一个人工智能程序。随后，定理证明程序、GPS（General Problem Solving）和LISP语言相继出现。到了20世纪60、70年代，大批专家系统的涌现和构造工具的研制，使得人工智能从传统的通用问题求解策略的困境中解脱出来。斯坦福大学研制的MYCIN（人体血液疾病诊断资讯系统）、明斯基的框架理论（frame theory）和Prolog语言是这一时期的代表成果。20世纪80年代人工智能前进得更为迅速，并更多地进入商业领域。1979年日本率先宣布了旨在面向人工智能的"第五代计算机研究计划"，随后美欧等国的积极跟进，人工智能的研究和应用被寄予厚望。然而，由于技术上的不成熟、主观认识的不足以及冒险性投资，人工智能的开发和应用有许多不尽如人意之处。例如大量的投入商业化运行的专家系统，在处理实际中复杂情况时并未达到智能的标准。20世纪90年代以来，人工智能进入稳步增长期，实验室成果广泛普及到日常生活，实用化进程日趋成熟。1997年由IBM公司研制的超级计算机

---

① 21世纪初科学技术发展趋势编写组：《21世纪初科学技术发展趋势》，科学出版社1996年版，第314页。

"深蓝"战胜国际象棋冠军卡斯帕罗夫，标志着计算机科学在模拟人类智能方面的重大进步。而人工智能在专家系统、自然语言理解、智能检索、口语识别和机器视觉等方面的不断进展，也显示其强大的应用潜力。而因特网的普及和应用，也为人工智能研究提供了新的广阔平台。

人工智能的研究和应用对于人类及人类未来产生了深远影响。这些影响涉及人类的经济利益、社会和生活方式等方面。人工智能系统的开发和应用，已为人类创造出可观的经济效益，专家系统就是一个例子。随着时间的推移和技术的进步，人工智能将对人类的物质生活和精神文化活动等产生越来越大的影响。

三、强弱人工智能之争及其哲学意义

计算机是否具有人类智能？或者说机器能否像人一样思考？问题看似简单，却极易引起纷争。强人工智能与弱人工智能之争主要也源于此。

（一）强人工智能

强人工智能的观点源于人工智能的理论奠基人图灵（A. Turing）。1950年，图灵在一篇题为《机器能思考吗?》的论文中论证了人工智能的可能性，构造了著名的"图灵测试"（Turing Test）来定义智能。他认为，如果一台机器能够通过"图灵测试"的实验，那它就是有智能的。"图灵测试"的基本思路是，有 A、B 和 C 三个参与者，A 和 B 中有一个是一台超级计算机，另一个是人；C 是一个询问的人。这三个参与者分隔在三个不同的房间内，互相看不见对方。C 可以对 A 和 B 提出问题，而 A 和 B 都必须回答 C 提出的问题。现在 C 试图通过向 A 和 B 提出问题来确定 A 和 B 中哪个是人哪个是电脑，而 A 和 B 都尽量地使 C 相信自己是人。最后，如果 C 不能判断出 A 和 B 中到底哪个是电脑，或者说电脑使得 C 相信它是一个人，则称该电脑通过了"图灵测试"，拥有了"智能"。

"图灵测试"一经提出，便成为人们衡量计算机是否具有智能的标准。在当时及其后很长的一段时间内，根据图灵测试的理念进行人工智能研究成为计算机科学家的目标，这就形成了一个图灵理想下的"强人工智能"学派。这里的"强"主要指的是，有可能制造出真正能推理和解决问题的智能机器，并且，这样的机器被认为是有知觉、有自我意识的。强人工智能观

点认为："计算机不仅是用来研究人的思维的一种工具；相反，只要运行适当的程序，计算机本身就是有思维的。"①

（二）弱人工智能

为了反驳这种激进的"强人工智能"观点，1980 年美国认知科学家塞尔（J. Searle）提出了"中文房间"（Chinese Room）模型，引发了整个认知科学范围内关于智能和认知的新一轮讨论。"中文房间"模型是这样设计的：设想你坐在一间有两个小孔的屋子里，从一个小孔递给你一些中文字符，对这些字符你根本不认识，或者说你完全不知道这些字符的意义。但是你有一本操作规程，根据该操作规程可以把递给你的那些中文字符转换为另一些中文字符，然后将这些新字符从另一个小孔送出去。简单地说，我们对这个房间只需做下面三件事：

（1）中文字符被送入房间；

（2）按照操作规程，将输入的中文字符转换为另一些中文字符；

（3）将新的中文字符送出房间。

根据这个试验模型，你可以按照操作规程与房间外面的人用中文交谈。现在设想测试者提问："你懂中文吗？"虽然你根本就不懂任何中文，但你在房间里仍然可以回答："我懂，当然懂。"试验的结果是：房间外面的人相信你是一位通晓汉语的人，哪怕你对汉语是一窍不通。由于这个中文房间模拟了一段理解中文的计算机程序，而该程序则模拟了通晓汉语的人，所以它能够保证房间里不懂中文的人看起来像懂中文的人。

事实上，塞尔在这里构造了一部不可能有任何智力，却能够完成类似人的智力行为的机器，这就对图灵标准在内的已有人工智能标准提出了挑战。"按照塞尔的模型，给定操作规程，你决不需要理解你所处理字符的意义，而只需要按照规程操作就行了。"而且，"改变程序仅仅意味着改变操作规程，但这丝毫也不会增加机器的智力。"② 正是在这一点上，塞尔的人工智能标准要比图灵标准更有启示意义。

塞尔的标准其实代表着一种"弱人工智能"的观点，即认为不可能制

---

① J. Searle, Minds Brains and Programs. in The Behavioral and Brain Sciences, vol. 3, 1980.

② 蔡曙山：《哲学家如何理解人工智能》，载《自然辩证法研究》2001 年第 11 期，第 18—22 页。

造出能真正地推理和解决问题的智能机器，这些机器只不过看起来像是智能的，但它并不真正拥有智能，也不会有自主意识。计算机能够完成某种智能行为，仅仅是因为它执行了人们按照一定目的事先编制的"操作规程"，或者说，是人类智能决定了机器智能，而不是相反。

图灵测试　　　　　　　　　　　　　　　　　中文房间

"图灵测试"① 与 "中文房间"②

（三）两种观点之争的哲学意蕴

在哲学上，强弱人工智能之争引发了人们关于智能、意识、意向性和心身关系等问题的重新思考。与以往传统的哲学思辨不同，人工智能其实是用计算机来研究人类心灵。与"强人工智能"相比，"弱人工智能"在技术层面上更容易实现，具有能行可操作性。因此，人工智能专家多倾向于在"强人工智能"的理念下从事实际的"弱人工智能"研究。在"强人工智能"那里，计算机模拟人类智能的功能，能够纯形式化地表征人类心灵，所以编程的计算机就等同于人类的心灵。这被称为计算机的功能主义观点。如丹尼特（D. Dennett）和布莱克波恩（S. Blackburn）就主张，编程和数

---

① 摘自：http：//www. relentlesslyoptimistic. com/images/turingtest.

② 摘自：http：//www3. hku. hk/philodep/joelau/wiki/pmwiki. php？n = Main. TheChineseRoom
Argument.

据转换的计算机是可以有思维和意识的，因为人不过是一台有灵魂的机器而已。既然人们对智能的认定具有主观性，为什么人可以有智能而普通机器就没有呢？大多数哲学家还是倾向于"弱人工智能"的观点，认为计算机在研究心灵方面的主要价值在于它提供了一个有力的认识工具。如塞尔、布洛克（N. Block）和内格尔（T. Nagel）等人认为，脑功能产生智能和心灵的方式，不是一种单纯操作计算机的方式。计算机程序是由其形式的和语法的结构来定义的，而心灵具有心理或语义内容，人类无法模拟，因此程序自身不足以构成心灵。"对于任何我们可能制作的、具有相当于人的心理状态的人造物来说，单凭一个计算机程序的运算是不够的。这种人造物必须具有相当于人脑的能力。"① "因为编程计算机并没有什么是这个系统所没有的，所以编程计算机、纯粹的计算机，也不懂中文。因为程序是形式的、语形的，而心灵有心智的或语义的内容，因此任何只用计算机程序来产生心灵的企图，都遗漏了心灵的本质特征。"②

第三节　认知科学与人类认知

对自身认知的认识，是人类智慧的独特之处。认知科学作为关于认知和智能的跨学科研究，以心理学、神经科学、计算机科学（或人工智能）、语言学、人类学和哲学六个学科为基础理论学科。其中，脑与神经科学、认知心理学和计算机科学（人工智能）主要侧重于对人类智能的研究和理解，而语言学、人类学和哲学研究的重心则是在人类的认知方面。本节主要通过概括语言学、人类学对认知研究的重要意义，深入了解认识及其过程的本质。哲学与认知科学的关系将在第三节阐述。

一、认知研究与认知科学

简单地说，认知科学就是研究认知过程及其规律的科学。这里有广义和狭义之分。从广义上讲，有关认知研究的领域及相关学科都可以看作是认知

---

① 约翰·塞尔：《心、脑与科学》，杨音莱译，上海译文出版社 2006 年版，第 18 页。
② 约翰·R. 塞尔：《心灵的再发现》，王巍译，中国人民大学出版社 2005 年版，第 41—42 页。

科学。从狭义上讲，认知科学是"关于智能实体与它们的环境相互作用的原理的研究；认知科学的分支学科共享一个共同的研究对象：发现心智的具象和计算能力，以及它们在脑中的结构和功能表象。"① 这是对认知科学的狭义理解，认知科学被看作是一种心智的计算理论。无论广义，还是狭义的认知科学，其目标都是理解智能和认知行为的原则，以更好地理解人类心智并增强人类能力。它是以研究智能系统的工作原理为对象，是关于人类感知和思维信息处理过程的科学，包括从感觉的输入到复杂问题求解，从人类个体到人类社会的认知活动。

认知科学创立于 20 世纪 70 年代。随着人工智能、认知心理学、脑科学、语言学、哲学以及人类学等学科对认知、意识和智能的广泛关注和深入探讨，科学家们感到有必要建立一门新的交叉学科，以便聚合各学科力量、对认知进行综合研究。1975 年美国斯隆基金会对认知科学的研究计划给予大力资助，1977 年《认知科学》杂志出版发行，1979 年召开了首届认知科学年会。1981 年《展望认知科学》一书的出版，标志着认知科学作为一门新学科的诞生。此后，对认知科学的研究引起了各个国家的重视，并产生了大量的研究机构和学科设置。

从研究纲领的发展历程来看，认知科学与人工智能研究同步，早期的认知科学还是遵从符号主义的研究范式，专家系统、知识工程可以说是认知科学应用的杰出代表。20 世纪 80、90 年代以来，联结主义范式开始兴起。1986 年鲁梅尔哈特（D. Rumelhart）和麦克莱兰（J. McClelland）提出基于联结主义的"人工神经网络"概念，解决了多层人工神经元网络的学习问题，掀起了人工神经元网络的研究热潮，这一时期许多新的神经元网络模型被提出，并被广泛地应用于模式识别、故障诊断、预测和智能控制等多个领域。20 世纪 90 年代至今，认知科学作为一门新兴的科学，其发展得到国际科技界尤其是发达国家的高度重视和大力支持。同时，认知科学研究计划的国际化趋势不断加强，出现了诸如全球人类脑计划、国际人类前沿科学计划、知觉和认知计划、认知科学基础计划等全球合作。

---

① Cognitive Science, 1978. Unpublished Report to the Alfred P. Sloan Foundation, New York, 1 October 1978. Miller, G. 转引自 Gardner, H.：The Mind's New Science. New York：Basic Books, 1985, p. 37。

二、认知的语言学进路

人是如何获得语言知识的呢？这不仅是语言学家所关注的问题，也是认知科学的一个重要课题。正如杨小璐所指出的："以探索语言结构（包括语音、句法、语义等）的本质和规律为己任的语言学研究在认知科学中一直扮演着重要角色。认知科学中最早的跨学科合作就是语言学与心理学的合作，并产生了心理语言学。随后，语言学与计算机科学、与神经科学的交叉结合又产生了计算语言学和神经语言学。"① 人类所有认知行为中，语言行为提供了最丰富、最可靠的数据，其他认知行为不但变异的范围较小（比如颜色的视觉辨认），而且常常不借语言无法取得结果（科学家怎样才能知道受测者认为甲图形是梯形，而乙图形是长方形呢?）。因此，解开人类认知行为之谜，语言学研究是其中重要的进路。

语言学以人类语言为研究对象，其探索范围包括语言的结构、语言的运用、语言的社会功能和历史发展，以及其他与语言有关的问题。语言学家很早就认识到，语言是思维的形式，通过语言分析可以更好地理解认知模式。早在 18 世纪，语言学家洪堡（W. von Humboldt）研究发现，每一种语言里都包含一种独特的世界观，这种语言世界观又可以反过来影响人的认知和行动。洪堡的这种语言世界观被后来的魏斯格贝尔（L. Weisgerber）、萨丕尔（E. Sapir）和沃尔夫（B. Whorf）所发展。魏斯格贝尔认为，我们所说的世界是我们语言概念体系中存在的世界，我们对世界的认识也是通过语言这个中介来完成的，甚至可以说是语言在引导人们认识世界。因此，"语言的界限即世界的界限"、"语言创造出精神的中间世界"。20 世纪初，萨丕尔和沃尔夫的假说则更为激进。他们认为语言决定思维，所有高层次的思维都依赖于语言。也有很多语言学家和人类学家持一种弱势的语言决定论观点，即认为语言并不完全决定思维，但却影响人类认知和记忆方式，影响人们从事思维的难易程度。

20 世纪 50 年代，乔姆斯基（N. Chomsky）"转换—生成语法"理论的提出，标志着语言学研究人类认知进入了一个新的阶段。在乔姆斯基看来，

---

① 杨小璐：《语言学与认知科学》，载《光明日报》（理论周刊）2006 年 11 月 6 日 12 版。

人脑具有一种先天的语言机制,而语法则是探索这种先天语言机制的场所,我们可以通过对语法的研究来考察人脑是如何生成合乎语言结构规律的句子。他指出,每个句子都有两个结构层次——深层和表层。深层结构显示基本的句法关系,决定句子的意思;表层结构则表示用于交际中的句子的形式,决定句子的语音。

乔姆斯基的理论掀起了研究语言与认知的"乔姆斯基革命",引起了认知科学家的广泛关注。乔姆斯基的形式语言概念是一种包括自然语言和人工语言(如计算机语言)在内的普遍语言,其形式文法在计算机科学特别是程序语言设计、图像识别和机器翻译等方面得到了有效运用。

兴起于 20 世纪 80 年代的认知语言学最受人们关注。1989 年在德国召开了第一届国际认知语言学会议,次年出版《认知语言学》杂志。以莱科夫、约翰逊、兰盖克(R. Langacker)和菲尔莫(C. Fillmore)为代表的认知语言学家,强调语言作为一种心理或认知现象,语言分析的目的不只是描写人们的语言行为,而是解释引起语言行为的心理结构和过程,解释语言行为背后内在的、深层的认知规律。与传统语言学不同,认知语言学吸收了同时代认知心理学、认知人类学、哲学和人工智能等领域的成果,以人类对世界的认知经验为基础进行语言研究。其强调认知和语言都是基于对现实的体验,经验与认知能力在语义解释中发挥着重要作用,人们只能依靠有规则的认知方式和有组织的词语来认识和理解世界。语言不是独立的系统,它是客观现实、生理基础、心智作用、社会文化等多种因素综合作用的结果,认知语言学应该在语言事实的基础上,努力解释其后的认知机制和规律。[①] 与第一代认知科学相比,基于认知语言学的第二代认知科学,相应有如下特点:[②]

认知语言学的进展所给予第二代认知科学研究的启发,直接影响着计算机科学的发展。众所周知,语言系统是最复杂、最完整而又最常用的符号系统。而人工智能又是以语言符号为载体的,语言系统本身能否做形式化处理,也就成为认知科学所要解决的重要问题。起初人们以为把语言系统中的

---

① 王寅:《认知语言学之我见》,载《解放军外国语学院学报》2004 年第 5 期。

② G. Lakoff & M. Johnson, Philosophy in the Flesh: The Embodied Mind and its Challenge to Western Thought. New York, NY: Basic Books, 1999, pp. 76—78.

	第一代认知科学	第二代认知科学
心　　智	符号表征的概念间的功能关系	涉身心智、认知和语言的体验性
认　　知	认知过程以符号为基础	心智结构的涉身认知
意　　义	意义的表征来自符号操作或计算,所有意义都是字面的	经验和认知能力在语义解释中的作用,意义基于隐喻和想象力
知识结构	以充分必要条件来定义范畴和概念,思维基于符号的形式运算,依照规则系统进行	概念系统具有多元性,概念结构含有不同的原型,大部分概念不能通过充分必要条件来描写。推理是基于身体经验的,通过隐喻影射进入抽象推理模式

句法关系弄清楚,就可以解决问题。认知语言学的出现使得人们认识到语义的形式化处理更为关键,这就促使了以语义为基础的语法分析器和形式语义学的诞生。特别是近年来兴起的自然语言的计算机处理,一直是语言学和计算机科学交叉研究的重点。目前世界上已有相当多的"计算机自然语言理解系统"产生,与之配套的还有人工通信设备和打字、印刷、翻译设备也已大量产生出来。此外,认知语言学的专项研究还为计算机语言合成、刑侦甄别计算机设计等提供了基础和依据。

事实上,认知语言学的兴起,在深层次上发展了认知科学的研究理念和方法。很多学者将认知语言学兴起以来的认知科学称作"第二代认知科学",与生成语法和结构主义语言学时期的"第一代认知科学"相区分。"我们所谓'第一代'认知科学与'第二代'认知科学的对立……其区别正是所谓'非体验的'与'体验的'之间的区别,或者是'假定形式主义的分析哲学'与'不假定形式主义的分析哲学'之间的区别。这种区别是一种哲学和方法论假设之间的区别。"①

可以看到,在语言通向认知的道路上,包括哲学、心理学、计算机科学在内的认知科学被赋予了新的意义,语言研究的成果对于人类认识过程的探索起了很大的推动作用。正如认知心理学家皮亚杰1966年在第十八届国际心理学大会上所指出的:语言学,无论就其理论结构而言,还是就其任务之确切性而言,都是社会科学中最先进而与其他各学科具有重大关系的学科。语言的智能,即语言的习惯和运用,是人类最基本的一种智能。

---

① G. Lakoff & M. Johnson, Philosophy in the Flesh: The Embodied Mind and its Challenge to Western Thought. New York, NY: Basic Books, 1999, pp. 76—78.

三、人类学、文化与认知

认知科学的核心是广为人知的"认知主义"。在认知主义看来，认知是对符号的处理，人类心智是通过处理表征世界面貌，或表征世界以特定方式存在的符号来运作的。根据认知主义的这种假设，作为心智表象的认知研究，认知科学的一端可以独立于神经生物学，另一端则独立于社会学和人类学。

认知人类学的早期研究可以追溯到美国文化人类学和语言人类学的奠基人博厄斯（F. Boas）及其文化相对论。他的第一个人类学研究是爱斯基摩人以及他们对冰和水的色彩的感知。通过研究他认识到，不同的人对于身边世界有着不同的理解，其这一思想包括在他的著作《人类学中的心理学问题》和《初民的心智》中。[①] 随后，博厄斯的学生萨丕尔也强调语言对人们经验之建立的作用。在研究亚利桑那州的霍皮语时，萨丕尔发现由于霍皮语的语法与印欧语不同，霍皮人对世界的看法也与欧洲人不同。20世纪50年代心理学、语言学和计算机科学的进展，使得许多人类学家意识到可以把人类社会作为符号系统来研究，人类学进入分析文化知识的阶段。例如康克林（H. Conklin）和弗雷克（C. Frake）借用生物学的分类学方法来研究文化分类体系，发展出"族群植物学"[②]。这一时期，像动物、性格、疾病、颜色等等领域，也得到广泛的研究。例如，柏林（B. Berlin）和凯（P. Kay）对不同社会的语言里为什么会有不同数量的单色词问题进行研究，发现"越复杂的社会所需要的颜色词可能越多。"

进入20世纪70年代，随着认知科学的建立，以人类认知与社会、文化、实践为对象的认知人类学逐渐确立，许多大学纷纷建立了认知人类学研究中心，开展了各具特色的人类学研究。20世纪80年代，认知人类学结合心理学的相关进展，开始研究文化表象和心理过程，试图在一定的抽象层次上探讨人类认知的普遍特征。认知人类学者关注感知、记忆、推理、分布性认知、表象结构、一致等等心理学范畴，都围绕一个主题——文化图式如何

---

① 张小军：《认知人类学浅谈》，载《光明日报》2006年11月17日。
② 庄孔韶：《人类学通论》，山西教育出版社2002年版，第207页。

与行动发生联系。在这样的主题之下，情感、行为、动机、内化等等社会心理现象或者过程得到深层次的解释和研究。这次心理学转型给认知人类学带来的成果是丰富多样的，认知人类学取得了三项成就①：1. 对文化表象进行了详细而可靠的描述。2. 在文化和心理功能之间搭起了一座桥梁。3. 人类把各种表象作为文化遗产来学习，他们的心理受到这些表象的影响；人类的认知过程也反作用于文化表象。

20 世纪 90 年代以来，认知人类学研究展现出两大趋势，一是走向社会、走向实践；二是走向数理、跨越文化。目前，认知人类学研究主要有四个研究领域：一是语义学（semantics），包括民族志的语义学和语义理论；二是知识结构（knowledge structures），包括民族科学、一致性分析、原本（scripts）和先验图示；三是模式和系统（models and systems），包括民俗模式、决定模式、目标结构和动机系统；四是话语分析（discourse analysis），包括叙事语法、话语语义学和内容分析。② 其中，与文化有关的认知模式和认知系统，是认知人类学当前研究的热点。正如庄孔韶指出的："认知人类学最新发展的焦点在于文化图式如何与行动相联系。这个领域的研究涉及情感、动机、内在化（internalization）、社会化。认知人类学者普遍把文化看作是社会分布的、'颗粒状的'、以不同形式内化的、以不同方式体现在外部性形态中的东西。也就是说，文化不再被看作是匀质的、具有稳定结构的存在形式，也不再被看作是完全由外在社会决定的符号体系；人的心理因素也对文化产生着重要作用，与文化形式互动关系。认知人类学一直在探讨文化知识是如何在人脑中协调运转的。"③

第四节 对智能与人类认知的探索

人工智能与认知科学都围绕着人类智能与认知进行研究，而哲学始终作为人工智能与认知科学看不见的框架在其发展中发挥着重要的作用。作为20 世纪新兴的学科，人工智能与认知科学既与传统哲学中的意识、思维等

① 庄孔韶：《人类学通论》，山西教育出版社 2002 年版，第 222 页。
② 张小军：《认知人类学浅谈》，载《光明日报》2006 年 11 月 17 日。
③ 庄孔韶：《人类学通论》，山西教育出版社 2002 年版，第 208 页。

问题具有相关性，同时也与心智哲学共享许多概念。在对意识、意向性、心身问题的不同解读中，我们可以看到哲学与人工智能、认知科学等自然科学之间的内在统一性。

一、对意识、意向性的研究及其哲学问题

心智哲学家塞尔在谈到心智哲学当前的发展状况时，以笛卡尔的传统"心身问题"为基础提出了12个基本问题。这12个问题分别是：（1）心身问题。（2）他心问题。（3）外部世界是否存在问题。（4）感受性问题。（5）自由意志问题。（6）自我与人格的同一性问题。（7）动物是否具有心智。（8）睡眠问题。（9）意向性问题。（10）心智因果和副现象问题。（11）无意识问题。（12）心理和社会的解释问题。① 从塞尔的分类中我们可以看到，这些问题中既有传统哲学的一些问题，也有一些新的问题需要我们探讨。而 20 世纪人工智能与认知科学的发展对这些问题直接或间接具有影响。

（一）意识

人类智能是人工智能与认知科学探索的主题。人类智能与意识具有很大的相关性，智能与意识都是作为人类特有的机能存在的。

意识是哲学或心理学用语，源出希腊语的 syneidesis 和拉丁文 conscieutia。在哲学上，按照马克思主义的唯物主义的理解，所谓意识，是指高度发展的物质——人脑的特殊机能和属性，是客观世界在人脑中的主观现象。

哲学史上，人们在意识的本质问题上存在两种相反的观点，一种观点认为，人类的意识依赖于物质或人类身体。如，古希腊的原子论者德谟克里特、伊壁鸠鲁等人认为，意识由物质性的原子构成，原子的聚合决定意识的生成和消失，人的感官受到外界事物流射出来的精神原子刺激后构成事物的形象；欧洲近代唯物主义哲学家提出"思维是物质有机体的属性"的思想。这一观点内在地蕴涵着精神与肉体相统一的思想。

另一种观点认为，人类意识具有独立的决定作用。例如柏拉图就认为我们感觉到的具体事物只是现象，它们的本质是永恒不变的、绝对的"理

---

① J. Searle：Mind：A Brief Introduction，New York：Oxford University Press，2004，pp. 17—32.

念"，理念先于具体事物而存在，在具体事物之外。欧洲近代的笛卡尔、康德等人的二元论哲学体系在哲学史上占据重要的地位。而18世纪法国的狄德罗（D. Diderot）和拉美特利（de La Mettrie）等人也将意识归诸于人脑的机能和属性。

马克思和恩格斯依据19世纪自然科学的研究成果，在批判地继承旧哲学意识论思想的基础上，提出了具有跨时代意义的意识观。马克思主义哲学认为，意识不能离开物质实体而独立存在，意识只是高度完善的物质——人脑的机能，人脑是意识的物质器官；世界上不存在离开物质载体的精神现象。马克思主义的唯物主义还从物质和意识的关系角度理解意识的本质，认为人脑是意识的器官，但不是意识的源泉，意识的内容只能来源于客观物质世界。

现代认知科学的发展有力地证实和深化了马克思主义的辩证唯物主义的意识观。人工智能模拟人脑的功能、机械化人类智能的研究目标，本质上是对思维的信息过程的模拟。当前人工智能在模拟人脑的某些方面虽然取得了巨大成绩，甚至在部分功能上已经超过了人脑，但在认知科学方面还处于思维模拟阶段，离真正的人类的思维距离尚远。当然，电脑不是人脑，机械化的人工智能不能完全代替人类智能。从人工智能与认知科学目前发展的状况看，"机器思维"和人脑思维是无法等同起来的，模拟人类智能的人工智能存在下列的困难与问题：（1）人工智能是无意识的物理机械过程，人类智能则是生理的和心理的过程；（2）人工智能与人类智能的根本差异在于人类智能的社会性。马克思说："意识在任何时候都只能是被意识到了存在，而人们的存在就是他们的现实生活过程"，① 而人工智能缺乏现实历史生活过程；（3）人类意识具有能动性和创造能力，而人工智能缺乏创造性，人工智能着力突破的学习问题就是力图解决人类思维具有的创造性。人工智能的发展不仅推动了人类社会的巨大进步，而且深化了马克思主义哲学对人类意识能动性的认识。

（二）意向性

意向性是对意识活动本质的刻画，是认识人类心智的关键。意向性概念

---

① 《马克思恩格斯全集》第3卷，1960年版，第29—30页。

最早是作为一个现象学术语出现的，是现象学先驱胡塞尔（E. Husserl）的老师布伦塔诺（F. Brentano）提出来的。布伦塔诺以亚里士多德与康德的哲学体系为背景，认为任何心理活动都指向对象，对象与活动不可分开，没有无对象的活动，也没有无活动的对象，而心理学则研究人类心理活动的功能，包括人类的知觉、理解、欲望和意志等。胡塞尔正是在他老师的基础上提出了现象学哲学，深入系统地讨论了意向性问题。

现象学是对人的思维的操作过程进行尝试性分析和描述，这种描述虽然与人工智能研究有很大不同，但现象学的理论中一些经验对人工智能的研究必然具有重要的借鉴意义。将现象学中的意向性问题带入认知科学领域中来的两位哲学家，一位是美国斯坦福大学教授德雷斯福（H. Dreyfus），另一位是前面提到过的美国加州大学伯克利分校教授塞尔。前者在 1963 年的《计算机不能做什么——人工智能的极限》著作中指出人工智能的研究具有无法突破的极限，后者则在《意向性》、《心智、语言和社会》和《心智的再发现》等著作中深化了对意向性的科学和哲学探讨。

在德雷福斯看来，胡塞尔强调人类认知活动整体性——这里所谓的整体，是指由人的意指行为产生的、由意义的广泛联系构成的整体。在人工智能研究中，人们注重于用物理材料表示人类的思维功能，但从现象学的观点来看，除了物质与思维两个层面之外，人类认知还存在第三个层次，即以意向性为基础的意义层次。这一层次的意义与物质虽然都是具体的，但又是完全不同种类的现象，物理对象无法直接转化为意义，即不能转化为现象学的意向性对象。由意向性活动构建而成的整体意义网络离不开人类的文化实践和惯例等等背景，人工智能研究尚未找到一种方法来模拟人这种整体性的实践生活，从而根本无法解决文化背景及由此背景衍生出来的活动。所以德雷福斯说："人们并不使用关于日常世界的理论，科学也不能表示这样的理论，因为并不存在一组与语境无关的理解元素。我们的知识是熟练的技能，不同于过程规则、表述方式和知识内容，甚至我们关于形式系统的知识也不能不借助于有关怎样延续数学序列或应用逻辑规则的背景知觉。"① 因此，

① H. Dreyfus：What Computers still Can't Do：A Critique of Artificial Reason，Cambridge，Massachusetts：The MIT Press，1994，pp. 211—212.

人工智能若要达到人的智能水平，必须解决如何模拟人类文化及技能的问题，这对于目前的人工智能来说是一个难题。

前已述及，塞尔作为强人工智能的反对者，他通过"中文房间"例子批驳了强人工智能观点。塞尔同德雷福斯一样也使用意向性、背景网络等概念来表述人类的心智与身体的关系，指出与人类的心智相比，计算机的理解力是不完全的。但是，塞尔的意向性与现象学意义上的意向性有很大的区别。在塞尔看来，"'意向'是表示心智能够以各种形式指向、关于、涉及世界上的物体和事态的一般性名称。"或者说，"意向性是人类心智特有的一种能力，"它是"心理状态借以指向或涉及在它们本身之外的对象和事态的那种特征。"① 机器只是具有某种功能的物理系统，计算机程序纯粹是按照语法规则来定义的，而人类的心智却并非如此，人类心智具有意向性的特点，呈现出一种语义特征，而只具有语法特征的计算程序是无法表达心智的语义特征的。换言之，人类的心智本质上不是算法的，因而作为人类心智特有的意向性功能也不能被程序化。塞尔的这些思想既是对强人工智能技术实现的批判，同时也是对强人工智能背后的心脑（心身）同一的哲学基础的有力反驳。

意识问题作为人工智能与认知科学研究的主题，在科学研究中是无法避免的。对人类智能的模拟必须在理解人类意识的基础上才成为可能，从这种意义上讲，对与意识相关的意向性、无意识等问题的诠释会直接促进人工智能与认知科学的进展。

二、对心身关系问题的探索

（一）传统哲学中的"心身问题"

哲学上的"心身问题"是回答人类心智过程和身体状态之间关系的问题。自古希腊以来，哲学家们从未停止过探讨心身关系问题，并出现了一元论和二元论两种典型的思想流派。二元论主张心智与身体的分立存在，这一思想可以追溯到柏拉图与亚里士多德，17 世纪由笛卡尔系统精确地表述出来。而一元论主张只有一种实体，其代表是巴门尼德和斯宾诺莎。

---

① 塞尔：《心智、语言和社会》，李步楼译，上海译文出版社 2006 年版，第 83、97 页。

笛卡尔提出"我思故我在"这一哲学命题，说明有一个心智独立存在，心智能思维而不占空间，物质占空间而不能思维，二者之间互不影响，这一经典的心身二元论观点在笛卡尔之后一直在哲学领域占据重要的地位。当前西方哲学研究中的心身关系研究很大程度上都是围绕笛卡尔的观点展开的，二元论观点主要可以归纳为以下几个方面：

（1）实体二元论（substance dualism）。认为心智与身体是独立存在的实体。笛卡尔的二元论中清晰地表达了这一观点，其一直占据着重要的地位，许多哲学家就是在笛卡尔的观点之上进行改进或论证的，并成功地将笛卡尔的观点或者推向绝对的物质化，或者推向绝对的精神化。

（2）属性二元论（property dualism）。认为心智是从大脑中显现出来的，心智具有独立的属性，该属性不能被还原到大脑，但也不是独立的另一种实体。属性二元论的观点最早是由斯宾诺莎提出的，斯宾诺莎认为只有自然（或神）一个实体，自然（神）同时具有思想和广延这两种相互独立的属性。

（3）身心平行论（parallelism of mind and body），认为心智和身体在因果性上并不互相影响，而是以平行的方式一起运行，二者有着不同的存在状态。

（4）副现象论（epiphenomenalism）。"副现象"这一概念最早由赫胥黎（Huxley）提出，认为精神现象在因果上是无效的，物理事件能够导致精神事件或其他的物理事件，但精神事件不能导致任何事情，精神现象只是以物理世界为原因的惰性的副产品（副现象）。

与"心身问题"的二元论观点相反，一元论宣称只有一种基本物质。今天在西方哲学中最普遍的一元论形式是物理主义（physicism）。物理主义的一元论认为，唯一存在的物质是物理性的。物理主义一元论在20世纪的心智哲学中占据相当重要的地位，同时这一观点也是人工智能与认知科学的基石。另外，一元论还包括认为唯一存在的实体是精神的唯心主义的一元论。

随着现代科学技术的深入发展，尤其是生理学、神经科学和脑科学对人类神经系统的综合深入研究，使得哲学家开始重新关注心身关系的问题。20世纪以来的心智哲学在充分借鉴现代认知科学研究成果的基础上，对身心关系这一传统问题进行重新研究与论证。作为心智哲学主流的心身一元论观点形成了不同流派。主要有两个，一是行为主义。其认为我们的研究应限于可见的行为，并不涉及内在的心理活动。这本质上是一种取消主义的观点。二是类型同一理论（type – identity theory）。类型同一理论是以避免行为主义的缺点而发展起来的，精神状态作为一些物质性的东西与大脑的内部状态是同一的。简单地说：一个精神状态 M 只是大脑的状态 B。此外，心身一元论还出现了非还原性的物理主义、取消的物理主义等观点，这里不再赘述。

（二）对"心身问题"的进一步探讨及其哲学意义

"心身问题"在人工智能与认知科学发展中发挥着重要的作用。诞生于 20 世纪 50、60 年代的功能主义是目前心智哲学中影响较大的一种理论，其发展得益于人工智能与心理学、哲学的互动。从本质上说，功能主义也是围绕着对人类的心身关系问题的探讨而展开的，它一方面探讨对心智的功能解释，即输入大脑中的知识、心理状态怎样相互作用。如经典的功能主义认为精神状态具有可计算性，要理解心理状态，就必须通过使用非精神性的功能属性来进行刻画与抽象；另一方面功能主义也要说明纯物理系统存在的根据是什么，它们是怎么实现高层次的功能如"意识"的。心理状态在这里是一种因果的功能状态，是通过物理过程实现的，但又不同于实现它的物理属性。根据对功能的不同理解，功能主义又具体分为因果功能主义、机器或图灵机功能主义、小人功能主义和目的论功能主义等变种。

人工智能与认知科学受功能主义的影响注重于机器功能上的实现，这在一定程度上促进了人工智能研究的进一步深入，但由于功能主义自身理论上的弱点，使得人工智能与认知科学的研究忽略了对人类心智的生物学意义的探讨。丘奇兰德（P. Churchland）指出："将所有认知者统一起来的不是他们拥有相同的计算机制（他们的'硬件'）。将他们统一起来的是（加上或减去某些个体的弱点或获得的特殊技能）他们都计算相同的抽象的＜感觉输入，先前状态＞，＜行为输出，其后状态＞的功能，或者计算相同抽象功能的某个部分。"[①]

当前人工智能与认知科学的研究都是以心身同一论为理论基础的。任何

---

① P·M·丘奇兰德：《功能主义 40 年：一次批判性的回顾》，田平译，载《世界哲学》2006 年第 5 期，第 23—34 页。

实证科学和工程科学的发展最终都无法回避认识论上的回归，心智哲学上关于心身关系问题的思想理论观点都可能影响或促进认知科学的研究。

与心身关系问题相关的其他问题还包括感受性、常识知识、无意识、自由意志、他心等问题。感受性一直是作为人类特有的认知要素而存在的，不同的个体所具有相同的感受性在心智哲学中是一个未决的问题，并且关于计算机的感受性是否可能一直处于讨论中。一些人工智能科学家相信基于计算机软、硬件的相互影响，也许有一天能够从感受性的角度发现有助于解决人类心智与大脑之间相互影响的理论，从而能对"心身问题"的解答做出新的贡献。常识在人工智能研究、心灵哲学以及认知科学中都是一个相当重要的问题，同时也是人工智能与认知科学研究中的一个瓶颈性问题。在人工智能及认知科学的研究中如何对常识知识（包括技能、背景知识、直觉知识等处理日常生活事件的知识和能力）做出解释，如何在计算机中表示这些问题成为人们研究的一个焦点。在联结主义学派看来，常识知识不是由"命题"组成，所以无法在计算机中表征，提出运用神经元联结的方法可以克服物理符号表征的局限性。从目前的研究状况上看，常识知识自身所具有的复杂性是目前人工智能与认知科学研究还无法突破的极限，一旦人类常识知识问题得以解决必将带来人工智能与认知科学研究质的突破。

心智哲学中的自由意志在人工智能中得到同等程度的关注。人是否具有自由意志，人类的行为是否完全由自然规律所决定，人类心智上的自由意志是否也决定行为的自由。这是心智哲学中的自由意志问题。与此相似，在对人工智能的质疑中，著名的数学家哥德尔曾经问过一个有趣的问题：一台计算机知道自己程序的可能性有多大？这样的一个问题与我们所探讨的自由意志具有很多相似之处。如果一台计算机能够知道自己的程序，那么距离真正的智能、自由的意志而言就很接近了。因此，"自由"作为人类自身尚且无法回答的问题，同样是计算机科学研究中要去努力克服的一个难题。

《庄子》秋水篇中著名的庄子与惠子对于鱼之乐是否可知的对话[1]，可

---

① 庄子与惠子游于濠梁之上，庄子曰："鯈鱼出游从容，是鱼之乐也。"惠子曰："子非鱼，安知鱼之乐？"庄子曰："子非我，安知我不知鱼之乐。"惠子曰："我非子，固不知子矣，子固非鱼矣，子之不知鱼之乐全矣。"庄子曰："请循其本，子曰'汝安知鱼乐'云者，既已知吾知之而问我，我知之濠上也。"

以作为"心身问题"的一个拓展，即他心问题的古老例子。在现代心智哲学研究中，他心问题与意向性、可感受性等问题是当前人们还无法回答的，哲学史上的怀疑论观点本质上是对他心问题的一种质疑。通常来讲，哲学家解决他心问题会使用类比推理方法，也就是在承认自我心智的基础上来类推到他人的心智。但由于现代科学尚无法对此提供生理学上的根据，所以他心问题仍然是怀疑论得以可能的条件。认知科学研究对人类认知的研究虽然是以单个个体为例，但最终要扩展到整个人类认知中，所以无法跨越对他心问题的回答。

围绕着"心身问题"这一古老而核心的问题，人工智能和认知科学与心智哲学共享一些问题的研究，它们之间既有理论上的相互促进，同时也彼此提出了新的挑战。心智哲学的研究为人工智能与认知科学提供了理论背景，而人工智能与认知科学反过来又为促进心智哲学进一步发展开拓了新的、更为广阔的前景。

上述所探讨到的诸多问题从一个侧面说明，人脑的结构和功能要比人们想象的复杂得多，人工智能与认知科学研究面临的困难与任务要比我们估计的重大得多、艰巨得多，要从根本上了解人脑的结构和功能，解决面临的难题，完成人工智能的研究任务，就需要寻找和建立新的人工智能与认知科学框架理论体系，进一步发展完善其理论基础。这至少需要我们几代人的持续奋斗，进行多学科联合协作研究，才可能解开"智能"之谜，使智能与认知科学理论达到一个更高的水平，也使人类能够更清楚地了解自身、认知自身。

第　四　章

生命科学的发展及其哲学问题

20 世纪是生命科学迅猛发展的一个世纪。生命科学的快速发展不仅对社会经济发展产生广泛的影响，正在使我们逐步进入崭新的生物经济时代，而且对哲学和社会科学也产生了广泛的影响。

第一节　20 世纪生命科学的发展演化阶段及特征

生命科学在 20 世纪的发展大致分四个阶段：世纪初至 40 年代的经典遗传学和综合进化论建立和发展阶段，50—60 年代的分子生物学革命阶段，70 年代的遗传工程的突破和应用阶段，80 年代至世纪末的人类基因组计划的实施和生命科学的综合发展阶段。

20 世纪的生物学发展是从遗传学突破开始的。1900 年，孟德尔的遗传学的再发现标志着 20 世纪生物学大发展的开始。孟德尔通过植物杂交实验在遗传学上确立了两个重要规律：分离定律和自由组合定律。孟德尔被再发现之后，1902 年萨顿和博维里认为遗传因子在染色体上。1909 年荷兰遗传学家约翰逊提出了"基因"这个现代尽人皆知的名词。接着，美国生物学家摩尔根通过果蝇实验，不仅证明了基因的存在，而且确定了基因就在染色体上，还提出了遗传学上重要的第三定律：连锁和互换定律。

进化论由于遗传学的发展也在进行着新的综合。达尔文在 19 世纪创立进化论后，正如达尔文自己所清楚明白的，在理论上最大的问题是生物何以进行遗传和变异的问题。经典遗传学建立起来后，很多生物学家尝试把进化论和遗传学结合起来，生物学在 20 世纪初一个重要的工作就是进化论和遗传学的新的综合。综合进化论的确立使生物学进入更加完美的理论构建阶段。

20 世纪生物学最伟大的成就是 20 世纪中叶的分子生物学革命。基因的分子本质是什么？基因是如何产生效应的？第二次世界大战后，大批物理学家步入生物学领域，为生物学的发展特别是分子生物学的发展提供了难得的机遇。用物理化学方法研究生命在当时形成了三个学派：结构学派、信息学派、生化学派。这些工作在 20 世纪中叶结出硕果。1953 年 4 月，美国生物学家沃森与他的合作者物理学家克里克发表论文，提出了 DNA 分子的双螺旋结构模型。这一模型的建立及随后遗传密码的破译及中心法则的建立，标志着人们对生物本质的认识深入到分子水平。

随着对基因作用机理的认识的深入，自然会联想到能否通过改变生物的基因来改变生物的性状，导向了操作生命过程的遗传工程研究。1973 年，遗传工程获得重大突破：美国科学家科恩（Stanley Cohen）和伯格（Paul Berg）以及波义尔（Herbert Boyer）成功合成了自然界中不存在的"重组 DNA"。自此人们不仅在理论上认识了生物遗传的分子机理，而且在实践上可以从分子水平上对生物的遗传进行干预。

由于遗传工程的突破，20 世纪 80 年代，一个更大的生命科学计划开始形成：对人类基因组的全序列进行测序。这就是被称为生命科学的登月计划的人类基因组计划。这个计划经过 20 年的工作，于 2000 年初步完成，科学家们已经测出人类 23 对染色体上的全部的碱基序列图，并对这些碱基的序列单元进行了初步的分析。

总的说来，20 世纪生物学的发展具有如下几个特征：

首先，学科交叉是生命科学取得重大发展的方法论动因。20 世纪早期阶段被称为"生物化学阶段"，分子生物学主要受化学方法的影响。自 20 世纪 40 年代开始，物理学取代化学成为分子生物学研究的主要方法；物理技术，特别是 X 射线晶体学技术、同位素示踪技术、超离心技术等为分子生物学的革命性发展做出了巨大贡献。DNA 双螺旋结构的发现、半保留复制的证明、遗传密码的破译以及其后的操纵子模型的发现等都归功于这些方法和技术。20 世纪下半叶，分子生物学的发展进入了一个新的阶段，计算机、应用数学和信息科学等取代了物理学，成为分子生物学的前沿；主要的研究方法在软件技术和自动化大型数据库技术中得到集中体现。这一阶段的最重要成就包括许多遗传疾病基因的发现、遗传工程药物的合成、人类基因组及其他多种生物的基因组序列的测定等内容。

其次，20世纪生命科学的大发展还得益于国家和政府雄厚的资金支持。人类基因组计划是一个空前浩大的生命科学工程，任何单个的科研组织或实验室都无法承担，但是由于这一计划的具有重大的科学价值和极其重要的应用价值和经济效益，因此各国政府和社会组织都对此表现出极大的热情，并不惜巨资力图占据这一研究领域的制高点。

第三，科学家社会责任感日益增强。由于生命科学的研究对象是生命，不仅包括生物圈中其他的生命，而且还包括人类自身。当重组DNA技术成为可能时，人们普遍担心的一个问题是这种技术会不会破坏生态系统，造成生态灾难？当人类基因组计划推进时，科学家们同时关注这项计划可能对社会带来的伦理、法律和社会影响问题。当克隆高等哺乳动物技术成为现实时，人们关注允许不允许克隆人？干细胞研究、基因治疗、基因增强、转基因食品研究和生产等都存在类似问题。科学家在研究中高度关注这些问题。

20世纪生命科学的发展对哲学提出了一系列挑战。生命科学最新成就丰富和发展了人们对生命本质的认识，进而丰富和发展了我们关于世界的本体论认识。这方面的研究诞生了"生命科学哲学"这个哲学分支。本章主要就20世纪有影响的人类基因组研究、克隆研究以及基因增强研究的伦理问题进行简要的探索。

第二节　人类基因组研究及其对社会伦理的挑战

继2000年6月26日科学家公布人类基因组"工作框架图"之后，中、美、日、德、法、英等6国科学家和美国塞莱拉公司于2001年2月12日联合公布人类基因组图谱及初步分析结果。这一重大成果是人类献给新世纪、新千年的一份厚礼，标志着生命科学进一步迈向纵深。它不仅可以推动21世纪生命科学的革命性发展，而且具有重大的科学和经济的价值。人类基因组序列的测定和进一步破译，也给人类提出许多新的社会伦理问题，这些问题的研究对于人类基因组计划的健康发展是至关重要的。

一、人类基因组计划的提出

人类基因组计划（HGP）是继曼哈顿原子弹计划、阿波罗登月计划之后科学史上的第三大科学计划。它往往被称为生命科学的"登月计划"，但实际上是曼哈顿计划遗留问题的产物。

1945 年，曼哈顿计划的成功使美国在日本的广岛和长崎各投掷了一颗原子弹，这两颗原子弹不仅造成数十万平民的死亡，而且使大量幸存者遭到大剂量的核辐射。核辐射可以破坏 DNA 的结构，因而造成基因的突变。为了研究核辐射对人类的影响，美国国会责成原子能委员会，也就是现在的美国能源部（DOE）的前身，开始了长达数十年的核辐射对人类基因突变作用的研究。由于当时的 DNA 分析技术的制约，结果是，受害者明明已经表现出突变性状，但却检测不出 DNA 结构的变异比对照组有什么显著差异。

1984 年 12 月 9—13 日，受美国能源部和国际预防环境诱变剂和致癌剂委员会的委托，犹他大学的雷蒙·怀特（Rnymond White）在美国犹他州的阿尔塔组织召开了一个小型学术会议，研讨有没有新的方法可以非常有效地检测出人类基因的突变。与会者交流了自己在 DNA 结构分析方面的研究进展，并对在 DNA 水平上检测可遗传变异的方法和途径进行了讨论。会议达成默契是，解决这个问题的最好办法是对受害者及其后代的全基因组序列进行测定，要做到这一点，必须首先测定出人类基因组全序列的参考文本。[①] 1985 年 5 月之后，形成了美国能源部的"人类基因组计划"草案。并在次年进一步讨论了这个计划的可行性。

1986 年 3 月，诺贝尔奖获得者达尔贝克（Dulbecco，R.）在《科学》杂志上发表了一篇短文，回顾了 20 世纪 70 年代以来癌症研究的进展，使人们认识到包括癌症在内的人类疾病的发生大都与基因有直接或间接的关系。文章中指出，不能继续用"零敲碎打"的方法来了解人类的基因，而应当从整体上研究和分析整个人类基因组及其序列。[②]

---

① 赵立平：《基因与生命的本质》，陕西科学技术出版社 2000 年版，第 184、201 页。

② 贺林：《解码生命》，科学出版社 2000 年版，第 4 页。

分析人类基因组的全序列的确是一个大胆的设想。1986 年 5 月，当史密斯作为美国能源部人类基因组计划的负责人，在冷泉港会议上宣布这项计划时，会场上一片哗然。有包括三位诺贝尔奖获得者（Walk Gilbert, Paul Berg, James Watson）在内的资深生物学家坚决支持这项计划，但仍遭到许多生物学家特别是年轻的生物学家的反对。

反对者认为，当时的作图和测序技术能力与计划目标之间存在着显著的差别，因此对该计划的可行性表示怀疑；另外，若没有与其他较易进行实验操作的模式生物的基因信息的比较研究，人类基因组全序列所含的信息的绝大多数将是无解的，因此，将计划仅限制在人的基因组是不够的。就对生物学的影响来说，一些反对者担心，国家拨出 30 亿美元作为人类基因组计划一个课题的资助，势必会削弱对生物科学、医学和其他基础性研究的资助，这样会使大批依靠自由选题、单独申请研究基金的科学家得不到足够的经费，从而失去了或减少了在各个学科领域里竞争、拼搏、一展身手的机会，将影响个人的研究，影响生物科学和医学的全面发展。就管理方式来说，反对者认为，能源部很少资助有关重组 DNA 的研究项目，缺少全面了解遗传学发展动态的资深科学家和管理人员；并且能源部的领导人一直是物理学家，因而由 DOE 来组织和管理这项计划必然是生物学家从属于物理学家。另外，该计划涉及的许多伦理的、法律的和社会的问题也令一些科学家忧心忡忡。[①]

这场争论很快引起美国国家科学院生物学部基础生物学科学委员会的重视。8 月份成立了一个隶属于国家科学研究委员会（National Research Council，简称 NRC）的 15 人专家小组，任务是起草一份有关人类基因组计划的专题报告。经过 14 个月的努力，该小组完成了题为 "人类基因组的作图和测序" 的专题报告。该报告写作中考虑了冷泉港会议上的反对意见。[②]

与此同时，美国国会能源和商业委员会下属的技术评估办公室（Office of Technology Assessment，简称 OTA）也对该计划进行了专题研究，就实施该计划的科学和医学价值，所需经费的规模和通过什么机构拨款资助，如何

[①]　美国国家科学研究委员会：《人类基因组的作图与测序》，朱景德等译，上海科学技术出版社 1990 年版。

[②]　赵寿元：《人类基因组》，上海科技教育出版社 1993 年版，第 70 页。

协调政府各部门和私人组织机构之间的工作，以及如何在开展国际合作的同时还能确保美国在生物技术上的竞争优势等，撰写了一份专题报告。该报告给人们的信息是：人类基因组计划势在必行，而且时机已经成熟。

这时美国国立卫生研究院（NIH）也开始考虑人类基因组测序的问题。之前，NIH 还未曾支持过大科学的研究项目，支持大科学项目是 DOE 的特长。但要真正实施人类基因组计划，NIH 的参与是必不可少的，因为 NIH 资助着这项计划的主要用户，即绝大多数的人类遗传学、分子生物学和细胞生物学。[1] 1988 年 10 月，DOE 和 NIH 签署了一项谅解备忘录，以协调双方在人类基因组测序方面的工作。

经过美国能源部、美国科学院、美国国会和美国国立卫生研究院分别组成的专家小组的反复调查论证和辩论，1990 年 10 月经美国国会批准，人类基因组计划正式启动。

人类基因组计划的最初目标是，通过国际合作，用 15 年时间（1990—2005），构建详细的人类基因组遗传图和物理图，确定人类 DNA 的全部核苷酸序列，定位约 10 万基因[2]，并对其他生物进行类似研究。其终极目标是：阐明人类基因组全部 DNA 序列；识别基因；建立储存这些信息的数据库；开发数据分析工具；研究 HGP 实施所带来的伦理、法律和社会问题。1990 年美国国会批准"人类基因组计划"，联邦政府拨款启动了该计划。此后，德国、日本、英国、法国、中国等国家的科学家也正式加入了这一计划。HGP 启动以后进展顺利，计划进度一再提前。

二、人类基因组序列测定的价值

人类基因组序列的测定具有重大的科学价值。人类基因组的破译和解读将导致新的医学革命和生物学革命。

就其对医学的影响来说，人类基因组图谱的确定将大大加速人们对疾病基因的鉴定。HGP 的最初提出时的一个主要目的就是要解决包括肿瘤在内的人类疾病的分子遗传学问题。人类大约有 5000 多种疾病与基因有关，但

---

[1]　美国国家科学研究委员会：《人类基因组的作图与测序》，朱景德等译，上海科学技术出版社 1990 年版。

[2]　目前人们认识到人类的基因大约只有 4 万个，而不是 10 万个。

20 世纪 90 年代之前，人们对绝大多数遗传性疾病的生化基础知之甚少。HGP 完成之后，利用人类基因组图谱和顺序，我们可以对正常和患者的 DNA 进行有效的分析比较，可以大大加快寻找特定疾病的基因的工作。

随着确定疾病基因能力的提高会推动对遗传性疾病的诊断、治疗和预防。随着分离到的基因的增多，以 DNA 为基础的诊断会越来越多，以体细胞遗传方法进行治疗的方法也会增大。用遗传座位专一性的分子探针，可以检出疾病基因的携带者，这将使我们知道自己或子女出现遗传缺陷的危险程度。如果把这一技术运用于产前诊断，就会预防很多遗传缺陷的发生。

人类基因组研究对生物学的发展也具有重大意义。首先，HGP 的实施将极大地促进生命科学领域一系列基础研究的发展。例如，在人类和其他生物的染色体中，只有很少一部分 DNA 片断是可以表达为性状的基因，大部分 DNA 片断并不表达，有人把他们叫做冗余 DNA 或垃圾 DNA。这些片断真的没有功能吗？可能并不都是如此。研究发现，一些片断也许对细胞分裂前染色体复制和确保染色体组正确地分配到两个子细胞来说是必不可少的，但大部分这些片断的性质和行使功能的机制仍鲜为人知。随着人类基因组的工作框图的确定和解读，这些片断的功能和起作用的机理将逐步得到阐明，细胞的发育、生长、分化的分子机理和疾病发生的机理等也将随之得到阐明。

其次，人类基因组的研究将使人们发现许多新的人类基因和蛋白质。迄今为止，人们只知道很少人类的正常基因和疾病基因。人类基因组的作图和测序的成功，将会确定出大量新的基因及其编码的蛋白质。正因为如此，一些学者把人类基因组序列测定之后的时代称为后基因组——蛋白质组时代。

再次，人类基因组的研究将有利于对生物是如何进化的理解。所有生物都是历史上的生物进化来的。这种进化不仅表现在生物的表型上，而且表现在生物的基因型中。我们的基因组就记录着我们的进化史。如果我们知道了人类和其他生物基因的全序列，就可以追溯出人类多数基因的起源。现在人们已经知道，所有哺乳动物都有着相似的蛋白质谱，哺乳动物之间的差异主要在于受控的基因表达的时间和水平，以及细胞类型专一的调控信号方面。人胚胎的有序发育需要特定的基因群在特定的场所和时间的活化，使多潜能细胞成为新类型的细胞，这一过程部分地受控于位于基因附近的调控顺序。这些顺序在其活化的基因中大多是同源的。对人类基因组进行序列分析，并将其与其他哺乳动物，比如小鼠的基因组序列进行比较，将使我们能确定出大量的调节顺序。这不仅能使我们理解基因调控的规律，而且能使我们理解人从其他哺乳动物进化出来的过程中所发生的变化。

此外，人类基因组的研究，将促进生命科学与信息科学相结合，刺激相关学科的发展。生物信息学和计算生物学就是在 HGP 带动下产生的新兴学科。[1] 比如，HGP 产生的序列数据，如果用大城市电话号码簿的形式编辑出来出版，大约需要每册 1000 页总计 200 册这样的容量才能容纳下来。如果一个人每天 24 小时不停地阅读这套书，需要 26 年的时间才能读完一遍。这套书使用 A、T、G、C 四个字母写成的，除了在不同染色体间可以分段外，全部是没有任何间隔或者标点的连续字符串。想要通过肉眼阅读并从中发现规律将是非常困难的。如此巨大的数据必须借助计算机技术来存储和分析。尽管基于计算机的信息学已经取得了长足的进展，但要把如此巨大的人类基因组信息组织起来供全人类分享使用，一般的信息技术还不具备这样的能力。生物信息学就是在 HGP 的带动下产生的，主要任务是设计和改进数据库的结构，把全球的数据输入程序标准化，依托因特网技术实现全球对遗传信息的分享。计算生物学则是利用计算机和新的数学分析方法，分析生物基因组的序列数据，寻找生物生长和发育规律的新兴学科。

除了以上这些科学价值外，人类基因组研究还具有重大的经济价值。制药、保健、农业和食品制造等产业将率先发生革命性变革。由于这种革命性变革，建立在生物技术基础之上的生物经济将成为网络经济之后的新经济。

三、人类基因组研究涉及的主要伦理、法律和社会问题

人类基因组草图的测定之所以能引起巨大的轰动，除了巨大的科学价值之外，一个重要的原因是可能对伦理、法律和其他一些社会问题产生的深远影响。

科学史上的其他两大计划：曼哈顿计划和阿波罗计划虽然也与社会价值问题有关，但它们只是在应用时才产生社会问题，而人类基因组计划本身就与许多社会价值问题纠缠在一起。因此，人类基因组计划一开始就包含了一

---

① 美国国家科学研究委员会：《人类基因组的作图与测序》，朱景德等译，上海科学技术出版社 1990 年版，第 X、XI、28—35 页。

个子计划，专门研究人类基因组计划的伦理、法律和社会问题（ethical, legal, and social issues 或 implications，简称 ELSI）。美国能源部和国立卫生研究所每年把人类基因组计划预算的 3%—5% 用于研究与基因信息使用有关的 ELSI。ELSI 研究项目可以说是世界上最大的生命伦理学计划。

ELSI 研究的主要问题包括[①]：

- 基因信息利用的公平性问题：保险公司、雇主、法庭、学校、收容所、法律实施部门以及军队等应当使用它吗？应当怎样使用它？

- 隐私和保密问题：谁拥有和控制基因信息？

- 由于个体基因差异而引起的心理影响和伤害问题：一个人的基因缺陷如何影响社会上其他人对该人的看法？

- 遗传检测（出生前、携带者和症状前的检测）和人口普查（婴儿的、婚前的和职业的）涉及的问题：父母有权让他们未成年的孩子检测成年才可能出现的疾病吗？医疗团体的检测和解释可信吗？在没有治疗方法的情况下应当检测吗？

- 生殖问题，包括知情同意程序、决策中遗传信息的运用和生殖权利问题：医疗卫生人员是否恰当地告诉了当事人父母基因工程的风险和局限？胎儿基因检测怎样才是可信的和有用的？

- 将来某一天可能用于处理或预防基因缺陷的基因治疗问题：什么是正常的基因？什么是残疾或缺陷？残疾和缺陷由谁来决定？残疾是疾病吗？需要治疗或预防它们吗？寻求医治贬低了现在受残疾影响的个人吗？

- 基因增强问题，包括利用基因治疗方法提供一些父母想让孩子得到，但并不涉及疾病的治疗或预防的特征（比如身高）：这提出了什么样的安全和伦理问题？如果基因增加变成了通常的实践，它会如何影响基因库的多样性？

- 基因技术运用中的公平性问题：谁将有权使用这些昂贵的技术？谁来支付使用这些技术的人的费用？

- 临床问题，包括卫生服务提供者、父母和一般公众的教育问题，检

---

① 美国人类基因组网站：http://www.ornl.gov/hgmis.

测过程中质量控制的标准和标准的执行问题：如何对基因检测作出精确、可信和有用的评价？

- 产品的商业化问题，包括知识产权和数据、资料的利用问题：谁拥有基因和其他 DNA 片断？
- 与人类责任有关的概念和哲学蕴含的问题，包括自由意志和基因决定论，疾病和健康概念等问题：人们特殊方式的行为完全是由他们的基因决定的吗？人们总是能控制他们的行为吗？哪些基因差异可以被看作是可接受的？

由于人类基因组研究进程的快速发展，不同时期 ELSI 计划关注的重点也不相同，其中 ELSI 计划 1998—2003 年的目标是：

- 反思与人类基因组序列完成有关的问题以及关于人类基因差异的研究问题。
- 反思把基因技术和信息运用到卫生保健和公众健康活动中提出的问题。
- 反思把基因组学和基因——环境相互作用的知识综合到非临床情况下提出的问题。
- 探索新的基因知识可能与哲学、神学和伦理学观点如何相互影响的问题。
- 探索种族的、文化传统的和社会经济学的因素如何影响基因信息的使用、理解和解释问题，基因服务的利用问题，以及政策的发展问题。

人类基因组研究和应用提出的这些伦理和社会问题可以说是新颖而复杂，与我们每个人的利益都息息相关。这些问题的研究对人类基因组计划的健康发展，对于与医学有关的公共政策的制定以及公众正确理解人类基因组计划都有重要的意义。

第三节　关于人类克隆的思考

一、克隆人引起的恐慌和担忧

1996 年，世界第一例从成年动物体细胞克隆出来的哺乳动物绵羊多莉问世。消息于 1997 年 2 月 23 日发表后，在世界上引起了巨大的轰动。轰动的原因不只是因为克隆羊具有巨大的科学意义，更重要的是克隆羊的成功意味着克隆人在技术上也是可能的。所以，人们在关注这项科学技术本身的成就的同时，更多的是对这项技术潜在可能性的忧虑。为此，当时的美国总统克林顿就下令严禁用联邦政府的经费进行克隆人的研究。欧盟和其他国家也纷纷做出类似的反应。反应最强烈的当属梵蒂冈和西方教会的神学家和伦理学家。

1998 年伊始，就在克隆羊风波经过近一年的争论，刚刚有些停息的时候，美国科学家理查德·锡德（Richard Seed）对媒体公开宣布，他将对几位不能生育的自愿者实施克隆人实验，但所需经费尚缺少 200 万美元。他说，如果美国国会通过禁止克隆人的法案，他将把实验转移到墨西哥去实施。锡德的言行再次引起人们对克隆人的关注，此举也人为加快了一些国家在克隆人问题上的立法进程。1998 年 1 月 10 日，克林顿要求国会通过法案，至少在 5 年内禁止进行克隆人实验。1 月 12 日，19 个欧洲国家签署了一项国际条约，禁止进行"培育遗传物质与别人（不管此人是活着的，还是已死的）完全相同的人"的尝试。2001 年 7 月，美国众议院通过一项法案，认为克隆人非法，违法者最高可判 10 年监禁和至少 100 万美元罚款。但在美国参议院，许多人在反对克隆人的同时，支持用克隆技术制造胚胎干细胞，用于研究多种疾病的治疗方法，所以参议院没有通过该项法案。

2001 年 11 月 25 日，美国马萨诸塞州的先进细胞技术公司的研究人员宣布，他们已成功地克隆出了人类胚胎。尽管该公司一再强调，克隆人类胚胎的目的不是克隆人类，而是为了获得能够治疗各种疾病的干细胞，但这一消息仍然在国际上掀起巨大的波澜。因为克隆人类胚胎的成功意味着克隆人已近在咫尺。当月，英国政府公布了一项新法案，明确规定"把由非授精手段创造的人类胚胎植入女性子宫"是犯罪行为。中国国家卫生部也在当月明确表示，我国政府对克隆人的态度是："不赞成、不支持、不允许、不接受"。12 月，俄罗斯国家杜马投票表决，拟立法 5 年内禁止克隆人类胚胎，以防止外国科学家在俄罗斯进行克隆人实验。

正当各个国家和机构加紧通过立法对克隆人的禁止时，2002 年 4 月 3 日，意大利生育专家塞韦里诺·安第诺里（Severino Antinori）宣布，一名妇女在克隆人研究中已经怀孕 8 周。5 月 8 日，他又宣布，有 3 名在克隆技术帮助下受孕的妇女将在未来几个月内分娩，届时真正的克隆人将诞生。2002

年 11 月 26 日，安蒂诺里又抛出了一条惊人消息：世界上第一个"克隆人"将于 2003 年 1 月的第一个星期诞生！然而，1 个月以后，法国女科学家布里吉特·布瓦塞利耶（Brigitte Boisselier）对媒体抢先宣布，由她领导的克隆援助公司克隆的一个女婴"夏娃"已经诞生，这是一个体重 3.1 千克的小生命，这个女婴的整个出生过程"非常顺利"。尽管这一消息至今尚未得到证实，许多专家对布瓦塞利耶的说法表示怀疑，但这一事件犹如一枚"重型炸弹"，在社会上引起了巨大的震撼。

在布瓦塞利耶宣布夏娃诞生的当天，美国总统布什就通过其发言人呼吁国会通过禁止克隆人的法案。法国总统希拉克尽管怀疑该消息的真实性，但发表声明称这一行为是犯罪，严重违反了人类的尊严，呼吁全世界禁止克隆人行为。德国联邦议会 2003 年 1 月 17 日晚间以压倒多数票通过一项议案，敦促在全球范围内全面禁止包括生殖性克隆和治疗性克隆在内的克隆实验。欧盟委员会负责研究事务的官员 2003 年 1 月 8 日发表声明，支持法国和德国提出的制定一项禁止克隆人国际公约的建议。联合国教科文组织总干事也在 2002 年 12 月 30 日发表声明，强烈谴责所有以繁殖为目的的克隆人行为，呼吁国际社会立即行动起来，通过一个强制性的国际文件，禁止和惩罚所有以克隆技术繁殖人的行为。

总之，在布瓦塞利耶宣布克隆婴儿诞生之后，国际上反对克隆人的声音一浪高过一浪。各国舆论在反对克隆人的同时，都极力呼吁加强立法和国际合作的力度。但负责制定禁止生殖性克隆人国际协议草案的联合国委员会目前还未能就该问题达成一致意见。尽管克隆技术的快速发展已经超出了很多人的观念的接受程度，但对很多问题现在还难以给出明确的结论。很多问题还需要人们作深入的和公开的讨论。

二、克隆、克隆人以及有关争论

"克隆"是英文"clone"的音译，"clone"来自希腊词 klon，原意是"嫩枝"的意思。现在"克隆"的意思是指从一个共同祖先传递下来的具有相同的基因构成的分子、细胞或有机体。"克隆"还可用作动词。作为动词，"克隆"是指生产或复制一个或一组遗传上完全相同的分子、细胞或个体的繁殖行为或过程。按照克隆对象和操作的层次不同，克隆可分为基因克隆（分子克隆）、细胞克隆（微生物克隆）以及个体水平的克隆（植物克隆、动物克隆），等等。在实验室中让 DNA 片段进行复制，被称为 "DNA 克隆" 或基因克隆。细胞克隆或微生物克隆是用无性繁殖的方式使一个细菌或微生物复制出成千上万个与它一模一样的细菌或微生物的过程。植物克隆和动物克隆则是通过无性生殖的方式繁殖植物和动物的过程。

　　克隆现象并不神秘，生物界到处都存在着克隆。从低等生物到最高等生物，都有无性繁殖方式存在，比如细菌的分裂生殖，酵母菌的出芽生殖，低等植物的孢子生殖，高等植物的营养生殖，某些两栖动物、爬行动物的单性生殖等都是无性繁殖。其实高等生物的同卵双生现象也是克隆，是受精卵第一次分裂后两个细胞分别发育成一个生物个体，两者在遗传物质上完全相同。它们是彼此的克隆。

　　人类很早就使用扦插、压条等无性方式繁殖植物，这实际上就是在进行克隆。然而，人类对克隆进行科学研究，特别是对动物进行克隆研究要晚得多。几乎所有的高等动物都实行有性繁殖，所以，人们一般都采用有性繁殖的方式培育动物。但到了 19 世纪晚期，一些科学家开始对动物进行无性繁殖的实验。1894 年杜里舒（Hans Dreisch）把经过一次或两次分裂的海胆卵的细胞分离，结果每个细胞都发育成一个完整的海胆。1901 年，德国发育生物学家斯佩曼（Hans Spemann）把经过一次分裂的蝾螈的受精卵的两个细胞分离，结果发育成两个蝾螈幼体。1938 年，斯佩曼为了解决核质相互关系问题，提出了核移植这一设想，但由于技术条件的限制，未能得以实施。1952 年，布里格斯（Robert Briggs）和金（Thomas J. King）成功地将美洲豹蛙的早期胚胎细胞的细胞核转移到美洲豹蛙的去核卵中，这个新的卵开始分裂和发育，最后变成蝌蚪。此后，多个实验室的胚胎学家用不同的蛙作了类似的试验，都取得了成功。但胚胎学家发现，细胞越分化，克隆就越困难。1962 年，英国的发育生物学家约翰·戈登（John B. Gurdon）将蝌蚪的肠子细胞的核转移到去核卵中，新的卵发育成为青蛙，并具有繁殖能力。但戈登的试验的成功率很低，他的结果也存在一些争议。1970 年代，戈登继续他的试验，结果，他们成功地移植了成年青蛙的皮肤细胞核到去核卵中，最后发育成蝌蚪。20 世纪 80 年代，人们开始利用哺乳动物的胚胎进行克隆实验。1986 年乌伊拉得森（Steen Willadsen）通过移植胚胎细胞克隆出了绵羊，以后其他研究人员也用相同的技术克隆出了多种哺乳动物，包括 1997 年沃尔夫（D. Wolf）克隆出了罗猴。不过，这些克隆是以胚胎细胞为材料的，胚胎细胞是尚没有完全分化的细胞，但由于不是对成体动物的克隆，因此并没有引起普通大众的广泛关注。

对成体动物进行克隆比胚胎克隆要困难得多。成体动物的细胞已经经过充分的分化。体细胞克隆要获得成功，就必须把分化的细胞逆转到类似于受精卵的"全能"状态。动物体越成熟，体细胞的分化就越完全，因此，克隆难度就越大。所以，当 1997 年维尔穆特（Ian Wilmut）等人宣布用成年体细胞成功地克隆出绵羊"多莉"时，被看作是如同生物学领域的一场革命。

维尔穆特的方法如下：首先，他和同事们从一种白色妊娠绵羊的乳腺刮下若干个膜细胞，在体外培养，使它们处于休眠状态。然后，从形体较小的苏格兰黑面羊摘取卵细胞，通过手术去除其细胞核。接着，把白羊的乳腺细胞放入黑羊的已去除细胞核的卵细胞中，用电脉冲使这些细胞的膜不仅结合在一起，而且两个细胞即刻合而为一。利用标准的人工繁殖技术，将如此合成的卵细胞植入一只黑面母羊体内。4 个月之后，小羊羔诞生了。它的颜色是白的，这说明它与黑面母羊——它的生身之母不属于同一个品种。用几个月的时间进行了 DNA 测试，最终证实，它确实是一个生物学复制品。由于该羊羔的遗传供体是乳房细胞，维尔穆特便以美国著名的歌星多莉·帕顿（Dolly Parton）的名字称呼它。之后，牛、山羊、猫、兔等动物也相继被用类似的方法克隆出来。

既然高等哺乳动物都能够被用体细胞克隆出来，人类作为高等哺乳动物中的一种，从理论上看也是完全可以克隆的。因此，与其他研究不同的是，人们对多莉的关注并不在其本身会有多大的科学意义，而是关注人类是否具有了克隆人的能力，人们应不应当克隆人。

理论上，克隆人研究的方法与克隆羊多莉的研究方法类似，就是把人的供体细胞的细胞核与人的去核卵细胞融合，使之发育成胚胎或完整的人的研究。实际上，克隆人研究可分为治疗性克隆和生殖性克隆两种。所谓治疗性克隆，就是从一些疾病患者身上取下一些体细胞，通过相关技术将其细胞核注入到去核的人的卵细胞中，这种包含与病人完全相同的遗传物质的杂合卵细胞在体外培育成囊胚，再从囊胚中分离并扩增人类的胚胎干细胞，诱导它们分化成所需的细胞、组织或器官，再将这些细胞、组织或器官移植至发病部位或代替病变的细胞、组织或器官，从而达到治愈病人的目的。所谓生殖性克隆，则是把人的体细胞的细胞核植入去除细胞核的卵细胞，再放进妇女的子宫，通过十月"怀胎"生产出与供体基因相同的个体，即"克隆人"。可以看出，治疗性克隆与克隆人只有一步之遥。如果将克隆的人类胚胎植入母体，那么接下来就是克隆人的诞生。

关于克隆人的争论随着克隆技术的进步及一些"克隆狂人"的言行出现数次热潮。每次热潮到来，人们听到的更多的是反对的声音。反对的理由归结起来主要有以下几点：

1. 克隆人存在极大的技术风险和安全隐患

首先，克隆对克隆婴儿本身是不安全的。已进行的动物克隆实验表明，克隆的成功率非常低。从细胞核移植开始到克隆羊出生，总的成功率是1/434，即用434个含体细胞核的卵移植至去核卵内，最后只有一个成功，即克隆羊"多莉"。人比羊要复杂得多，因此，克隆人要比克隆羊成功率会更低。在克隆成功率非常低、克隆后代容易得遗传缺陷的情况下，贸然进行人类的克隆，无疑是不人道的。

其次，克隆人研究可能对卵细胞供应的妇女的身体造成伤害。克隆需要得到足够数量的卵细胞，因此需要有足够多的女性成为供卵者。从女性卵巢中获取卵子除了存在许多人难以接受的伦理问题之外，一个重要的问题是，取卵有可能对这些妇女造成伤害。因为在取卵过程中，研究人员需要为妇女注射药物，比如激素，这可能导致这些妇女过度排卵，也可能对这些妇女未来的生育造成严重的影响。

再次，克隆人研究可能对代孕母亲造成伤害。克隆需要有代孕母亲培育克隆婴儿。由于受诸多客观因素的影响，克隆的胎儿在发育过程中，有非常高的概率中途夭折、流产，有相当高的概率发育异常、怪胎。这意味着，要成功地克隆一个人，可能要有数十人、甚至数百人能够同意在有着流产和生怪胎的极大可能性的情况下，为克隆人而怀孕；这也意味着有这么多妇女将承受巨大的身体痛苦以及随之而来的心理痛苦。

最后，克隆人的安全性问题是长期的。不管在动物实验中，安全性会提高到多大程度，这都不能说明这样的方法在人身上一定是高成功率的。要想证明在人身上的可行性，还需要在人身上做实验，这就必然要冒安全性的风险。因此，从技术上看，克隆人存在着一条不可逾越的伦理鸿沟①：没有任何一种合伦理的方法能够获知克隆人在什么时候是安全的。

2. 克隆人不必要，也不合理

如果克隆人是为不孕夫妇或单身男女生育后代，则克隆的方式不仅没有必要，而且代价太高。由于克隆成功率很低，因此克隆将需要大量的卵子。每名妇女一生至多排 500 个卵子。而在克隆羊中，用相同数目的卵子只能克隆成功一只克隆羊。克隆人必然要借助别人的卵子。克隆人还需要代孕母亲。为了让一对不孕夫妇或单身男女获得一个克隆婴儿，需要几百个妇女为之服务，这样的代价实在太大！克隆人单从这一点上看，就完全不合理且不必要。如果卵子收费，代孕母亲收费，医院也收费，那么，克隆一个婴儿的费用将是天文数字。进而言之，女性的身体势必成为某些人牟取暴利的商品，妇女的尊严、权益就可能受到损害。

3. 克隆人的身心会受到伤害

因为克隆人是供体人的复制品，其基因组和外观与供体人一模一样，这样，克隆人的身份就不是独一无二的。如果有人大量克隆同一个人时，这个问题就会更加突出。通常，人的独特的身份和个性是由自然生殖过程决定的，每个人都有自己独特的基因构成。对于克隆人，却与被克隆者有着相同的基因构成，其个性就可能与被克隆人的个性完全相像。当克隆人生活在世界上时，一方面，被克隆的人总在预期克隆人具有与自己相似的个性和能力，期望克隆人获得与自己相似的成就和生活。这种期望可能成为克隆人的巨大压力。另一方面，随着克隆人的成长，被克隆人的阴影会时时笼罩在克隆人的身上。克隆人会不断地用另外一个人的生活经历作为自己的参照。被克隆人的一切，包括身高、体重、长相、患病、脾气、能力，甚至死亡方式，等等，都可能呈现在克隆人的眼前，并被克隆人看作是自己未来的写照。这种阴影是很难排除的，这将使克隆人对自己的独立性和自我的感觉受到限制。②

---

① 甘绍平：《克隆人：不可逾越的伦理禁区》，载《中国社会科学》2003 年第 4 期。

② The President's Council on Bioethics：Human Cloning and Human Dignity：An Ethical Inquiry. Washington, D. C.，July 2002：104.

4. 克隆人扰乱家庭关系

反对克隆人的另外一个理由是克隆人将彻底搞乱家庭的人伦关系。人都是父母所生，并且在长期发展过程中形成了以血亲为基础的家庭关系。可在克隆人那里，自然的男女结合的生育模式被打破。因此以两性关系为基础的家庭关系将被打乱，按通常定义的父子和母子关系将出现问题。克隆还可能导致父女协作生育父亲、祖孙三代由同一"种子"克隆等颠倒人伦、辈分和世代的事情。

一旦克隆人诞生，在家庭内部将还会出现一些新的问题。比如，因为克隆人只与家庭中的一个人的基因相似，所以，如果克隆人出现了与被克隆一方相同或相似的错误或罪行，除了克隆人要受到人们的指责外，被克隆者也会受到连带的指责。再比如，如果克隆的是某人的妻子，克隆女儿就跟母亲具有相同的基因和相似的性格、外貌。当克隆的女儿长到青春期时，父女的关系会变得复杂，夫妻和母女的关系随之也将发生变化。"竞争、敌对、嫉妒和夫妻关系紧张的危险将提高"。[①]

5. 克隆人造成新的不平等

优生论者认为，未来完全可能把克隆和基因增强技术结合起来，通过基因增强技术改变人类的基因，然后再通过克隆使优秀的人类基因得以保存和发展。这种优生的理念看起来很有诱惑力，但这里存在严重的伦理问题。

首先，从个体的角度看，将某种价值观念通过基因技术和克隆技术植入下一代，违背了最基本的伦理原则：即自主原则。因为我们是把我们自己认定的价值标准，如健康、美丽、聪明、智慧、善良等强加给克隆的后代人的身上的，这一行为本身粗暴地剥夺了我们后代自主判断善与恶、是与非、美与丑的权利。

其次，从社会的角度看，克隆新人的行为本身就意味着新的不平等，一方面是一群新的更加优秀的克隆人和一群平常的人之间的不平等；另一方面是被创造、被设计和被决定的克隆人与塑造者和设计者之间的不平等。这种不平等可能会造成新的严重的社会问题。优生学的优生不是根据自然的健康

---

① The President's Council on Bioethics: Human Cloning and Human Dignity: An Ethical Inquiry. Washington, D. C., July 2002: 104.

标准，而是根据人们自己的标准改变人的基因构成。问题是，如果自然的健康标准被打破，医学就会变成完全根据人类的意志行事，而这样的意志将没有限制。[①] 在实践上，这会产生严重的社会问题，比如，种族主义者可能用克隆来培育"优秀"民族，贪婪的企业主可能用克隆来复制适应特别环境的劳工，战争狂人用它来复制特别的士兵，等等。如果禁止我们个人随意克隆，通过设立一个权威机构来批准和实施克隆优生，那么，这个机构首先要做的工作就是将国民加以分类：哪些公民是值得克隆的优良公民，哪些公民是不值得克隆的劣等公民。如果真的这样做，那些被认定为劣等的公民的权益就会受到极大的损害。如果优生由家庭或夫妇来决定克隆哪个成员或哪个孩子，这也存在类似的问题：将家庭成员或自己的孩子分成值得克隆的优良者与不值得克隆的劣等者。[②] 因此，在克隆谁的问题上，从家庭到社会，都将存在严重的意见分歧。这种分歧如果再与意识形态、宗教、民族的争斗联系在一起，那么世界就会陷入纷争之中。

6. 克隆人违反自然

反对克隆人的一个重要观点认为，克隆人打破了人类生殖的自然性。克隆人是从高级的有性繁殖退回到低级的无性繁殖，这明显有悖于生物进化的规律。有性生殖不断有新的基因组合产生，保证了生命的多样性。旨在繁殖特殊基因型的优生克隆将减少多样性，而多样性的减少将威胁到人类物种适应环境的能力。因此，"优生增强"不但不能使人种得到改良，反而可能使未来世代的人种变弱。[③]

三、对克隆人问题争论的评论

上面从 6 个方面说明了反对克隆人的一些理由，这些理由的强弱和程度是不同的。其中，第一点，即克隆人技术存在安全隐患，被看作是不可辩驳的论据，为反对"克隆人"实验提供了最强有力的支持。第二点，即克隆

① The President's Council on Bioethics：Human Cloning and Human Dignity：An Ethical Inquiry. Washington, D. C. , July 2002：109.

② 邱仁宗：《克隆技术及其伦理学含义》，载《自然辩证法研究》1997 年第 6 期，第 5 页。

③ The President's Council on Bioethics：Human Cloning and Human Dignity：An Ethical Inquiry. Washington, D. C. , July 2002：143.

人的不必要性说明，即使克隆人能够成功，人们也完全没有必要通过这种方式生殖后代。最后四点带有一定的猜测性质，有很多可以辩论的地方，因此曾被一些人看作是反对克隆人的"无效论据"。猜测性和可辩论性说明这些理由不是反对克隆人的根本理由，但并不是一点效力也没有。

1. 生命伦理学的基本原则

从生命伦理学的角度看，反对克隆人的这些理由与生命伦理学的基本原则是相适应的。生命伦理学的基本伦理原则有以下几条：不伤害、有利、尊重和公正，等等。

医学进步是免不了要做人体实验的，但为了能使科学在涉及人体时能够健康发展，研究者在做人体实验时一定要遵循一定的伦理原则。这些原则的第一条就是不伤害原则。支持克隆人的人在为克隆人研究作辩护时，往往谈的都是进行克隆人的各种好处，比如为了不育者或单身男女获得后代，为了思念某个人，为了重现某种智慧，为了保留某些特长，为了科技进步，为了探索自然的奥秘等等，但所有这些目的都不是为克隆人自身考虑的，特别是没有考虑克隆人实验将对克隆婴儿本身造成伤害和带来风险。[①] 即便在反对者指出这一点时，"他们的回答竟然还是那句极其冷漠和不负责任的话：'技术的不成熟只有靠研究发展去解决'！"[②] 这反映出一些学者对不伤害这一生命伦理学基本原则的漠视。为了使技术更加成熟，必须做实验。做实验就会有失败。在动物身上做试验，不成功可以把克隆出的动物杀死。在人身上做实验不成功，产出了有严重缺陷的人，怎么办？克隆出来的人也是人，不能像动物那样简单地杀了了事。因此，在克隆人实验中，克隆人是最大的被伤害者，克隆人实验违背了生命伦理学的不伤害原则。

生命伦理学的第二条原则是有利原则。克隆人虽然能使一些不孕者和一些患特殊遗传病的人得到一定的好处，但克隆人本人不但得不到任何益处，反而会受到伤害。并且很显然，对克隆人的伤害及其对数百位卵子供应者和代孕母亲的伤害远远大于被克隆者所获得的益处。所以，克隆人也违背了生命伦理学的有利原则。

---

① 吴国盛：《克隆人的伦理问题》，载北大科技哲学网：http://www.phil.pku.edu.cn/hps.
② 甘绍平：《克隆人：不可逾越的伦理禁区》，载《中国社会科学》2003年第4期。

有人可能会说，为了发展科学技术或为了人类的利益，实验中牺牲一些个人利益是值得的。确实，为了发展医学，我们允许在人身体上做实验，这种实验可能会对受试者造成一定程度的损伤，但这种伤害是不能超过一定的限度的，特别是不能超过危机生命的程度。历史的经验告诉我们，以发展科学为名进行严重损伤人的身体、精神甚至生命的人体实验带来的一定是灾难性的后果。"二战"期间一些德、日医学家在发展生物学的名义下，强迫战俘或平民做高损伤的人体实验。二战结束后，这样的一些医学家因此被送上了纽伦堡法庭的被告席。此后，为了防止科学家以多数人或全人类的利益的名义做损害任何个人生命健康或强迫任何个人接受人体实验，医学界和科技界制定了《纽伦堡法典》（1947），对人体实验作了严格的规定，其核心内容就是受试者的利益高于其他一切利益。由于克隆人实验必然造成克隆人的遗传性缺陷甚至死亡，因此，克隆人实验是应当禁止的。

支持克隆人的一些人可能会说，在科学史上，一些科学家为了探索自然，自己作出了很大的牺牲，比如，古代的很多医生喝下很多药物，以实验它们的疗效，承受对自己身体的一些伤害；19世纪末20世纪初，居里夫人及同时代的很多科学家研究放射性，都死于放射病。这些实验确实不能说是不道德的，但这些实验研究或者是以科学家自己的身体做实验，或者是这些科学家本人当时也不知道实验的危险。《纽伦堡法典》规定，"事先就有理由相信会发生死亡或残废的实验一律不得进行，除了实验的医生自己也成为受试者的实验不在此列。"这就是说，如果实验者拿自己的身体做事先知道会发生死亡的实验，不在禁止之列。支持克隆人的人可能会说，既然如此，假设在体细胞供应者（如果为女性）自己身上做克隆人实验，就不应当受到禁止。然而，由于克隆人实验的伤害主要不是实验者本人，而是另外一个人，即克隆人，所以，在体细胞供应者自己身上做实验也是不合生命伦理的。

2. 人类治疗性克隆与生命伦理原则

生殖性克隆人不符合生命伦理精神，那么人类治疗性克隆符不符合伦理精神，应不应当禁止呢？国内在这个问题上意见比较一致，大都支持进行人类治疗性克隆实验。但在国际上，关于这个问题的争论还很激烈。

支持人类治疗性克隆的人认为，治疗性克隆可以为病人生产无排异反应的细胞、组织或器官，利用这种方法可以进行医治心脏病、糖尿病、肝功能衰竭、肾功能衰竭、乳腺癌、白血病、脊髓损伤、癌症、老年综合征、唐氏综合征，等等。

反对人类治疗性克隆的人认为，人的生命始于精卵结合的瞬间，因而人类胚胎在价值上可以等同于人的生命。治疗性克隆需要从胚胎中提取干细胞，提取干细胞，胚胎必定死亡。所以，反对者认为，以制造并毁掉人类胚胎为代价的治疗性克隆在性质上无异于谋杀，因此是不道德的。还有一些反对者认为，一旦为各种人体器官的克隆研究开绿灯的话，就会发生滑坡效应，生殖性克隆人也将很难制止。

支持者的反驳认为，人的生命虽然起始于精卵结合，但受精卵或胚胎的道德地位与一个完整人的道德的地位是不同的。受精卵、胚胎、胎儿和业已形成的完整的人之间，由于他们的道德感受性存在差别，因此，他们所享有的道德地位也有强弱之分。完整人的道德地位要高于胚胎的道德地位。这就是为什么在胚胎的生命和孕妇生命发生冲突时，我们可以实施堕胎手术，牺牲胎儿以保护孕妇的生命的理由。同样的道理，在人类治疗性克隆研究中，牺牲并不具有完全道德地位的早期胚胎，换来的却是挽救千百万患有比如癌症、帕金森氏症、糖尿病和其他的机能衰退性疾病的人的宝贵生命，这是非常值得的。

也有一些人认为，胚胎并不是人，只是受精卵的简单分裂，还没有分化出器官，还没有形成人形，所以胚胎并不具有像人那样的道德地位。因此，对克隆的早期胚胎进行研究，并不是对生命的不尊敬，况且这样的研究对人类带来的好处将是非常巨大的。所以，对胚胎的研究在伦理上是可行的。

由于受宗教传统的影响较小，我国与西方国家相比，对待人的生命的态度有很大不同。"我们倾向于认为人的生命始于出生或围产期，因此，我们不会把人类胚胎的价值及其享有的道德地位与人等量齐观。因而人们非常容易接受治疗性克隆的技术设想，这也是堕胎在我国基本不存在道德障碍的重要原因。"[①]

虽然人类治疗性克隆可以得到道德辩护，但由于它涉及胚胎的生产、使用和破坏，而胚胎是具有一定道德地位的对象，因此，我们需要对人类治疗

[①]　韩跃红，王元昆：《从克隆争论看尊重生命的原则》，载中国应用伦理学网：http://www.aecna.com/1909.htm。

性克隆的程序实施严格的道德监督，以便在不侵犯伦理道德原则并维护所有人类尊严的基础上全力探索治疗性克隆研究的希望和潜力。

首先，要对实验胚胎的发育程度作出严格的限定。国际上当人们说可以对克隆的"胚胎"进行实验研究时，这个"胚胎"指的是不超过胚泡期（blastocyst stage）的胚胎。胚泡期的胚胎是受精卵发育到 100—200 个细胞时期的胚胎，还没有分化出组织，也没有分化出器官。由于它还没有分化，所以可以对它进行研究。如果已经分化出组织，甚至器官，那么就超出胚泡阶段。虽然对分化出组织和器官的胚胎进行研究可能获得更多的医学的好处，但很多人认为，如果从这个时期的胚胎中提取干细胞或器官，无异于杀死一个完整的生命，所以，这样的研究就应当被禁止。美国总统生命伦理委员会的建议是："对克隆胚胎的研究严格限制在发育的最初 14 天——恰好是原条（primitive streak）形成而器官尚未分化的时间点"。这个伦理委员会还认为："存在一个发育的时间点，超过它，对原初人类生命的研究就是道德上无法容忍的，不管潜在的医学价值有多大。在 14 天设立一个永久的栅栏，人类生命的尊严将得到充分的保护。"①

其次，要防止对卵子供应的妇女的伤害和盘剥。克隆人类胚胎需要大量的卵子，这些卵子需要妇女提供。从妇女卵巢中获取卵子是一件非常麻烦的事情，不仅涉及一系列价值观念，而且会对妇女的身体造成损伤。取卵需要用激素刺激卵巢，这对妇女来说是一件有一定危险并且伴有痛苦的事情。所以，在取卵时，不仅要尊重妇女，而且要防止对妇女身体的伤害。在这方面，已经有一些研究规范，比如，要防止对参与这种研究的人员进行不适当的经济刺激；严格限制克隆胚胎的使用范围（比如仅让唯一需要这种胚胎的研究者使用）；考虑应用非人类卵子，以便减少对人类卵子捐赠者的需要，等等。

第三，要防止从治疗性克隆滑向生殖性克隆。由于克隆的胚胎如果放到子宫中培养，有可能发育成克隆人，因此，在治疗性克隆中，要严格防止有人通过治疗性克隆进行生殖性克隆。这就要制定一些研究者遵循的规则，防止治疗性克隆的滥用。这些规则包括：禁止将克隆胚胎植入人、动物或人造

---

① The President's Council on Bioethics：Human Cloning and Human Dignity：An Ethical Inquiry. Washington，D. C.，July 2002：145.

的子宫中；禁止克隆的胚胎发育超过 14 天；任何个人或团体进行治疗性克隆研究必须在合适的管理机构注册；对所克隆胚胎的所有科学计划进行前期科学审查，以评价它们的医学或科学的价值的高低；严格控制所有生产出来的克隆胚胎，以便阻止把它们从生产的实验室带走或试图用于生殖性克隆人。[①]

四、进一步的思考

我们关于克隆人的争论不仅可以为政府制定科技政策提供建设性意见和理论支持，而且可以深化我们对一系列问题的认识。这些认识往往超越克隆人争论本身，为我们进一步讨论科技发展的伦理问题提供重要的启示。

（一）关于尊重生命的问题

首先，关于克隆人的争论大大深化了我们对人的生命的价值的认识。在这个世界上，人的生命是第一重要的，没有任何一种价值可与人的生命的价值等值。生命是最高价值，其他一切都为它服务。因此，在伦理领域，我们的第一原则就是要尊重生命，即尊重人类每一个个体的自然生命存在、健康及其获得幸福的权利。尊重生命，首先是不能伤害生命。人的生命是无价的。人首先有生命，然后才有其他一切。因此，不伤害生命具有绝对的优先地位。其他伦理原则，比如维护人的尊严、自决权以及其他政治、经济、文化权利的原则在与之相冲突时，一般应让位于不伤害原则。因此，不伤害原则就是整个人类道德体系中最为基本的、最底层的伦理原则，或称之为底线伦理原则。任何人，在任何条件下，不能以任何借口逾越这道伦理屏障。在此前提下，我们才能进一步追求有利于生命的价值目标，才能进一步要求行为主体履行积极的道德义务。

在生殖性克隆的讨论中，一些人对不伤害伦理原则的忽视反映了我们对这一原则的重要性的认识的不足。一些学者提出，这不单纯是我们对克隆人的认识局限的问题，从更深层次上，这是借克隆争论这一窗口显露出我们的民族和我们的社会在道德观念上存在的一个严重问题。"我国经历了漫长的封建社会，封建专制是极端蔑视平民的个体生命的，为皇权和其他政治目的，可以任意践踏、摧残'草民'的生命。建国几十年来，我们在经济、

---

① The President's Council on Bioethics: Human Cloning and Human Dignity: An Ethical Inquiry. Washington, D. C., July 2002: 145.

社会发展上取得了巨大成就，但在道德、精神方面，特别是在生命价值观、生命伦理观这样一些深层次的思想观念上还或多或少留有历史的印记。"①

因此，要真正尊重生命，必须认识到不伤害作为底线伦理原则的重要意义，在任何情况下都要坚守这一伦理原则。这或许是克隆人争论留给我们的最重要的一个启示。

（二）关于科学是否有禁区的问题

支持克隆人的一个重要论据是科学发展无禁区。科学是对自然奥秘的认识，从根本上说，科学能够探索自然界的任何奥秘。既然科学本质上是自由的，因此，我们就不应人为地为科学的发展设立禁区，阻碍科学技术的发展。既然不能为科学设立禁区，因此克隆人就不应当被禁止。但也有相当多的人坚持认为，应当为科学设立禁区，主张用伦理学和法律来约束科学，使其能够健康有序的发展。生殖性克隆人研究就属于禁止之列。

确实，当科学研究的对象主要是自然事物的时候，科学的每一个发展对每一个理性主义者来说，都是令人激动的大事。在近代早期，没有多少人主张应当对科学设立禁区，禁止科学对之进行研究。相反，宗教对一些科学研究的禁止反而强化了人们关于"科学无禁区"的信念。然而，当科学研究的对象变为人类自身，并且这种研究会对人类本身造成极大伤害的时候，人们的这种信念发生了巨大的改变。20世纪的医学和生命科学中的几个重要的事件说明了这种改变的必然性。

第一个事件是优生学及其在德国的实践。优生学刚开始时，人们大都沉浸在优生学的美梦之中，没有人担心优生学会对人类造成什么危害。然而，希特勒的大屠杀政策使人们从优生学的梦想中醒来。战后，科学家都在反思：科学是否真的不需要伦理的规范？科学是否真的与价值无关？

第二个事件也与纳粹有关。二战期间，纳粹的一些医生和科学家残暴地对一些犹太人、吉卜赛人、政治犯以及战俘等进行人体试验。战后，科学家对此进行了反思。为防止科学研究滥用于人体试验，特制定了《纽伦堡法典》，对涉及人体试验的科学研究进行了严格的限定。

---

① 韩跃红，王元昆：《从克隆争论看尊重生命的原则》，见中国应用伦理学网：< http：//www.aecna. com/1909. htm >。

第三件事与基因重组技术的发展有关。20 世纪 70 年代初，基因重组技术取得重大突破。对这项技术作出重大贡献的美国斯坦福大学教授保尔·伯格在深感喜悦的同时也不无忧虑：万一重组出危害人类生存的生物，如对抗抗生素的细菌之类怎么办？为此，他自己主动暂停实验，并且建议召开一次国际会议以便制定一套规则。大会在 1975 年召开，会议制订了与基因重组研究的有关的规范。伯格的行动是科学史上生命科学家首次公开主动暂停极有前景的科学实验，首次通过国际协作主动约束自己的前沿研究。这一事件表明生命科学发展到操作生命的时候，人们的研究必须慎之又慎。此后，很多科学家在科学研究中，不仅主动遵循一定的规范，而且在研究的同时尽可能地思考这种研究的突破可能对社会造成的影响和后果。比如，1990 年正式启动的堪与阿波罗登月计划相媲美的人类基因组计划（HGP），就有一个引人注目的子计划：人类基因组的伦理、法律和社会问题研究（ELSI）。这一做法得到相关国家包括中国的赞同和仿效。

以上事件表明，科学的自由是有限度的。在科学技术的研究的对象是纯自然客体的时候，我们也许还可以说，"科学是自由的"，"科学与价值无关"，"技术是中立的"，因为这样的科学技术是否有利于人类依赖于它的使用者，比如核能科学和技术。但当科学的对象是人类主体自身或与人类自身的安危密切相关的时候，科学就不再是绝对自由的，科学不再可能与价值无关，技术也不可能是"中立的"。

（三）关于伦理学与科学的关系问题

在克隆人争论中，经常看到人们关于伦理学和科学的关系或伦理学对科学到底有什么用的评论。赞成克隆人的一些人认为，伦理学对科学的作用似乎都是消极的、负面的。当科学使试管婴儿成为可能的时候，许多伦理学家出来反对，但结果是试管婴儿被普遍接受。当克隆人在科学上有了可能，伦理学家又出来反对，但克隆人最终还是会诞生，甚至会变得很平常。伦理学对科学的这种作用还被一些人比作是鞋和脚的关系：鞋子的大小一般是固定不变的，而脚总是在不停地生长，所以到一定时候鞋子就会成为限制脚生长的障碍，但最终脚会突破鞋子的限制，继续生长。这就是说，科学总是向前发展的，而伦理学相对保守，伦理学总是给科学设置障碍，但科学的发展必然要突破伦理学的限制。

确实，伦理学不像科学技术那样发展迅速，因为伦理作为处理人们之间相互关系的基本准则和行为规范，一旦形成便相对稳定。当然，伦理学也是发展的，但这种发展一般比较缓慢，特别是在社会发展比较平稳的时期更是如此，除非社会发生革命性的变化。但即使在社会发生革命性变化的时期，伦理学中的一些基本原则也是不会改变的，比如，保护人的健康和生命，尊重人的尊严和权利，维护社会的公平公正，等等。

历史上，伦理学对某些科学研究的批评后来被认为是不适当的，但这些批评并不只有负面的作用，它对规范这些科学的健康发展也起到了一定的作用。比如，一些伦理学家关于试管婴儿的一些批评现在看来有不适当的地方，但也有很多伦理学家对试管婴儿伦理规范的研究、对试管婴儿科学技术的健康发展起到了重要的作用。自从"多莉"问世的消息公布之后，尽管反对克隆人的声音很强大，但仍然有人在继续进行克隆人的研究。这是不是再次意味着伦理只有消极作用或者只起负面作用呢？不是！恰恰相反，正是由于存在强大的反对克隆人的声音，使大多数科学家认真反思科学研究的目的，自觉遵循伦理学的基本原则，因此没有出现难以控制的混乱局面。如果伦理学家和其他学者都不出来反对克隆人，任由少数"克隆剑客"毫无约束地去从事克隆人实验，那不知会有多少妇女的身体会受到伤害，也不知会出现多少畸形、残疾、夭折甚至人畜嵌合的"克隆怪物"。[①]很显然，这对生命科学或医学的发展并没有什么好处，对人类自身也没有什么好处。相反，在反对生殖性克隆人的同时，伦理学家也在积极寻求治疗性克隆的伦理依据。尽管人们还没有达成普遍的共识，但相当多的伦理学家赞成用于治疗性目的的克隆研究，并制订伦理准则，为治疗性克隆研究保驾护航。在这个意义上，伦理学的建议也可以是积极的正面作用，可以走在科学的前面。

第四节　基因增强的发展及引发的伦理争论

任何技术的发展都不会只服务于一个目标。在基因治疗发展的同时，在不到二十年的时间里，基因治疗、基因增强和基因兴奋剂就顺序向我们走

---

① 沈铭贤：《从克隆人之争看生命伦理学》，见 2004 年 1 月 4 日《文汇报》。

来。在运动领域的基因增强——基因兴奋剂可能是基因增强的前奏，不久的将来，我们将会面对是否对我们自己、甚至是对我们的后代进行基因增强的选择。技术的发展为我们提供选择的机会，伦理的讨论帮助我们做出决策。

一、基因增强的发展

基因增强是伴随着基因治疗的产生而出现的。基因治疗是"基于修饰活细胞遗传物质而进行的医学干预。……这种遗传学操纵的目的可能会是预防、治疗、治愈、诊断或缓解人类疾病。"[1] 基因增强是将类似基因治疗的技术应用于非治疗目的。

追溯基因增强的起源可要回溯到 20 世纪 70 年代重组 DNA 技术的发展。1980 年代，基因重组技术取得了进展，人们已经可以将基因转移到微生物、植物和动物中。生物医学家开始意识到"基因、分子生物学和生物技术是理解人类健康和医疗的钥匙"[2]。之后，基因治疗有了快速发展。1990 年，首例获准的人类基因治疗方案在一名患有 ADA 缺陷的 4 岁女孩身上进行，经过一段时间的治疗和研究，科学家认为这种治疗方案在临床上是有效的[3]。基因治疗研究的进展转而推动了基因增强的实现。

在基因治疗研究的进程中，出现了服务于提高生活质量而非治疗疾病目的的人体基因治疗方案，被看作是人体基因增强的案例[4]。1999 年，在人体中进行的治疗单侧眼癌的方案被认为是第一个目的在于提高生活质量的基因治疗方案[5]。经典的治疗是摘除单侧病眼，几乎百分百可以治愈这种疾病，但会造成失明和严重的面部畸形。而这个基因治疗方案[6]的目标是减少肿瘤的尺寸使肿瘤可以通过冷冻或激光手术被摘除，这样很可能避免对病眼的摘除，甚至有可能保住部分视力，还可以避免由于摘除病眼而造成的面部容貌

① 翟晓梅，邱仁宗：《生命伦理学导论》，清华大学出版社 2005 年版，第 200 页。

② David B Resnik：Encyclopedia of Life Sciences Macmillan Publishers Ltd，Nature Publishing Group，2001：1. http：//www. els. net.

③ W. French Anderson：Human Gene Therapy. Science，1992（256）.

④ Jonathan Kimmelman：The Ethics of Human Gene Transfer. Nature Reviews Genetics，2008（3）.

⑤ Ken Garber. RAC Urges Changes to Retinoblastoma Plan. Science，1999（5423）.

⑥ Department of Health and Human Services National Institutes of Health Recombinant DNA Advisory Committee Minutes of Meeting，June 14，1999. http：//www4. od. nih. gov/oba/rac/minutes/6—99RAC. pdf.

的改变。基因治疗中人体基因增强的比较近的方案是 2006 年对 11 位有严重勃起障碍的男性患者注射 hMaxi-K①。

　　基因治疗研究过程中出现的一些研究成果也可能会作为基因增强使用。这其中既有来自人体的实验②，也有来自动物的实验带来的前景。目前引人关注的是在进行治疗肌肉萎缩症治疗的研究过程中的动物实验的研究成果。其中较早受到关注的是 1998 年美国宾夕法尼亚大学的斯威尼教授（H. Lee Sweeney）在老鼠身上进行的基因实验：注射了 IGF－I 基因的幼鼠与不注射的幼鼠相比其肌肉的质量提高了 15%，肌肉的力量提高了 27%③。一时间，健康的职业举重运动员、短跑运动员和各类体育运动狂热者等纷纷向斯威尼教授求助，要求拥有更粗壮、更强壮的肌肉④。

　　动物实验研究的深入，进一步展示了基因增强在人体内的广阔应用前景。以肌肉的基因增强为例，在老鼠身上进一步的实验表明，植入 IGF－I 基因可以延缓肌肉的尺寸和力量的自然衰减，可以使年龄大的那些老鼠保持在自然条件下只会在年龄较小的那些老鼠身上才会看到的最大的力量和最快的速度，可以促进受损的肌肉组织的修复速度⑤⑥⑦。这些研究成果对提高运动员的比赛成绩、促进运动员肌肉组织损伤的恢复、抵抗人的自然衰老过程都蕴涵了重要的意义。而且，通过基因增强可能使人们获得人类少有的甚至是不可能具有的能力，这会使基因增强具有巨大的实用价值⑧。例如，士兵

①　Arnold Melman, Natah Bar-Chama, Andrew McCullough, Kelvin Daview, George Christ：HMaxi-K Gene Transfer in Males with Erectile Dysfunction：Results of the first Human Trial. Human Gene Therapy, 2006 (12).

②　Jonathan Kimmelman：The Ethics of Human Gene Transfer. Nature Reviews Genetics, 2008 (3).

③　E. R. Barton-Davis, D. I. Shoturma D. I., A. Musaro, N. Rosenthal, H. L. Sweeney：Viral Mediated Expression on Insulin-like Growth Factor I Blocks the Aging-related Loss of Skeletal Muscle Function . Proceedings of the National Academy of Sciences of the United States of America, 1998 (26).

④　Christen Brownlee：Gene Doping . Science News, 2004 (18).

⑤　Antonio Musarò &etc：Localized Igf－1 Transgene Expression Sustains Hypertrophy and Regeneration in Senescent Skeletal Muscle . Nature Genetics, 2001 (27).

⑥　Elisabeth R. Barton &etc：Muscle-specific Expression of Insulin-like Growth Factor I Counters Muscle Decline in Mdx Mice . The Journal of Cell Biology, 2002 (1).

⑦　Sukho Lee, Elisabeth R. Barton, H. Lee Sweeney, Roger P. Farrar：Viral Expression of Insulin-like Growth Factor I Enhances Muscle Hypertrophy in Resistance-trained Rats . J Appl Physiol, 2004 (96).

⑧　Maxwell J. Mehlman：Wondergenes：Genetic Enhancement and the Future of Society. Indiana University Press, 2003：3.

可以获得更好的体力，灾难救助人员可以更好地救助生命。

截止到 2007 年底，全世界累计获准的临床基因治疗方案已经达到了 1347 个，按照涉及的基因类型数目多少排序，排在前 5 位的分别是抗原、细胞生长抑制素、肿瘤抑制物、生长因子和自杀①。从理论上讲，基因治疗是可以应用于增强目的的。随着基因治疗研究的深入，越来越多的基因治疗方案进入临床并最终被广泛应用，这些无疑都会加速人体基因增强的广泛使用。以肌肉的基因增强为例，斯威尼教授认为随着应用于改变老年人生活和肌肉萎缩症患者的疗法进入临床方案并最后被广泛使用，阻止运动员使用这些疗法几乎不可能②。

目前，基因增强很可能已经从实验室研究走到了民间应用，这其中可能广泛存在的就是运动领域的基因增强，也就是基因兴奋剂。基因兴奋剂被世界反兴奋剂组织（WADA）定义为各种出于非治疗目的的，有助于提高运动成绩的对细胞、基因、基因要素的使用，或是对修饰基因表达的使用。当基因研究领域的专家、加利福尼亚大学基因治疗项目的负责人，WADA 基因兴奋剂小组的组长弗里德曼（Theodore Friedman）被问及，你相信有人使用基因兴奋剂了吗？弗里德曼说："我们没有证据表明那确实发生了，但我们认为它很可能发生"③。许多基因治疗的研究者和体育组织者担心，经过基因增强的运动员很可能会占据 2008 年奥运会的领奖台④。

在并不遥远的未来，基因增强也可能并用于对人的认知的增强。对大脑功能和疾病的精神病学、生理学的研究促进了对大脑疾病和认知、行为功能缺陷的治疗发展，药物的、基于细胞的，甚至是基因治疗都可能为认知再生提供重要的线索。同样的，这些治疗不仅会应用于恢复疾病造成的功能损失，而且也会应用于提高健康人的认知功能⑤。

基因增强的发展，带来了一系列问题，引起了人们的广泛关注。2002 年，WADA 组织召开了"运动员基因增强"（Genetic Enhancement of Athletic

① Gene Therapy Clinical Trials Worldwide, http://www. abedia. com/wiley

② H. Lee Sweeney: Gene Doping . Scientific American, 2004 (1).

③ Interview: Dr. Theodore Friedmann. Play True, 2005 (1).

④ David Adam: Gene Therapy May be up to Speed for Cheats at 2008 Olympics . Nature, 2001 (414).

⑤ Sarah San, John Harris: Cognitive Regeneration or Enhancement: the Ethical Issues. 2006 (3).

Performance）会议。2006 年在北京召开的第 8 届生命伦理学大会上，以"人类能力增强"为题召开了卫星会议，各方专家就"人类增强"的问题展开了激烈讨论①。

二、基因增强引发的伦理争论

基因增强常被人们比作基因美容，它可以使人们更高大、更美丽、更强壮、更聪明、更年轻。基因增强的应用不仅会满足人们的许多欲望，而且基因增强似乎与人类追求的不断完善自我的目标不相违背。也正因为如此，基因增强所引发的伦理问题的讨论中充满了各种相冲突的观点。基因增强引起的一些伦理争论包括：基因增强是否构成社会欺骗？基因增强是否是滥用医学？在使用者和不使用者之间是否会产生公平的问题？② 基因增强挑战了天然禀赋的观念吗？与使用药物提高成绩相比较，采用基因增强的方式有什么不同或是一致？③ 每一个生命都有内在的价值和尊严，人的性状和能力可以随便改变吗？④ 在这众多问题的讨论中，公平和尊严是引起巨大分歧的两个问题。

（一）"公平"的争论

许多人担心，使用基因增强的人将会获得更好的智力、体力、灵活性、甚至是外貌，这样这些人就拥有了比不使用者更强的竞争优势，这是不公平的。尤其是，如果将基因增强从体细胞基因增强扩展到生殖细胞基因增强，这样不但会加剧已有的不公平，而且这种不公平成为继承性的或是可"遗传"的不公平了。⑤ 因为，目前来说，基因增强并不是普通百姓可以负担得起的。这样就会使那些本来就已经获得优势的人不但为自己，也可以为自己的后代获得更优越的基因和先天禀赋。

---

① 邱仁宗：《人类能力的增强——第 8 届世界生命伦理学大会学术内容介绍之三》，载《医学与哲学（人文社会医学版）》2007 年第 5 期。

② Eric T. Juengst：Genetic enhancement：A conceptual and ethical challenge for gene therapy regulation . Medical Ethics, Spring 1999.

③ Gene doping and Olympic Sport. Play True, 2005（1）.

④ 张新庆：《人类基因增强的概念和伦理、管理问题》，载《医学与社会》2003 年第 3 期。

⑤ Eric T. Juengst：Genetic enhancement：A conceptual and ethical challenge for gene therapy regulation . Medical Ethics, Spring 1999.

　　但是，也有一种观点认为基因增强不但不会造成不公平，而且会减少、甚至是消除不公平[①]。这种观点认为：自然是不公平的，人的天然禀赋的分配是不均等的，或者说是不公平的，而人类所从事的许多活动中，又要依赖于这种先天禀赋。这种先天禀赋分配的不均等导致竞争起点的不公平。而使用基因增强恰恰可以消除这种先天禀赋分配的不均等，从而实现真正的公平竞争。

　　上述关于基因增强会减少、消除不公平的论证有现实的科学基础。人们发现，在一些精英运动员身上天然就存在类似于基因增强的基因突变。例如，人们发现 1964 年冬季奥运会上两枚金牌的获得者——Eero Mäntyranta 的身上就存在对 erythropoietin 有过度反应的基因突变。这种基因突变使他的体内产生数目非常多的携氧红细胞。众所周知，携氧红细胞越多，一个人的携氧能力就越强，相应的运动能力也越强。运动员们进行各种有氧训练的目的就是为了提高携氧能力，而 Eero Mäntyranta 天生就拥有超过普通人 40%—50% 的红细胞，这使他天生就有超过普通人的携氧能力。而且，他的家族的许多成员都是拥有良好耐力的冠军。

　　随着人类基因研究的不断扩展，一些新的研究成果的出现，进一步增加了基因增强所引发的公平问题的复杂性。除了发现像 Eero Mäntyranta 那样的一些精英运动员身上天然就存在有利于运动的基因突变外，研究者也逐渐发现一些有利于某些运动的天然的基因变化。目前，已经有一些研究者开始对运动员的基因组进行研究，这些研究将会发现许多等效于基因增强的基因突变[②]。那么，让这些存在天然的"基因增强"的运动员与体内没有天然的"基因增强"的运动员一起参与比赛是否是不公平的呢？

　　目前来说，公平在多数情境中被理解为所有的人都按同一条规则行事。例如，目前 WADA 规定所有的运动员都不可以使用基因增强，遵循这条规则参与比赛就可以被认为是公平竞争，反之则是违反了公平原则。但是，这种公平实际上是"形式公平"（formal fairness），也就是将相同的规则无偏袒地，同样地应用到每一个主体上[③]。形式公平并不一定就是好事，可能会

　　① J. Savulescu, B. Foddy, M. Clayton: Why We Should Allow Performance Enhancing Drugs in Sport. British Journal of Sports Medicine, 2004 (38).

　　② H. Lee Sweeney: Gene Doping . Scientific American, 2004 (1).

　　③ Brad Hooker: Fairness . Ethical Theory and Moral Practice, 2005 (8).

存在对坏规则的无偏袒的使用，例如历史上出现的"排犹"，我们今天看来，这无论如何都是不公平的。

如果让这些体内没有天然的"基因增强"的运动员进行基因增强，而不让那些拥有天然的"基因增强"的运动员进行基因增强是否是公平的呢？在一个自由的社会里，在一个力图消除歧视的社会里我们没有理由区别对待不同基因的人。不让那些拥有有利的等效于基因突变的人进行基因增强，让那些不拥有有利的基因突变的人进行基因增强是另一种形式的不公平。而且，一旦我们同意所有的人都可以进行基因增强，那么很可能主张基因增强的人希望看到的站在公平的竞争起点的景象将不会存在，结果只会是"先天禀赋"之间的差异更大。

（二）"尊严"的争论

人的尊严是像"克隆人"、"干细胞研究"、"辅助生殖技术"、"安乐死"等众多生命伦理学讨论中普遍涉及的问题，在基因增强的讨论中，人的尊严也是备受争议。

一种观点认为基因增强损害了人类尊严。根据美国总统伦理委员会的论证，人类的身体的界限是人类优秀的必要条件，因而也是人的尊严的必要条件①。该委员会认为，人类身体的自然限度是人类优秀行为的基础，人类行为的优秀是建立在人类的自然限度之上的。人的身体是人类一切活动的基础，同时也是一切生命活动的界限。正是我们不能在天上飞，不能在水下游的自然的身体的限度，或者说是自然的限制的正面肯定使我们确立了身体的本质。而人的身体所做的许多动作的美妙和优秀之处就在于这些动作难做——相对于人的身体，相对于人的自然限度，是人在做这些动作。如果不存在这样的界限，那么人类更好地使用天赋的身体将不会受到尊敬，人类的许多优秀的行为将不会受到尊敬。

根据将人的自然限度作为人的尊严的论证，人的行为的尊严将不仅在于行为本身，而且在于是人的行为，是人的自然限度之内的行为。人类最优秀的短跑运动员也没有猎豹跑得快，但当人类最优秀的运动员通过有觉知的，有自己体验的训练和比赛跑出接近人类自然极限的成绩时，这是行为的尊严

---

① Beyond Therapy: Biotechnology and the pursuit of happiness. pp. 145—150.

所在。通过基因增强技术而获得的更好的成绩已经不是人的成绩，是生物机器的成绩，人的尊严已经受到了损害。

　　而且根据这种观点，人是身体和心灵的统一体，人的尊严就建立在人的身体和心灵的和谐之中，体现在人类的心灵和身体高度和谐的优秀的行为之中。人类所赞赏的这种优秀行为是出于自觉、自愿、自主决定的而且在行为过程中人对行为本身是有觉知的。以体育运动为例，在追求更优秀的行为过程中，在刻苦的训练过程中，运动员对自己的行为是有准确定向的，他/她受明确的目标的驱动，通过有自我意识的，有觉知的，有自己的体验的行动使自己表现得更优秀。他/她理解并且体验到努力和提高之间的关系。而当他/她通过基因增强使自己获得更强壮的肌肉，获得更好的表现的时候，对运动员，对运动员的体验而言，这似乎是一种外在的魔力所赋予他/她的，而不是通过有自我意识的，自我掌控的方式获得的。自我意识和自我控制既是更好的训练的中心，也是优秀的表现被追求的原因之一。"即使激素变得合法，人们可以想象大多数运动员不愿意被看到在比赛之前使用这些东西。因为恰恰在展示被认为是自己的个人优秀的东西之前揭示出自己是依靠化学制品将是不光彩的。"①

　　另一种观点则认为基因增强没有损害人类尊严。人类有希望更自由、更少受到自然的束缚的天性，人类有战胜自身限度的欲望。例如，从人类学的角度看，人的直立姿势是人与动物相区别的独特之处，这种独特姿势也是对自然限度的挑战。如果是这样，那么保护尊严就意味着保护战胜人类自然限度的欲望。② 人的行为的尊严来自于人的自由意志，来自于人在理性和判断的基础上，使用人的自觉、自知、自主的能力，不断超越自然限度。"肉体的官能在于它是灵魂的器官和象征。……肉体也同样是灵魂的仆人。……由此产生了这样的义务规则：做那些能够保持和提高身体的健康和力量的事情，避免那些使它损伤和衰弱的事情。"③ 这些观点看来，基因增强不但没有伤害人的尊严，反而通过战胜自然限度而促进了人的尊严。

---

① Beyond Therapy：Biotechnology and the pursuit of happiness. 131.

② Samuel James Crowe：Human Health and Human Dignity［Dissertation］2006：82.

③ ［德］弗里德里希·包尔生：《伦理学体系》，何怀宏，廖申白译，中国社会科学出版社1988年版，第432页。

三、对基因增强引发的伦理争论的反思

像大多数基因伦理学问题的讨论一样，我们也要充分地意识到当前在基因增强情境中伦理问题的讨论很可能会促进基因决定论的思想，也就是让人们产生基因的构成就是命运的观点。[①] 前面的争论双方在公平问题上都预设了一个前提，也就是人的基因组成会对人的行为产生影响，人的基因会给人带来竞争优势。所以，在公平问题上的争论涉及的是在基因增强的现实可行性和未来目标之间的争论。对于前者来说，认为当前基因增强实际上不能让每个人共享，所以在这种情况下，索性让所有的人都不使用基因增强；而后者认为，基因增强是消除不公平的手段，所以社会应该允许所有的人使用基因增强，并积极创造条件使大家能够共享基因增强。这就是说，如果不考虑现实的可能性问题，两者会达成一致通过基因增强实现公平竞争的一致观点。

人的成就到底是归于先天禀赋还是归于后天培养，在这两者之间如何做出分配，先天禀赋和后天培养在人的行为中哪个占据更主要的地位是先天论和环境论争论不休的焦点。今天，人们已经进入到基因的角度探讨人的先天禀赋的差异，先天论和环境论的争论表现为基因决定论和非基因决定论的争论。在现实世界，从经验的层面人们都知道天赋能力高的人并不一定是优胜者。即使在非常依赖于运动员的先天禀赋、依赖运动员的身体条件的体育运动领域，总有许多精英运动员不具备超越对手的身体条件，甚至拥有的是成为一名优秀运动员的身体缺陷，但这并不妨碍他/她成为同时代运动员中最伟大的一位。

即使我们承认基因对人的行为没有决定性的影响，但我们也必须承认人的基因组成确实对人的先天禀赋有影响，而这种先天禀赋的差异确实会对人的后天成就有影响。在这个意义上，我们是否需要借助生物技术，借助基因增强让每个人都拥有相同的基因，消除竞争起点的差异，实现竞争起点的"公平"。这个问题就涉及了什么是人类所追求的行为、人的行为的尊严如何体现的一系列问题，在基因增强的情境中的争论展现的两种"尊严"的

---

① 陈凡等:《技术与设计:"经验转向"背景下的技术哲学研究》,载《哲学动态》2006 年第6 期。

观点促使我们对这些问题的深思。

一种尊严的观点是认为人的自然限度是人的尊严的基础，人的尊严就体现在人在行动中在自然限度的基础上，实现人的身体和心灵的高度协调。根据这种观点，人的先天禀赋的差异并不是不公平的起源，这种先天禀赋的差异赋予每个人以开放的未来。每个人都具有独一无二的先天禀赋，人们所做的就是不断地去培养和运用自己的先天禀赋，使人、人的行为和人的肉体和心灵达到和谐的状态，这种和谐就像优秀的运动员所展现的心灵和身体的高度和谐一样。人的尊严就是人在行为中表现出的卓越，这种卓越的核心是正在做出优美动作的人，是心脏的工作、心灵和身体的紧密联系。[①] 而另一种观点则认为人的尊严来自于对自然限度的突破，人的尊严就体现在人类在理性和判断的基础上，利用人的自觉、自知和自主的能力不断超越自然限度。根据这种观点，人能认识自然，也能改造自然。自然是不公平的，先天禀赋分配的不均等是不公平的起源，而人类恰恰可以借助科学技术的发展，借助基因增强改变自然的不公平，消除不公平的起源。人类不断战胜自然界限的欲望是应该被肯定的，通过基因增强突破人的自然限度，恰恰是人的尊严的具体体现。

人的尊严究竟是什么？这两种观点的争论的背后是西方哲学中两种不同的伦理学传统——实体论和主观论的长期争论。实体论认为存在一条不可跨越的客观的限制。"存在一个人的实体，而且必须把它看成是包括人的精神与肉体的统一体……作为这一实体的基本组成部分，人的自然体不能简单地归结为一种生物学的事实……人的自然体必须作为神圣不可侵犯的东西而受到尊重。"[②] 根据实体论的论证，人的自然体这一不可跨越的界限是神圣的人性的基础，也是人类应该被尊重的品质的基础，保护尊严就是要保护重要的人类界限。而主观论则认为，人有自我意识（可以将自我与外部环境区分开，人的自然体便表现为外界的一部分），人可以自己做决定，为自己的行为设定目标；人能适应环境，也能改造环境；人具有永恒的自我提高的动力；人有道德上自主立法的能力和必然性[③]。根据主观论的论证，人的不断

---

① Beyond Therapy: Biotechnology and the pursuit of happiness. 134.
② ［德］库尔特·拜尔茨：《基因伦理学》，马怀琪译，华夏出版社2000年版，第133页。
③ ［德］库尔特·拜尔茨：《基因伦理学》，马怀琪译，华夏出版社2000年版，第213—230页。

战胜自然体的限制的欲望和意志自由是人性的基础，保护尊严就是要不断突破自然限制。进一步考察表明，实体论和主观论各有自己的问题，难以用任何一种观点结束在基因增强问题上的伦理学争论。

四、结语

"自然人"是传统道德哲学中作为道德起点的人性基础①，这个"自然人"的起点在传统上被认为是不可以改变的，而今天生物技术的发展恰恰使对"自然人"的改造成为可能。这就使我们在传统分析范围中形成的关于自我的理解、人类尊严的作用等观念受到了挑战②。正如美国总统伦理委员会在提交《超越治疗：生物技术和对幸福的追求》的报告时写到的："生物技术为治疗疾病和缓解痛苦带来了希望。但是正是由于这些技术能够改变身体和心灵的工作，同样的技术的'双面应用'也使这些技术吸引了那些没有疾病而希望变得更年轻，表现得更好，感觉更快乐或变得更完美的人。生物技术的这些应用向人们展现了一些不熟悉的和非常困难的挑战。"③ 在基因增强问题上的争论正是超越治疗技术以外的新兴技术引起的新的伦理学挑战的反映。怎样提出适当的伦理分析框架和伦理原则来解决这场争论，怎样面对生物技术的发展所引起的伦理争论，是马克思主义哲学需要认真深入考虑和进一步探讨的问题。

---

① 樊浩：《基因技术的道德哲学革命》，载《中国社会科学》2006 年第 1 期。
② 邱仁宗：《人类能力的增强——第 8 届世界生命伦理学大会学术内容介绍之三》，载《医学与哲学（人文社会医学版）》2007 年第 5 期。
③ Beyond Therapy：Biotechnology and the pursuit of happiness. XV.

第 五 章

纳米科技的哲学思考

纳米科技诞生于 20 世纪 80 年代末，随之迅速发展到包括纳米物理学、纳米化学、纳米材料学、纳米生物学、纳米电子学、纳米加工学、纳米力学等在内的众多学科领域，纳米技术在材料和制备、微电子和计算机技术、医学与健康、航天和航空、环境和能源、生物技术和农产品等各个应用领域的拓展之快，超乎于人们的意料。目前，纳米科技正处于重大突破的前期，将给社会经济、法律、道德诸方面带来重要影响。

第一节　介观世界与介观实在

一、介观世界：自然界物质系统层次的新图景

美国哈佛大学教授威尔逊（Edward O. Wilson）指出："科学代表着一个时代最为大胆的猜想（形而上学）。它纯粹是人为的。但我们相信，通过追寻'梦想——发现——解释——梦想'的不断循环，我们可以开拓一个个新领域，世界最终会变得越来越清晰，我们最终会了解宇宙的奥妙。所有的美妙都是彼此联系和有意义的。"① 纳米科技的发展也是在经历了"梦想"阶段之后正在走向"发现"和"解释"阶段。

---

① M. A. Nielsen and I. L. Chuang：Quantum Computation and Quantum Information，Cambridge University Press，2000.

　　人类从古至今的一个梦想，是要弄清楚物质世界的本原是什么，它们如何构成了丰富多彩的现实世界。这个古老而又不衰的哲学命题，其实也是一个科学命题。人类对物质世界本原和结构的认识是不断发展的，从最初仅仅依靠肉眼观察世界，到借助各种仪器探索世界，人们一直在宏观和微观两个方向上不断地拓展。所谓的宏观领域包括肉眼看到的物体到宇宙天体，微观领域则是从分子原子到时间和空间尺度无限小的领域。

　　在宏观领域的方向上，自从爱因斯坦提出相对论，特别是宇宙大爆炸理论提出以后，人类向宏观的探索走得更加遥远，已延伸到宇宙深空。所用的时空尺度，更是涵盖了人类目前所使用的一切时空单位，大的单位如"光年"、"亿光年"，小的即妙观领域的时空单位，都在应用，并且还产生出"有"、"无"、"真空"、"湮灭"、"可见物质"、"暗物质"、"反物质"、"反世界"等新概念来描述宇宙世界。传统的所谓"宏观"概念已经难以包容那遥远而又广阔的世界，因此科学家在讨论物质观时，戴文赛先生提出了"宇观"概念。用"宇观"研究物质世界非常深奥，并且同"妙观"领域的研究有着相同的发展趋势，趋向于远离人类生活的宏观世界，向相互背离的两极不断远探和深究，彼此形成的研究成果互为辅助，形成对整个宇宙的更好理解。

　　在微观领域的研究，20世纪以来的进展，人们已经深入到原子核内部，发现了百种以上的基本粒子。随着研究的深入，所研究的物质世界的时空尺度越来越小，最小的时间尺度以10^{-15}s计，空间尺度以10^{-10}m以下计。这样小尺度的世界与通常所说的微观世界有很大差异，人们越来越感觉到用微观与宏观两个尺度去划分物质世界缺少精致性和准确性。20世纪60年代在原子模型的大讨论中，我国科学家钱学森提出了"妙观"这一概念，这个提法比较准确地反映了人类对物质世界现今最深层次的探索研究。

　　20世纪60年代后期，钱学森以哲学家的深邃眼光，进一步概括提出了"妙观——微观——介观——宏观——宇观"这一物质世界的层次论思想。何谓介观？从上述层次论可见，介观处于宏观和微观之间。众所周知，构成一切宏观物质的基本单元是原子和分子，可以说原子和分子是现实宏观物质的微观起点。"介观"或"介观世界"处在纳米的尺度上，在0.1—100纳米这个空间内，物质的物理属性既不同于原子和分子这样的微观起点，又不同于宏观领域的物质。

"纳米"一词的英文是"nanometer",是一种度量单位,1纳米是1毫米的百万分之一,1米的十亿分之一（1nm = 10^{-9}m）,即1毫微米,约相当于45个原子串起来那么长。介观世界独特的物质属性标志着一个新物质层次,这个新的物质层次在微观与宏观之间独辟蹊径,寻得物质层次的又一关节点,这是人类对物质世界认识的又一次突破。这个"关节点"的出现规定着0.1至100纳米这一空间尺度的物质与大于100纳米和小于0.1纳米空间尺度物质的质的差别。正因对这一"关节点"的认识,人类才有可能进一步区分、识别自然,揭示出自然界新的奥秘。

其实,科学家不仅"梦想——发现——解释"了"介观世界",甚至已经设想在"介观尺度"的操作了。1959年,著名物理学家理查德·费曼（Richard Feynman）发表了题为"在底部还有很大空间"（There's Plenty of Room at the Bottom）的著名演讲,他作出了这样一种预见:如果谁能在原子/分子尺度按人的意志来制作材料和装置,那将是振奋人心的新发现。同时又指出,要想使这样的事情发生,则需要一组新的小型化仪器来操纵和测量这些小的"纳米"结构的性能。

1982年扫描隧道显微镜（STM）发明后,便诞生了一门以0.1至100纳米长度为研究领域的科学,这就是纳米科学技术。研究目标是纳米尺度上的物质的特性和相互作用,并利用这些特性来构造具有特定功能的产品。纳米领域的研究标志着人类改造自然的能力已延伸到原子、分子水平,标志着人类科学技术已进入一个新的时代,即纳米科学技术时代。

二、介观物质及其特征表现

（一）介观世界的物质特性

20世纪50年代,钱学森在他的物理力学中,就企图在理论上把微观世界同宏观世界联系起来。介观世界的物质属性的标志性特征,在于其物理可观测性质明确地呈现出量子相位的相干效应。也就是说,介观物质具有我们熟悉的微观属性,表现出量子力学的特征。一般来说,宏观体系的特点是物理量具有平均性:即可以把宏观物体看成由许多小块组成,每一小块是统计独立的,整个宏观物体所表现出来的性质是各小块的平均值。如果减小宏观

物体的尺寸，只要还是足够大，测量的物理量和系统的平均值的差别就很
小。然而，当体系的尺寸小到一定的程度，不难想象，由于量子力学效应的
存在，宏观的平均性将消失。人们原来以为这样的尺寸与原子尺寸的大小相
当，或者说与晶体中一个晶格的大小相当，最多不过几个晶格尺寸的大小。
但是20世纪80年代的研究表明，这个尺寸在某些金属中可以达到微米的数
量级，并且随着温度的下降还会增加，这样的尺度已经属于宏观世界的
尺度。

　　介观世界指的就是属于宏观尺度却具有微观世界才能观察到的物理属
性，是一个具有微观特征的宏观系统。具体地说，介观物质的基本属性表现
在如下几个方面：

　　第一，介观世界的物质属性呈现出一种尺度效应。如果说宏观世界突出
的是经典力学中的引力概念，微观世界突出的是量子力学中的量子概念，那
么介观世界突出的则是空间尺度的概念。与微观世界体系一样，介观系统所
遵从的物理规律依然是以量子力学为基础。但是，微观规律与宏观尺度特征
的结合，使得介观物质的物理属性表现出既不同于微观小尺度系统，也不同
于宏观大尺度系统，而是具有一种独特和新奇的特性。这种奇异性来源于介
观物质因三维尺度较小而产生的小尺度效应、表面尺度效应、量子尺度效应
和宏观量子隧道效应。

　　小尺度效应的发生主要是因为纳米尺度的固体颗粒与德布罗意波长相当
或者更小，这时颗粒的周期性边界条件消失，因此会在声、光、电磁、电力
学等特征方面出现一些新的变化。

　　表面尺度效应是指，纳米微粒的表面原子与总原子之比随着纳米微粒尺
度的减小而大幅度增加，粒子表面结合能随之增加，从而引起纳米微粒性质
变化的现象。即纳米微粒的粒径越小，表面原子的数目就越多。纳米微粒表
面的原子与块体表面的原子不同，它们处于非对称的力场中，在纳米微粒的
表面存在一种特殊的力，处于高能状态，具有比常规固体表面过剩许多的能
量，以热力学术语来说，它具有较高的表面能和表面结合能。在纳米这个尺
度上的物质，表面原子或分子占了相当大的比例，已经无法区分它们是长程
有序（晶态）、短程有序（液态），还是完全无序（气态）了，而成为物质
的一种新的状态，即纳米态。这种纳米态的性质并非主要取决于其体内的原

子或分子，而是主要取决于表面或界面上原子或分子排列的状态。

所谓量子尺度效应是指，当粒子尺度下降到或小于某一数值（激子玻尔半径），费米能级附近的电子能级由连续变为分立能级的现象。纳米微粒存在非连续的被占据的高能级分子轨道，同时也存在未被占据的最低的分子轨道，并且高低轨级间的间距随纳米微粒的粒径变小而增大。当热能、电磁能或者磁场能比平均的能级间距还小时，就会呈现一系列与宏观物体截然不同的反常特征，这就是量子尺度效应。

由于电子既有粒子性又有波动性，因此具有贯穿势垒的能力，即存在隧道效应。近年来科学家们发现，一些宏观物理量，如微颗粒的磁化强度、量子相干器件中的磁通量等亦显示出隧道效应，被称为宏观的量子隧道效应，介观物质就具有这种宏观量子隧道效应。

第二，介观世界存在一种特殊的涨落现象。对于微观粒子的研究，原则上可以用薛定谔方程进行严格的或近似的求解。对于宏观物质的研究，则应用统计力学的方法，考虑大量粒子的平均性质，这是因为宏观系统的尺度远大于（微观粒子能够保持其相干性的）相干尺度，从而各个粒子的运动缺乏关联性，呈现出统计上的无规则性，系统的整体性质能够很好地被大量粒子的平均运动所描述：即同一系统的不同样本性质间的差异很小，所有样本的性质都由系统的平均值刻画，即宏观系统自身存在着一种物理属性上的平均性。处于介观尺度的物质，一方面含有大量粒子，因而无法运用薛定谔方程来求解；另一方面，其粒子数又没有多到可以忽略统计涨落的程度，因而无法用统计力学的方法考虑粒子的平均性质。"鉴于介观系统其物理结构的小尺度特点，围绕物理可观测量平均特征的涨落显得更为重要。"[①] 介观系统的小尺度使同一样本中的粒子保持相干运动，各样本性质差异极大，系统的平均值不再有效刻画系统中所有样本的性质，或者说存在很大的统计涨落，这种涨落被称为介观涨落。介观系统所呈现出的这种涨落，与介观样本的微观特征相关、极具个性、并且是可重复观测的。这一涨落现象为介观体系所独有，不可能用经典的涨落来解释，从而反映了介观体系与宏观体系本

① 马中水：《介观物理基础和近期发展几个方面的简单介绍》，载《物理》2007年第2期，第99页。

质上的差别。

介观涨落表明介观系统行为在统计解释上的不同。通常认为宏观系统具有无穷多自由度，而宏观系统存在的自平均性表明，无穷多自由度恰恰使系统行为在统计中的表现更为单纯。例如统计可将宏观系统中的微观粒子波函数的相位特征掩盖掉，甚至在某些条件下可以不必考虑量子化的原则和细节，物理量的相对涨落的影响亦可忽略，各种标准系综彼此等价等等。而介观系统只具有有限的自由度，并不满足热力学极限条件，可以说介观系统的尺度已经小到使其丧失宏观系统通常具有的自平均性。因此，不具备经典自平均性正是介观体系的统计特征，这也使得介观系统具有了极不同的统计行为。

从方法论的角度看，宏观自平均性的存在表明，在这样的系统中，部分与整体之间是一种加和关系，因此，还原论的思维方式——将复杂还原为简单，再从简单重建复杂（或先将整体分割为部分，再由部分的加和重建整体），在对宏观系统的研究中具有普遍的有效性。而介观系统自平均性的消失，使还原论的思维方式在介观尺度内失去了它的效力，也使不同的统计系综对介观物理量而言不再是热力学等价的。

第三，介观世界存在量子混沌现象。20 世纪 90 年代郝柏林院士就讨论过"究竟有没有'量子混沌'那样的现象呢？"这一问题，并且认为，"混沌是经典系统的典型行为，量子系统的典型行为不是混沌。这一差别的深远意义，还有待进一步研究。"同时他还提出如下两点思考：其一，"混沌运动似乎主要存在于'短命'的宏观现象中。"其二，"如果有真正的量子混沌，它是否应当没有经典对应？这个问题本身也不清楚。"① 目前，在微观世界，的确还不能观测到低激发态量子系统的混沌现象。但在介观世界，物质系统处于量子体系的高激发态，其微观性质和对应的宏观力学性质有很大关联，系统的宏观力学行为导致物质的微观量子性质发生很大的变化，从而最可能在这种特殊的宏观尺度的量子体系中出现量子混沌现象。不难想象，这一现象的出现具有深远意义，介观量子混沌现象的研究有可能会为混沌问

---

① 郝柏林：《世界是必然的还是偶然的？——混沌现象的启示》，参见孙小礼主编：《现代科学的哲学争论》，北京大学出版社 2003 年版，第 105—106 页。

题的研究提供新的思路，也将使介观世界成为研究量子混沌以及量子力学和经典力学过渡关系的重要领域。

介观世界量子混沌现象的出现，意味着在介观这一领域我们的预测能力受到了某种新的根本性限制。承认介观混沌现象的不可预测性，说明在介观领域要求我们拓宽科学解释的观念。对于同一个自然界，自量子力学建立以来，物理学中就出现了决定论和概率论两种描述。郝柏林院士指出："完全的决定论和纯粹的概率论，都隐含着某种'无穷'过程为前提。"他主张新的自然观应基于有限性的混沌论："只要承认有限性，那么确定性与概率性描述之间的鸿沟就消失了，决定论的动力学可以产生随机性的演化过程。"由此看来，"决定论还是概率论？二者的关系可能是非此即彼，亦此亦彼。更真实地反映宏观世界的观念应是基于有限性的混沌论。"① 介观量子混沌现象是基于宏观尺度有限性的量子混沌现象，这一现象恰好提供了对介观世界的物理描述"亦此亦彼"的佐证，介观领域的研究可以突破宏观与微观的界限，从有限性的角度来探讨量子混沌行为，这有助于在决定论和概率论之间建立起一座由此及彼的桥梁，从而大大丰富我们的科学观和自然观。

综上所见，介观世界的尺度概念揭示了相互作用对介观物质属性的重要影响，同时也揭示出物质属性与空间尺度相关联的思想；介观涨落和混沌现象揭示了不可逆的时间观念的意义，进而有可能提供一种空间与时间相互作用下物质演化观念的新意义。

（二）介观物质：一种技术参与下的作用实在

首先，介观世界新质的出现形成一种关系实在论。按照原子论时期的物质论观点，物质的本原就是原子，原子在物理学意义上不可分和不可毁灭；但它不是几何学意义上的不可分。也就是说它具有某些物理的、不同于几何学的性质。其中最基本的性质是不可入性。之后，又发展出一种新的物质论，根据这种理论，"化学原子不是一个基本微粒，而是电子的聚合体，这样，具有一系列化学性质的原子，在失去其中一个电子的情况下，会变成具有另一系列化学性质的原子。……我们也得到一个非常重要的新的化学性质

---

① 郝柏林：《世界是必然的还是偶然的？——混沌现象的启示》，参见孙小礼主编：《现代科学的哲学争论》，北京大学出版社 2003 年版，第 106—107 页。

概念，即它不仅受制于原子的量的方面——原子量，而且受制于组成它的电子所形成的结构。这个结构不是静止的，而是动态的，它不断地以一种确定的节奏行动，如同毕达哥拉斯学派在声学领域所发现的那些节奏格式。"①

　　介观世界由于尺度效应、介观涨落和量子混沌现象的存在，使我们对物质实在的理解有了新的认识，物质实在不仅仅取决于原子量及其电子所形成的结构二者之间的关系，还取决于空间尺度引起的相互作用力的变化，以及这种变化了的相互作用力与原子内部最终形成的结构及"节奏格式"之间的关系。介观物质实在不仅包括介观系统内部相互作用力之间的关系，还包括物质实在与空间尺度之间的关系，以及介观涨落和混沌现象的存在所揭示出的介观物质实在与时间之间的关系。

　　其次，介观物质具有一种基于实践框架的作用实在性。介观世界并非人类的自然能力所能及。对于介观世界的认识依赖于包括扫描隧道显微镜、原子力显微镜、近场显微镜等在内的众多观察手段和操作技术。在研究介观物理世界时，对象与观察作用是无法截然分开的。因此，在原理上，对真正介观现象的无歧义的说明必须包括对实验装置具体情境的描述。也就是说，介观现象是在包括整个实验的叙述在内的指定条件下得到的观察结果。介观世界物质属性的确定是在现象当中展开的。观察现象作为一个整体，在本体论上先于作为观察结果的对象。观察对象依赖于观察作用，同样，观察者又依赖于观察对象，主体与客体的边界的划定以及意义的确定都是在现象当中展开的。因此，我们对介观世界的认识并非独立于这个世界或者说在世界之外进行，我们的认识活动本身就是介观世界的一部分。正如著名物理学家玻尔所说：我们既是观众，又是演员。由此可知，介观现象是相互作用的结果，是包括科学家、仪器设备、概念和各种粒子等等在内的各种要素之间相互作用的结果。概念的确定，粒子性质的确定，都要参照相互作用才有可能，并且随着作用方式的不同而发生变化。在此意义上，"我们现在知道，物质之所以是它所是的，是因为它做它所做的，或者确切地说，它是它所是的与它所做的是一回事。"②

---

　　① ［英］罗宾·柯林伍德:《自然的观念》，吴国盛、柯映红译，华夏出版社 1999 年版，第 159 页。
　　② ［英］罗宾·柯林伍德:《自然的观念》，吴国盛、柯映红译，华夏出版社 1999 年版，第 165 页。

综上所见，介观世界的研究为我们划出了一个特殊的空间尺度区域，这是一个宏观物理与微观物理均难于进行准确说明和描述的新区域，对这一区域的研究将触及如何理解介观的问题，还会涉及到如决定论与非决定论，确定与不确定，有序与混沌，线性与非线性、因果性与非因果性等根本性问题，对这些问题的进一步研究将为科学和哲学的发展提供丰富的素材。

第二节　纳米技术：以技术呈现自然

人类从石器时代的磨尖箭头到现代的光刻芯片，所有技术都与一次性削去或者融合数以亿计的原子，以便把物质做成有用的形态有关。费曼在上述的那次著名演讲中提出："为什么我们不可以从另一个角度出发，从单个分子甚至单个原子开始组装，以达到我们的要求呢？至少依我看来，物理学的规律不排除一个原子、一个原子地制造物品的可能性。"① 费曼的奇思妙想激发了埃里克·德雷克斯勒（Eric Drexler）的兴趣。1986 年德雷克斯勒的《创造的发动机》（Engines of Creation）一书出版。他在这本著作中提出了一种新的技术理念，这种理念与通过模具和机器使大物体变成小物体的自上而下的制造技术的方式不同，物体将自下而上地制造，从其构成的原子开始。这就是我们下面将要讨论的纳米技术。

一、纳米技术及其特点

纳米技术的最终目标，就是要使人类能够按照自己的意愿任意地操纵单个原子和分子，在原子和分子的水平上设计和制造全新的物质。毋庸置疑，纳米技术的诞生和发展开辟了人类认识世界的新层次，使人类改造自然的能力直接延伸到原子和分子，标志着人类技术又进入一个崭新的时代。从迄今为止的研究状况看，关于纳米技术存在三种概念理解：

第一种概念是 1986 年美国科学家德雷克斯勒博士在《创造的发动机》

---

① Richrd P. Feynman, There's Plenty of Room at the Bottom, Engineering and Science, Vol23（5），February 1960.

一书中提出的分子纳米技术。即在纳米尺度上对物质（存在的种类、数量和结构形成）进行精确地观测、识别与控制的研究与应用的高新技术。它的最终目标是以分子、原子在纳米尺度上制造具有特定功能的产品。根据这一概念，可以使组合分子的机器实用化，从而可以任意组合所有种类的分子，可以制造出任何种类的分子结构。这种纳米技术可称为组装式纳米技术，即按人的意志和需要精确搬迁原子和分子，构筑新的纳米结构。这种对原子和分子进行控制的技术，使人们的创新能力不仅延伸到纳米尺度的空间，而且还延伸到人为地改变分子和原子的基本结构，从而引起一场新的认知革命和技术革命。这次技术革命是在人类有技术史以来从未尝试过的一个平台上来制造物体、产生技术。纳米技术可能会改变几乎所有物体，从疫苗到计算机再到汽车轮胎，直到还没有想象过的所有物体的设计理念和制造方式。目前这种组装式纳米技术尚未取得重大进展。

第二种概念是把纳米技术定位为微加工技术的极限。这种纳米技术可称为加工式纳米技术。即它是通过纳米精度的"加工"来人工形成纳米尺度结构的技术。由于纳米尺度特有的尺度效应的存在，当材料的尺度与物理特征长度相当时，材料就出现了奇异特性。一旦有可能控制特征尺寸，也就有可能提高材料的性能和装置功能，以至超过我们现在知道的甚至认为是可行的那些性能和功能。这种纳米级的加工技术，将使半导体微型化达到它的极限。这是因为，如果把电路的线幅变小，会使构成电路的绝缘膜的厚度变得极薄，这样将破坏绝缘效果。此外还有发热和晃动等问题。为了解决这些问题，研究人员正在研究新型的纳米技术。微加工纳米技术并不要求材料的三维尺度都达到纳米级，实际上材料至少有一维尺度达到纳米级，就会出现不能被传统模型和理论所解释的新特性。因此，很多学科的科学家正热切地制作和分析纳米结构，以求发现介观尺度上的新现象。纳米结构通过亚微尺度组装（理想的状态是利用自组织、自组装和人工组装），将"自下而上"生成实体，而不是用"自上而下"的超小型方法把较大的结构变成较小的结构，这就为新材料的制造提供了新的范例。目前这种微加工纳米技术已经取得重大进展。

第三种概念是从生物的角度出发来制造技术，即仿生技术。人类文明以来，仿生技术主要集中在对生物的动作行为和生物体宏观结构的模仿上，很少涉及对生物体本身的效应、机理和生物组织的模仿。其主要原因是，传统的技术实现手段不能满足对生物体的精细模仿要求，仿生技术只是停留在宏观和表面层次上。可以看出，介观尺度的研究为人们对自然界纳米结构的构筑原理、形成过程和方法的理解提供了可能，而且微纳米技术的加工能力和器件尺寸与生物细胞、组织微结构相当，十分适合作为微型仿生系统的技术实现手段。例如每个细胞都是活生生的纳米机器的例子，它们不仅可以将食物转变成蛋白质和酶，还能根据其 DNA 上的信息制造并输出蛋白质和酶。通过将不同物种的 DNA 重新组合，基因工程师已经学会了如何制造新的纳米装置。这种技术可称为仿生式纳米技术。仿生式纳米技术从方法论层面展示了"技术是器官的投射"。

在认识论层面上，三种纳米技术概念体现了不同的技术设计。三种纳米技术概念有一个共同的特点，即打破了有文明以来"自上而下"的制造理念，代之以采用"自下而上"的制造理念。纳米技术着眼于小尺度材料的结构，以此为出发点来生成实体。这是纳米技术与其他技术的本质区别。总的来说，纳米技术具有如下可能的特征：

第一，纳米技术的生成性。人类文明以来，技术制造均以感官的能力为基础。随着科学的发展，尽管关于原子的认识有了进一步深化，确认了原子有组成和结构，但要在原子、分子层次上进行人为的设计，却是需要前进一大步。纳米技术将实现对自然物在基本结构上的操作，并以原子、分子生成自然物的方式来生成新的、不同的材料。"分子设计"概念的兴起，不仅仅是一种基于物理意义上的设计，也是在化学意义上提出来的。"机械地摆弄原子"，即在原子水平上进行制造，是人类在制造能力方面的空前跨越。或如德雷克斯勒所言，纳米技术是制造技术方面的一次革命。这里至关重要的是，这种制造不是通过化学过程完成的。因为，在化学过程中至少需要一种成分是体液或气体，而德雷克斯勒博士设想的一种"分子装配"（molecular assemblers）的世界，分子装配机是一种分子大小的机器，能选取单个原子并把它们置于正在建造的装置的所需部位，这一过程没有一种液体或气体会被涉及。为了区分这个过程与传统化学过程的"溶液阶段"，他将这种新的制造过程称为"机器阶段"。通过装配制成的复制品可能是微小的，也可能是庞大的。但关键是这种物品将是能动地被生成的，而不是通过控制溶液阶段的化学过程的随机扩散简单地拼凑而成的，更不是从大尺度空间被削模出来的。

第二，纳米技术的镶嵌性。这一特点主要着眼于纳米技术的小尺度特点以及它在原子、分子水平的操作性特点。微米技术的微型化和小尺度的操作性使其可以插入或嵌入更多的自然物以及人工物之中，导致如下三个方面的变化，其一，将对纳米尺度或大于纳米尺度的更多自然物进行操作，使其成为技术化的人工物；其二，纳米技术可以插入或嵌入即存的所有技术之中（目前存在的所有技术都大于纳米的尺度），从根本上改变即存技术的性能；其三，纳米技术更加容易与现有技术发生聚合，改造、升级已有技术性能进而改变整个产业结构。随着纳米技术的发展，人类的加工、操作和感知能力拓展到纳米、微米空间，正在给传统机械带来革命性的变化。纳米技术的镶嵌性使其具有了一种根基性的改造能力，纳米技术将不仅扩大对整个自然界的改造范围，而且也将改变人类有史以来已经存在的所有技术，进而改写整个人类技术发展的历史轨迹。纳米技术将无孔不入地置于世界的每一个角落。

第三，纳米技术的引领性。纳米技术涉及分子、原子尺度以及介观物质在物理、化学、生物等多重属性的融合。一方面，纳米科学知识可与不同领域的已有知识进行结合，提供和激发出更多的技术创新理念；另一方面，纳米技术可与即存的技术发生融合，产生新的技术或新的功能。可以说纳米技术是一项具有很强聚合能力和拓展能力的技术，如同蒸汽机、电力、信息技术一样，纳米技术将对新技术、新学科的促生和现有技术的改造以及未来技术及产业的发展方向起着重要的引领作用。1991 年 1 月 27—29 日，众多企业家参加了在美国举行的纳米科学、工程与技术机构研讨会（IWGN），与会人员一致认为纳米科学和技术将在 21 世纪改变几乎所有人造物体的性质和制造模式，如此重要的材料性能改善和制造模式的变化将激发一场工业革命。例如，纳米技术为信息技术的发展（芯片技术、网络通讯技术、显示技术和纳米结构器件等）提供新的商机，也为环境、能源、先进制造技术、医学保健、国家安全、生物和农业等产业的快速发展提供了新的可能，还为新材料制造业的快速增长提供了新的机遇。前 IBM 首席科学家阿姆斯朗（John Amstrong）在 1991 年写道："我相信纳米科学和纳米技术将成为下一个信息时代的中心，它的革命性将与始于 70 年代初的微米级科学技术相媲美。"① 此外，纳米技术的引领性还表现为对学科领域的拓展，纳米技术的发展，将促生出许多新的研究领域，如纳米建筑学、纳米磁电子学、纳米光子学、纳米仿生学以及纳米地质学等。

二、纳米技术的产业化

20 世纪 90 年代初，钱学森在分析 80 年代以来纳米科学技术的进展情况时曾指出，纳米左右和纳米以下的结构，是下一个阶段科学发展的重点，会是一次技术革命，从而将是 21 世纪又一次产业革命。

纳米技术的产业化，会导致科学技术与社会的大规模互动，从而真正实现纳米科技的改造世界的宏愿。如果说，科学家所做的事，只是探索自然世界的奥秘，那么，如何利用对于自然世界奥秘的认识去改造世界，就成为发明家和工程师的使命。技术发明是实现改造世界的重要一步。在这一步，发明家们明确了技术的工作原理和操作方法，并试着将科学知识应用推广到各个领域，同时也开辟出一个个新的研究和应用领域，进而将影响未来的社会和经济的发展。当实验室中的纳米技术成果和纳米技术产品走向产业化发展的阶段，使成果和产品转化为社会大规模需求的商品和大规模使用的物品，便将人的合目的的、能动的认识和实践（人的社会性），以社会自然物（商品和物品）的生成的形式真正地体现出来，实现认识和实践的统一。

纳米技术的产业化是以制造为核心的生产性实践活动，通过重复、批量地生产，以产业化的产品来满足众多需求。人类历史上发生过蒸汽动力技术革命、电力技术革命和信息技术革命。作为工业革命起点的蒸汽动力技术革命，用机器代替了只使用工具的人，这个机器用许多同样的或同种的工具一起作业，由单一的动力来推动，这种动力在不同的历史阶段采用了不同的形式，在工业革命的起点采用的是蒸汽这一动力形式。不管这种动力形式是什么，只要是机器化的生产，就会产生与手工作业完全不同的结果。手工工具只不过是改变了形态的自然物，是人的肢体的延长或"器官投影"；而机器

---

① Taylor and Francis Ltd, National Nanotechnology Initiative – Leading to The Next Industrial Revolution, Microscal Thermophysical Engineering, Vol4（3），1July 2000，206.

生产则是一种非自然的工业化过程，是一种自动化过程。机器一旦启动，技术物化的方式和程度就发生了变化，即在机器的反复运转中生产出批量的、统一规格的产品。这种产品"是人们在实践中形成了某种内在性能要求的观念，并以此为功能目标设计制作出来的"① 一种超自然的人工物。通过产业化，社会中的个别的、偶然的灵感、创意、发明、发现转化成了符合大众消费意愿的人工物，从而实现了在生产实践中人的能动性的社会化。产业化是个别的、偶然的人工物转化为大量的、必然的社会物的过程。② 纳米技术产业化是人类借助纳米科学、纳米技术等手段，直接或间接面对自然界，生产各种产品或提供各种服务来满足人类生产、生活需要的社会实践活动。

纳米技术的产业化将全方位升级传统产业，大幅度提高机器化操作水平。在传统的工业化生产中，人赋予了工作机一种固定的程序，机器一旦启动，它就按这种程序运行。在现代工业化生产中，机器的运转日趋高度自动化。机器化生产流程有效整合各种自动装置，电脑技术的出现使得机器化生产多方面地取代和优化了人的体力劳动与脑力劳动，智能式的综合自动化把产品设计、工艺编制、加工制造、管理决策等各种局部自动化系统集成为一个综合智能化系统。这种综合智能化系统生产出规格更加精确、数目更大、更加全面地满足大众需求的产品。纳米技术的产业化，将进一步全方位地提高工业生产的智能化、自动化和综合化。一方面，现代高智能综合化的机器大生产为实验室的纳米技术产品尽快走入工业化生产提供了更具时效的可能性，同时也为纳米技术的不断创新提供了物质性基础；另一方面，纳米科技对自然界的全新认识空间以及纳米技术全新的创造理念和小尺度、生成性的创造平台，为改良传统产业、生成新的产业类型、形成新的产业结构提供了契机。

目前纳米科技的社会价值才初露端倪。人们对介观世界的认识只是冰山一角，纳米技术的发明才略显身手，纳米技术产业化的宏伟篇章尚未开启，公众对纳米技术的价值仍存顾虑。因此，有必要对纳米技术的产业化本质、特征、产业分类、产业要素的构成、产业结构、产业组织以及纳米产业与科学、技术、社会的关系给予充分的考虑，借鉴现存产业体系、产业社会的特

① 陈昌曙：《技术哲学文集》，东北大学出版社 2002 年版，第 149 页。
② 曾国屏：《产业实践：社会自然的生成》，载《自然辩证法研究》2007 年第 7 期，第 8 页。

征，根据已有纳米科技知识充分分析纳米产业的潜在前景和可能存在的不良效应，前瞻性地谋划纳米技术的产业化道路。在打开纳米产业这本"关于人的本质力量的书"之前，让人充分发挥其能动性，为人的本质力量的预期效应进行必要的筹划和引导，使纳米产业在真正形成人与自然的中介时，能够确保这一人工自然系统的良性循环，以最优的存在方式与自然、人及社会和谐发展。"在产业结构、产业布局、产业规模以及各类产业之间的协调发展等方面如何进行合理安排，才能符合以人为本，全面、协调、可持续的发展观的要求，不仅要从经济学的角度思考问题，更需要从哲学的角度来思考问题。"①

三、纳米技术引发的几点哲学思考

纳米技术的新颖性，目前对纳米技术的哲学反思尚处于起步阶段，下面仅从三个方面展开思考。

首先，纳米技术对马克思实践观概念的拓展。

对于"技术"这个范畴可以从不同的角度来把握。在人类思想史上，马克思第一次把实践作为技术范畴基础，这是把实践提升为哲学的根本原则的技术理念。马克思指出："工艺学揭示出人对自然的活动方式，人的物质生活的生产过程，从而揭示出社会关系以及由此产生的精神观念的起源。"②马克思这里谈到的"工艺学"，按照德语、英语和法语的词义，并结合其上下文的意思，学界都视为"技术"。在这里，技术被看作是人对世界的一种"活动方式"，这种"活动方式"首先表现在"人对自然"的关系和"物质生活的生产过程"中，其次表现在"社会关系"方面，"以及由此产生的精神观念的起源"及其产生的过程中。③于是，马克思对"技术"范畴的解释可以概括为如下三个方面：一，技术是人类改造自然的活动方式，表现在人的物质生活的生产过程中；二，技术是人类改造社会的活动方式；三，技术是人类改造思维的活动方式。即从实践的角度把握人与自然、人与社会、人与思维双向作用的活动过程。从这种技术的理解前提出发，不同技术的实践

---

① 曾国屏、高亮华：《产业哲学研究评述》，载《哲学动态》2006 年第 7 期，第 18 页。

② 马克思：《资本论》，中国社会科学出版社 1983 年版，第 341 页。

③ 陈文化：《试析马克思的技术观》，载《求实》2001 年第 6 期，第 12 页。

意义是不一样的。纳米技术的出现，使人与自然、社会和思维关系之根本的"活动方式"的意义出现了不同，即实践的意义出现了不同。

其一，纳米技术的出现使传统"自然呈现技术"的活动方式改变为"技术呈现自然"的活动方式，导致人的物质生活资料的生产方式出现重大变化。自人类文明以来，技术的构造很大程度上都是在宏观尺度上、在自然原子、分子的结合的基础上来进行的，即承载技术的自然基点是原子、分子。组装式纳米技术则使这种自然基点发生了根本性改变，即不是在自然原子和分子的原有结构的基础上来制造技术，而是对这一自然基点进行"摆弄"，以改变原子、分子的组合方式或结构，技术直接参与到表征自然基点的原子、分子的组合和构成中。正因为如此，诺德曼（Alfred Nordmann）认为，纳米技术与以往技术的不同在于，它使人类控制自然的前提"不再是如同古老农业那样的'自然呈现技术特征'，而是'技术呈现自然特征'。"① 当构成自然物的自然基点被纳米技术打破之后，人类改造自然的活动方式也随之发生了变革，不再是那种"自上而下"的改造自然的方式，而是以技术"自下而上"的生成自然的方式。即在技术参与下的原子和分子基础上生成大量人工物，像自然物的生成方式那样来构造人工世界。纳米技术改造自然的这一特点突出地表现在物质性的生产过程中。工程师似乎可以超越自然本身，从自然的基点来改造自然、从最底层来改造现存的所有技术，从而展现了纳米技术强大的改造与控制力量。

其二，纳米技术在一定的程度上使传统"自然人改造社会"的活动方式改变为"机器化的非自然人改造社会"的活动方式。纳米技术的小尺度和仿生学特点可以对人类的自然生存基点进行干涉，主要通过以下几种方式，一，干涉人体基因的自然排列和细胞的自然构成；二，干预人的生老病死；三，扩大人体的自然机能。由此可见，纳米技术的出现可能模糊了人的自然肉体与技术之间的界限，可能实现人的"非人化"或人的机器化。那么，这就有可能扩展人类认识社会的能力和改造社会的方式与途径，进而也改变了"社会关系"中人与人的合作方式和交流方式。

---

① Alfred Nordman：Noumenal Technology. Reflections on the Incredible Tininess of Nano . Techné. Vol8. (2005) 3，6.

其三，纳米技术使传统"自然呈现思维"的活动方式改变为"技术呈现思维"的活动方式。按照我们通常的看法，从实践的角度理解技术，会达到如下效果，即人一方面改造了外部世界，使其变成了人的活动客体；同时在另一方面也改造了人，由此人才成为自身活动的主体。纳米技术实现的"技术呈现自然"的活动方式，一方面导致人对外部世界的改造方式与改造结果发生了巨大变化，即人的活动客体发生了巨大改变；另一方面，纳米技术也改造了人。这种改造主要表现为，因客体改变而产生的对主体的改造，"人与思维双向作用"的活动结果使技术化的人工世界呈现于思维之中。然而，纳米技术还实现了"机器化的非自然人"改造世界的活动方式，这种"机器化的非自然人"是指技术对人体的功能的直接干预，其中也包括技术对人体的某个器官——大脑的干预，例如纳米芯片植入大脑后，技术直接参与了思维的呈现，即实现了"技术呈现思维"的活动方式。

其次，纳米技术引起主客体性质及其关系的新变化。

最早明确将世界一分为二的人是笛卡尔，他区分了以"思维"为属性的"精神实体"和以"广延"为属性的"物质实体"，认为二者各自独立、互不转换。在马克思看来："人的类特性恰恰就是自由的有意识的活动。"这是因为人与动物不同，"动物和自己的生命活动是直接同一的。……人则使自己的生命活动本身变成自己意志的和自己意识的对象"。[①] 因此，马克思是把实践的观点引入哲学，认为主体与客体的关系是在实践的基础上产生和分化出来的，并在实践中形成互相关联、互相渗透，互相促进的。"主体是在认识和改造客体的过程中，在对客体的关系中获取自己的规定的，活动的客体怎样，它的主体也是怎样，反之亦然"[②]。纳米技术表现出来新型的技术实践，也将导致在此基础上的主体与客体以及二者关系的变化。

其一，纳米技术对客体的重塑。同以往的技术有别，纳米技术的出现导致人类改造自然的活动方式也发生了变革，不再是那种"自上而下"的改造自然的方式，而是以技术"自下而上"的生成自然的方式。这种不同的改造世界的方式在于：客体产生的自然基础发生了变化，不再是建立在保持

---

① 马克思：《1844 年经济学哲学手稿》，2000 年第 3 版，第 57 页。

② 帕尔纽克主编：《作为哲学问题的主体和客体》，中国人民大学出版社 1988 年版，第 73 页。

自然原子、分子结构的自然物的基础上，而是建立在原子、分子结构技术化后的人工物的基础上。

其二，纳米技术对主体的重塑。主要表现在两个方面：一，重塑后的客体对主体的重塑；二，技术对主体的直接重塑。如果纳米芯片植入大脑真的是可行的，那么，在技术参与下，主体的思维将会发生重大变化，主体可以直接链接丰富的知识资源，而这种知识资源传统上是一个人用一生的时间都难以掌握的。如此一来，纳米芯片技术将极大地增强主体思维的能力。这种对主体思维的重塑，是技术直接参与下的主体重塑，即对主体思维的技术性重塑。

其三，纳米技术的实践，深化了主客关系的认识。一方面，在纳米技术的实践过程中，不仅实现了主体客体化的过程，而且较以往技术而言加深了主体客体化的程度，主体的意向性直接延伸到原子或分子水平，从而使主体在实际活动中，把自己的本质力量或自身的属性赋予客体更加根基性的生成之中，使之凝结和保存在对象或客体之中，模糊了"自在的世界"与"属人的世界"的界限。另一方面，在主体客体化的同时，还存在着一个相反的过程，这就是客体的主体化。在纳米技术的实践过程中，客体的主体化过程不仅实现了使对象或客体的某些特性转化为主体的特性，从而主体成为整个世界的有机组成部分。而且还实现了对象或客体的某些特征直接参与主体的能动性认识活动，在主体内部实现了主客关系的直接统一。如果说原有技术实践中的客体主体化是指客体通过制约主体使之适应对象世界，那么在纳米技术的实践过程中，由于技术对主体思维的直接参与，客体成为主体的有机组成部分，从而实现了主体与客体在实践基础上更加深刻意义上的统一。

最后，纳米技术深化了人们对于科学和技术的极限问题的认识。

按照尼古拉斯·雷舍尔（Nicholas Rescher）的观点，科学的极限需要考虑如下一些问题："一，科学实际上能走多远；什么是科学实践上的极限？二，科学应该走多远，什么是科学谨慎的道德极限？三，科学原则上能走多远；什么是科学理论的极限？"[①] 在这些问题中，第一和第二个问题都涉及了技术的极限问题。当科学的已知边界不断向极限状态延展时，当技术的改

---

① Nicholas Rescher, The limits of Science, revised edition, University of Pittsburgh Press, 1999: 1—2.

造能力触及到一个新的自然层次的时候，人类不得不慎重考虑技术的极限问题。纳米技术对世界改造能力的新突破，再一次凸显了这一问题。

什么是技术的极限？参照雷舍尔的观点，我们可以尝试从如以下问题来考虑：一，技术实际上能走多远，什么是技术的极限？二，技术应该走多远，什么是技术应用的道德极限？三，技术在原则上能走多远，什么是技术原理的科学极限？通过对这些问题的思考，来追问技术到底能够走多远，可以走多远的问题。

科学的任务是认识世界。认识世界在于发现客观事物的本质及其发展变化的规律性，为人们提供事物"是什么"、"为什么"的知识体系，给人们的实践活动提供客观性的尺度。技术则不同，技术的功能是改变世界。世界不会自动地满足人类的需要，人必须按照自己的需要重新安排世界，这就是改造世界。改造世界是一种主体意向性活动，是在价值观念的指导下，把"是如此"之世界，改变成"应如此"之世界。但是技术本身属于工具理性而非价值理性，所以技术只是解决"怎样改变世界"或"怎样做"的问题，并不能解决"把世界改变成什么样子"或"做什么"的问题。作为手段的技术，犹如一把钥匙，既可以打开幸福天堂之门，也可以打开苦难地狱之门。到底应该打开哪扇门，则有赖于价值观念的指导。

对于第一个问题，不是技术自身所能决定的。因为技术的实现并不是一个独立的技术系统，即不是由技术系统本身生成新技术，而是一个纵横交错的网络系统。技术本身的社会性决定了技术的实现会受到来自科学基础、经济的、制度的、社会的和文化的等众多因素的影响。技术实际上能走多远？在于人、社会与技术构造的空间能够允许技术走多远，技术的极限在于人工自然系统允许创造技术的空间和人类能够承受技术的极限有多大。

对于第二个问题，实际上是一个伦理道德问题。这个问题对于技术的极限问题来说至关重要。技术的价值理性不依赖于技术本身，而是依赖于技术之外的人的价值尺度。人类社会的伦理道德规范常常限制了技术可能的发展空间，如克隆技术、基因技术虽然都已出现了成熟的实验室产品，但要想真正走向社会，还有法律和道德规范设置的重重戒律。

对于第三个问题，是一个理想化的问题。技术原则上能走多远，主要依赖于科学原则上能走多远，如果说科学在原则上是没有极限的，那么技术原

则上也没有极限。这种无极限首先在于技术原理的无极限。科学的无限发展
为技术原理提供了源源不断的创造理念；其次在于技术设计理念的无限性，
相同的科学原理可以通过不同的设计理念来实现不同的技术；最后在于技术
结合方式的无限性，同一技术与不同的技术相结合，会产生不同的技术成果。

综上所见，技术原则上无极限，实际上是有禁区的。我们没有办法估计
技术创新的限度，但我们必须警惕技术应用的禁区。技术是有限度的，对于
技术的限制，首先受制于科学的限制。因为科学是技术的基础，当科学理论
还没有达到一定水平时，以该科学理论为基础的技术就不会被发明或投入实
际的使用，这是"能不能做"的限制。其次是从伦理道德的角度考虑的限
制，是价值理性对工具理性实施驾驭意义上的限制，这是"应该不应该做"
的限制。也就是说，任何技术的运用都应该是以合理地调节人类和自然之间
的相互关系为前提。从微观方面来说，要从人权、人性的尊严出发，限制技
术对人权的侵犯，对人的尊严的危害；从宏观方面来说，要从人类的整体利
益和长远利益出发，限制技术对人类生存和发展的危害。

技术的极限问题进而促使我们思考：如何合理地创造技术、使用技术？
如何让技术造福于人类的同时避免对人类的损害？纳米技术潜在的负面效应
是什么？怎样有效规避纳米技术的负面影响？

第三节　纳米技术的伦理思考

任何技术的应用都会关涉价值，技术的价值可分为潜在价值和实践价值
两个层面。从技术发生学角度看，技术的发明渗透着人的预期价值，即技术
在设计、发明阶段就渗透着人的某种期望、需要和想要达到的目的，这是技
术的潜在价值。技术的应用是其潜在价值在实践中被规定和实现的过程，同
时在技术的应用过程中还增生出技术的不期价值，潜在价值和不期价值共同
构成技术的实践价值。技术的实践价值既可能有积极的方面又可能有消极的
方面。

由于纳米技术尚处于发展的早期阶段，有关纳米技术的应用前景及其社
会影响的知识尚不确定。当前对纳米技术的伦理思考仍然属于比较宽泛的问
题，主要关注纳米技术的整体特征及其在传统技术伦理框架内所涉及的问

题，这导致纳米技术的前期伦理思考具有一定的限定性和推测性。目前纳米技术涉及的伦理问题主要集中在三个领域：一是生物方面；二是环境方面；三是社会方面。

一、纳米技术的生命伦理思考

生命伦理学被界定为"运用伦理学的理论和方法，在跨学科和文化的条件下，对生命科学和医疗保健的伦理纬度，包括道德见解、决定、行动、政策，进行系统研究。"[①] 生命伦理学重在探究行动的规范：应该做什么、不应该做什么和应该如何做。在道义论和后果论的基础上，形成了生命伦理学的基本原则：不伤害（non-maleficence）/有利（beneficence）、尊重（respect）和公正（justice）。

纳米技术是继克隆技术、转基因技术、生物技术之后出现的又一需要进行深刻生命伦理思考的新技术。

首先，纳米技术在医疗保健领域的应用，如同其他新技术进入该领域应用一样，会自然而然地带来相应的生命伦理问题。这些问题包括新技术生产的药物在使用过程中的安全性问题、新技术辅助下人体机能的提高与现有的社会规范和生存法则之间的冲突问题等。这些问题是新技术出现后涉及的一些常规性生命伦理问题。

同时，纳米技术的出现，在两个方面扩大了生命伦理思考的范围。一方面是转向生命体的小尺度、关涉自然生命进程的伦理思考。由于基本的生命过程发生于纳米尺度，例如承载生命的基石——细胞、基因就具有纳米尺度，纳米技术的出现，使得技术对自然生物进程的干预成为可能。另一方面是转向多种技术聚合而产生的生命伦理思考。纳米技术的小型化使其具有与其他已有技术发生聚合的可能性。由美国国家基金会策划的《提高人类性能的聚合技术——纳米技术、生物技术、信息技术和认知科学》（Converging Technologies for Improving Human Performance：Nanotechnology，Biotechnology，Information Technology and Cognitive Science），就描绘了纳米技术与生物技术、信息技术、认知技术四大技术进行聚合的发展前景。技术聚合的结果，将更

---

① 翟晓梅、邱仁宗主编：《生命伦理学导论》，清华大学出版社2005年版，第3页。

加精致地、有效地、彻底地改善或提高人体的生命机能，甚至可以重新组织人体的基因。

纳米技术对生命伦理思考范围的改变，将产生一系列新的认识水平的生命伦理问题。例如纳米技术对人类神经系统的干预、小型纳米技术对人体功能的修复和提升，以及仿生纳米技术对人体机能的机器化重现，导致了人的生命过程的"非人化"或机器化，以及机器的趋人化。上述两种趋向都将从根基上模糊人与技术之间的界限，进而从哲学的角度改变了"人"的概念和"机器"的概念。在人的概念和机器的概念发生改变之后，就会产生一系列生命伦理问题，如人的本质是什么？何种程度上的自然生命过程才可称为人的生命过程？是心理层面还是物理层面决定了人的本质？纳米技术对人体自然机能的改造是人的进化还是退化？人的自然机能是否有一天会被淘汰？技术对人体的操纵所导致的"非人化"或机器化，是否最终会形成技术对人的控制？这种控制是否侵犯了人的生命尊严和人的生存价值？从技术的角度而言，也会产生相应的问题，如技术在何种程度上是技术？何种程度上是生物机器？生物机器又在何种程度上具有了"人"的地位？人与机器人的边界如何划定？等等问题。

纳米技术与生物、信息、认知技术的聚合发展，一方面将使纳米技术产品植入人体并参与生命体自然进程而发挥特有的功能，这将导致一种完全不同意义上的人机互动，产生难以设想的结果，由此也会引发出一系列生命伦理问题。如果人脑纳米芯片技术得以实现，将导致技术对主观世界的直接参与。从而会引发如下问题：如何界定自我？是意识层面还是物理层面是"我"为我的前提？在技术的作用下是否会发生"自我"的意识转换？自我界定的困境是否违背了人的生命尊严？另一方面，仿生意义上的技术聚合，会产生大量的具有一定能动性的智能化机器，如美国国家纳米科学技术计划（NNI）就宣布在未来的25年内将产生人工脑。这种智能化机器的出现，将对自然生命体构成怎样的威胁？自然生命体在世界中存在的意义是否会发生改变？这些问题也是纳米技术需要进行思考的生命伦理问题。这些可以言说和限于实践条件无可言说的生命伦理问题都将在纳米技术的推动下得以更加完全的展现。

由此可见，纳米技术的出现使得科学和技术的进步对生命的干预问题变得更加凸显。那么，如何控制技术对生命的干预？如何保护人的自然机能？人的尊严和权力在纳米技术下是否会趋向两极？都向技术的生命伦理学提出了严峻的挑战。

二、纳米技术的环境伦理思考

环境伦理学是人与自然道德生活的理论基础，它是根据生态学揭示人与自然相互作用的规律，对资源利用和环境保护进行深层次的哲学思考，并从伦理道德的角度分析研究人与自然的整体关系。例如环境伦理学家雷根指出，一种真正的环境伦理学应该满足两个条件："第一，它必须主张，某些非人类存在物拥有道德地位。第二，它必须主张，拥有道德地位的存在物不仅限于那些拥有意识的存在物。"[①] 由此可见，环境伦理学提倡对自然生态、对人类之外其他物种的关注，试图推动人与自然的协同进化，主张把权利和价值的概念扩大到自然界，既承认人的价值和权利，也承认自然界的内在价值和权利。也就是说，在生存发展的过程中，人类与自然界的关系是平等的。

根据环境伦理学的理念，对纳米技术的环境伦理思考主要关注以下两个方面：一是纳米微粒对人类健康的潜在风险；二是纳米微粒对环境的负面影响。纳米材料的广泛应用可能会产生意想不到的环境问题。

一方面，由于纳米颗粒甚小，它们有可能进入大颗粒材料所不能抵达的人体区域，如健康细胞。目前，研究人员并不知道如何将纳米材料从人体中清除，也不知道它们会在人体中降解还是沉积。有一份报告研究了20多年来欧美30多个城市的流行病学数据和空气中颗粒污染物的关系，结果发现，人群的发病率和死亡率与环境中大气颗粒物的数量与颗粒物的尺寸密切相关，粒径越小，危害越大，导致发病率和死亡率显著增高。在环境学家和纳米安全专家的眼中，"纳米颗粒物"犹如隐形的幽灵日夜在我们身边飞舞，溜进我们的血管和肺泡，比可见的尘埃危险得多。这些风险的存在引起人们的反思，应该采取什么样的态度对待纳米技术？不同类型的纳米材料的使用

---

① T. Regan: All That Dwell Therein: Animal Rights and Environmental Ethics; University California Press, 1982: 187.

范围如何区分？哪些纳米技术的使用应给予明文限定？还有很多问题，目前还无法给予满意的回答。

另一方面，处于纳米的量级，材料性质会有不同的表现。由于颗粒越细分，便拥有越大的比表面积和表面活性，纳米尺度物质会出现一些特殊的物理化学性质（如巨大的表面效应、量子效应、界面效应等导致的异常吸附能力、化学反应能力、光催化性能等）。即使化学组成相同，纳米物质的生物毒性也可能不同于微米尺寸以上的常规物质；即使同一种纳米材料，只要稍微进行一下化学修饰，其毒性就会发生很大改变。这些现象表明，不能采用根据常规物质研究得到的毒理学数据库与安全性来评价纳米颗粒。目前，与纳米技术相关的法律、法规以及制造与废弃纳米材料的卫生与安全标准还没有完善地建立起来。在这种情况下，如果一味追求经济利益而不负责任地排放纳米废料，最终将会造成严重的环境污染。2003 年 7 月 25 日，美国华尔街日报报道了绿色和平组织发出的警告。首席科学家道格拉斯·帕尔（Douglas Parr）认为："必须避免这样一种局面，就是少数机构在利益驱动下开发某些纳米材料，没有进行足够的环境影响评估就进行商品化。"[①]

纳米技术还可能引起这样两个重要的环境伦理问题："第一，这种从未出现过的、新的人工物是否会引起自然的本体论困惑？第二，这些新的人工物出现之后，生物和生态系统是否还可以如现在一般正常运行？"[②]

纳米技术是在原子、分子基础上自下而上地生成人工物。原子、分子是构成自然物质的基本单元，植物如此，微生物乃至人都是如此。纳米技术参与下的、导致原子、分子排列秩序和生成结构发生人为改变的产物，是自然界从未出现过的、一种全新的人工物。从此，人类实现了有史以来，第一次将人的意向性镶嵌在原子或分子水平的造物。人的意向性在纳米尺度的镶嵌将带来全新的环境伦理冲击。在自然环境下，各种生物物种之间相互依存，不断交换能量，构成复杂多样的、稳定的自然世界图景。纳米技术如果从原子或分子尺度来改变物质的基本结构，产生大量的不同于自然物基本构成单

---

①　胡永生：《特别关注——纳米技术：福兮祸兮》，载 2003 年 7 月 30 日《科技日报》。

②　Christopher J. Preston："The Promise and Threat of Nanotechnology: Can environmental Ethics Guide us?" Edited by Joachim Schummer and Davis Baird. Nanotechnology Challenges: Implications for Philosophy Ethics and Society. World Scientific Publishing Co. Pte. Ltd. , 2006: 229.

元的人工物，从最底层撕裂自然界物质相互依存和能量交换的基本单元，那么将会引起怎样的结果？这将使环境伦理学家不仅要担心诸如自然系统的复杂性、稳定性等自然的"第二价值"的丧失，而且还要担心自然在本体论层面的"第一价值"的丧失，即自然是否最终被纳米技术参与下的人工物所吞没？纳米技术可以把所有生物的和非生物的实体转化为人工物，从而构成了自然的本体论威胁。这种新的威胁意味着环境伦理学不仅要面对伦理原则的挑战，而且还要面对自然本体论方面的挑战。

目前自然界存在的生态失衡和环境问题只是宏观领域的问题。人类社会在获得巨大发展的同时，也为工业文明带来的环境问题付出了沉重代价。如果说宏观领域的生态失衡已经导致了物种消失、能源枯竭、大气污染等一系列环境问题，那么微观领域的生态失衡乃至自然的本体论缺失将对所有物种乃至整个地球的生物来说是致命的。纳米技术的不当使用，危害的将不只是当代人的利益，更会波及后代人乃至整个人类的利益。正如白春礼院士指出的："20世纪的'先发展后治理'模式给人类的生活和生存环境带来了众多灾难和教训。新世纪我们需要'科学发展观'的新思想，在发展纳米技术的同时，同步开展其安全性的研究。使纳米技术有可能成为人类第一个在其可能产生负效应之前，就已经认真研究，引起广泛重视，使之最终成为能安全造福人类的新技术。"[1]

三、纳米技术的社会伦理思考

姚介厚先生指出："社会伦理是社会生活的行为规范与道德价值原则，它根源于现实的生产方式与社会关系，同特定的文化传统也有历史相关性。社会伦理有双重内涵：一是特定社会蕴含的伦理原则、价值规范，用以提供建构社会体制的伦理支持与辩护；二是同体制伦理相应的社会道德价值体系，用以建构社会的道德秩序和国民的道德人格。社会伦理渗透于经济、政治体制与文化活动、道德文明，并深深地介入社会发展的各个领域。"[2]

技术的应用本质上来说是一种伴随着风险的不确定性活动。现代技术在

---

[1]　科泽：《纳米材料工业发展也要戴上"安全帽"》，载2005年3月17日《高新技术产业周刊》。
[2]　姚介厚：《当代美国社会伦理学说评述》，载《哲学研究》1999年第4期，第59页。

实践中的运行，与其说是对确切的、新的知识的应用，不如说是运用人类的边界知识在改造世界过程中的一种抉择。一方面，人们不可能知道与新知识相关联的整体知识；另一方面人们也不完全知道知识用于改造世界过程中会遇到的所有问题。因此，一项新的技术抉择不仅仅意味着由科学真理决定的正确无误的应用，而且还表明技术风险内涵于技术萌发之初的知识局限性之中。面对技术难以根除的不确定性，对技术应用的社会伦理思考是一个重要环节，这种思考包括：我们赖以生存的社会机制能够承受何种风险？技术的衍生后果对社会的平衡造成怎样的冲击？社会机制自身是否可以有效调节这种冲突？等。

纳米技术所负载的价值是社会因素与纳米科技因素渗透融合的产物，纳米技术一经产生，就不再只是一种抽象的工具、或社会文化的一种表现形式，而是负载着不确定价值的、有一定社会伦理指向的、在实践中能够参与并冲击社会伦理机制的现实力量。纳米技术在实践中的应用及其产业化发展，在推进社会政治、经济、军事领域发展的同时，也会触及许多显在的以及隐含的社会伦理价值因素。例如纳米技术作为多学科交叉的新技术成果，开辟出一个涵盖化学、物理、工程学乃至生物学在内的多学科交叉领域。那么，什么样的人才可以胜任这一领域的工作？如何设置合适的学科结构来培养相应的人才？这就为当前的教育体制以及教育理念提出挑战。又如面对纳米技术在医疗健康和环境方面存在的伦理问题，同时又面对着纳米技术能够节约能源、提高医疗效果、降低计算机成本等许多潜在的社会效益，政府必须考虑如何有效支持纳米技术的发展？应该对哪些方向的发展给予经费的资助？进而考虑一个国家应该对纳米技术的发展负有怎样的责任？纳米技术的发展将对世界经济、政治、军事格局产生怎样的影响？等问题。这些问题都涉及社会的公平、正义以及权力在社会各阶层乃至全球各个国家的分配问题，这就是纳米技术涉及的社会伦理问题。对每一个问题的解决，将不仅仅是从法律上来决定纳米技术的研究和应用如何开展，还应该考虑如何决定纳米技术的发展？谁具有这种决策权？等更加基础性的问题。这些基础性的问题从根本上来说，是关于在权力非均衡的社会中，如何分配有限资源的问题。这直接涉及群体利益的分配、文化价值的选择、社会群体的价值取向、政治权力的格局和社会道德方面的伦理冲突等社会伦理问题。

纳米技术引发的社会伦理思考是一项关涉全局的战略思考。纳米技术不同于克隆技术、基因技术或生物技术。如果说，纳米技术在医疗、环境领域的某些应用可以采用禁用态度，那么，纳米技术显在的社会经济效益及其他的引领性使得这一技术在其他领域的应用将成为必然。然而，纳米技术一经投入实践，上述种种社会伦理问题就会出现。由此可见，纳米技术的实践将会导致技术与社会伦理价值体系的互动陷入困境：一方面，纳米技术，这一具有革命性且可能对人类社会带来深远影响的技术的实践，必然会带来社会伦理方面的巨大恐慌；另一方面，如果绝对禁止使用纳米技术，人类必将丧失难得的发展机遇。

如何面对这一困境？首先，这一困境向纳米科技工作者和管理决策者提出更高的要求。在当前纳米科技发展的初期阶段，纳米科技工作者和管理决策者，要尽可能客观、公正、负责任地向公众揭示新技术的潜在风险，并且自觉地用伦理价值规范及其伦理精神审慎地选择研究活动。要达到这一要求，就需要全面研究纳米技术潜在的社会伦理问题。其次，需要建立纳米科技与大众之间的顺畅交流。在理想的状况下，科技与大众是可以进行顺畅交流的，即大众能够理解相关知识并运用这些知识对科技政策做出公正的判断。然而，世界并非总是处于理想状态。科学家和工程师总是处于专业知识和技能的权威状态，而大众却往往以即存的价值和观念来评判科学和技术。这就需要公众在纳米科技方面积累必要的专业知识以及对纳米技术可能产生的社会伦理后果有一定的了解，以消除一些不必要的恐慌和疑虑。科普作家杰克·尤居奇曾经提到，他见过许许多多新颖和具有发展潜力的技术，但这些技术最终要获得成功不仅仅依靠其新颖的内容以及管理机构的审批，还应将研发生产的成本和公众的信心等作为通盘考虑的因素。杰克·尤居奇表示，纳米机器也许能在人体中畅行无阻，成为最有效的控制癌症的手段，但是如果人们对纳米机器在自己的血液中自由"流动"感到心神不定，即使该技术是安全和有效的，也不会轻易为人所接受，从而无法真正发挥作用。由此可见，公众不仅需要充分了解纳米技术的安全有效性，而且需要公开讨论对纳米技术持有的疑虑。最后，需要建立一种开放的社会伦理框架。一方面，纳米科技工作者与社会大众需要对纳米技术所涉及的伦理价值问题进行广泛、深入、具体的讨论，使支持方、反对方和持审慎态度者的立场充分得以展现。通过讨论和磋商，积极、主动地思考纳米技术在实践过程中可能涉及的社会伦理价值因素，使纳米技术内在地接受社会伦理价值体系的制约，同时对纳米技术在社会伦理方面的一些问题达成一定程度的共识。另一方面，纳米科技工作者与社会大众需要领悟纳米技术本身所内含的一种伦理精神，从而主动地、创造性地构建开放的社会伦理价值体系。这种体系，既秉承原有的普遍性的伦理精神，又使伦理体系及其精神实质随技术在实践过程中的伦理内涵的展现而进一步拓展，这是一种可随纳米技术变迁而调适和变更的开放的社会伦理框架。

第 六 章

生态、环境与可持续发展及其哲学问题

人类是自然物质系统长期发展和演化而来的，劳动加速了人类从自然界的分化过程，以制造和使用人工物为标志的人猿相揖别后就发展起来人类社会系统。自然界是人类社会赖以存在和发展的基础。同时，人类通过自己的实践活动去认识天然自然，通过技术发明和工程建造去改造天然自然和创造人工自然，进而通过大规模的产业实践形成社会自然。因此，人类社会的发展史就是不断调整人与自然的关系，继而改造人与社会关系的历史。随着科学技术手段和产业实践的不断发展，人类在天然自然上打上了越来越多的精神烙印，自然规律的作用方式也从自发走向自为。然而，历史的经验和现实的教训，特别是灾难性的生态危机和环境污染告诉我们：尽管在改造自然界、获得物质生活资料时人类变得日益强大，但面对自然界的惩罚和科学技术的负面后果时人类仍旧是不堪一击的。因此，全人类都要树立人与自然和谐共处、协调发展的新理念，全面实施可持续发展战略，以实际行动保护我们的共同家园——地球。只有这样，人类的生存和发展才能得到切实保证。

第一节 科学、技术、产业与不断
深化的人与自然关系

依据人与自然关系的不同深度，可以把人类认识到和作用到的自然区分为四种形态：天然自然、人化自然、人工自然和社会自然。天然自然是人类认识和改造自然的背景；人化自然主要是人类通过科学技术实践活动认识自然规律的过程，属于物质变精神的领域；人工自然主要是人类利用自然规律通过技术发明和工程建造活动改造自然的过程，属于精神变物质的领域；社会自然主要是人类通过大规模的产业活动社会性地实现人工自然的生产和扩散的过程，属于物质变效益的领域。这四种形态的自然划分是相对的，由于人的能动作用不同，这四种自然也存在着复杂的转换关系。这种转化本身就体现了人与自然关系的历史性和复杂性，正确地认识和处理这四种自然及其转化关系是解决全球性问题的理论预设，也是当代马克思主义哲学面临的重要课题。

一、以科学实践为基础的人与自然关系

"天然自然"就是人类的认识和行为未曾影响到的自然，大到人类尚未认识到的宇宙现象，小到我们周围未曾认识到的微观世界；而"人化自然"是人类的认识和行为已经影响到的自然。但是，这个自然仍然是自然而然的，只不过是受到人类认识和行为影响的自然。

"天然自然"是第一自然，或者是一种"纯自然"、"自在自然"，它包括遥远的宇观尺度和极小的微观尺度等人类视野尚未达到的自然，构成人类生存环境的宏观世界中尚未被人了解的自然等。在某种意义上，天然自然是"无人的"，人与天然自然的关系最疏远，两者的比重也是极其不平衡，在这个无人的广袤世界中人是不能产生任何直接作用的。然而，天然自然并非永远处于自在状态，它只是退隐在人类认识视野之后的背景部分，暂时还不是人的认识和实践对象，但它是科学认识的潜在对象和人化自然拓展的潜在领域。天然自然是无限的，它为科学的发展提出了无限的问题，也为人化自然的拓展提供了无限的可能性。所以，在人与天然自然之间存在着"可以设想、推论，但不能影响或直接影响"[①] 的关系。

"人化自然"是第二自然，是人类观测所及从而能够感知的那部分自然，包括从总星系到基本粒子这个范围内（$2 \times 10^{28} \text{cm} - 10^{-16} \text{cm}$）人类已经

---

① 陈昌曙：《试谈对"人工自然"的研究》，载《陈昌曙技术哲学文集》，东北大学出版社 2002 年版，第 139 页。

认识或者已开始认识的东西。它处于人与自然相互影响的边界部分，人类进行认识自然的科学研究主要是在这个领域展开的。例如，人类运用光谱学及天体物理学的知识，对恒星内部的物质组成、存在状态进行科学研究，或者对黑洞的结构、特征进行科学推测，虽然人类的实践活动尚未直接作用，可是它已经纳入人类的认识领域。马克思指出："不仅五官感觉，而且连所谓精神感觉，实践感觉（意志、爱等等），一句话，人的感觉、感觉的人性，都是由于它的对象的存在，由于人化的自然界，才产生出来的。"① 这个"人化的自然"就是指作为人的认识和实践活动的自然界，即被人的认识活动和实践活动打上了印记的那部分自然界，是被人的本质力量中介了的"人化的"自然界。

人类获得自然界规律性知识主要是通过人与人化自然之间的对象性关系实现的，在当代，更多的是通过科学观察和科学实验获得的。因此，在人与人化自然之间存在着"发生影响，但不能控制或未能控制"② 的关系。科学观察的方法就是在自然发生的条件下进行的，在观察时人们不干预、少干预或无法干预被研究对象，使其保持本来面目，按其本来状态运动和变化。科学观察的这一特点决定了它具有非常广泛的应用领域和适用性。但是，在认识人化自然的过程中，单纯的观察是被动的和有局限性的。"单凭观察所得到的经验，是决不能充分证明必然性的。"③ 科学实验方法可以借助于精密仪器，根据研究的目的把研究对象加以简化和纯化，排除其他偶然的、次要因素和外界干扰，把研究对象的某种属性或联系的纯粹形式呈现出来，从而准确地加以认识。实验方法的这一优点，是人的本质力量中介作用的进一步延伸，决定了它在科学研究中具有越来越重要的作用，以至成为一个相对独立的社会实践领域，并以此为基础形成了人与自然关系的第一个层次——认知层次。众所周知，在物理学史上重要实验数以百计，而其中三个判决性实验——伽利略的落体实验、迈克尔逊—莫雷的以太实验和吴健雄的宇称实验对于物理学基本理论、基本方法和基本概

① 《1884 年经济学哲学手稿》，2000 年第 3 版，第 87 页。
② 陈昌曙：《试谈对"人工自然"的研究》，载《陈昌曙技术哲学文集》，东北大学出版社 2002 年版，第 140 页。
③ 《马克思恩格斯全集》第 20 卷，1971 年版，第 572 页。

念发生的重大影响尤为突出。正是由于实验的精确性、简化性和可重复性的优点，尽管这三个实验发生的历史时期不同，判决的物理学内容不同，但从实验的结果来看，它们都是否定性的（落体的运动速度与重量无关，以太不存在，弱相互作用下宇称不守恒）；从实验的意义来看，它们都是开拓性的。这些实验不仅打碎了一个个旧教义，而且打开了物理学的新视野，引起了对自然界更深入的思考。

通过科学观察和科学实验，尽管人类尚且不能对自然界产生实质性的作用，但人与人化自然的关系形成了一个信息交流系统。人类通过对自然信息的获取、传输、加工和使用，揭示了自然界的性质和规律，达到了认识自然、变"自在之物"为"我识之物"的目的。人化自然随着人类认识手段的逐步完善而拓展，其拓展过程主要是由自然科学史所表征。一部科学发展史就是人类发挥聪明才智，在科学实践的基础上把潜在于天然自然和隐藏于人化自然中的规律显露出来，经过一系列的信息加工，进一步转化为改造自然界的精神武器的过程。

二、基于技术、工程、产业实践的人与自然关系

"人工自然"是第三自然或"人造自然"，它是人类实践活动或采取技术和工程手段改造、创建和加工过的自然界，主要包括两部分：一是受人类实践活动直接影响的那部分自然界（主要是生态环境）；二是人类利用自然界的材料所创造的人工物，如各种新材料、新工具、人工建筑乃至模拟思维功能的人工智能机等。凡是打上人类智力印记的自然物都叫作人工物，都属于人工自然的范围，如从第一把石斧到最现代的电子计算机。在某种意义上，人工自然可以被看成是由人与自然所构成的调控系统，它随着人类控制手段的逐步进化而拓展，其拓展过程主要由技术史来表征，人类的技术史就是控制和变革天然自然、创建和加工人工自然的过程。人工自然的范围是有限的。它不可能超越人类对自然的科学认识的范围，只是人化自然的一部分，是把人化自然所获得的自然信息物化的结果。

人工自然是通过人类的物质实践活动改造和分化出来、打上了人类智力印记的自然物，因而人工自然并没有脱离天然自然。正如西蒙指出的："我们称为人工物的那些东西并不脱离自然。它们并没有得到无视或违背自然法

则的特许。"① 人工自然仍然要遵循天然自然的规律，同时，人工自然又有其自身的特殊规律。比如，在水坝的高度与宽度之间、炼钢炉的吹氧量与钢的含碳量之间、电子计算机 CPU 速度和操作系统之间、在平原地带修建铁路和在高原冻土地带修建铁路之间……都有人工自然所特有的客观规律。但这些规律并不违背客观自然事物的内在的、本质的、必然的联系，所改变的只不过是规律起作用的方式。人工自然作为人力"创造之物"，它的发展和水平取决于人类对自然的认识程度和应用自然规律的能力。所以，在人与人工自然之间存在着"控制、变革、改造、创建和加工"② 的关系。人工自然是人类实践的结果，而人类实践最突出的特点就是人的目的性、计划性和组织性。其中，目的性是人类实践活动的中心，这是人类与动物的本质区别之一。

我们在马克思主义的经典著作中没有见到人工自然的概念，但可以见到本质上属于人工自然的思想。马克思和恩格斯在《德意志意识形态》中指出："周围的感性世界决不是某种开天辟地以来就直接存在的、始终如一的东西，而是工业和社会状况的产物，是历史的产物，是世世代代活动的结果，其中每一代都立足于前一代所达到的基础上，继续发展前一代的工业和交往，并随着需要的改变而改变它的社会制度。甚至连最简单的'感性确定性'的对象也只是由于社会发展、由于工业和商业往来才提供给他的。"③ 众所周知，《德意志意识形态》其实就是马克思《关于费尔巴哈的提纲》的进一步展开。在《关于费尔巴哈的提纲》中，马克思批判了旧唯物主义对自然界，对事物、现实和感性所给予的直观的理解，而没有从实践活动和主体的角度去理解自然界，并认为这是从前的一切唯物主义的通病。马克思站在实践唯物主义的立场上，看到了环境与人的生存发展的辩证关系，明确了"人创造环境，同样，环境也创造人"④ 的思想，并强调依靠积极的、能动的实践活动来实现"环境的改变和人的活动的一

---

① 西蒙：《人工科学》，商务印书馆 1987 年版，第 7 页。
② 陈昌曙：《试谈对"人工自然"的研究》，载《陈昌曙技术哲学文集》，东北大学出版社 2002 年版，第 141 页。
③ 《马克思恩格斯选集》第 1 卷，1995 年版，第 76—77 页。
④ 《马克思恩格斯选集》第 1 卷，1995 年版，第 92 页。

致"的社会理想。

"社会自然"是第四自然，它是人工自然物与社会性有机地结合起来，将个别的、偶然的、不自觉的人工物，通过生产、产业化过程，转变成为普遍的、必然的和自觉的人工物即社会化的人工自然。可以把社会自然看成是人、社会与自然所构成的复杂系统，其中不仅有物质、能量和信息的流动，反映着人与自然关系的广度和深度，还体现为人与人、人与社会的关系。在社会自然的形成过程中，不仅通过大规模的产业活动生产出满足人类需要的使用价值，而且要通过有效率的生产活动和市场活动实现产品的价值并获得价值增值。与人工自然不同的是，社会自然主要是通过价值运动反映出物的背后所隐藏的生产关系和社会关系。

社会自然随着人类生产力的发展和生产方式的进化而拓展，其拓展过程主要是由产业史所表征，人类的产业史就是生产工具不断更新，生产关系不断调整，产业结构从一次产业占主导逐渐向二次、三次产业为主导的演化过程。工业化和城市化的过程体现了社会自然的形成过程，归根结底是由科学技术进步、生产力发展、产业结构演进、资源优化配置不断推进的自然历史进程。从历史上看，社会自然的范围是极为有限的。它是在第一次产业革命，即大规模社会化生产方式取代手工作坊确立起统治地位之后才出现的，社会自然是人工自然的组成部分，人工自然是社会自然形成的物质前提，而社会自然本质上是社会化生产和消费人工自然物而形成的遵循社会规律的自然界。

尽管人工物的出现从性质上区别了自然物，但在内涵上人工物并不要求区分它的持有者和使用者。一种人工物既可以是某个人所独有（如家庭祖传的器具或秘方），也可为公众普遍持有。某人为了实现自己的目标或满足自己的特殊需要，利用自然物制造出一个物品，依其属性可界定为人工物。但是，若该物品只能满足他的个人需要，而不是社会公众的需要，那么它的存在仅仅是对他个人有意义，并非必然地对整个社会有意义。只有当个体的目的与社会的目的性要求一致时，即人工物的合个体的目的性变成了合社会的目的性，作为满足个体需要的人工物就可以转变成为满足社会需要的人工物。这时，该人工物就获得了一种新的社会存在形式，即成为"社会物"①。

---

① 雷毅：《论人工物的社会化》，载《晋阳学刊》2005 年第 6 期，第 62—65 页。

因此，社会物就是指经过产业化过程被大量制造并为社会大众普遍持有或享用的人工物。技术可以造就人工物，但在没有被社会认可，或进入社会系统成为社会物之前，仅仅只是偶然的个别形态，对社会并无全局性的实际意义。历史上，因设计缺陷或失败而停留在实验室样品阶段的人工物比比皆是，这些人工物正是因为它们无法成为社会物而不能对社会产生现实的贡献。相反，一种人工物，一旦获得了社会物资格，就能依其在社会关系中的地位和价值对人类文明产生影响，蒸汽机、汽车、钢铁、塑料、计算机等等，都无不因其社会性的运用而改变了人类文明的进程。因此，通过人工物来展现人的本质力量，必须是人工物被社会规模地制造和运用才能实现。在这种意义上，人工物必须被纳入一定的社会关系之中，即在社会自然中作为社会性的存在物才具有普遍意义。

马克思发现物质资料的生产活动是人的第一个历史活动，也是每日每时必须进行的基本活动。物质资料生产首先是人以自身的活动来引起、调整和控制人与自然之间的物质变换的过程。在这个过程中，人和人之间又必然要互换活动并结成一定的社会关系。人和自然的关系（表现为生产力）决定着人和人的社会关系（主要是生产关系），这种社会关系反过来又制约和规定着人的本质。人的秘密就在物质生产实践即产业活动中。正如马克思所说："个人怎样表现自己的生活，他们自己就是怎样。因此，他们是什么样的，这同他们的生产是一致的——既和他们生产什么一致，又和他们怎样生产一致。"① 所以，物质生产实践过程构成了人类特殊的生命形式，即构成了人的类的存在方式。通过工程技术和生产实践形成了人与自然关系的第二个层次——改造（制造）层次。如果说，技术和工程的基本旨趣是控制自然过程和创造人工过程，致力于"人工之物"，那么产业的旨趣则是规模化地生产人工物、创造社会自然的过程，致力于"社会之物"。人类创造人工自然和社会自然的过程，就是利用已经掌握的自然规律，把科学理论、技术手段和物质世界相结合，将精神世界外化为新的物质世界并获得经济效益的社会过程。

---

① 《马克思恩格斯选集》第1卷，1995年版，第67—68页。

三、人与自然的关系是不断深化的自然历史过程

以上对自然界作两个层次四种形态的划分，是以人类社会为中心，以"主观见之于客观"的层次为基础的。正是在这个意义上，每种自然形态因与人类关系的密切程度不同而各有其特点。把自然界区分为天然自然、人化自然、人工自然和社会自然，是人类对自然界认识的深化，也是对自然界认识发展到现代的必然。当然，这种划分也是相对的，不同层次的自然之间是互相联系的，是可以转化的。这种转化是一个不断地由第一层次向第二层次转化的过程，也就是人类将自己的本质力量和社会性不断赋予天然自然的过程。构成人与自然的对象性关系的，首先是人化的自然界，然后才是人工的和社会的自然界。只有认识了自然，才能改造自然。而人对自然的认识，由于受到时空条件的限制，并不能一下子全部转化为改造世界的手段。又由于受到生产条件和社会需求的限制，这种人工物也不能马上转化为社会物。所以，社会自然和人工自然都只是人化自然的组成部分，从人化自然中获得的信息是变革自然界的依据。同时，人工自然和社会自然又是人化自然拓展的物质条件，特别是社会自然的出现使科学技术活动由过去的个人行为转化为一种社会建制。从天然自然到社会自然是一个进化过程，是人与自然对象性关系不断深化的历史过程。在这一过程中，人类在自然界中获得了越来越多的自由。

现代科学技术进步也证实了关于自然界的这种划分是合乎历史和逻辑的。人类任何一项新技术的产生或新兴产业部门，几乎都经历由天然自然到人化自然，再到人工自然和社会自然的演化过程。比如，核能的开发利用就是如此。在19世纪以前，人们尚未认识到原子的结构，微观世界对于人来说就是天然自然。20世纪初的物理学革命打开了原子的内部结构，在此基础上爱因斯坦提出了著名的质能关系式：$E = mc^2$，并从理论上预言了原子核内部蕴藏着巨大的能量，核能开始被人们所认识。但此时的核能还只是被人们认识到的世界，人类并没有直接作用于它和利用它，尚属于人化自然。只有当第一座核反应堆投入运行，第一颗原子弹成功爆破以后，核能才成为人们可以控制的人工自然物。制造瞬时爆炸的核武器还是较为容易的，要把原子能作为一种稳定可控和廉价节能的动力源，实现产业化

的核发电就更为困难和复杂一些。这里不仅涉及技术问题，还涉及安全、环保、经济乃至文化和大众心理等问题，民用核电站就是社会自然的一个典型，直到今天仍处于起步阶段，上述问题并没有得到彻底解决。但在资源和能源短缺与经济迅速发展矛盾突出的今天，大规模和平利用核能是一个发展趋势。

如上所述，自然界是随着科学技术的发展和人类生产实践水平的不断提高而不断进化的，从天然自然到社会自然的进化过程，是以科学、技术、工程和产业发展为最终意义上的推动力量的自然历史过程。在此过程中，或者技术发明所创造的产品被批量化、规模化地生产出来，或者技术发明所开发的新工艺、新方法被大规模地应用于生产过程，或者是工程建设所采取的各种优化方法可重复、定型化地应用于日常生产，这就是所谓的科学技术产业化的过程。产业化使得科学技术真正大规模作用于社会，实现科学技术与社会的结合，成为社会文明发展的不竭动力。在 21 世纪政治多极化和经济全球化的大背景下，美国的高科技和中国的城市化将成为世界发展的最瞩目事件。科技推动文明，就是要处理好产业发展与社会发展、城市化的辩证关系。从社会与自然关系的演进、社会系统的演进看，城市化体现着科学技术推动人类文明，体现着产业和产业发展、产业演化的综合，是自然成为人的历史的过程。"在人类历史中即人类社会的产生过程中形成的自然界是人的现实的自然界；因此，通过工业——尽管以异化的形式——形成的自然界，是真正的、人本学的自然界。"①。马克思在这里强调了人类与自然界关系的能动性的一面：自然界是属于人的自然界，是人本学的自然界，这是由于自然界的人化，或者说由天然自然进化到人工自然和社会自然的结果。

自然界的进化过程就是人类认识、改造自然界，占有、影响自然界，把自然界的一部分纳入人的社会实践活动之中，不仅改造人与自然的关系，而且改造人与社会关系的过程。在这种人化了的自然界中，不仅自然界本身的力量在推动其演化，人的活动也作为一支重要力量介入了自然界的进化过程。这不仅使自然界打上人的活动的烙印，甚至在一定意义上使自然界成为

---

① 《马克思恩格斯全集》第 42 卷，1979 年版，第 128 页。

人的"作品"。而且自然界的概念也包括人在内,"人靠自然界生活""人是自然界的一部分"①。在终极意义上,人、社会自然离不开天然自然并受到天然自然及其规律的制约。社会自然的生成过程总体上是人的发展的自然历史过程,但也是一个充满着曲折和冲突的过程。人类在创造现代文明的过程中,不时会扭曲人与自然、人与社会的关系甚至会加剧它们之间的对抗;人类在享受着现代文明的同时,也会不断地为"异化"、"传统家园的失落"等而痛苦和彷徨。因此,要想最充分地促进科学技术和产业发展,即最充分地展现人的本质力量,就必须要对人与自然、人与社会、人与自身的协调发展加以最深切的关注,包括对于"人类中心主义"与"非人类中心主义"等问题不断地进行批判性反思。

第二节　走出人类中心主义与非人类中心主义之争的困境

在漫长的历史过程中,人顺应自然、认识自然、改造自然和役使自然,从必然王国不断地走向自由王国。在此过程中,如果仅仅是顺应自然,那么人就不成其为人。但若只是一味地征服自然,那么其后果也是不堪设想的。从哲学的角度来看,生态和环境问题的核心仍然是人与自然的关系问题。无论文化论探讨的自然观问题,制度论探讨的生产—消费方式问题,价值论探讨的中心主义问题,核心问题都是如何正确认识人在宇宙中的位置。

一、争论的由来

1962 年,美国生物学家卡逊发表了《寂静的春天》,标志着人类面对环境危机引发的全方位的理性反省的开始。1967 年,怀特发表《当前生态危机的历史根源》一文,试图把生态危机的社会历史根源归结为来源于基督教传统、后来为现代社会所普遍认同的征服自然和役使自然的观念。1968年,哈丁发表《公有地的悲剧》,指出如果失去法律和伦理对人类行为的制约,那么在市场经济条件下,人类的盲目竞争必然导致公有地受到灾难性的

---

① 《马克思恩格斯全集》第 42 卷,1979 年版,第 95 页。

破坏。1969 年再版的列奥鲍德的《沙乡年鉴》，给初起的环境哲学注入了这样的观点：人类不是自然的征服者，而是自然的一部分、生态系统的一员。在人与自然这个共同体中，人类应该遵循人与大地以及人与依存于大地的动植物之间关系的伦理规则①。20 世纪 60 年代末的这三份文献分别涉及了后来环境伦理学的三个重要方面：文化传统问题、社会制度问题、自然的伦理价值问题。1973 年，阿伦·奈斯发表《浅层生态运动和深层、长远的生态运动：一个概要》，提出了深层生态学的概念，深层生态学强调在认识和解决环境问题上前述三个方面的内在关联，并提出了深层生态学的两个基本准则：一是"每一种生命形式都拥有生存和发展的权利"，"若无充足理由，我们没有任何权利毁灭其他生命"；二是各种生命形态"能够与其他生命同甘共苦"②。在环境伦理学的三个研究方向上，尤以价值论领域中"人类中心主义"与"非人类中心主义"的争论之激烈而备受关注。

"人类中心主义"（anthropocentrism）又称人类中心论，根据《韦伯斯特新世界大辞典》的解释，人类中心意味着：③（1）把人视为宇宙的中心实体或目的；（2）按照人类价值观来考察宇宙中的所有事物。我国环境伦理学家大都从价值观的角度出发来把握这一概念。人类中心主义把人置于人与自然关系的中心地位，主张人类整体的、长远的利益是人类处理人与自然关系，进行生态实践活动的出发点和归宿。

一般地说，"人类中心主义"是与工业文明相适应的，旨在确认人与自然之间对立而人又居于主体地位的自然观。认识上的主客二分是人类中心主义的基础，认为主体的人对其他自然客体天然地拥有绝对价值上的优先地位。因此，人类中心主义主张一切以人为中心，以人为尺度，以人类的利益和价值作为评判人类实践活动的最高尺度。然而，这种观点受到"非人类中心主义"的强烈批评。非人类中心主义主要是针对人类中心主义造成的生态环境问题，要求重新审查人的主体地位和资格，倡导人与自然和谐发展的自然观。早在 20 世纪初，法国思想家史怀泽就提出"敬畏生命"的伦理原则：善是保持生命、促进生命，使可发展的生命实现其最高价值。恶是毁

① 岩佐茂：《环境的思想》，中央编译出版社 1997 年版，第 95 页。
② 雷毅：《深层生态学思想研究》，清华大学出版社 2001 年版，第 44 页。
③ 余谋昌：《生态哲学》，陕西人民教育出版社 2000 年版，第 140 页。

灭生命、伤害生命、压制生命①。20 世纪 70 年代以后，随着动物权利论和生物中心主义等环境保护思想的提出，人与自然关系的哲学开始向"深绿"或深层转变，以致出现以生态中心主义为代表的激进的环境保护思想。直到今天，人类中心主义和非人类中心主义的争论仍是环境哲学和环境伦理学的主要内容。

二、争论的焦点是如何认识人在宇宙中的位置

自近代以来，随着科学技术的发展和人类认识自然、改造自然能力的不断提高，在人与自然的关系问题上，人类开始由过去那种把自然界看成是人类的主宰的自然观，转变为人是自然的征服者、统治者和主宰的自然观，此时人与自然的关系变成了主人与奴仆的关系。这一点在近现代工业文明的历史进程中得到了具体而又充分的体现。工业文明的初衷是不断地从自然界获取自身的生存和发展所必须的各种物质生活资料，促进自身的生存境况不断改善和提高，因此，工业文明只不过是人类借以实现自己的这一根本价值目标的基本手段。在这种自然观的指导下，人类的价值目标和实现这一目标的手段之间必然会发生冲突，导致人与自然之间的严重的不协调。

产业革命以后，人类操纵科学技术这把利刃，在自然的王国里纵横驰骋，以前所未有的规模和速度改造着自然，同时人类的占有欲、统治欲急速膨胀并得到了极大的满足。但由此也导致了资源匮乏、环境污染、生态失衡等严重的生态危机，这些危机直接威胁着人类的生存，使人类不得不反思人与自然的关系问题。从认识论的角度来看，近代以来的自然观没有正确把握住人在宇宙中的位置，过高地估计了人的本质力量以及人对于自然物质的优越性，从而不恰当地赋予了人类不平等地对待自然界的权利。虽然客观的物质自然界是人类主体实现自己的价值目标的价值客体，但自然界本身只为人类实现价值目标提供了一种可能性，这种可能性能否变成现实性，则取决于人类对自然界采取何种态度。曾经像母亲一样以博大的胸怀哺育了人类的自然界，之所以在今天变成了与人类对立的异己力量并"奴役"着人类，从根本上说，是由于人类对自然界进行的不合理的实践改造，使自然界做出了

---

① 阿尔贝特·史怀泽：《敬畏生命》，上海社会科学院出版社 1996 年版，第 9 页。

一种不利于人类的生存和发展的客观反应。因此，真正应该为当代人与自然的对立以及由此而引发的人类困境承担责任的，并不是自然界而是人类自身。正如马克思所说："不是神也不是自然界，只有人自身才能成为统治人的异己力量。"① 当代人与自然关系上出现的种种危机表明，人类在长期发展中形成的巨大的本质力量因其不合理的使用，正在转化为一种巨大的破坏性的异己力量。当代人类所面临的这些严重的生态环境问题，实质上是隐藏在人的本质力量中的深刻的自我危机的外部显现。

不能否认，人类是在漫长的历史过程中才逐渐学会师法自然，摆脱单纯受自然界支配，进而成为认识自然、改造自然的主体的；在未来，人类还将成为调试和整合自然的主体，在人与自然的关系中人始终处于主动地位。但是，人的这种主动性的发挥，既受到人对自然规律认识不足的制约，也受到人对社会规律认识不足的制约。人类的现实行为确已对生态环境造成了极大破坏，不仅危及其他动植物而且危及人类自身的生存。今天，在人与自然的关系问题上，人类必须清楚地认识到人与自然是相互依存、共同发展的。如果说人在人与自然的关系中有什么优越地位的话，那就是只有人类才能成为协调人与自然之间物质、能量、信息变换关系的能动的主体，但决不是征服和统治自然界的主人，更不具有宇宙中心的地位和对万事万物的裁决权。人类有保护自然环境的义务，而决没有毁坏自然环境、破坏生态系统平衡的权利。因此，为了人类的生存和发展，人们必须从根本上抛弃那种把人看成是自然界的征服者、统治者的自然观，代之以"人是自然界的保护者"和"人与自然协调发展"的观念，并在此观念的指导下与自然界进行合理的物质、能量和信息交换。

与此同时，我们必须认真接受非人类中心主义者对人类主体地位的批评。深层生态学是当代西方最具影响力的非人类中心主义的代表学说。阿伦·奈斯的深层生态学倡导整体有机论，他将整个生物圈乃至宇宙看作一个整体，认为其中的一切事物之间是相互联系、相互作用的，人类只是这个系统中的一部分，既不在自然之上，也不在自然之下，自然中的所有生物都具有平等的内在价值。人类无权破坏整个系统之完整性，人类的生存与其他部

---

① 《1884 年经济学哲学手稿》，2000 年第 3 版，第 60 页。

分的生存状况密切相关，人类的生活质量取决于整个生态系统的完整性。所以，人类应该而且必须从整个生态系统的角度出发对自然进行保护。奈斯的深层生态思想促使当代人类的自然观由理性向直觉、由分析向综合、由还原向整体、由线性思维向非线性思维发生了深刻转变。虽然奈斯的深层生态学并未完全超越人类中心主义，但是该学说关注所有生命体、自然物和生态系统之间的根本性的相互关系，倡导认同对象的扩展，强调整体而非部分。因此可以把这种哲学"新范式"称为一种整体论自然观。自然观的转变必然导致人类价值观发生相应变革。

我们反对人类中心主义，并不是要取缔人的主体地位，而是希望人做一个称职的主体，做一个依赖自然、学习自然、顺应自然、保护自然的主体。为了彻底解决环境问题，就必须超越以往人类中心主义藐视自然价值，野蛮开发自然资源，违背自然规律的局限性，以一种整体主义的自然观来看待人与自然的关系，为了全人类的根本利益来维护生态平衡。

三、和谐的关键是把握受动与能动之间的主动

20 世纪 70 年代以前，人类中心主义是环境哲学的主流话语，西方的环境哲学家们大都是在人类中心主义的理论框架内来讨论环境伦理问题的。20世纪 70 年代以后，随着全球性生态危机的进一步加剧，越来越多的哲学家开始反思人类中心主义的价值观。以动物权利论、生物中心论和生态中心主义以及深层生态学为代表的非人类中心主义伦理学家不仅提出了与人类中心主义观点迥异的各具特色的环境伦理理论，而且还对人类中心主义进行了深刻的批判，指出并分析了人类中心主义的理论困境。

一般地说，人们是在三种不同的意义上来使用"人类中心主义"一词的：（1）生物学意义上的人类中心主义。人是一个生物，他必然要维护自己的生存和发展，囿于生存法则的限制，老鼠以老鼠为中心，狮子以狮子为中心，因此，人也以人为中心。（2）认识论意义上的人类中心主义。人所提出的任何一种知识判断、思想观念都是人根据自己的思考而得出的，都是属人的，而非他物的，即"人是人类全部活动和思考的中心"。（3）价值观意义上的人类中心主义。外在世界对于人的意义是人根据自己的需要来确定的，人的尺度（包括人的本性、需要、能力等）是评价一切好坏、善恶、

美丑、利弊得失的标准的"中心"，即"人是万物的尺度"。总之，"人是人的世界的中心，人是人自己的中心"，这是人类所特有的一种"自我中心"现象。不论人们是否自觉地意识到或把握了这种现象，它在客观上都是人的存在活动所特有的、普遍的事实。人类中心主义这三层含义的核心就是说人类世界不可能不以人为本位。从这个层面看，人类中心主义与"以人为本"具有相同含义，具有同质性。

"非人类中心主义"把人的道德义务扩展到了非人类存在物的身上，强调整个生态系统的完整性和人类的系统生存，试图消解"狭隘的人类中心主义"的困境，为重建人与自然的和谐关系提供了许多有益的思索。但是，这种主张人类应放弃一切干涉、破坏生态系统的科学技术、社会体制和价值观念，而强调人类应该与生态系统中的其他存在物平等相待、互不干涉、和平共处的思想观念，是不具有现实性和可操作性的。人类的物质生产活动不可能不对自然界造成一定程度的损害。我们今天面临的生态环境问题是，由于人类对自然的大规模干预使物种之间失去自我调节功能，造成整个生态系统的退化，影响了人类的基本生存状态。大自然的法则能够自动调节自在的自然生态系统，使物种维持大体平衡，却难以调节人类对生态系统的过分干预。

生态危机的发生除了是因为人们长期以来一直把人作为价值中心、利益中心而对自然进行征服、改造的价值论偏差以外，也有不可忽视的认识论上的原因。首先是对自然缺乏系统性的认识，不知道作为动态系统的自然的各个构成要素都有其自身相对独立的生态价值和意义。比如，有机氯农药DDT的发明和广泛使用曾给农业生产带来巨大收益，发明者还因此获得诺贝尔奖。然而，人们发现日久使用 DDT 会对人类健康、生态环境造成巨大危害，因而目前被禁用。其次是对人改造自然所表现出的人与人之间的社会关系也缺乏系统性的认识。作为实践主体，人必须处理通过改造自然客体而发生的人与人之间的利益关系，这种利益关系可能是同时代类群体的内部关系，也可能是不同时代类群体的内部关系。若只把个体的行为视作与其他人毫无关系的私事，就成了急功近利的个人主义者和极端的利己主义者，这种"以人为本"是以个体为本，而不是以人类为本，他在行动上必将导致环境破坏和资源浪费。比如，为了保护臭氧层，国际公约和《消耗臭氧物质的蒙特利尔议定书》明文禁止生产氟氯烃，然而却屡禁不止。这表明，在具体处理人与自然的关系时，人们往往只看到眼前的物质需要、物质利益，看不到人对非人世界的高度依赖；只关注各自群体的利益需要，而忽视人类整体赖以生存和发展的生态环境系统的完整性、和谐性。但是，如果因为认识上的局限性和社会历史制约性就取消了人的主体地位无疑是因噎废食。归根结底，无论是发展新的科学技术、解决已有的生态问题，还是深化对自然界的认识、调整各种社会关系和利益诉求，都还离不开人、离不开人的主动性。因此，任何"中心主义"都是片面的，在人和自然的关系中并不存在着以谁为中心，只是有主动性和被动性的区分。人与自然的和谐发展不是人类单纯的顺应自然，而是顺应和改造的统一。这里的关键是人应该把握好受动与能动之间的主动性，或者说是辩证的主动性。

站在马克思主义辩证自然观的立场上，人在自然之内，自然也在人之内，人类所一直向往的那种人与自然和谐统一的理想只有在"人的自然化"和"自然的人化"的双向运动中才能得以实现。

所谓人的自然化，指的是人类虽有超过一般自然物质的优越性，但其终究不过是整个自然生态系统中的一个组成部分；人类不仅不能脱离自然界而存在，而且还必须把自己的存在和发展建立在各种自然物质的存在和发展的基础之上。因此，当人类为了自身的利益和需要而不得不与自然界进行物质和能量交换活动时，也必须在自然物质允许的限度内与自然界进行对等的即有偿性的物质能量变换。人的自然化的概念是对那种把人类看成是自然的对立面和征服者观念的直接否定。作为一种实践过程，人的自然化突出地表现为人类按照物的尺度去实际地利用和占有自然物质的过程。在这一过程中，自然界无比丰富的属性和自然力形成了人的主体属性和人的能力。正如马克思所说："人直接地是自然存在物。人作为自然存在物，而且作为有生命的自然存在物，一方面具有自然力、生命力，是能动的自然存在物；这些力量作为天赋和才能、作为欲望存在于人身上；另一方面，人作为自然的、肉体的、感性的、对象性的存在物，同动植物一样，是受动的、受制约的和受限制的存在物。"①

---

① 《1884年经济学哲学手稿》，2000年第3版，第105页。

所谓自然的人化，指的是自然界是人类社会存在和发展所必须的各种物质生活资料的源泉，人类为了自身的生存和发展，必须运用自身的本质力量去利用和占有各种自然物质，使自然界按照人的目的和意图发生变化。作为一个活动过程，自然的人化是人类按照人的尺度通过物质实践活动去利用和占有自然物质的过程，因而是自然界按照人类的目的运动变化的过程。人类产生以来的发展史，从远古时期使用的棍棒和石块到近代各种机器的使用再到今天电子计算机的广泛应用，从农业文明到工业文明再到后工业文明的历史，就是一部人类认识自然和改造自然的历史，也就是自然界不断被人化的历史。

马克思主义辩证自然观认为：人的自然化和自然的人化在实践活动中应该是辩证统一的，它们是同一个过程的两个方面，即"被动的、消极的"方面与"主动的、积极的"方面。人的自然化过程是人们站在自然界方面去考察人与自然的关系：人类是在自然界物质系统的演化过程中产生和发展起来的，表现了人类对自然界的依赖性和衍生性；自然的人化过程是我们站在人类方面去考察人与自然的关系：在人类与自然界关系的建立、发展过程中，人类主动地在自然界的方方面面打上人类智力的印记，自然界的人化过程的结果是作为"人本学的自然界"的人工自然和社会自然的出现。马克思主义哲学提出人与自然协调发展的理论，突出强调人类实践必须按照双重的尺度，即人的尺度和物的尺度去和自然界进行有节制的或对等的物质能量变换，从而获得合目的性与合规律性相统一的实践结果。但是，人的自然化和自然的人化这种双向运动并不是一种自发的自然运动，而是人类的一种自觉能动的活动。人类是协调人与自然关系的唯一主体和决定性的因素，在协调人与自然关系的过程中，唯有人才对这一协调活动的过程和结果负责。从历史上看，在人类中心主义的旗帜下，发挥了人的巨大创造力，改变了人在自然界的卑微境遇和地位，创造了辉煌的工业文明，但也带来了对自然环境的严重损害。同时，我们也看到了非人类中心主义的理论虚妄性和在治理环境污染、维护生态平衡方面的不可操作性。因此，我们需要走出人类中心主义和非人类中心主义之争的困境，发挥全人类的聪明才智和彼此协作的勇气，借助现代科学技术的力量，主动地改变自己的价值观念和行为方式，协调人与自然和人与社会的关系，促进人—社会—自然的可持续发展。

第三节　通过双重协调实现可持续发展

马克思主义历史观既重视对人的社会关系的分析，又重视对人与自然相互作用的分析，以人、社会和自然的相互关系作为哲学基础，即把人—社会—自然作为一个整体加以研究。一方面，自然界在马克思的历史观中占有重要地位，即自然界是人类社会历史的自然前提；另一方面，自然界通过人的实践，变天然自然为人工自然和社会自然，自然界进入社会结构获得社会历史的尺度。因此，在认识自然界的时候不能把人和人的社会关系的作用排除掉，同时，现实的社会也不能从脱离自然去理解。实现这两种关系的"双重协调"是实现"可持续发展"的基本途径。

一、可持续发展的本质是人与自然的和谐发展

从历史的观点看，"可持续发展（sustainable development）"的概念是在环境问题危及到人类的生存和发展，传统的发展模式严重制约着经济发展和社会进步的背景下产生的，是人类对自身行为反思后做出的理智的选择，也是人类社会发展的历史必然。可持续发展的基本含义是："既满足当代人的需要，又不对后代人满足其需要的能力构成危害的发展。"（WCED，1987）① 这一概念的提出是人类文明史上的一次飞跃，是一个划时代的进步，它使人类文明进步的进程进入了可持续发展时代。世界史是人与环境相互作用的关系史，人和自然都是地球生态系统的一部分，而整个地球生态系统的和谐取决于它们之间的和谐，即人与社会的和谐和人与自然的和谐。只有在自然限定范围内谋求人与自然的共同进化、和谐发展，可持续发展才能成为现实。"可持续发展"突出了人类社会与生态环境的整体性和经济活动对生态环境的依赖性，它要求人类改变传统的生产方式和消费方式，实现自然资源的永续利用，最终达到人与自然的协调、共同发展的目的。

与传统的发展模式——人类中心主义的自然观和以征服自然、奴役自然、无限度地牺牲自然来满足人类需求的利己主义价值观不同，可持续发展

---

① 世界环境与发展委员会：《我们共同的未来》，吉林人民出版社1997年版，第52页。

观是把世界看成是一个有机联系的整体，摒弃了那种把人当作至高无上的生命形式，通过征服自然、统治自然来实现自己的生存和发展的发展观。它肯定人内在于自然，人既是自然之子又是自然之友，人和自然有着共同的利益和命运；倡导人类应该在促进地球生态系统稳定与繁荣的基础上改造和利用自然；认为尊重和保护自然就是保护了人类自己。

可持续发展思想是一种文明的进步，它拓展了传统伦理学的范畴，形成了生态伦理观，这种生态伦理观比非人类中心主义的含义要丰富得多。当代生态伦理观所要树立的"人类共同体"的观念，不应当只是指某一社区或某一民族，而应该面向全人类。而且，"人类共同体"不仅仅是指当代的人类，而是应包括人类的千秋万代。这样的道德伦理观体现了不同区域的当代人之间、以及当代人与后代人之间在环境资源的利用及其利益分享上的公平性。同时，可持续发展思想还发展了生态学的理论，形成了生态文明观。在生态文明观看来，人不仅是生态系统的组成部分，而且是人—社会—自然复合生态系统的组织者和调控者，要求人类树立普遍联系和相互制约的观念，在实践中通过文化的发展促进生态的进步，最终达到人与自然的协同进化，实现人与人之间关系的和谐。

按照马克思主义的历史观，人类生产活动既应该遵循功利主义的原则，也应该遵循超功利主义的原则。人类为了自身的生存和发展认识和改造自然界，获得物质生活资料的功利性活动，是一种合理的生存活动。这种功利性活动既是人类的基本生存方式，也是人类社会存在的基本前提。人类从事物质资料生产，主动地获取生存资料，积极地创造人工自然和发展社会自然，不能不与其他生物竞争以获得有限的自然资源。但是，如果人类仅仅从事功利性的活动的话，那就与动物界无异。因为动物的活动也是满足其生存需要的功利性活动。所以，人类又要有超功利主义的活动，从整个生态系统的利益出发，促进人类同自然界动植物之间共生共荣的活动。超功利性的活动是人之区别于动物的类本质之一，也是最大限度实现人类生态价值的活动。因此，发展科学技术与产业，促进社会自然的发展必须具有两种关怀：一方面，必须有对人的关怀，以人为本，因为可持续发展的最终目标是人的全面发展；另一方面，必须有对自然界的关怀，保护生态环境，只有通过可持续发展才能实现人的全面发展。

马克思主义哲学是一种"以人为本"的哲学，但这种以人为本的内涵要比人类中心主义丰富得多。与旧历史观不同，马克思主义的唯物史观是把人对自然界的关系纳入到历史并作为历史的现实基础问题来考察人的存在和人的世界的。马克思明确指出，"全部人类历史的第一个前提无疑是有生命的个人的存在。因此，第一个需要确认的事实就是这些个人的肉体组织以及由此产生的个人对其他自然的关系。"① 人与自然关系的实现形式是人类的劳动，通过劳动，人类同自然界进行必要的物质和能量交换以维持自身的生存。但人类的劳动必须符合自然规律，任何违背自然规律的实践活动必然要受到自然界的惩罚。恩格斯早就警告我们："不要过分陶醉于我们对自然界的胜利。对于每一次这样的胜利，自然界都对我们进行报复。每一次胜利，起初确实取得了我们预期的结果，但是往后和再往后却发生完全不同的、出乎预料的影响，常常把最初的结果又消除了"，② 同时，马克思恩格斯深刻地认识到，人和自然关系的背后是人和人之间的社会关系。如果不解决好人与人之间的社会关系，人与自然之间的关系是不可能得到圆满解决的。也就是说，人类社会要健康持续地向前发展，必须同时实现"两个和解"，即"人同自然的和解以及人类本身的和解"③。人类本身的和解，即人与人之间社会关系的和解是人与自然关系和解的前提，离开了人与人的社会关系而妄图实现人与自然的单方面的和解是不可能的。在私有制条件下，人与自然之间的和谐关系被粗暴地破坏掉了，单纯追求经济利益的本性使得人和自然的和谐发展成为一种奢望。因此，人与自然的关系要获得协调、持续的发展，就必须调整不合理的社会关系，建立合理的社会制度，才能最终实现人和自然的协调发展，才能最终实现人的全面发展。

"可持续发展"观的提出是人类文明史上的一个划时代的进步，标志着人类文明进程进入了一个崭新阶段。作为一种思想，它强调了世代间的责任感，主张效率与公平目标兼顾、以人为本和众生平权二者并重；作为一种原则，它要求在保证发展的同时，也要确保经济的增长建立在不破坏生态平衡的基础上；作为一种目标，它要求在人类不断地与自然生态系统相协调的同

① 《马克思恩格斯选集》第 1 卷，1995 年版，第 67 页。
② 《马克思恩格斯选集》第 4 卷，1995 年版，第 383 页。
③ 《马克思恩格斯全集》第 1 卷，1956 年版，第 603 页。

时，保持环境、经济和社会的可持续发展；作为一种发展模式，它是一种开发、利用和管理自然资源的发展模式，使得人们能够持续地使用有限的资源，为后代提供更多的机会并尽可能地满足这代人和后代人不断增长的需求。因此，与传统意义上的发展观比较，可持续发展观有着极为丰富的哲理和牢固的哲学根基。可持续发展并不是以牺牲发展来求得持续，而是追求既要发展又要持续。虽然地球上许多资源、能源是有限的，但人的创造力却是无限的。人与自然的和谐发展不在于是否改造和控制自然，而在于如何改造以及在改造过程中如何处理经济、环境、人的发展和社会发展之间的关系。为了解决人的无限发展需求和有限的自然资源之间的矛盾，我们应该在两个层次上实现"双重协调"，即在技术层次上实现人与自然关系的协调，在制度层次上实现人与社会关系的协调。

二、以科学技术进步实现人与自然关系的协调

近代工业文明以来，我们持有的科学技术观可以归结为两条：一是从人是自然的征服者、统治者和主人的观念出发，把科学技术看成是人类征服和统治自然的武器；二是把科学技术的进步与人类社会的发展和幸福直接等同起来，无条件地赋予科学技术以"至善"的价值属性。这种科学技术观所蕴涵的实践后果，一方面体现在人类应用先进的科学技术对于自然界过度获取活动上；另一方面，表现在直到目前人类仍然严重缺乏保护自然的科学技术这一窘境中。

如前所述，人与自然之间的关系是一种相互依存、共生共荣的关系，那么，作为人类变革自然的中介系统的科学技术就不是人类征讨自然的武器，而是人类用来消解人与自然之间的矛盾、实现人与自然协调发展的工具。此外，把科学技术及其应用与人类幸福直接等同起来的看法也是有问题的。我们既不能把它与人类的幸福等同起来，也不能把它与人类的不幸等同起来，原子能用于发电就是造福人类，而用于制造原子弹则无论如何都是危害人类的。科学技术是一把"双刃剑"，如果人类将之不恰当地加以应用（这既包括人类认识上的不完善，也包括少数人的别有用心），就会伤及无辜甚至造成全球性的生态灾难。即便是科学研究无禁区，技术应用上仍然是要有节制。在大规模推广某种新技术即产业化的时候，除了考虑经济效应以外，必

须兼顾考虑社会效益和生态效益。但是，我们也反对这样的观点，即认为当代人类所面临的全球性生态危机是由科学技术本身所致；人类要想走出困境，就必须否定和拒绝一切技术，而应该返回到某种自然状态。比如，德国学者汉斯·萨克塞就指出，在西方学术界"有一种对技术所进行的根本性评判，包括从个别项目，如对核电站的消极评价直到拒绝一切技术。"① 这种对科学技术全盘否定的观点，从根本上也否定了科学技术及其发展是解决当代生态环境危机、协调人与自然关系的一个必要条件。事实上，近几十年兴起的新技术革命及其取得的一系列成果，无可辩驳地证明了科学技术的不断进步对于合理地解决环境问题、促进人与自然协调发展具有不可替代的作用。

自 20 世纪中叶以来，在世界范围内兴起了技术创新的浪潮，新技术被广泛地应用于实际生产过程中，引起了包括人们的生产方式和生活方式在内的整个社会生活的全面变革。当代新技术革命的内容十分复杂，主要包括信息处理技术、生物工程技术、新材料技术、新能源技术、空间开发技术和海洋开发技术等六大领域的技术创新及其应用。其中，信息处理技术处于中心位置。从表面上看，这次新技术革命和以往的技术革命一样，通过采用先进的生产工具取代落后的生产工具从而促进了社会生产力的发展；从内容上看，这次新技术革命通过发明和应用这些高新技术实现了对传统的近现代工业文明的思想观念和实践模式的深刻变革：（1）新技术革命无论是在广度还是深度上使人类的实践领域都得到了极大的扩展。它不仅开发出更多的可供人类利用的自然资源（比如核能、太阳能、潮汐能等），而且拓展了人类的生存空间，创造出更加广阔的人工自然和社会自然。（2）新技术革命使得实践过程中技术更新周期日趋缩短，从而有助于尽快淘汰那些过时落后特别是那些资源能源消耗大、对环境破坏严重的生产工艺。（3）这次新技术革命是以信息处理技术为核心，即以使用电子计算机为特征的。它不仅极大地节省了人类的脑力支出，提高了人类实践的准确性和可靠性，更重要的是它把经济增长不是建立在对资源的消耗，而是建立在对知识的占有和转化的基础上，这就极大地缓和了经济发展对资源的依赖和对环境的压力。（4）各种高新技术的发展不仅导致一大批低污染和高附加值新兴产业的出现，而且

① 汉斯·萨克塞：《生态哲学》，东方出版社 1991 年版，第 74 页。

还推动着传统产业的调整和更新改造。以工业化促进信息化，以信息化带动工业化，新技术革命的发展直接引发了当代产业结构的变化。

新技术革命所实现的对近现代工业文明的实践模式变革的一个重要方面，就是人类的科学技术观发生了重要变革，即从传统的机械论向着生态化方向发展。在这场新技术革命中，科学技术的生态意识明显增强，各种有利于生态建设和环境保护的技术越来越受到重视，与环境改善有关的新兴产业和各种低耗能的服务产业方兴未艾。比如，电子计算机技术的发展与应用，既带来了工作的高效率和生活的高质量，全球信息化的趋势又大大缓解了人类对自然资源需求的压力；新材料技术的发展使大量的天然材料正在被人工合成材料所替代；新能源技术正在朝向提高能源利用效率、减轻环境污染的方向发展；基因工程、细胞工程和微生物工程正在改善着农业、制药、食品、医疗及生态环境，酶工程和微生物发酵技术将使工业生产向高效率和无污染方向转变；空间技术和海洋技术为人类提供了更大的发展空间和更为丰富的自然资源。最近几十年来，人们通过大力发展上述六大领域的高新技术，已经使一系列严重威胁着当代人类生存和发展的生态环境问题得到有效的控制，并为这些问题的合理解决带来了新的途径。但是，我们也要清醒地认识到，发展高新技术对于合理有效地解决生态问题、协调人与自然的关系只是一个必要条件而不是充分条件，即在技术层次上协调人与自然的关系没有新技术革命是不行的，但仅有新技术革命也是不行的。高新技术也存在着程度不同的环境污染问题。比如，信息加工技术的广泛应用就会改变使用者周围的电磁场，它所发射的某些频率的电磁波还会严重危害人类的健康，形成一种看不见摸不着的电磁污染；核技术也存在着严重的环境威胁，一旦运行着的核设施发生意外事故，它所造成的环境污染将是难以想象的。譬如，苏联切尔诺贝利核电站发生的重大事故，就曾使欧洲的大部分地区受到不同程度的核污染。因此，任何借口新技术革命在解决生态问题上的不充分性而否定它的必要性，或是把它的这种必要性无限夸大为充分必要性的做法都是错误的。因此，在如何看待技术层次上的人与自然协调发展的问题上，我们既反对拒斥一切科学技术的"技术无用论"甚至"技术取缔论"，也反对把现代科学技术看成是合理解决环境问题、协调人与自然关系的唯一途径的"技术万能论"。

三、"以人为本"地促进人与社会关系的协调

根据恩格斯"两个和解"的思想，只有技术层面上人与自然关系的协调是不够的，为了实现可持续发展，还必须在制度层面上实现人与社会或人与人关系的协调。众所周知，可持续发展的一个重要内涵就是"以人为本"。可持续发展观要求人的发展不仅包括单个人的发展，也包括人的类发展。在现阶段不但少数人或少数国家中的一部分人要发展，而且世界所有国家的人民，不论发达国家还是发展中国家，都应得到公平的发展。而且，可持续发展不仅仅是指当代人的发展，还包括后代人的发展。以经济的发展为基础，以社会的公平发展为目标，以生态的发展为条件，三位一体，其最终目标是促使人得到全面而自由的发展。这就要求我们在对待自然的态度和行为上，不是要走向对自然专制的个人主义、利己主义的"狭隘人类中心主义"，而是以人类的整体利益和长远利益为中心。这种"以人为本"是以人的认识能力、实践能力、实践成果的提高和积累为前提的，它描绘的是人—社会—自然系统协调发展过程中的"以人为本"。

环境问题的实质是人的问题。对人类利益的关心导致了人类社会其他一切问题的产生，环境问题、生态问题是以人类的生存与发展为前提而成为问题的。可持续发展试图确立人类社会存在与发展的最基本的行为准则，它体现了这样一种价值观，即在人类与自然的关系方面，坚持人类价值的本位性，强调人类在自然生态系统中的优先地位和目的地位；在人与人的关系方面坚持多元主体的主体性，强调整体的和长远的人类利益高于局部的和暂时的利益。从价值观上看，可持续发展观丝毫也不否认自然生态系统内除了人类有自身生存和发展的要求外，非人类自然物种同样有着生存和发展需要，可持续发展正是把后者的实现看成是实现人类的价值目的的必要前提和手段。

近代以来，人类社会进入资本主义阶段，市场经济以等价交换为原则，要求每个参与者都必须是独立的平等的商品生产者和拥有者，必须能够自由支配自己的产品及自身的劳动力，这才历史地产生了对物依赖条件下的人的自主性和独立意识，产生并确立了个人本位的价值观。由于资本主义生产的目的和动力是利润，因此，资本主义生产是一种只顾眼前利益的生产，本质

上是一种不可持续发展的生产。正如恩格斯明确指出的那样："支配着生产和交换的一个个的资本家所能关心的，只是他们的行为的最直接的效益。……销售时可获得利润成了唯一的动力。……一个厂主或商人在卖出他所制造的或买进的商品时，只要获得普通的利润，他就满意了，而不再关心商品和买主以后将是怎样的。人们看待这些行为的自然影响也是这样。西班牙的种植场主曾在古巴焚烧山坡上的森林，以为木灰作为肥料足够最能盈利的咖啡树施用一个世代之久，至于后来热带的倾盆大雨竟冲毁毫无掩护的沃土而只留下赤裸裸的岩石，这同他们又有什么相干呢？"①

在生产力高度发展的未来，如果人类动物式的生存竞争结束，贫富两极对立消失，个人本位的历史前提将消失，人类就可能进入以"自由人联合体"为价值本位的崭新时代。马克思写道："这个自然必然性的王国会随着人的发展而扩大，因为需要会扩大；但是满足这种需要的生产力也会扩大。这个领域的自由只能是：社会化的人，联合起来的生产者，将合理地调节他们和自然之间的物质变换，把它置于他们的共同控制之下，而不让它作为盲目的力量来统治自己；靠消耗最小的力量，在最无愧于和最适合于他们的人类本性的条件下来进行这种物质变换。"② 这就是在社会主义和共产主义社会进行可持续发展的必要性和以人为本的可持续发展的基本原则。

从制度层次上来理解"以人为本"主要是协调人与社会的关系问题。在建设和发展中国特色社会主义市场经济的过程中，科学发展观明确把以人为本作为发展的最高价值，一方面强调作为市场主体的人的价值；另一方面针对市场经济存在"商品拜物教"现象，造成人的畸形和片面发展，提出要尊重人、理解人、关心人，把不断满足人的全面需求，促进人的全面发展作为发展的根本出发点。从价值判断意义上讲，以人为本是针对不关心人、不尊重人、不人道，对弱势人群和个体歧视的现象提出的。因此，坚持科学发展观，就必须坚持协调发展，要统筹城乡发展、统筹区域发展、统筹经济社会发展、统筹人与自然和谐发展、统筹国内发展和对外开放，积极推进经济、政治、文化、社会建设的各方面相协调，推进物质资料生产和文化产品

---

① 《马克思恩格斯选集》第4卷，1995年版，第385—386页。
② 马克思：《资本论》，1975年版，第926—927页。

生产相协调，建设一个民主法治、公平正义、诚信友爱、充满活力、安定有序、人与自然和谐相处的社会主义和谐社会。从人的本质及其异化的角度讲，以人为本是针对于全球范围内人文精神的失落造成的心态失衡、道德失范和信仰危机提出的。因此，科学发展观呼唤重建人文精神、复归人的本质，这就要求人类必须矫正片面追求物质财富、经济增长的价值目标，大力倡导生态文化和绿色经济，确立人的自由全面发展的价值目标。

总之，为了建立人与自然和谐统一关系，首先必须努力改变"人为自然立法"和"狭隘的人类中心主义"的观念，克服个体的狭隘性和自私性，用建设和谐社会的理念和行动来促进人与人之间的相互了解和真诚合作，追求社会的公平和正义，以实现人与社会关系的协调发展，以及实现人与自然的关系和人与人的关系的双重协调发展。

第 七 章

实践的科学观：从亚里士多德、
马克思到科学实践哲学

20世纪90年代兴起的科学实践哲学，让科学哲学领域从关注科学的理论、命题陈述到开始关注到科学的实践方面。与此同时，人们也回过头来重读马克思的实践思想。马克思的实践概念、实践思想对于科学实践哲学的发展有没有影响？如果有，影响的程度、方面和深度如何？意义在哪里？如果没有，为什么西方科学实践哲学不去积极吸取或者批判马克思的实践思想呢，而是采取了忽视的态度呢？我们注意到，对于马克思实践思想的关注程度、深度，在各个学派、流派是不一样的，忽视虽然不是极个别的现象，但是也有对于马克思实践思想影响的承认。因此，我们可以进一步分析这种影响及其意义。

第一节　实践概念的缘起

一、亚里士多德的实践概念

古希腊时期，"实践"一词最初是指一切生命的行为方式。古希腊的希波克拉底、柏拉图等都使用过"实践"概念，但是都没有形成系统的学说或者自觉的概念。到了亚里士多德那里，明确提出了实践概念，形成了一套具有实践特征的哲学体系。亚里士多德曾经在多种意义上使用实践概念，但主要是一种伦理学意义和政治学意义的概念，是与人的正确行为有关的概念。在《尼各马科伦理学》中，亚里士多德把人的行为分为理论、创制和实践三种；有学者总结如下：

表 1　亚里士多德关于人类活动的三分法

	理论领域	实践领域	创制领域
1. 活动	观察（view）	行动（act）	做（doing）
2. 知识类型	科学（science）	深思熟虑（deliberation）	技艺（skill）
3. 达到的目的	幸福（happiness）	恰当的生活（proper life）	福利（welfare）

资料来源：徐长福：《论亚里士多德的实践概念》，载《吉林大学社会科学学报》2004 年第 1 期，第 58 页。

与"创制"不同的是，"实践"趋向的目的不在自身之外，而就在其自身，其自身就是目的；而"创制"的目的却在它产生的结果，其自身不构成目的。所以亚里士多德说："创制和实践互不相同。因为，实践所具有的理性品质不同于创制所具有的理性品质，两者并不互相包容。实践并不是创制，创制也不是实践"①。亚里士多德还指出，"思考自身不能使任何事物运动，而只有有所为的思考才是实践性的。它是创制活动的开始，一切创制活动都是为了某种目的的活动"②。所以，在一定意义上，实践也与创制活动相关联着。按照亚里士多德研究专家罗斯（Ross，D. W.，1877—1971）的观点，在关于心智方面，亚里士多德认为，我们借以达到真理的心灵状态有五种：科学、技艺、实践智慧、直觉理性、理论智慧。其中：（1）科学考虑的是，必然与永恒的东西和运用教育可以传授的东西。科学是我们进行证明所凭借的意向。（2）技艺是我们用以对付偶然情况的东西，是我们借助真正规则制造东西所凭借的意向。（3）实践智慧是善于深思熟虑的能力，是要做出行为的真正意向，它借助规则，考虑好坏。（4）直觉理性是我们掌握科学起点的最终前提所凭借的理性。它通过归纳法（过程）掌握最初原则。（5）理论智慧是直觉和科学的统一，旨在最高级的对象。它远远高

---

① 亚里士多德：《尼各马科伦理学》，苗力田译，中国人民大学出版社 2003 年版，第 121—122 页。
② 亚里士多德：《尼各马科伦理学》，苗力田译，中国人民大学出版社 2003 年版，第 120 页。

于实践智慧①。在亚里士多德看来，"实践"最根本的规定有二：一是自身就是目的；二是它不是人维持物质生命的生物活动和生产活动，不是人与自然间的活动，而是人与人之间广义的伦理行动和政治行动。由于实践是人的合理性活动，因此，这种伦理和政治意蕴的实践应该具有善的规范性和指向，也就是说，这里的实践虽然范围在伦理学中但却具有规范性。② 当然，在亚里士多德那里，实践也远远低于理论，而且明显的是它与理论是二分的。这些自亚里士多德开始的传统，一直影响了后世对于理论和实践及其关系的认识，使得理论与实践不仅相互分离，而且高于实践，忘记了实践是理论的基础，忘记了理论不是人类唯一的目标，理论背后仍然隐藏着对于解决问题的目的和需要。我们在这里最为关注的是，在亚里士多德看来，理论与实践的关系如何，区别如何？按照徐长福的理解，在亚里士多德那里，理论的特点是沉思，实践的特点是行动；理论的求知只能通过对普遍性的沉思来获得，实践的求知只能通过对特殊性的操作来达到；理论科学的意义在于提供知识，实践科学也提供知识，但根本意义不在于知识，而在于使人们实际地变好。③在亚里士多德时代，亚里士多德之所以区分实践与创制活动，目的就在于区分自由目的与手段性活动。创制在亚里士多德看来是实现实践目的的手段，在社会意义方面，实践和创制的区分对应着主人与奴隶、雇主与工匠的划分。

　　亚里士多德这样划分的理由是什么？徐长福解释得不错。按照事实上，人可能同时生活在两个世界里，一个是 physics 的世界，即自然的领域；一个是 nomos 的世界，即自主生活领域。因此，人一直就是两重性的存在物，他既有自然的一面，也有自为的一面。而且，其自为的一面也需要以自在的一面作为其基础。这样一来，人需要一种活动，它不是静观自然，而是通过人的身内自然及其延展实际地作用于身外自然，从而克服自然必然性对自己的束缚，为自主生活领域创造条件。这样一来，由自然的必然性所首先导出的活动就是人谋求

---

　　①　W. D. 罗斯：《亚里士多德》，王路译，商务印书馆1997年版，第238—239页。

　　②　我们以为，劳斯正是看中了伦理学意义的或者政治科学包括政治哲学意义的实践具有规范性，或者至少具有规范性指向的含义，所以在证明科学本身参与着权力后，实践的规范性也就可以至少自然地通过伦理（善）的维度或者政治权力的维度来自然地形成，这样持自然主义立场的科学实践哲学也就具有了内在规范性特征，而不至于使得自己的哲学立场成为描述性的而彻底解构了哲学，受到更为强烈的批判。

　　③　徐长福：《论亚里士多德的实践概念》，载《吉林大学社会科学学报》2004年第1期，第59页。

生存资料和扩展生活领域的活动。这种活动是人的自觉的活动，是由自然必然性所强制的活动。或者说，它创造着自由，但本身尚处在努力挣脱必然性的阶段，所以它只是自由的手段。但是由于活动和世界本身的开放性，因此，自然做主的世界同时关联着人的理论和创制活动，由人做主的世界也同时关联着人的实践活动和创制活动，目的性领域同时关联着人的理论活动和实践活动。因此这就成为亚里士多德三分人的活动的内在理据①。近代以来，关于实践及其活动领域的用法已经发生转换，除了原有的属于实践范围内的事情，在亚里士多德看来是创制的事情，现在也恰恰成为最具有实践意义的内容。

伽达默尔就在现代的意义上对亚里士多德的实践概念做了进一步的扩展。伽达默尔在讨论亚里士多德的实践哲学时指出，首先人们必须清楚"实践"（Praxis）一词，这里对于实践概念不应予以狭隘的理解，例如，不能把实践仅仅理解为科学理论的实践性运用。伽达默尔指出，我们所熟悉的理论与实践的对立使"实践"与对理论的"实践性运用"相去甚远，可以肯定的是，对理论的运用也属于我们的实践。② 但是，这并不就是一切。"实践"还有更多的意味。它是一个整体，其中包括了我们的实践事务，我们所有的活动和行为，我们人类全体在这一世界的自我调整——这因而就是说，它还包括我们的政治、政治协商，以及立法活动。我们的实践——它是我们的生活形式（Lebensform）。在这一意义上的"实践"就是亚里士多德所创立的实践哲学的主题③。伽达默尔的实践解释也是后来科学实践解释学提倡者劳斯所吸取的重要资源。

二、康德意义上的实践

亚里士多德之后，康德也把与自由相关的伦理、政治方面的活动称之为"实践"。在康德那里，对于自然概念的实践和自由概念的实践是有所区别

---

① 徐长福：《论亚里士多德的实践概念》，载《吉林大学社会科学学报》2004 年第 1 期，第 59—60 页。

② 事实上，后来的 SSK 和对于科学的社会文化研究，也把思维的活动、概念的表征活动理论的研究活动称为概念实践。注意，这里着重的是"活动"，而不是最后见诸于文字的表征本身。

③ 伽达默尔：《什么是实践哲学——伽达默尔访谈录》，载《西北师大学报（社会科学版）》2005年第 1 期，第 7—10 页。

的，在《判断力批判》的导论中，康德写道："如果人们把哲学，就其在通过概念包含着事物的理性认识的诸原理的限度内，像通常那样，区分为理论的和实践的：那么人们是做得完全正确的。但是，这里只有两种概念容许有一批关于对象可能性的各异的原理，这就是：自然概念和自由概念。……哲学于是有理由分别为原理完全不同的两个部分，即理论的，叫做自然哲学，和实践的，叫做道德哲学。但是迄今为止，应用这些术语来对待不同原理的分类并和它们一起来对待哲学的分类时，盛行着一种大大的误用，即人们把按照自然概念的实践和按照自由概念的实践混淆不分，并且就在同一理论哲学和实践哲学的名称之下做了一种分类，通过这种分类，事实上并没有做出什么分类"①。

康德认为，自然概念的实践和自由概念的实践是有着根本区别的，前者是"技术地实践的"，后者是"道德地实践的"，前者属于"理论哲学（作为自然的理论）"，因为"……在它们全体之中，只包含着技能的法则（因而它们只是技术地实践的），因为技能是按照因果的自然概念产生出可能的效果的。由于这些自然概念隶属于理论哲学，它们仅作为理论哲学（即自然科学）的引申而服从于那些指示的，因此不能要求在任何特殊的、唤作实践的哲学里得到任一位置"②。与此相反，后者"完全建立在自由概念上面，……它不像后者［自然概念］那样基于感性的条件"，"而是基于超感性的原理，在哲学的理论部分之旁，在实践哲学名号之下，为自己单独要求另一部分"③。可见，在康德那里，虽然他也承认理论哲学（包括自然科学）是可以实践的，其原理是从自然的理论认识来的（成为技术地实践的法则），但是，严格意义上的实践概念属于实践理性范围，是道德法则指导下的实践活动，属于本体论领域；然而现在通用的见解是把遵循自然概念的实践也称为实践，实际上它属于现象领域或者认识领域，是人的认识指导下的实践活动，两者既有区别，也有联系。

我们认为，现在的见解发展和变革了自亚里士多德以来经由康德的传统，改变了人们对于实践范围、领域和基本性质的看法，这当然是对的。但

① 康德：《判断力批判》（上卷），宗白华译，商务印书馆2000年版，第9页。
② 康德：《判断力批判》（上卷），宗白华译，商务印书馆2000年版，第10页。
③ 康德：《判断力批判》（上卷），宗白华译，商务印书馆2000年版，第10页。

是，这种发展却以丢失康德的道德实践之维为代价的。重新讨论亚里士多德和康德，就是要找回和补充现在关于实践领域、范围和性质认识上的不足。使得实践的维度既有自然的维度，也有社会道德、价值的维度。这就使得实践更为丰富，更具有在与自然打交道的同时也需要与人及其社会规范打交道的意蕴了。而这恰恰是新的科学实践哲学想要的解释源泉和论说资源。

第二节　马克思的实践思想

马克思哲学的基本特征就是实践性，这一点大多数马克思主义研究者都如此认为。这种实践性可以从两个方面加以理解。第一，以实践为其哲学的出发点和基础，而且把实践不是仅仅作为认识论的基础，而是作为本体论的基础。第二，关注社会现实的实践问题，而不是空对空纯粹的研究思维问题，马克思哲学的根本任务就是以实践的方式或者探讨如何以实践的方式改变世界。马克思在写于1845年的《关于费尔巴哈的提纲》一文中，批判了唯物主义，指出：

> "从前的一切唯物主义（包括费尔巴哈的唯物主义）的主要缺点是：对对象、现实、感性，只是从客体的或者直观的形式去理解，而不是把它们当作感性的人的活动，当作实践去理解，不是从主体方面去理解"[1]。他坚持认为，我们"不是从观念出发来解释实践，而是从物质实践出发来解释观念的形成"。[2]

在《关于费尔巴哈的提纲》里，马克思有一段著名的话："哲学家们只是用不同的方式解释世界，而问题在于改变世界"。[3] 这表明，马克思的哲学与以往哲学的不同在于，马克思的哲学不只是解释世界，而且要诉诸实践活动来改造世界。这里，解释与实践不是对立的，而是相互作用、相互包含的。因为在马克思那里，解释与改造世界的活动从来不是对立的，运用今天

---

① 《马克思恩格斯选集》第1卷，1995年版，第54页。
② 《马克思恩格斯选集》第1卷，1995年版，第92页。
③ 《马克思恩格斯选集》第1卷，1995年版，第57页。

实践解释学的术语说，在马克思那里，对于世界的理解和解释活动与改变世界的实践活动不可分离地交织在一起。

从 20 世纪 80 年代始，近 30 年来，中国马克思主义哲学研究的一个主要观点或者一个主流趋势，就是论述马克思主义哲学是一种实践唯物主义或者实践本体论，甚至有学者干脆把马克思的哲学称之为"实践诠释学"。①然而，学者们各执一说，争论颇多。有人认为，马克思的实践概念即指人类的"感性活动"或"对象性活动"，有人认为马克思的实践主要是指人的物质生产活动，是人类有意识、有目的、能动地改造世界的客观物质活动，而在其中最重要的活动就是人对自然的活动。有学者批评这种理解，认为亚里士多德的哲学意义的实践概念所指的人际行动（社会的和政治的）定义，在马克思主义研究中常常被人忽视。②

有学者认为，西方哲学中一直存在着一个源远流长的实践哲学传统，亚里士多德是这一传统的开创者，而马克思的实践哲学是对该传统的继承与创造性转化，而当代西方各种实践哲学是这一传统的较新样态。③ 前面指出，亚里士多德把人类活动一分为三：理论活动、实践活动和创制活动。后世的相关研究大体上可以视为对这三种活动说明的修补、拆分和改造。譬如，弗兰西斯·培根的工作可以视为通过科学技术活动的考察把亚里士多德的理论活动和创制活动统一起来的成功范例，当然这也是对于亚里士多德实践意义的某种反动。

在这个意义上，马克思的实践概念也可以视为对亚里士多德三分活动的一个创造性的改造，在马克思那里，最为明显的就是，实践活动与创制活动不再区分。创制是实践活动的具体形态与具体展开，而实践活动就是创制活动的本质内容。马克思的实践概念的另外一个重大创新是把生产实践作为实践的首要内容，这样在此基础上形成了马克思主义的一整套体系性观点。例如，其他所有实践性劳动都被置于生产实践基础上；包括物质生活、经济生活和政治生活，甚至精神生活（当然也包括文化生活）在内的整个人类社

---

① 俞吾金：《实践诠释学：重新解读马克思哲学与一般哲学理论》，云南人民出版社 2001 年版。
② 张汝伦：《作为第一哲学的实践哲学及其实践概念》，载《复旦学报》（社会科学版）2005 年第 5 期，第 160 页。
③ 徐长福：《论亚里士多德的实践概念》，载《吉林大学社会科学学报》2004 年第 1 期，第 61 页。

会及其历史产物都被视为人类实践活动的生产性成果，而各种制度如资本主义经济制度则自然地被视为开发人类实践潜力的特殊机制和达到某种理想境界的必经环节。这样，共产主义就是这种人类实践的生产潜力获得彻底解放的生活形式和社会形态。

　　当然，最近也有学者批评这种对于马克思特别是马克思实践概念的解读，他们把流行于马克思主义中对于人的生产劳动的实践活动和日常实践活动认为是马克思原初的实践概念内容的观点做了批判，认为马克思的实践概念首先是指与人和人之间关系展开的活动有关的概念。当然，马克思最为注重的实践是革命的实践，是"使现存世界革命化，实际地反对并改变现存的事物"。① 当然，这里，革命的实践只是广义的物质生活实践的一个部分，一个特殊的部分。由于在马克思那里，只有历史的自然和自然的历史，因此，没有与人及其历史对立的自然。因此，可以认为，物质资料的生活和生产实践也是必要的甚至首要的人类实践。然而，马克思却从这里出发，认为，其他形式的实践是由此而决定的。这样，马克思和恩格斯也就把物质生产和生活本身看作是实践的基础形式了。这既可以看作是对于亚里士多德实践形式的改造，也可以看作是对亚里士多德实践概念的背离。如果把马克思置于时代之中，那么这也是时代发展的结果，是科学技术发展过程日益成为实践活动的重要内容的结果。

　　马克思主义的实践概念还有一个特征，那就是宏大气势。马克思所指的实践，都是类似于社会运动性的人类社会实践。由于马克思哲学中的人是一个类，因此，马克思的实践概念是关于人这个类的实践，而不是具体实践。特别是后来的一些关于历史唯物主义和辩证唯物主义的著作中，人被抽象化了。这样的特点，也就成为实践研究中的一种缺点。因为这样关于实践的研究就不能深入和深化了。这是马克思哲学研究实践方面的不足，也是恰恰需要其他的哲学加以补充的方面。当然，马克思的使命是整个人类社会的解放，他和他的同事不可能把兴趣点集中于作为实践的一个领域的科学方面。我们不能苛求马克思。

---

　　① 《马克思恩格斯选集》第1卷，1995年版，第75页。俞吾金对照德文版，对此段话有所改动："使现存世界革命化，以实践的方式地反对和改变我们所遭遇的事物"，见俞吾金：《实践诠释学：重新解读马克思哲学与一般哲学理论》，云南人民出版社2001年版，第48页。

从实践解释学的角度看，俞吾金认为，马克思对于实践概念或者对于实践在解释上的作用的看法，在实践解释学上的贡献有这样一些：①

第一，实践活动是全部理解和解释活动的基础。俞吾金认为这是马克思对于解释学研究的第一个贡献。按照俞吾金：a）马克思指出了一切理解和解释活动都起源于实践。因为其中关于理解的基本条件都来源于实践（理解者的在世、健全的理智，以及通过语言进行理解）。b）马克思指出了一切理解和解释活动从内容上看都是指向实践活动的。马克思在《关于费尔巴哈的提纲》里这样说，"全部社会生活在本质上是实践的。凡是把理论引向神秘主义的神秘东西，都能在人的实践中以及对这个实践的理解中得到合理的解决"②。c）马克思指出了一切理解和解释活动功能都是服务于人的生存实践活动的。所以，马克思通过把实践概念引入解释学而澄明了一切理解、解释活动的本体论前提。

第二，实践活动的历史性是一切理解和解释活动的基本特征。俞吾金在研究了马克思的历史唯物主义特征后，指出在实践解释学的意义上，马克思把任何实践活动看作是现实的人在既定历史条件下所从事的活动，这种实践活动的历史性必然会导致理解和解释活动的历史性。比如，a）道德、宗教、形而上学和其他意识形式在实践基础的揭示后，就被脱去了独立性的外观；概念的历史也同时是其基础的实践的历史。b）在物质实践活动中占据支配地位的统治阶级，其思想和观念也必然在理解和解释活动中占据支配地位。这不就是一种权力解释学的观点吗?！因此马克思远比尼采、福柯更早地意识到权力与理解和解释活动之间的内在联系。c）近代社会的异化劳动带来的历史特征必然对于近代社会的理解和解释活动以深刻影响。

第三，意识形态批判是正确地进入解释学循环的道路。马克思了解理解和解释活动的历史性，他并不排斥这种历史性，因此，如何正确地进入解释学循环就成为重要的问题。马克思认为，一定时期的意识形态构成这个时期的理解和解释活动的总体背景，因此，理解者和解释活动参与者把自己置身于这种背景时，若无对于这种背景的意识，未经过对于意识形态的深刻反思

---

① 俞吾金：《实践诠释学：重新解读马克思哲学与一般哲学理论》，云南人民出版社2001年版，第82—90页。

② 《马克思恩格斯选集》第1卷，1995年版，第56页。

和批判时，就不可能洞察自己的先入之见有何问题。

第四，解构语言的"独立王国"幻象，揭示语言在人类生存实践活动中的起源。这表明，仅仅在语言学转向中，对理解和解释活动加以讨论是不够的，语言与人类实践活动密切相关，受到实践情境的极大影响。

第五，新的解释学方法的引入。按照俞吾金的提法，马克思主张两种方法，第一种方法就是还原（这当然与研究者现在站在现象学、解释学立场重新看待马克思有关），这颇像现象学的还原，因为马克思不仅要还原到文本，而且是要把文本还原到现实生活，即生存实践活动本身。第二种方法是考古。回到历史本身中，是理解和解释活动的前提和基础。当然，我们认为，这里的解释已经超越了马克思，就像科学哲学家引用维特根斯坦，不是为了忠实于维特根斯坦，而是为了从维特根斯坦出发。对于马克思的实践思想的运用，我们也认为，完全可以在不歪曲马克思的原意的同时，发展现时代的新的实践解释。

第三节　科学实践观与马克思实践观的联系与差异

事实上，马克思的实践思想，也是科学实践哲学的间接来源，尽管科学实践哲学的倡导者劳斯一再要把科学实践哲学与实践的唯物主义区别开来。我们看到按照俞吾金的提法，马克思的实践解释学中的许多思想与海德格尔、劳斯的观点有很大的一致性，不管劳斯是否吸收了马克思，他的前驱海德格尔是充分意识到马克思在实践问题上的重要影响的。

当然，其他的科学实践研究者也不是没有意识到马克思的影响。限于篇幅，下面我们着重讨论马克思的实践思想对于科学社会学、SSK、科学实践哲学的影响。

一、从马克思到STS① 的科学的社会研究

马克思对于科学实践及其后果的关心是尽人皆知的。当然，马克思对于

_____

① 这里的 STS 既是 Science, Technology and Society，也是 Science & Technology Studies，后面的科学的社会研究或者文化研究，也即后者意义上的 STS。

科学及其进步的关心，是出于为了社会变革。马克思和恩格斯向来都把科学的进步视为社会经济作为最大推动力的结果。科学也是推动历史进步的火车头。

很明显，科学和数学不是永恒的、普遍的柏拉图王国中的"超验之物"，不是凭借某种方法就能发现的。它们既不是"纯粹"精神活动的产物，也不是"天才人物"凭空捏造的。在任何社会形态中，占统治地位的认知方式都来源于实践活动，并且与某种占统治地位的生产方式和社会利益相适应。这的确是马克思主义关于社会中的科学的最被公认的观点①。而这些观点与后来的科学社会学和知识社会学所强调的科学中暗含着社会因素的思想如出一辙。例如，认为所有的知识都是以社会实践、文化和历史作为中介的，或者与它们共同演化的 SSK 或者后 SSK 的思想，今天这在后 SSK 或者作为实践和文化的科学研究中，是最为突出的思想观点基础。

事实上，STS 运动也并非不承认马克思主义传统的影响。

首先，马克思的实践思想影响了科学社会学。在马克思那里，关于科学和技术存在社会根源的洞见一直以来就是科学社会学的资源之一。马克思1847 年就断言：

> "人们按照自己的物质生产率建立相应的社会关系，正是这些人又按照自己的社会关系创造了相应原理、观念和范畴。所以，这些观念、范畴也同它们所表现的关系一样，不是永恒的。它们是历史的、暂时的产物"。②

贝尔纳曾把马克思主义关于科学与社会关系理解的贡献概括为："马克思主义的价值在于它是一个方法和行动的指南，而不在于它是一个信条和一种宇宙进化论。马克思主义和科学的关系在于马克思主义使科学脱离了它想象中的完全超然的地位，并且证明科学是经济和社会发展的一个组成部分，而且还是一个极其关键的组成部分。它这样做，也就可以剔除在整个科学历

---

① 贾撒诺夫等：《科学技术论手册》，盛晓明等译，北京理工大学出版社 2004 年版，第 79 页。
② 《马克思恩格斯选集》第 1 卷，1995 年版，第 142 页。

史进程中渗入科学思想的形而上学成分。我们正是靠了马克思主义才认识到以前没有人分析过的科学发展的动力"①。贝尔纳甚至完全按照马克思的观点指出，"科学实践是人类一切活动的原型"②。

马克思的实践和历史观点对于西方学者的影响还通过苏联学者以马克思主义的观点分析科学历史而得到了强化。1932 年，苏联代表团参加国际科学史大会时，提交了以马克思主义观点分析牛顿时代经济和社会对于牛顿科学的影响的论文。其中特别是赫森（Hessen，较前亦有译为格森、黑森，等等）的论文《牛顿〈原理〉的社会和经济基础》影响最为广泛。③ 贝尔纳对此做出的评论最能够说明问题："在英国，对辩证唯物主义的兴趣真正开始于 1931 年举行的国际科学史大会"，由于强大的俄国代表团参会，证明了："把马克思主义应用于科学，可以而且正在为理解科学史、科学的社会功能和作用提供多么丰富的新概念和新观点"④。贝尔纳甚至认为赫森这篇论文对于英国而言，"是对科学史再估价的起点"⑤，而编辑默顿《科学社会学》的诺曼．W·斯托勒不仅如此认为，而且指出它影响了一大批研究者，他说，"能够明显看到它的影响的地方，不是在斯大林的苏联，而是在英国，在那里，这种影响出现在那些政治上左倾的科学家如李约瑟、J．D·贝尔纳、兰斯洛特·霍格本和 J．B．S·霍尔丹的非常与众不同的史学著作中，而且还出现在像查尔斯·辛格、G．N·克拉克和赫伯特·巴特菲尔德等历史学家的反驳性文章中"⑥。

科学社会学发展里程碑式的人物默顿也深受赫森并从而受到马克思主义科学观和实践观的影响。默顿自己承认他的《十七世纪英格兰的科学、技术与社会》受到了赫森观点和方法的影响，在第 10 章的补遗中，默顿提及

---

① J．D．贝尔纳：《科学的社会功能》，陈体芳译，商务印书馆 1982 年版，第 550 页。
② J．D．贝尔纳：《科学的社会功能》，陈体芳译，商务印书馆 1982 年版，第 551 页。
③ 关于赫森的生平、影响，有两篇文献对此做出讨论（参见张明雯：《"格森事件"及其影响》，载《自然辩证法研究》2007 年第 8 期，第 78—82 页；赵红洲、蒋国华：《格森事件与科学学起源》，载《科学学研究》1988 年第 1 期第 14—23 页；赵红洲、蒋国华：《格森事件与科学学起源（续）》，载《科学学研究》1988 年第 2 期，第 6—16 页）。另外，北京大学博士生唐文佩正在细致研究赫森论文及其影响。
④ J．D．贝尔纳：《科学的社会功能》，陈体芳译，商务印书馆 1982 年版，第 523—524 页。
⑤ J．D．贝尔纳：《科学的社会功能》，陈体芳译，商务印书馆 1982 年版，第 524 页脚注。
⑥ R．K．默顿：《科学社会学》，鲁旭东、林聚任译，商务印书馆 2003 年版，编者导言第 10 页。

克拉克1937年的一篇评论赫森论文的观点"过分简化了这一时期科学的社会和经济方面"时，为赫森做出了辩解，指出自己的论文"前三章（即7—9章），尽管有某些解释上的差别，都大大受惠于赫森的工作"①。默顿确实在自己的论文和著作中多次提及赫森，② 特别在第7章指出他将密切遵循赫森的技术性分析来研究某些经济增长所提出的科学技术问题，他说，"如果仔细地研究，就会发现赫森教授的方法为用经验方法决定经济增长与科学增长之间的关系提供了十分有益的基础"③。比如，第9章（科学与军事技术）的讨论，默顿让人们比较赫森的工作④，并且在注释中提到赫森，认为该章的讨论"大大受惠于赫森"⑤。还有第10章的经验分类也是受到赫森的启发，并借鉴了赫森的研究。当然，默顿也批评了把科学阶级化的倾向。⑥

在SSK和后来发展起来的科学的社会研究中，马克思的思想也是有所影响的。例如，默顿在讨论知识社会学时，也多次指出马克思和恩格斯科学观和实践观对于知识社会学的重要影响。默顿认为，"马克思主义是知识社会学风暴的中心"⑦。马克思主义关于"物质生活的生产方式制约着整个社会生活、政治生活和精神生活的过程。不是人们的意识决定人们的存在，相反，是人们的社会存在决定人们的意识"⑧ 的思想始终是知识社会学讨论的重心之一。默顿在《知识社会学的范式》的文章中就讨论了从马克思主义到曼海姆的知识社会学传统（默顿，2003）⑨。默顿还特别指出，马克思主

① 罗伯特·金·默顿：《十七世纪英格兰的科学、技术与社会》，范岱年等译，商务印书馆2000年版，第260页脚注。

② 默顿在《科学社会学》中有5处不仅提及赫森及其影响，而且坦言自己和西方学者所受到赫森的这种影响（默顿，2003，xv，xvi，21n，36n，204n）。当然，前两处是编者导言的作者斯托勒的引用，然而这种引用却是着重于默顿对于赫森影响的重视。

③ 罗伯特·金·默顿：《十七世纪英格兰的科学、技术与社会》，范岱年等译，商务印书馆2000年版，第190页脚注⑤。

④ R. K. 默顿：《科学社会学》，鲁旭东、林聚任译，商务印书馆2003年版，第279页脚注①。

⑤ 罗伯特·金·默顿：《十七世纪英格兰的科学、技术与社会》，范岱年等译，商务印书馆2000年版，第238页脚注①。

⑥ 例如，默顿指出，赫森和布哈林都认为"只有'无产阶级的科学'才会对社会现实的某些方面有正确的见解"，默顿认为这是值得商榷的（默顿，2003，第28页）。

⑦ R. K. 默顿：《科学社会学》，鲁旭东、林聚任译，商务印书馆2003年版，第16页。

⑧ 《马克思恩格斯选集》第2卷，1995年版，第32页。

⑨ R. K. 默顿：《科学社会学》，鲁旭东、林聚任译，商务印书馆2003年版。

义的知识社会学传统有一个与众不同的特点是，"它不把功能归之于作为一个整个社会，而是归之于社会中独特的阶层。这一点不仅对意识形态思维是如此，对自然科学也是如此"①。默顿这里指的是，科学与技术成为统治阶级进行控制的工具。如果说，这个观点在默顿时代，特别是提倡科学自主性的那些学者那里，是一个有问题的命题或者观点，那么在今天，在海德格尔、福柯和劳斯的视野里，这不仅就是他们的学说本身的内容，而且也是他们一直企图证明的东西，在这一点上或者在某种意义上和某种程度上，马克思是他们的先驱。

例如，在著名的《科学技术论手册》（英文版，1995；中文版，2004）有多处提及马克思以及马克思主义的贡献。其中雷斯蒂沃所撰写的第五章"科学论的理论景观"，专门辟出一节"马克思主义科学论"，讨论了马克思主义对于科学的社会研究思想，尽管其结论有简单化的特征，但是也客观地表明了马克思主义的科学社会研究传统也是科学社会学和科学的社会研究中不可忽视的组成部分。此外在讨论社会建构论方面，认为社会建构论的古典来源之一也和马克思有关②。

二、从马克思到 SSK 的实验室研究

在 SSK 中，特别是 SSK 的经验研究中，业已发展出一个把实验室作为科学文化研究的一个方向，其中主要代表人物有拉图尔、伍尔伽、塞蒂娜和林奇等人。需要指出的是，其中塞蒂娜赞赏式地引用马克思的思想和格言，为科学的实验室文化研究寻求科学实践上的概念支持。例如，塞蒂娜就公开承认 SSK 的实验室研究中的实践思想受到马克思实践概念和思想的影响。塞蒂娜在讨论建构论的两种渊源时，在指出建构论的第一种思想渊源——我们的经验世界是按照人的范畴和概念组织起来的——之后说："建构论的第二种渊源可以在下述思想中找到：世界是通过人类的劳动建构起来的。如果把这种观点运用到人类制度中来，就集中地体现在马克思那句著名的口号中：'人创造了自己的历史'。尽管马克思还补充到，他们也受到历史的各

---

① R. K. 默顿：《科学社会学》，鲁旭东、林聚任译，商务印书馆 2003 年版，第 47—48 页。
② 贾撒诺夫等：《科学技术论手册》，盛晓明等译，北京理工大学出版社 2004 年版，第 83 页。

种限制"①。有学者认为，正是由于马克思把实践概念引入到哲学领域，马克思在这个领域已经发动了一场划时代的革命②。还可以加一句：这个领域不仅包括科学研究领域，而且在科学研究领域掀起了一场实践转向的风暴。

的确，在新的实验室的社会文化研究中，已经发展出多样性的方向：拉图尔和伍尔伽的实验室人类学考察，后面又由拉图尔和卡伦发展成为具有符号学色彩的行动者网络研究；而塞蒂娜的早期的实验室建构论研究已经发展成为实验室的文化研究；林奇在研究实验室的科学实践时运用了常人方法论的方法；特拉维克则通过符号人类学的方式对于高能物理学的建构过程进行了分析；藤村也类似地讨论了分子生物学的实践多样性形成的对于处于多学科边界的对象的标准化整合问题。

在把科学实践的社会建构论研究运用于实验室研究时，或者在以社会学观点观察实验室时，人们发现，并不存在原初的、裸露的"事实"，"建构论研究揭示了那种被黑箱化为'客观的'事实和'被给予的'事物的活动过程。它们也揭示了似乎是铁板一块的、令人惊叹的合理系统背后的日常过程。……建构论是实验室研究对在实际的科学活动中观察到的微观过程所作的回应"③。

所谓"建构"（constructation），其基本思想是说，"建构论……仅仅是认为，'实在'或'自然'应该被看做是这样一种实体：它们通过科学活动和其他活动不断地被改写"④。我们如果在这个意义上比较马克思的能动性概念，它们有何区别呢？让我们再次看看马克思关于实践能动性概念的一些经典话语：

"从前的一切唯物主义——包括费尔巴哈的唯物主义——的主要缺

---

① 塞蒂娜语，参见贾撒诺夫等：《科学技术论手册》，盛晓明等译，北京理工大学出版社2004年版，第115页，引用时有改动。

② 俞吾金：《实践诠释学：重新解读马克思哲学与一般哲学理论》，云南人民出版社2001年版，第78页。

③ 塞蒂娜语，参见贾撒诺夫等：《科学技术论手册》，盛晓明等译，北京理工大学出版社2004年版，第114页，引用时有改动。

④ 塞蒂娜语，参见贾撒诺夫等：《科学技术论手册》，盛晓明等译，北京理工大学出版社2004年版，第115页。

点是：对对象、现实、感性，只是从客体的或者直观的形式去理解，而不是把它们当作人的感性活动，当作实践去理解，不是从主体方面去理解。因此，结果竟是这样，和唯物主义相反，唯心主义却发展了能动的方面，但只是抽象地发展了，因为唯心主义当然是不知道现实的、感性活动本身的"。① "……最蹩脚的建筑师从一开始就比最灵巧的蜜蜂高明的地方，是他在用蜂蜡建筑蜂房以前，已经在自己的头脑中把它建成了。劳动过程结束时得到的结果，在这个过程开始时已经在劳动者的表象中存在着，即已观念地存在着。他不仅使自然物发生形式变化，同时他还在自然物中实现自己的目的"。②

马克思在《提纲》中的"能动"概念，对应的德文和英文词分别是 tätig 和 active。tätig 在德文里是形容词，"活动着的、积极的、实际的"，它与 Tätigkeit（职业、工作、活动）有直接的词源上的联系，后者是前者的形容词名词化。所以，在马克思的语境中，"活动"本质上就是能动的力量的外化，标志着人区别于自然界的特征。

在《科学技术论手册》第七章第 4 节，塞蒂娜用的"建构"一词，从其涉及的社会学建构主义思想语境，特别是伯格和勒克曼的《实在的社会建构》来看，在德文里应该是"Konstruktion"，这个词应该不是德语的内生词汇（德语里表达"建造"的词应该是 Bauen），而很可能是由英语 construction 转译过来的。所以从词源上说，没有太多的区别于英语语境的含义。

"能动"与"建构"的联系在于，对于社会科学而言，所有社会实在都是被能动地建构起来的。能动作用与社会结构的矛盾始终是社会科学面对的基本难题。建构主义的思想主要是反对认为静态的社会结构决定人的行动，强调结构总是在行动中生成的。塞蒂娜正确地指出，建构论的思想渊源出自康德，但康德的建构主义还局限于意识哲学的论域，即是范畴、概念对经验材料的对象性建构；她敏锐地把"劳动"的建构论思想归结于马克思的哲

---

① 马克思：《关于费尔巴哈的提纲》，载《马克思恩格斯选集》第 1 卷，1995 年版，第 58 页。
② 马克思：《资本论》第 1 卷，载《马克思恩格斯全集》第 23 卷，1972 年版，第 202 页。

学传统，这也是正确的，只是也应该看到，马克思的哲学革命正是把康德的批判哲学引向了社会实际状况的改变。社会学论域中的建构主义则首要地渊源于现象学哲学的影响，胡塞尔现象学经由舒茨影响了伽芬克尔和常人方法学，这一脉络中的建构主义主要强调，任何"事实"都是在具有反思能力的行动者的实践互动中产生的意义建构，实践者是能动地而非被先在结构决定地赋予其主观意义。塞蒂娜的实验室研究应该是两边都占，一方面，实验事实是微观协商互动的结果；另一方面，也是运用物质装置实际地改造具体情境的结果。前者是现象学的，后者是马克思哲学的。

但值得注意的是，在这里被提到的"马克思"仅只是其历史辩证法的"主体向度"，即强调能动的活动建构"事实"的层面。当马克思在批判古典政治经济学对所谓"事实"的界定时，这一向度表现得特别明显。但是，马克思的历史辩证法还有其"客体向度"，即强调所有能动的建构都不能不以先前存在的事实、结构作为前提条件。综合起来说就是：人创造了自己的历史，但每一代人都不能随心所欲地创造历史。转换到科学实践的语境，就是说实验事实的确是被能动地建构的，但具体的实验情境、共同体的学术规范等先行条件决定了能动作用可以发挥的边界。正是主体向度和客体向度的结合，表明马克思是一位真正的实践理论家；而对塞蒂娜的实验室研究来说，如何结合这两个向度，而不仅仅局限于现象学传统的"建构"意义上，就是一个很有必要探讨的话题了。

认真地比较和分析，我们会发现建构论的建构概念与马克思上述的实践能动性概念具有同构性。在马克思主义那里，所谓实践，是人类主观见之于客观的改造世界的活动。主观见之于客观，即主观能动性，建构的是什么呢？按照塞蒂娜的观点，建构即通过行动者的活动改变了的对象及其过程。在人与实在打交道的过程中，没有裸露的事实，不论马克思的实践概念还是塞蒂娜的建构概念都指认这个共同的主题。实践的能动性即不是被动地适应环境，马克思说，"环境的改变和人的活动或自我改变的一致，只能被看作是并合理地理解为革命的实践"①。人或者行动者影响事实的形成，实践型塑实践中的人和周遭环境。这就是建构论，也是马克思的实践能

---

① 《马克思恩格斯选集》第 1 卷，1995 年版，第 55 页。

动性观点的核心。

皮克林对于 SSK 的科学实践概念的认识比较深入,他一针见血地指出,SSK,正如它的名称所表明的,它仍然以主要的精力把科学知识作为一种知识看待,由于这样的观点,即便 SSK 是从科学实践出发或者是以科学实践为基础,但是科学知识的图景仍然呈现出,实践是一种服务性的手段,是科学家的概念网络为适应环境而实现的一种创造性扩展而已。借助卡龙的行动者网络理论,SSK 中的一些学者沿袭着维特根斯坦和库恩的思想,认为,概念网络借助科学实践,通过建模或者类比而扩展,而且建模是一个无尽开放的过程,这样实践的可能性空间是无穷的。这些思想当然是非常有意义的,然而,它给 SSK 带来一个问题,开放的无尽性,应该使得科学有无数种类或者无数发展的可能性,但是为什么今天的科学仍然体现出某种统一性呢?于是 SSK 求助于社会利益来结束争论和发展的分歧性,认为,概念网络的最佳扩展结果是按照体现科学共同体最佳利益的方向进行的。皮克林认为,这就是 SSK 对于实践的说明,而这种说明是非常褊狭和不足的。①

皮克林进一步分析了 SSK 意义上的实践概念的积极意义和消极意义。我们可以通过这种分析一瞥 SSK 的科学实践概念的含义和对于科学研究的意义。通过解读皮克林的观点,我们可以看到,SSK 的科学实践概念的积极意义是,SSK 毕竟通过科学实践说明了概念网络的运行和运行结果与社会建构的关系,科学实践在说明科学运行中发挥着辅助性的说明功能,与以往的传统科学哲学相比,科学实践在说明中得到了使用,获得了地位和意义。消极意义是,如果把 SSK 这种科学实践真正看成为科学实践和科学文化的实际图景或者规范性图景,而不是仅仅看成为一种理解知识的辅助性说明,那么,这肯定是有问题的。这种概念的错误就在于,它仍然太过理想,太过单一,不能帮我们把握科学技术发展的复杂情境。特别是 SSK 主流把实践过程看作为利益协商的过程,太过还原性了,当然这种还原不是自然向度的而是社会向度的。②

---

① Andrew Pickering (ed). Science as Practice and Culture. Chicago and London: The University of Chicago Press, 1992. p. 4.

② Andrew Pickering (ed). Science as Practice and Culture. Chicago and London: The University of Chicago Press, 1992. pp. 4—5.

正是基于 SSK 早期和中期还停留在对于科学实践较为抽象的讨论上，一部分 SSK 学者开始关心科学实践的物质维度。当然，这种物质维度在 SSK 那里也经常地表现为社会利益和社会的相对性，即似乎社会利益和社会相对性就代表了物质维度，后期 SSK 研究意识到不能用社会维度替代物质维度，物质维度也包括自然的作用。在研究开始后，令 SSK 始料不及的是，这种维度一旦展开，立刻就在多个维度上开放起来：第一，深入实验室的话语和文本研究，不仅打开了话语实践研究的大门，而且丰富了概念实践的认识和内容；第二，对于实验室研究的活动的解释打开了朝向解释学的维度；第三，关心实验室物质力量的作用的研究与新实验主义的科学实践进路联系起来了。也恰恰是这几点上，科学实践哲学从 SSK 中获得了大量资源。

三、从马克思到科学实践哲学的研究

劳斯在《知识与权力》中有 7 处提及马克思和马克思主义。其中既有肯定也有批评。在《参与科学》中有 6 处提及马克思和马克思主义，而在《科学实践何以重要》中有 1 处提及马克思。我们这里不是要找出科学实践哲学的倡导者劳斯有多少直接或间接借鉴了马克思的实践思想，而是要挖掘它们之间的共同之处和差异之点。寻找他们在科学实践上的独特观点。当然，我们也必须有一个理论的支点，我们将以新兴的科学实践哲学作为考察的依托来对比地进行历史回溯，寻求马克思实践思想到科学实践哲学的连接之点。

第一，马克思不赞成理论优位的传统，并且把它视为唯心主义的传统。而科学实践哲学则在科学哲学领域展开了对理论优位传统的猛攻。我们知道，新兴的科学实践哲学是批判传统科学哲学的理论优位传统的。而早在一个半世纪之前，马克思就强调科学的现实性和感性实践基础，把工业理解为自然科学与人之间的现实的历史关系，这在事实上批判了理论优位的唯心主义传统。

马克思和劳斯看待科学的观点也是近似的。他们都把实践作为科学的适宜基础。

马克思指出，"感性必须是一切科学的基础。科学只有从感性意识和感性需要这两种形式的感性出发，因而，科学只有从自然界出发，才是现实的

科学"①。这就把实践作为科学的基础，把科学置于实践基础之上了，用今天科学实践哲学的术语说，这是提倡着实践优位的观点。

马克思还指出，"人的思维是否具有客观的真理性，这不是一个理论的问题，而是一个实践的问题。人应该在实践中证明自己思维的真理性，即自己思维的现实性和力量，自己思维的此岸性。关于离开实践的思维的现实性或非现实性的争论，是一个纯粹经院哲学的问题"②。

比较劳斯下面的话，可以看到两者是多么地一致：

> ［我］同时在认识论和政治上将科学看作是实践技能和行动的领域，而不仅仅只是信念与理性的领域。③
>
> 只有作用于世界，我们才能发现世界是什么样的。世界不是处于我们理论和观察的彼岸的遥不可及的东西。它就呈现在我们的实践中，就是当我们试图作用于它时，它对于我们的抵制或者接纳。科学研究与我们所做的其他事情一起改变了世界，也改变了它得以呈现的方式。我们不是以主体表象对象的方式来认知它，而是作为行动者来把握、领悟这些可能性的，在其中我们也发现了我们本身④。

第二，马克思还借助必须使用实践方式解决理论问题的认识批判了理论优位的哲学立场。马克思说："我们看到，理论的对立本身的解决，只有通过实践方式，只有借助于人的实践力量，才是可能的；因此，这种对立的解决绝对不只是认识的任务，而是现实生活的任务，而哲学未能解决这个任务，正是因为哲学把这仅仅看作理论的任务"。⑤ 这些话语和观点与一个半世纪之后的科学实践哲学的倡导者劳斯如下的话语和观点何其相似啊：

---

① 马克思：《1844 年经济学哲学手稿》，2000 年第 3 版，第 89—90 页。
② 马克思：《关于费尔巴哈的提纲》，见《马克思恩格斯选集》第 1 卷，1995 年版，第 58—59 页。
③ J. Rouse, Knowledge and Power: Toward a political philosophy of science. Ithaca and London: Cornell University Press, 1987: xi.
④ J. Rouse, Knowledge and Power: Toward a political philosophy of science. Ithaca and London: Cornell University Press, 1987: 25.
⑤ 马克思：《1844 年经济学哲学手稿》，2000 年第 3 版，第 88 页。

哲学家通常都假定，科学可以被看作是陈述之网；而新经验主义让我们看到了这样一种可能性，即最好把科学理解为活动和成果的交织。[①]

科学哲学家很大程度上并不关心科学实践和科学成果在实验室之外的拓展。……哲学家担负起了对科学做批判性反思的任务，但他们的反思几乎完全置身于科学事业内部。[②]

这几段话不仅非常相似，而且精神上也极为一致。哲学家如果持有理论优位的立场，那么就会只关心理论的发展，而且还会忘记实验的改变和创造世界的作用，甚至只把实验作为检验理论的手段和标准。

劳斯在《知识与权力》的序言里就指出了类似一些优秀的理论被英美哲学家视为非科学的、令人反感的意识形态的东西，这其中包括马克思主义，[③] 表示了他对于马克思实践思想的认同，当然在劳斯那里也有对于马克思主义的权力观和知识观的批判。但是，两人思想在此的如此一致，则是一种共同的对于理论优位传统的反叛。如果说马克思是以实践为基础，来解释和改造整个社会，那么，劳斯则不自觉地以科学实践为基础和武器，来改造被传统科学哲学扭曲了的科学形象。

第三，马克思先在地运用了实践解释学的方式，而海德格尔把实践解释学的方式体系化，并且使得它自觉地成为解释和介入混合一体的方式。劳斯则直接继承和批判了海德格尔的实践解释学，形成了更为彻底的实践解释学。

让我们首先做一些比较，然后再对他们的观点进行评述。

马克思的观点："哲学家们只是用不同的方式解释世界，而问题在于改变世界"。[④] 马克思把解释还原为介入世界，改造世界的方式。马克思认为，只有介入世界，我们才能解释世界，这种实践本身也是解释。当然，马克思

---

① J. Rouse, Knowledge and Power: Toward a political philosophy of science. Ithaca and London: Cormell University Press, 1987: 22.

② J. Rouse, Knowledge and Power: Toward a political philosophy of science. Ithaca and London: Cormell University Press, 1987: viii.

③ J. Rouse, Knowledge and Power: Toward a political philosophy of science. Ithaca and London: Cormell University Press, 1987: ix.

④ 马克思：《关于费尔巴哈提纲》，载《马克思恩格斯选集》第 1 卷，1995 年版，第 61 页。

的重点是改造，改造过后就会出现新的解释。

海德格尔在实践解释学上的观点主要包括：

1. 日常实践已经体现了对世界的解释，日常实践是对于生活世界的最好诠释；这种认识使得我们更加关注日常实践与科学实践的联系。

2. 在我们做的过程中我们已经解释了自身和世界，我们的日常实践和我们实践的取向塑造了我们当下的状态，并不断地重塑着我们；因此，最为重要的是做的实践及其意义的重构。

3. 我们的实践和这些实践所包含的解释是紧密相连的，特定行为的可理解性和解释意义，是由其所属的实践、角色和所用设备的一致性产生的；

4. 我们的可能性不是来自基础性信念，而是来自于在世的方式；

5. 理解总是地方性的、生存性的；不是对于世界的概念性把握，而是对于要如何打交道的世界的施行性把握。

海德格尔经常把日常活动本身看作为一种解释。为什么我们的日常实践体现了对世界的解释呢？这意味着什么呢？海德格尔的观点是：首先，我们是以多种方式考虑我们身边的事物的，我们使用工具，并在使用工具中，工具的用途得到了定向、受到了注目、获得了意义和功能。事物为何和如何都以我们和周围事物打交道的方式呈现出来。所以①，在我们做什么以及如何做的过程中，我们解释了自身和世界；我们的日常实践和我们实践的取向塑造了我们当下的状态，并不断地重塑我们。其次，按照海德格尔的理论，空间和时间是按照我们居住于空间的方式，活动于时间之中的方式，所组织起来的。总结地说，我们参与世界的方式所展示的风格，就是对什么是存在的解释，对世界事物的解释。再次，为什么说我们的实践和这些实践所包含的解释是紧密相连的呢？海德格尔认为应该从我们的实践对设备的依赖性以及设施之间的依赖性入手加以论证。

海德格尔指出："严格地说，从没有一件这样的东西作为用具'存在'……用具总是根据对其他用具的从属关系而确定。这些'事物'决非最切近地显现它们本身，以至于作为实在之物的总和塞满某个房间。与我们

①　J. Rouse, Knowledge and Power: Toward a political philosophy of science. Ithaca and London: Cormell University Press, 1987: 59—60.

最切近照面的东西（虽然不是专题性地）是房间，而房间不是几何空间意义上的'四壁之间'，而是一种可居住的用具。这里'安排'突现出来了，并且在这里，用具的任何'单个'项目都展现了自身"。

当然，海德格尔实践思想中仍然存留着理论解释学的某些东西，劳斯批判了这些残余。

（1）海德格尔通过对于上手状态与现成在手状态的区分，人为地造出实践与理论的断裂关系。理论则是我们与实践不同的面向世界的一种崭新的方式，虽然它源于实践，但是却与实践脱钩。

（2）海德格尔误解了理论表象本身的实践。他几乎没有把科学研究作为一种做事的活动来看待。当把科学看作是对自然界的去情境化的数学筹划时，海德格尔关注的是理论认知的存在条件。他也没有进一步思考理论认知是如何发展的，在活动中，难题是如何被克服的这种活动性特征。海德格尔对于科学的讨论只集中于对最终成果的解释，集中于这种解释与日常寻视性关怀之间的关系。他研究的问题不是在科学中怎样进行研究，而是我们如何理解普遍性的理论。[①]

（3）海德格尔也误解了实验在科学中的地位和意义。在《存在与时间》中，海德格尔隐含地赋予科学实验以从属的地位。

为什么海德格尔会这样呢？第一，海德格尔只关心解释我们如何理解理论命题，海德格尔讨论的问题并不特别针对研究过程和活动，这就混淆了不从事科学研究的人想要理解科学与实际参与科学的人所面临的问题。第二，他同样接受了哲学家流行的观点，即如果实验与理论分离，就没有任何认知内容，[②] 因此在哲学上关心实验没有哲学意义。第三，考察实验不如考察理论，因为观察渗透理论，实验没有自己的生命[③]在较弱的意义上，考察了理论就等于考虑实验。理论的确很重要，它告诉我们应该在哪里观察，应该观

① J. Rouse, Knowledge and Power: Toward a political philosophy of science. Ithaca and London: Cormell University Press, 1987: 80.

② J. Rouse, Knowledge and Power: Toward a political philosophy of science. Ithaca and London: Cormell University Press, 1987: 96.

③ J. Rouse, Knowledge and Power: Toward a political philosophy of science. Ithaca and London: Cormell University Press, 1987: 97—98.

察什么，应该如何做出解释。① 但是，理论优位的科学观至多只把观察和实验的重要性看成它是检验理论的标准，完善理论和修正理论的方法。对于这一点，劳斯以实践解释学的方式指出：

> 在这一情境下，很容易忘记科学研究实质上也是一种实践活动。我所说的实践活动并非是说科学以应用为目的的活动，而是指实践技能和操作对于科学自身所实现的成果而言是决定性的实践活动。实验者的实验成果为理论工作提供了绝大部分的材料，然而这些技能和成就却很少在哲学上得到应有的评价。而且，即便是理论也比哲学家通常所理解的要更具实践性和技巧性。因此，这里的问题不是出在是否忽视了科学的一个方面（实验），而重视了另一方面（理论），而是从整体上扭曲了对科学事业的看法。②

很明显，海德格尔与劳斯的观点与马克思的观点，在总体上是一致的，而在一些方面存在差异。首先，劳斯在表 2 中梳理的实践解释学与理论解释学的差异，也是海德格尔与劳斯的实践解释方面的差异。

表 2　劳斯梳理的实践解释学与理论解释学的差异

	实践解释学	理论解释学
解释发生的情境	所用设备、人和物理场所塑造地方性情境	信念之网，普遍性
解释被置于的位置	在场与不在场的塑造中	表象的背景下
预设的前理解	生活形式	理论
采取的形式	熟练地认识我们在世的方式	关于世界的理论知识
解释者	涉身（embodied）的，处于世界之中	高高在上，与表象世界对立
解释的揭示	存在是什么，展现它	事实是什么，言说它
解释关注的对象	所切近之事物	所发生之事物

注：根据 Rouse, J. Knowledge and Power：Toward a political philosophy of science. Ithaca and London：Cormell University Press, 1987, chapter 3 总结。

----

① J. Rouse, Knowledge and Power：Toward a political philosophy of science. Ithaca and London：Cormell University Press, 1987：100.

② J. Rouse, Knowledge and Power：Toward a political philosophy of science. Ithaca and London：Cormell University Press, 1987：x – xi.

而看到马克思关于工业使得自然科学与人的生活联系起来了的观点，则发现马克思与科学实践哲学观点的近似性：

> 自然科学……通过工业日益在实践上进入人的生活，改造人的生活，并为人的解放作准备，……工业是自然界对人，因而也是自然科学对人的现实的历史关系。因此，如果把工业看成人的本质力量的公开的展示，那么自然界的人的本质，或者人的自然的本质，也就可以理解了；因此，自然科学将失去它的抽象物质的方向或者不如说是唯心主义的方向，并且将成为人的科学的基础，……说生活还有别的什么基础，科学还有别的什么基础——这根本就是一种谎言。①

当然科学实践哲学的视域要比马克思的视域小，科学实践哲学局限于科学领域，把实验室作为使得自然科学与人的世界联系起来的桥梁。这在今天，可能是对马克思实践观的一种细致的发展，因为工业渗透了更多的科学因素，而科学的实验室研究常常成为工业研究的先导。

第四，在科学实在论方面，马克思的实在一定是有人存在的实在，因此是人与世界互动的实在，是真实的工业世界的社会性存在。因此，如果哈金的实在是操作的实验实在论，而劳斯的是超越实在论和反实在论的消解实在问题。那么，马克思反对抽象的讨论实在。因为"关于离开实践的思维的现实性或非现实性的争论，是一个纯粹经院哲学的问题"。② 这点与科学实践哲学不谋而合，在一定意义上是科学实践哲学的先导。

哈金这样说过，"假定实体或推论实体之实在性的最好证据是，我们可以测量或者理解其因果效力。顺次，我们具有这种理解的最好证据是，我们能够进一步地从这种或者那种因果联系中做出事情，不管是从偶然地做事，还是到制造出能可靠运转的机器。因此，工程化，而不是理论化，才能为关于实体的科学实在论提供最好的证据"。③ 很明显，马克思的真理与真理证

---

① 马克思：《1844年经济学哲学手稿》，2000年第3版，第89页。

② 马克思：《关于费尔巴哈的提纲》，载《马克思恩格斯选集》第1卷，1995年版，第59页。

③ I. Hacking, Representing and Intervening, Introductory Topics in the Philosophy of Natural Science, Cambridge: Cambridge University Press, 1983: 274.

实与实践关联的观点表明，这与哈金的实验和工程实在论的思想如出一辙。同样，只不过马克思是在更大的视域里说事，而哈金仅仅把工程及其过程看作是证明实在论这种哲学思想的一个明证。

第五，科学实践蕴含政治或者权力，这是马克思、福柯和劳斯共同的观点。人们经常有某种误解，认为马克思的科学蕴藏权力的观点是一种外在论的观点，而福柯和劳斯的观点则是一种内在论的观点。事实上，马克思早就洞察了科学与权力之间的关系。在讨论资本主义早期的技术时，他曾经引用19世纪资本主义辩护士尤尔关于自动走锭精纺机的发明的话："它的使命是恢复工业阶级中间的秩序……这一发明证实了我们已经阐述的理论，资本迫使科学为自己服务，从而不断地迫使反叛的工人就范"。[①] 如果说，今天能够消除马克思实践科学观中关于知识与权力的外在论观点误解的，应该是从福柯到科学实践哲学的知识与权力关系的深刻认识的发展。它让我们了解到原来被视为外在论的马克思主义的科学与政治关系或者科学与权力关系的那些论述其实也可以做内在论理解。

譬如，马克思在《1861—1863年经济学手稿》中针对他的时代说过，"科学对于劳动来说，表现为异己的、敌对的和统治的权力"[②] 的观点，事实上述说了工业生产过程中科学的分析的知识，另一方面，它又与个别工人的知识、经验和技能的分离，工人必须受到科学及其生产过程的知识规训。这一方面让工人掌握必要的程序规程；另一方面，使得工人与系统、全面的科学知识相互分离，这就是资本的权力需要。这就使得科学成为资本的奴仆，为资本服务。

在科学实践哲学中，一个基本的观点就是实验室实践及其拓展内在地包含着权力关系。[③] 其内容包含如下的观点：第一，实验室实践与福柯所给出的规训权力之间相互重合、相互强化，施加于人的和控制、操作事物的能力训练之间的政治是无法区分的。第二，实验室实践及其扩展已经在我们的生活中引入了新的限制形式，它们极大地改变了人类行动的可能性或者可理解

---

① 马克思：《资本论》，载《马克思恩格斯全集》第23卷，1975年版，第478页。

② 马克思：《1861—1863年经济学手稿》，载《马克思恩格斯全集》第47卷，1976年版，第571页。

③ J. Rouse, Knowledge and Power: Toward a political philosophy of science. Ithaca and London: Cornell University Press, 1987: 244.

性，向我们提出了新的要求，使得科学与我们的日常生活完全结合起来。第三，这些限制具有与传统权力关系截然不同的形态，它们不是施加于特定的人和事物，而是遍布在我们的相互关系与对事物的处理，以及最为琐碎、普通的日常活动中。它们构成了实践性型塑。其中最直接的影响来自于工具、设施和技能等等。通过这些我们改变我们自身以及生活和对生活的理解。在科学实践哲学里，权力不仅仅是科学实践赋予我们的对于自然的权力，需要受到直接的政治理解的和政治批判的，恰恰是这些实践对我们自己、对我们生活方式的影响。①

在关于科学实践的政治维度蕴含的讨论中，实际上出现过多种论旨，比如，自由主义的论旨，希望科学有一种独立于政治的自主性；而解放主义的论旨则认为科学既能够与资本结合，也能够与大众结合，这需要社会制度的变革，以创造适宜科学发展同时又具有解放人的意蕴。劳斯认为，马克思主义基本属于解放主义论旨范畴。总之，科学实践哲学的实践概念蕴含的政治权力关系的观点与马克思的科学与政治关系只有细致的差别，而没有本质性的差别。

第四节　科学实践研究的进一步发展趋势

在马克思时代，科学实验室刚刚建立，德国的大学实验室是这个方面的先驱。然而，这种还局限在大学中的实验室的力量还没有扩展到社会，影响社会，因此，我们不能苛求马克思对于科学实验室的作用和社会意义有天才般的预见。

正是在这点上，SSK 的实验室研究和科学实践哲学做了细致分析，在这个意义上，我们可以说，这是 SSK 与科学实践哲学同马克思的最大区别。

其实，不论是科学实践哲学的新实验主义进路也好，科学实践的解释学进路也好，SSK 中关于实验室研究的进路也好，实验室都被赋予新的本体论和认识论地位及意义，它既具有本体意义，也是一个认知概念，而不仅是认

---

① J. Rouse, Knowledge and Power: Toward a political philosophy of science. Ithaca and London: Cormell University Press, 1987: 244—247.

知的场所而已。事实上，早在科学实践哲学诞生之前，在 SSK 中，如塞蒂娜（Cetina）就认为，科学实验室概念已经代替了实验概念之于科学史和科学方法论的意义；实验室语境——由仪器和符号的实践构成，科学的技能活动根植于此。正是实验室使得实践概念成为一种文化实践的概念。实验室在科学哲学研究中已经成为一种重要的理论概念，实验室本身已成为科学发展的重要的代理者。塞蒂娜甚至认为这个代理过程如下：实验室研究成为事物被"带回家中"的自然过程；它使自然对象得到"驯化"；使自然条件受到"社会审查"。实验室重要的意义还在于提升了"社会秩序"和"认知秩序"。①

传统科学哲学仅仅认为实验室是产生知识的场所，仅仅在科学知识产生的源头给予实验室一个位置，而后科学知识和理论的发展均与实验室无关，这使得实验室有点像牛顿框架下的空间，实验的展开与否与具体实验室之情境无关；而新的科学实践哲学给予实验室以重要地位，则使得实验室之于实验和理论有点像爱因斯坦的相对论时空之于其中的物质一样，任何科学实验离不开具体的科学实验室，实验室与科学实践密切关联。

科学实践哲学认为：

1. 实验室是建构知识的研究场所与情境，具体实验室对于科学知识的产生与辩护起着决定性的作用。由于知识是地方性的，因此知识作为其实践的维度，必定含有实验室特征，对象经过巨大改造之后，已经不再是纯粹自然的东西；

2. 实验室作用是：隔离——操纵对象，使得被研究事物清晰化；

3. 实验室以工具、设备和技能介入研究，实验室本身就是研究活动的组成部分，科学实践与实验室密切联系；

4. 实验室还提供了追踪实验过程的全程性认识；没有实验室，科学实践就成了无本之木，无水之源；

5. 实验室更提供了新科学资源的实践性理解、文化性理解的基础。

在实验里，我们能动地与物质世界打交道。无论按照哪种方法，实验都包括一种实验过程的物质实现（研究的对象、仪器和它们之间的相互作

---

① 贾撒诺夫等：《科学技术论手册》，盛晓明等译，北京理工大学出版社 2004 年版，第 112—113 页。

用）。问题是：科学实验的活动和产品特性对于哲学上关于科学的本体论的、认识论的和方法论的论题的争论有什么意义？

科学实践哲学中的新实验主义哲学认为，给予科学实验以更多和更基础的关注的本体论意义在于：一种关于实验科学的更适当的本体论说明需要相应的某些配置性概念，而传统科学哲学是理论优位的哲学，没有对此给予足够的关注和重视。

例如，关于实验设计的实践，实验再生产能力的角色和自然作为机器的概念的考察；在实验中必需的图示符号使用，"虚拟观察"的程序，仪器使用中专家角色；人的精神在实验本体中的作用。

再例如，可能性、能力、倾向，或许应进入实验科学哲学的本体论研究。而其认识论意义在于：实验的干涉特征同样引发认识论问题；柏德（Barid）提出一种新波普尔主义的关于"客观事物知识"（objective thing knowledge）的说明，认为某些知识是被封存在物质事物中的，因此存在非文本性的知识，这种知识在事物里。对这种知识进行例举说明的有：华森和克里克的物质的双螺旋模型；达文伯特（Davenport）的旋转的电磁发动机，以及瓦特的蒸汽机指示器。柏德认为，这些例证本身就是把类似于标准认识论的真理、辩护等概念移位到事物知识上的案例。在对工具的讨论中，柏德提出事物知识（thing knowledge）概念，并且把它们分为：模型知识（model knowledge），如DNA模型；工作知识（working knowledge），指一种工具或者机器在运行中的规则性和可靠性方面的认知；测度知识（measurement knowledge），指在对事物进行测量和考量时获得的事物的程度、范围大小和测度方面的认知。这些区分也涉及波普尔的世界1、2和3的划分以及相互作用的形而上学问题。[①]这种区分至少在增进知识种类的认识上推进了知识论研究。

对实验的理论的和经验的研究也非常适合于因果关系论题的探究。在实验的因果关系上至少可以发现三种不同研究进路。第一个进路，认为在实验过程和实验的实践中的因果关系的角色是可以分析的。第二个进路包括对在解释和检验因果主张的实验角色的分析。因果推论可能仅仅在通过（可能

---

① D. Barid, Tinking knowledge: outline of materialist theory of knowledge. In Radder, H. (ed.). The Philosophy of Scientific Experimentation, Pittsburgh: University of Pittsburgh Press, 2003: 39—67.

的假说的）实验干涉才能被证明，而不能通过观察来证明。第三个进路，是在行动和操作的概念基础上去说明因果关系的概念。

如果哲学家继续保持对科学的技术维度的忽视，实验就将继续仅仅被视为理论评估的数据供给者。如果他们开始认真地探讨科学—技术相互关系，研究技术在科学中的作用的一个明显的方法就是集中于实验室实验中使用的工具和设备上。在《科学实验哲学》这本论文集中，柏德论证了事物知识与理论知识同等的重要性。而兰格主要强调了实验科学和技术在概念上和历史上的近亲性。

科学实践哲学中的科学实验哲学的中心论题，是理论和实验的关系。目前，这个论题被两个方面的进路所探究。第一个进路是在实验实践内研究理论的角色。这关涉到关于实验科学区别理论的（相对的）自治性主张。如前面所说的针对实验负载理论的观点而提出了实验无理论负载（theory - free）的观点。另外，海德伯格（Heidelberger）论证了实验中的因果论题可以并且能够从理论论题中区分出来。同样在科学工具分类中也可以做出相同的区分。海德伯格认为以工具"表征"的实验是负载理论的，"生产的""构造的"或者"模仿的"工具使用的实验是有因果基础的，是无理论负载的（Heidelberger，see，Radder，2003，pp. 138 —151）。①

第二个主要的进路对实验—理论关系附加了理论如何能够从物质实验实践中产生的问题，或概念化是如何从物质过程到命题的、理论知识的转变。当然，即便实验研究并不仅仅是达到理论知识的唯一手段，实验也扮演着一种伴随科学理论形成相关的认识的角色。把两者的关系置于平衡之论题的哲学研究既得益于"相对主义的"科学研究进路（例如，Gooding 1990，p. 180，pp. 211—215），② 也得益于"理性主义的"认识论的研究进路（例如，Franklin 1990，pp. 2—3，p. 160；Mayo 1996，pp. 405—408）③。特别是

① M. Heidelberger, Theory - ladenness and scientific instruments in experimentation. In Radder, H. (ed.). The Philosophy of Scientific Experimentation, Pittsburgh: University of Pittsburgh Press, 2003: 138—151.

② D. Gooding, Experiment and the making of meaning. Boston: Kluwer, 1990: 180, 211—215.

③ 例如, A. Franklin, Can that be right? Essays on Experiment, Experiment, Evidence, and Science. Dordrecht/Boston: Kluwer Academic Publishers, 1999. pp. 2—3; D. Mayo, Error and the growth of experimental knowledge. Chicago: University of Chicago Press, 1996. pp. 405—408.

梅奥通过主观贝叶斯主义的批判研究，通过"错误改进实验推进科学理论"的研究，重新梳理和说明了实验、观察与理论三者的合适关系。

实验、建模和（计算机）模拟的相关研究在科学实验哲学中也获得了重要推进。在过去的10年中，对计算机建模和模拟的科学意义的认识有了巨大的增长。许多现代的科学家都参与了他们所谓的"计算机实验"。除了它的内在兴趣和论旨外，这个发展还激起了一种哲学讨论，即这些计算机实验以什么方式进行的，它们又是如何与普通实验联系的。凯勒（Evelyn Fox Keller）和摩甘（Mary Morgan）详细研究了这个主题。他们共同提供了计算机建模和模拟的分类。第一是计算机模拟，即以计算机模型去模拟已有的现象；第二是真正意义的"计算机实验"，即通过计算机程序产生的对象进行实验研究。第三是试图去模型迄今为止还未理论化的现象，如"人工生命"研究（Keller, in Radder, 2003, pp——198—215; Morgan, in Radder, 2003, pp. 216—235）。[①]

当然，在科学实践哲学中仍然有许多问题还没有得到进一步的研究，也都需要进一步进行研究。例如，实验设计中也需要考虑的伦理的、实际的、认识论的相互影响；成熟科学的逻辑结构与认识者的认知能力的关系的研究；图像、模型、隐喻和计算机仿真在发展科学与完善科学中的角色等等问题还需要进一步研究。另外，社会科学和人文科学中的实验；科学实验中各种规范的和社会的问题；也还几乎完全未被研究。

最重要的问题是，科学实践哲学中解释学进路与实验哲学进路还有相当程度的冲突。例如，关于理论和实验的关系，就是一个具有较大冲突的问题。在劳斯看来，不应该在实验和理论之间做出本质区分，特别是明显的区分，因为实践的概念既可以涵盖实验活动也可以涵盖理论活动。话语实践本身就包含着言语行动，当我们把科学不是视为陈述和信念之网而是视为活动和实践之路的时候，这已经内在地包含了这个意义。而在科学实验哲学家们

---

① Evelyn Fox Keller. Models, simulation and "computer experiments". In Radder, H. (ed.). The Philosophy of Scientific Experimentation, Pittsburgh: University of Pittsburgh Press, 2003. pp. 198—215; M. S. Morgan, Experiments without material intervention: model experiments, virtual experiments and virtually experiments. In H. Radder, (ed.). The Philosophy of Scientific Experimentation, Pittsburgh: University of Pittsburgh Press, 2003. pp. 216—235.

看来，不去区分实验和理论，不去突出实验的意义，就会回到传统的历史主义科学哲学立场上，就无法说清楚实验基础性地位。目前在这个观点上的缝隙仍然存在。无论是科学实践解释学还是新实验主义，要想真正超越以往的传统科学哲学，解决历史主义和 SSK 所遇到的问题，最终必须要以实践为基础，对"经验"概念进行重新理解和定位。我们相信通过争论会有一定意义上的解决。

此外，科学实践哲学的科学解释学进路基本上是一种形而上的进路，而科学实验哲学进路则主要是形而下的进路，劳斯的科学实践解释学为"新实验主义"提供了一种较为厚重的哲学背景，而新实验主义则直接来自于对科学活动的哲学反思和对历史主义以来科学哲学的批判。这两个进路的研究如何通过争论、批判而走向融合，也是一个重要的问题。

我们以为，新实验主义和实践解释学的进一步发展不仅应该继续批判"理论优位"的科学哲学，而且可能应该继续突破"实践优位"的概念。如果"理论优位"是错误的，那么"实践优位"也可能被视为仅仅是实现了一种反向的颠覆，可能是对结构内另一种要素的凸显，而不是对这一结构本身的超越。"实践优位"如何成为科学哲学的新的适宜基础？这是否又是一种基础主义的追问呢？一方面，人们可以合理地追问"为什么一定要有什么东西对科学是'优位'的呢？"我们能否有一种不具有这种"优位"的思维方式的科学观呢？而这样的追问也可能导致新的整体主义或者融贯主义的研究进路。

最后还有第三条进路，认知的科学实践研究进路。目前在认知科学哲学方面已经显露出实践转向的倾向，如涉身认知的研究，多涉及认知实践的主体意向性，实践概念的内容，尽管研究没有更多地使用实践概念，但是却与实践和活动有着千丝万缕的关联。不过，目前关于这一进路的实践意蕴的揭示还等待人们去做。这也是一个有待进一步研究的方向或领域。

在科学实践哲学的进路上，还有地方性的知识属性定位问题，这是一个基本点，它有点儿惊世骇俗，完全不同于传统科学哲学把知识看作普遍性知识的观点。如何确认地方性知识是一切知识的属性，而不仅仅是非西方民族和地域的知识属性？这也是一个很难论证的问题，它既需要论证，也需要以解释的方式进行阐释。

　　无论如何，科学实践哲学的研究是一个新的科学哲学研究方向，它将自己的研究触角深入到了传统科学哲学忽视的研究领域，探索了以往科学哲学不曾进入的新领域——科学作为实践的领域，在一定程度上为解决传统科学哲学的若干困境提供了新的启示，作为科学资源的研究领域的实践性理解，多少为打开新的通路提供了有意义的探索和理解。

　　而就科学实践哲学与马克思的实践观的关系来说，通过上述研究，我们至少可以得到这样的认识，马克思在实践为基础的研究道路上，是一个里程碑，他开启了更大的实践视域，今天的科学实践哲学在马克思所开启的实践哲学的道路上继续开拓和前行。在一定程度上和一定意义上，恢复了马克思的实践传统。

第　八　章

产业哲学研究的兴起和思考

发展高科技，实现产业化，是中国当代科学技术发展、科技促进社会发展的必由之路。

"产业哲学的兴起"是中国自然辩证法界在新世纪的探索中，如何寻找新的学术生长点以更好地反映自己的时代而进行的一种新的努力。这是哲学对于科学技术促进社会发展，对于产业（Industry）和产业发展的关注和追问。哲学以自己的方式追问究竟何谓产业，什么使得产业成为产业，产业对于人和人类社会意味着什么。

第一节　产业：时代的哲学呼唤

一、对产业哲学的呼唤

如同农业时代、工业时代、后工业时代、信息时代等称谓所体现的，产业反映着时代。面对着近代产业革命引起的人与自然关系、社会发展的历史性巨大变革，马克思指出："工业的历史和工业的已经生成的对象性的存在，是一本打开了的关于人的本质力量的书，是感性地摆在我们面前的人的心理学"；"工业是自然界对人，因而也是自然科学对人的现实的历史关系。"① 恩

---

① 马克思：《1844 年经济学哲学手稿》，2000 年第 3 版，第 88—89 页。

格斯也指出，"英国工业的这一次革命化是现代英国各种关系的基础，是整个社会的运动的动力。"①

但是，长期以来，对"产业"的哲学探索却显得相当的薄弱。直至今日，如果用"产业哲学"作为检索词，那么无论是在因特网搜索，还是在各种学术数据库检索，其结果都可谓屈指可数。② 陈昌曙在1990年代已经注意并指出："除了从工程学的角度论及产业过程，产业问题的社会研究基本上是在经济学范畴内开展的。少有对产业的哲学研究（其实，产业乃是极重要的人工自然对象，产业的特征反映着人与自然关系的深度和性质），少有对产业的文化学研究（产业发展是人类文明演进的基础，在长期的产业活动中积淀下来的产业意识有重要的文化意义），更少有对产业的综合性研究（产业和产业化是一个由科学、技术、经济、政治、社会多重相互作用构成的系统和过程）。"③ 的确，在传统的主流哲学话语中，要么关注了科学和技术，要么关注了社会文化，却忽视了二者之间直接的、现实的、感性的纽带。换言之，有了科学哲学、技术哲学，也有了人文哲学、社会哲学，却长期忽视了产业哲学。

进入新世纪，中国科学技术哲学界（自然辩证法界），在从传统的"自然科学哲学问题"、"科学哲学"、"技术哲学"诸领域推进到"工程哲学"研究时，开始意识到"产业哲学"的研究。2004年6月中国自然辩证法研究会工程哲学专业委员会筹备小组召开的"工程哲学座谈会"上④，何祚庥指出，于光远提出自然辩证法有上篇和下篇之分，上篇是自然界的辩证法，下篇是人工自然的辩证法；李伯聪提出，研究工程哲学，对于写好自然辩证法的下篇是很重要的。但是，我们知道，工程是在产业结构背景下发展的，研究工程哲学，还要关注产业哲学，可以把"科学—技术—工程"三元论

---

① 恩格斯：《英国状况：十八世纪》，载《马克思恩格斯选集》第1卷，1995年第2版，第35页。

② 值得一提的是，福特（Henry Ford）在1929年发表了《我的产业哲学》（My philosophy of Industry, Ed. by Ray Leone Faurote, My Philosophy of Industry. London: George G. Harrap & Co. Ltd., 1929），而且很快有了中译本：《福特产业哲学》，龙守成译，上海华通书店1929年版；以及福特：《我的实业哲学》，长沙商务印书馆1938年版。

③ 陈昌曙：《产业研究论纲》，载《自然辩证法研究》1994年第11期，第48—54页。

④ 赵建军：《工程界与哲学界联盟，大力推进工程哲学发展》，载《哲学研究》2004年第9期，第93—94页。

扩大到四元论：即"科学—技术—工程—产业"。

2005 年元月，清华大学科学技术与社会研究中心倡议并主持召开了"产业哲学座谈会"，产官学各界 60 余人出席，朱训、朱厚泽、何祚庥、周传典、荣泳霖、张景安、王德胜、魏宏森、王德禄，以及蔡德麟、吕乃基、谢名家、王理宗、皇甫晓涛、贾国申等 20 多位与会者先后发表了意见。①

朱训指出：产业深刻地反映着人与自然关系的深度和性质，是人类文明演进的基础。为了实现全面建设小康社会的宏伟目标，在产业结构、产业布局、产业规模以及各类产业之间的协调发展等方面如何进行合理安排，才能符合以人为本的，全面协调、可持续的科学发展观的要求，这不仅要从经济学的角度来考虑问题，更需要从哲学的角度来思考。就一个地区而言，如何从各地区实际出发，根据需要与可能发展相应产业的问题，离不开哲学思维的指导；就产业本身来说，一个产业与其他产业之间的系统性联系，以及产业内部的各种要素如何实现科学的组合，都有很多哲学问题需要处理。所以通过发展产业哲学来研究解决产业及产业发展过程中的各种矛盾和问题，用产业哲学来指导与促进产业的发展就显得十分必要而迫切。

朱厚泽认为，产业哲学属于应用哲学的范畴，需要区分不同产业，做很具体的研究，研究不同产业发展中的一般问题。朱厚泽提出，产业哲学的研究还需要超脱一点，应该从人类文明历史进程中，从产业发展演化的高度，观察其总体的进程。并注意其中那些显性的和隐性的相互促进、相互制约的东西，从而有可能从自然那里以及从历史那里更多地得到一些启示。

何祚庥认为，可能最要紧的是抓紧如下两方面的内涵，即单个产业内外部的发展规律和产业结构发展的规律。他强调，产业发展的规律，就是生产力发展的规律；生产力发展的规律，不等于生产关系和生产力辩证发展的相互关系规律。在历史唯物主义的诸多规律中，最为基础的是生产力发展的规律，也是第一位的最重要的规律。生产力发展的规律不可跳跃，生产关系的发展必须适应于生产力发展的要求，所以生产关系也不能跳跃。

座谈会的召开，正式揭开了"产业哲学"研究的序幕。从哲学的高度

---

① 此组笔谈载：刘则渊、王续琨、王前主编：《工程·技术·哲学（2006）》，大连理工大学出版社 2006 年版。

和维度研究产业问题，固然是产业实践的需要。但是，产业哲学的建设却需要哲学家的自觉，并遵循哲学学科自身演进的逻辑。由原来的关于科学、技术与工程的"三元论"扩展到现在的关于科学、技术、工程与产业的"四元论"，体现着关于产业哲学的学者自觉与学科逻辑。

李伯聪在《工程哲学引论》中首次提出了"三元论"，认为可以简要地把科学活动解释为以发现为核心的人类活动，把技术活动解释为以发明为核心的人类活动，把工程活动解释为以建造为核心的人类活动。如果这个判断成立，那么工程哲学便有理由独立于科学哲学和技术哲学，成为一门独立的分支学科。[①]

在他看来，工程是"人类改造物质自然界的完整的、全部的实践活动和过程的总称"。但如何看待工程与生产的关系呢？一方面，人们通常很难把企业的日常生产活动称为工程；另一方面却又把它纳入到工程含义之中，把工程哲学界定为关于物质生产或劳动的全部过程的哲学研究领域。于是就出现了以工程的概念去解释产业概念，认为工程是"个体"，产业是"集合"或"整体"概念，是许多同类工程活动的总称。实际上，有关产业的哲学研究是很难见容于一个泛化的工程哲学范式之中的，而产业实践的发展迫切需要哲学尤其是科技哲学思考诸如科技产业化和各类产业发展的问题。正是理论探索内在的矛盾和现实的社会生产生活的共同作用，催生了自然辩证法研究从"三元论"拓展到"四元论"。

笔者认为，如果进一步深入到从科学、技术到工程和产业之间的关系，通过从所谓的"内在逻辑"（内部知识流）与"外在逻辑"（外在部知识流，与社会文化和制度的相互作用）以及内外逻辑之间的相互作用等方面进行梳理，能够对于科学、技术、工程、产业的联系与区别有一个更明晰的认识。

从行为主体的角度，可以区分科学、技术、工程与产业四元的关系。[②]一般而言，科学或基础研究的运行，存在着所谓的市场失效问题，因此需要政府为主导进行资助；技术或应用研究，视情况而有所不同，市场技术的行为主体是企业，公益技术和国家安全技术的行为主体往往是政府。工程，特

① 李伯聪：《工程哲学引论——我造物故我在》，大象出版社 2002 年版，第 3—7 页。

② 曾国屏：《产业·时代·哲学》，载《晋阳学刊》2005 年第 6 期，第 50—54 页。

别是大型工程，与政府行为往往有着比较紧密的联系。而对于产业来说，尽管政府在其中发挥着重要的作用，但其行为主体是企业则是毋庸置疑的。

从认识的实践的旨趣上看，科学和科学实践的内在旨趣是好奇和认知引导的过程，致力于"认识之物"；技术和工程及其实践的基本旨趣是控制自然过程和创造人工物过程，致力于"人工之物"；产业和产业实践的旨趣则是重复乃至规模化地生产人工物、创造社会自然的过程，致力于"社会之物"。

万长松等的文章中在李伯聪的三元论观点的基础上，把产业活动看成是以生产（劳动）为核心的人类活动。[①] 更具体地说，产业是人类借助科学、技术和工程手段，直接或间接面对自然界，生产各种产品或提供各种服务来满足人类生产、生活需要的社会实践活动。既然发现、发明、建造和生产分属人类不同的物质实践活动领域，在这四个领域中，无论是人与自然接触的广度和深度，还是人与人相互关系的复杂程度，都存在着明显不同。"四元论"的建立，可以使我们对人类物质实践活动的内容和本质有更加深入的理解。

高亮华[②]认为，科学是对自然过程、事件、物质与生命的研究。技术是用于提供人类生存与发展所必需的物品的手段的整体。工程是对影响人类条件的问题的解决方案的构想与实施。引用罗杰斯、文森蒂等人的观点，工程指的是组织任何人工事物的设计和建造的实践，这种实践改变我们周围物理的以及社会的世界，以满足一些所意识到的需求。显然，工程是一种解决问题的活动，而产业是人类借助科学知识与技术手段，通过工程设计与建造建立起来并加以运转与维护的生产与服务体系，通过这种定常化的体系，我们可以直接或间接面对自然界，生产出各种产品（服务）来满足人类生产、生活的需要。如通过建立的冶炼厂，我们可以生产钢铁；通过建立的发电站，我们可以发电。科学、技术、工程与产业尽管都是反映人与自然关系的范畴，虽有交叉重叠，但却相对独立；从科学哲学、技术哲学与工程哲学，到产业哲学是一种自然的延伸。如下图所示：

---

① 万长松、曾国屏：《"四元论"与产业哲学》，载《自然辩证法研究》2005 年第 10 期，第 43—46 页。

② 高亮华：《产业：打开了的人的本质力量的书》，载《晋阳学刊》2005 年第 6 期，第 54—57 页。

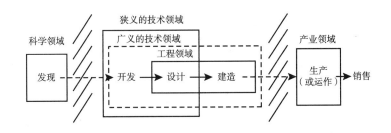

二、产业概念的辨析

(一) 人工物的社会化

马克思在《1844 年经济学哲学手稿》中这样写道："工业是自然界对人，因而也是自然科学对人的现实的历史关系。"① 这里提示我们，可以从人与自然、科学技术与社会的关系之中来把握产业、辨析产业概念。

在产业概念的历史演化中，重农学派时期，产业主要是指农业。在资本主义工业产生以后，产业主要是指工业，常常等同于工业。随着社会生产力、服务业的发展，产业扩展到包括农业、工业、服务业及其细分各产业。乃至"到了今天，凡是具有投入产出活动的产业和部门都可以列入产业的范畴。"②

逻辑地讲，"全部人类历史的第一前提无疑是有生命的个人的存在。因此，第一个需要确认的事实就是这些个人的肉体组织以及由此产生的个人对其他自然的关系。""当人开始生产自己的生活资料的时候，这一步是由他们的肉体组织所决定的，人本身就开始把自己和动物区别开来。人们生产自己的生活资料，同时间接地生产着自己的物质生活本身。"③

人与自然关系的历史进程表明，人猿相揖别、天然自然向人化自然转变以及人的社会性发展，是通过工具和生活资料的制造及其社会性的生产和扩散来实现的。人们生产着自己的物质生活，包括直接地或间接地对于环境——人们的生存直接依赖的环境——的生产和改变。于是，人的改变与环

---

① 马克思：《1844 年经济学哲学手稿》，2000 年第 3 版，第 89 页。

② 苏东水主编：《产业经济学（第二版）》，高等教育出版社 2005 年版，第 6 页。

③ 马克思、恩格斯：《德意志意识形态》，载《马克思恩格斯选集》第 1 卷，1995 年第 2 版，第 67 页。

境的改变一致，首先是与他所贴近的"上手的"环境——界围——的相互影响。仿照海德格尔的 circumspective，这里可以尝试把"界围"译作 circums-vironment。于是，这里根据距离人的远近，或说影响的直接程度，考虑相对地划分出从大自然、环境到界围这样的系列。人们的生活，当然受到大自然的制约和影响，但更受到环境的比较直接的、贴近的影响，而更为直接的、贴近的乃至可以称为"上手的"影响则是产业实践的直接后果——界围——带来的相互影响。产业对于人的生活世界和生活的基础性意义，也在这里凸显出来。

在辛格等人主编的 8 卷本《技术史》一书中，所谓的周口店产业（Choukoutien Industry，中译本作"周口店文化期工艺"）出现在这样的时期，即从"偶尔制造工具"，到"常规性工具制造"的时期；北京人已经成为了"经常的、系统的工具制造者"。[①] 在这里，通过产业实践，社会中的个别的、偶然出现的灵感、创意、发现、发明、人工物实现了社会化的传播，天然的自然演化成为了人工的社会的自然。随着历史的发展，人们的生产能力、产业化能力的提高，终于通过人们的大规模的改造自然和人工的社会自然的生成，从而诞生了社会的系统实在。没有人工物的社会化生产，就不可能大规模地生成人工的社会自然，就不可能将人工的社会自然感性地呈现到人们的面前。

可见，产业实践的过程，是从"人工物"到"社会物"的生成过程。在此过程中，产业借助科学、技术和工程手段，尽可能广泛地生产各种生活资料、或提供各种服务来满足人们的物质生活和发展的需要。

社会的系统实在（systems reality），在此意义上，不过是产业实践的发展借以体现自己的社会一般组织存在形式。因此，产业实践和产业发展的程度，标志着社会的发展程度，标志着时代，诸如农业时代、工业时代、后工业时代、信息时代、知识经济时代等等称谓，体现着产业与时代的联系。

（二）社会自然与社会系统实在的生成

产业的发展，是在生产力的发展和社会分工基础上实现的。社会生产力的发展，推动着社会分工，导致不同产业部门的形成。

---

① 查尔斯·辛格、E.J·霍姆亚德、A.R·霍尔主编：《技术史第 1 卷》，王前、孙希忠主译，上海科技教育出版社 2004 年版，第 14—18 页。

对于"科学技术是生产力",以及当代的"科学技术是第一生产力",我们不能仅仅停留在一般智力和技能上来理解。现实的社会生产力,包括着生产者、进行生产的物质条件和社会条件,现实的生产力不在社会生产关系之外,而是在社会生产关系之中。在现实的生产劳动中,科学技术这种潜在的生产力,只有与(不可割裂的)生产关系联系在一起,才能实现对于人工物品的"常规性"生产,转化成为现实的社会生产力。由此看来,产业是物化了的社会生产力,或者更确切地说,产业即是实现了的社会生产方式,是社会生产方式的感性现实。

人工物的社会化过程,即是人化的社会的自然的生成过程。因此,自然的社会的生成及其社会系统实在方式,本身是生产力和产业发展过程的产物。这是社会系统自组织生成过程的自发形构(spontaneous formation)。换言之,社会的系统实在的生成,社会系统的自发形构的产生,不过是生产力、生产方式和产业发展以社会系统实在形式关于自身存在方式的一般展现。进而言之,我们生活的世界,本质上是一个产业化造就的世界。

所谓产业组织、产业结构和产业发展,也就是社会生产方式的发展,即统一的社会生产力和社会生产关系的发展,并以社会的系统实在方式展现出来。我们看到,近代以来世界的现代化历史进程中,作为社会生活资料的生产和社会自然的生成过程,不仅改变着人与自然的关系,也改变着作为社会系统实在的存在方式。一方面在微观上,它改变了个人和群体的生活方式;另一方面在宏观上,形成了产业组织和结构,也形成了城市化进程这样的最一般的社会系统实在的生成。产业结构、经济基础与城市化进程相互促进,产业发展过程与社会自然的生产过程相互作用。从英国近代的产业革命,到当代知识社会的全球化,世界性的城市化进程,都体现着社会自然的生成进一步加速向更高水平的提升。

第二节　产业实践

一、科学技术与产业实践

整个的世界历史进程表明,正是借助于科学技术,实现了工具制造及其社会性扩散,标志了人猿相揖别,进而展开了人的社会性发展。

在这个从天然自然生成人工的、社会的自然的过程中，科学技术作为人与自然交往的中介和手段，首先体现了物质性功能，同时也包含着社会性功能，以及精神文化功能。当人借助于科学技术，将自己的目的性作用于天然自然时，尽管他不可能创造或改变自然规律，却可以能动地利用自然规律及其组合，创造出人工物品来。一旦这种人工物与社会性有机地结合起来，将个别的、偶然的、不自觉的人工物，通过物质生产和产业化过程，转变成为普遍的、必然的和自觉的人工物即社会化的人工物，也就在人们的社会性交往和实践中生成了社会的自然。

在我国的自然辩证法研究传统上，人们在关注科学技术与社会发展的关系时，或在进行关于科学技术社会功能的考察时，主要关注了诸如科学与技术的关系，科学和技术对社会的影响，以及社会对于科学技术发展的条件等问题。换言之，在传统的研究中，我们往往忽略了科学技术与工程、产业的联系；忽视了工程与产业之间的关系，也就难以更深入地认识科学技术与社会的本质联系。因此，传统科学技术哲学研究，可以称为关于科学和技术的二元论，主要关注了科学和技术。这是远远不够的，有必要从科学、技术的二元论，以及新近发展起来的科学、技术和工程三元论，进一步发展为科学、技术、工程和产业的四元论。

这里并非是说，关注社会的发展只需要直接地关注产业的发展，不必重视科学技术的发展，因而只需向产业发展进行直接投入，而不必考虑科学技术的投入。这里只是说，科技生产力推动社会发展巨大力量的充分实现，最终要落实在产业发展上；并且科技投入与产业经济的发展要相互适应。农业时代并没有明显地表现出来对于科技投入的要求，工业时代的不同发展阶段对于科技投入有相应的不同要求，在面向知识经济时代，科学技术已成为第一生产力，对于科技投入自然就提出了新的要求。

事实上，当代产业的发展越来越依赖于科技、研发的超前性。企业的研发（R&D）进入到了第五代，即从20世纪50—60年代的第一代由科学家掌握技术创新的主动权阶段，70年代的第二代开始对课题研究进行阶段性管理，80—90年代初的第三代在研究中开始引进战略策划、技术线路图概念并对课题开始风险评估，到90年代末的第四代进入以提高组织内部学习能力和创新能力为重点、密切关注市场环境快速变化；21世纪初出现的第五代强调研发的速度和缝隙市场（nichemarket），重视运用公共机构和公共资源，实现研发从低端向高端的转移。而且，发达国家的产学合作、建设公共技术平台支持产业发展以及重视"竞争前技术的研发"等措施都在进入新世纪以来不断得到进一步的加强。

正如近代产业革命以来所表明的，通过产业实践，科学技术得以真正大规模地作用于社会，实现科学技术与社会的现实结合，成为社会文明发展的强大动力。因此，科学技术的进步对于产业的发展极为重要。但是，如果忽视了科技产业化这个物化环节，而让科学技术活动停留在实验室阶段，那么它对于社会发展的影响是非常有限的。在社会普遍性的意义上，我们甚至可以认为，这种停留于实验室中的科技成果和产品，只不过是停留在抽象意义上的人对于自然的能动作用。只有推动实验室之中的科技成果和产品成为社会大规模应用的成果和产品，即通过产业化过程，人的本质力量才得以以社会自然物的生成的形式真正地体现出来，人的能动性才变成为真正的、现实的社会能动性。

在这里，科学技术作为人与客观实在交往的中介和手段，一般说来，科学的任务是认识世界，要有所发现，从而增进人类的知识；技术是在科学认识的基础之上要有所发明，将知识转变成为工具和人工物；工程是有组织地将知识和技术运用于改造世界的活动，即通过工程建造，将有关解决实际问题的方案加以实施；产业则要借助科学、技术和工程手段，从而尽可能广泛地生产各种生活资料或提供各种服务来满足人们的社会生活和社会发展的需要。简言之，我们可以把科学活动看成是以科学发现为核心的人类活动，把技术活动看成是以技术发明为核心的人类活动，把工程活动看成是以工程建造为核心的人类活动，把产业活动看成是以生产制造为核心的人类活动，即产业实践活动。

二、产业实践的"经济"本性

有了人，就有了人的产业，有了人化的社会的自然的生成。人所面对的自然即广义的自然，既包括天然的自在的自然，也包括人化的社会的自然。因此，人与自然的关系发生的深刻的变化，不仅仅是人与天然自然的关系，而且包括人与社会自然的关系。

这是属人的自然界。同时，这也是一个联系着天然的自在的自然界。人化的社会的自然，从而天然的自在的自然，对于人的优先地位仍然保持着。人化的社会的自然，作为大自然的一部分，内在地联系着天然的自在的自然。马克思说得好："如果懂得在工业中向来就有那个很著名的'人和自然的统一'，而且这种统一在每一个时代都随着工业或慢或快的发展而不断改变，就像人与自然的'斗争'促进其生产力在相应基础上的发展一样，那么上述问题［指所谓的'自然和历史的对立'、'实体'和'自我意识'的对立——引者注］也就自行消失了。"①

人类可以通过实践创造对象世界，改造无机界，从而再生产整个属人的自然界，这与动物只生产自身有着根本区别。作为产业的感性现实的人化的社会自然的生长，体现着人的社会实践的"投入"和"产出"，即人的社会实践活动具有"效果"。换言之，如果不仅仅从"抽象的"、"知识形态"维度来把握，而是从"实践的"、"生活形态"维度来把握，就不得不理性地看到这里的"投入"、"产出"和"效果"。产业实践，作为人的能动地作用于对象世界的活动本身，是具有成本、具有效应的。

通过实践改造对象世界，进行生活资料的生产，并以产业化的形式尽量充分地为自己提供生活资料，于是证明了，实践，从而产业，通过"投入"和"产出"不仅要获得效果，而且要获得有效益的效果。于是，"投入"、"产出"和"效益"就"理性狡黠"地融入到我们的社会实践之中。也就是说，我们的生活实践本质上也是"经济的"。人的自觉活动，不仅是要"怎样地"达到目的，而且是要怎样"经济地"达到目的。人的自觉活动，不仅是要懂得"怎样地"实现对象化，而且是要懂得怎样"经济地"实现对象化。

当然，这里是对人们的整个社会实践，从而是对整个产业、整个人化的社会的自然而言。没有相对于投入的产出增殖，没有相对于消耗的价值增殖，就不可能有人化的社会的自然的发展。在此意义上，产业之所以成为产业，是人的能动的有效益的实践结果。

同样地，这里所谓的效益，也是对于产业整体而言的。作为一个社会性

① 《马克思恩格斯选集》第1卷，1995年版，第76—77页。

的有机体，整体之所以为整体，也就不单是个别人、个别群体抑或个别组织和产业的算术加和，整体的效益是整体优化的结果。因此，在现实的社会运行中，存在着一个产业总体优化的问题。有效的产业组织、协调的产业结构以及合理的产业布局等，成为社会中产业发展要特别关注的问题，成为产业发展战略和政策中要仔细掂量的问题，因而必然成为关于产业的研究中要深入考察和分析的问题。

在这个"投入"、"产出"和"效益"的实现过程中，科学实验，作为一种特殊的对象性实践，具有特别重要的意义。在科学实验的对象性实践中，通过纯化、简化、强化和再现自然现象，从而以局部浓缩全局，用模型反映原型，借仿真了解实际，从个别获取一般，得以通过特定的高投入换取相关的结果，进而换取全局的效益，成为人们可以"经济地"、"有效地"认识、利用和改造自然的前提。实验室对于当代科学技术、产业发展是如此重要，以致当代西方科学知识社会学模仿着古希腊阿基米德的口吻说：给我一个实验室，我就能改变世界。随着当代产业的发展，亦即人与自然关系的深化，其中科学技术、知识的含量越来越高，科学研究从而实验室特别是产业实验室的作用越发重要。

因此，对象化世界的生成过程，也就是一个"经济的"过程。因此，宜人的优化的自然，不仅是进行了物质变换的自然，而且也是一个"价值增殖"的自然。这是由于人的认识和实践都有投入和产出的问题，即都有经济特征所决定的。在很大程度上，我们可以认为，不讲投入产出的认识论，只是抽象的认识论；不讲投入产出的实践论，也非现实世界运行的实践论；不讲价值的真理观，也只能是一种片面性的真理观。借用当今科学哲学对于20世纪自身发展的反思用语，可以说，不计及经济特征的实践观，实际上是一种"理论优位"的实践观，只要回到"生活优位"的实践观，就离不开科学实践的经济本性。

综上所见，正是由于社会实践的经济本性，正是通过社会生产从而产业实践的效益，科学技术得以真正大规模地作用于社会，实现科学技术与社会的现实结合，成为社会文明发展的强大动力。社会自然的生长，催生着人的现代生活方式，促进了社会的系统实在的演变，人的改变与环境的改变的一致，总体上是一个指向价值增殖的过程。

三、产业实践与发展规律

致力于"社会之物"的产业实践和产业发展，作为人的能动的变革的社会实践，是受到规律性制约的社会实践。人们在产业实践中，既受着自然性规律的制约，又能动地利用着自然规律；既在社会自然的生成过程中生成不以人的主观意志为转移的社会规律，又受制于社会性发展规律的制约。

大自然恩惠和养育着人类和人类社会，大自然是人类和人类社会的最终依托；同时，大自然也是人类和人类社会自由发展的制约，大自然也在很多情况下会以自然风险、自然灾害的形式对人类和人类社会的发展带来危害。正是要应对不确定的、充满着风险的自然界，人们才要借助于科学技术来克服这种种外在的不利因素，通过产业发展来促进自身的成长和发展。同时，社会自然的建构必然受着天然自然的基础性制约，社会自然的建设中就会有联系着自然风险，产生出来联系着自然风险的社会风险。而且，如果说，过去人们仅仅面临着来自自然的风险，那么今天则面临着技术—经济发展、社会自然的建构本身的风险。事实上，当代社会是自然风险与社会风险相互复杂地结合在一起的。自然风险已经不再是赤裸裸的自然风险，而是与社会的发展联系在一起的自然风险；社会风险也不再是赤裸裸的社会风险，而是与自然风险联系在一起的社会风险。人工的社会自然的建设，必须考虑到自然和社会的两重风险，必须以自然与社会的和谐作为自己的基础。

可见，产业实践和产业发展，既不能违背自然规律，也不能违背社会规律，既要应对自然风险，也要应对社会风险。这些都涉及对于"规律"的认识。但如何理解"规律"，则是一个值得深入考虑的问题。长期以来，我们往往以两种极端方式来看待规律，一种是过分地夸大了规律的客观性，往往把规律当作了"自在之物"；另一种是夸大目的性的作用而无视规律的存在，往往以"自为之物"的态度来看待规律。规律既"自在"地发挥着作用，也通过人们有效地认识和利用规律而"自为"地发挥着作用。实际上，对于"自在"规律，不同的人存在着认识角度和认识程度的差异，存在着不自觉地利用或自觉地利用以至能动地加以利用的复杂局面。自然的和社会的世界的无限丰富性，决定了自然的和社会的运动规律及其组合的无限丰富性，从而人们对于规律的认识是一个能动地发展的过程，不可能一蹴而就；

人们对于规律的能动利用，也总是在探索、建构中不断发展的。因此，符合规律的发展，总是与目的性的发展联系在一起的。

联系着人的能动作用和社会发展的产业实践和产业发展，要遵循大自然的与社会性的在人与（广义）自然关系中生成的规律。这里的情况极其复杂。一方面，没有人和人类社会，哪里有关于人化的社会的自然的规律？！把人化的社会的自然的规律简单地归结为大自然的规律，实际上是将社会自然彻底地还原为大自然，将有生命物质还原为无生命物质，这是一种消极的宿命论。另一方面，如果看不到人化的社会的自然的仍然是自然，过分夸大人的主观能动性，割裂自然对于社会的对象性的存在关系，仅仅滞留于"此岸世界"，便是一种唯意志论。正如人类社会有一个发生和发展过程一样，人化的社会的自然的生成和人类社会的发展的规律，也不会是"先天的"或"预成的"，而是在人们的社会实践包括产业实践中生成的和发展的。正如当代科学所揭示的，甚至对于大自然，"未来并非是定数"①，那么，对于人化的社会的自然，就更没有机械决定论规律的位置了。

正如人们对于规律性的认识是一个历史的发展过程，人的价值追求等主观的合目的性的努力，也是一个历史的发展过程。这里的目的，既包括单个人的目的，包括一个个企业的目的，也包括社会的目的，而社会目的并不简单地等于多个的个体性目的之算术加和。目的性的发展，决非某种先验的东西，而是在社会历史的实践中发挥主观能动性的产物。目的性追求，既包括现实的追求，也包括长远的憧憬，还包括歪曲的幻想。在产业实践中，目的性必然受到规律性的制约，必然要由产业实践来检验。就人们的主观愿望而言，目的不可能在目的自身之中得到解决，人们的主观愿望必须与客观实际相适应。就产业发展的目的而言，产业的发展必须与人的发展、社会自然的发展相适应。

这里完全没有否认产业实践和产业发展，从而人化的社会的自然的发展是不受规律性约束的。从人与自然的关系来说，首先，人化的社会的自然的生成，注定要受到大自然规律的制约。人类的全部历史告诉我们，无论人们

---

① 伊·普里戈金、伊·斯唐热：《从混沌到有序：人与自然的新对话》，曾庆宏、沈小峰译，上海译文出版社 1987 年版，第 12 页。

如何能动地经济地实践，"永动机"是造不出来的。其次，人的面前的作为人化的社会的自然感性世界，作为世世代代活动的结果，其中每一代都立足于前一代所达到的基础，从而每一代都受到前一代所留下来的基础的制约，人们只能在自己的历史条件下前进。再次，尽管在一定条件下的"物质的组织和自组织"原则上有无限的丰富可能性，但在一定条件制约下却又有着其发展的内在规定性，正如当代系统自组织理论告诉我们的那样，有着某种"不可避免性"。因此，人只能在自己的物质基础和历史条件下前进，历史的基础和条件提供了一些什么，他自己认识到并可能利用一些什么，制约着甚至规定着他有可能生产和创造出来什么。人化的社会的自然的生成，作为产业实践和产业发展的过程和结果，仍然只能是人的社会的发展的自然历史进程。人类的生活、社会自然的生成和展现，都是受着规律性制约的发展过程。

但是，我们对于规律的认识和利用，并非是规律不证自明地摆在我们的面前，而是在实践中能动地探索的结果。在产业实践和产业发展中，符合规律的发展，总是与社会建构的目的性的探索和发展联系在一起的，归根结底，它们都要由产业实践和产业发展来检验。尽管产业作为处理人与自然、人与社会、人与人之间关系的重要体现，与满足人们的需要相联系，也就与主体的选择相联系，"离开主体产业是不存在的，离开主体的选择产业也是不存在的。"① 但是，就人们的主观愿望而言，目的不可能在目的自身之中得到解决，人们的主观愿望必须与客观实际相适应。规律不是人们主观地创造出来的，但是人可以能动地加入到规律的生成及对规律的利用之中；规律是历史性的，人们必须进行能动的社会建构，进行生产要素的重新组合。

因此，实现产业现代化的时代，是一个规律与目的、秩序与自由、真理与价值密切联系的时代，从而使得规律与目的、秩序与自由、真理与价值的结合和协调变得十分紧迫。特别是，实现产业现代化，必然要应对自然风险和社会风险，必须以自然与社会的和谐为考虑问题的基础和解决问题、促进发展的基础。要正确处理好这种关系，需要人们在产业实践中，必须自觉地

---

① 周书俊：《产业哲学与主体的选择性》，载《江西财经大学学报》2006 年第 2 期。

将规律性认识与目的性需求、科学关怀与人本关怀更好地结合在一起来进行考量，从而在社会自然的进化中获得更大的自觉和自由。

第三节　产业演进与社会发展

一、产业演进是一个自然历史过程

从农业时代，到工业时代，再到后工业时代、信息时代、知识经济时代，即以"科学技术产业为标志的第三次文明——科业文明"时代。[①] 产业的发生发展有一个从低级向高级，由简单向复杂的演进过程。在产业研究中，产业的划分多种多样，最为基本的三次产业划分法，带着这种历史的记忆。其中，第一次产业是直接作用于自然界，生产初级产品的产业；第二次产业则是加工取自自然的生产物，也就是将初级产品加工成为满足人类生活进一步需要的物质资料生产产业；第一、第二次产业都是有形物质财富的产业，第三次产业则是由前两者衍生的无形财富的产业。[②]

产业发展是指产业的产生、成长和进化过程，既包括单个产业的进化过程，又包括产业总体，包括整个国民经济的进化过程。当代产业，从存在论观点看，产业是一个体系，有着层次之分和不同的类型之别，有产业链条和产业集群的交织。从演化观点看，产业系统在不断的演化之中，产业实践有不断升级的趋势，产业形态越是发达，高层次产业的比重也就越大，同时产业发展又是一个不断地分化、生长和重组的过程。不同的层次与类型的产业之间纵横交错，分化和融合盘根错节。而且其中的行为主体多种多样，单独地或联合地发挥着作用。比如前面已经提到的，产业，尽管政府往往也发挥着重要的作用，但其行为主体则明显地是企业，但需要指出的是，在当代产业发展过程中，产业界—学术界—政府之间的三螺旋作用也有不断加强的趋势。总之，当代产业形成了一个复杂演化的巨系统。

产业发展，与生产方式的发展是相伴而行的。比较具体地说来，生产方

---

① 周光召主编：《当代世界科技》，中共中央党校出版社 2003 年版，第 2 页。
② 李锐主编：《产业经济学（第二版）》，中国人民大学出版社 2004 年版，第 267—268 页。

式是人类进行社会化生产的组织和实施方式，包括生产过程中如何利用劳动资料和利用什么样的劳动资料、劳动力状况和技术水平、生产规模的大小、生产的组织与管理模式以及产业价值链的构造方式。因此，生产方式并非从来如此，而是一个动态的历史演进过程。从最初级的手工劳作、手工生产开始，通过技术水平的提高和价值链的重构，生产方式不断由低级向高级发展和演变。特别是 20 世纪以后，随着科学技术的进步、组织管理理念的更新以及社会经济的发展，生产方式也发生重大变革与进步，在发达的资本主义社会中次第出现了福特制（Fordism）、丰田制（Toyota Production System）、敏捷制（Agile Manufacture）、温特制（Wintelism）等生产方式，对产业的快速发展、产业转型、经济增长方式的转变乃至社会文化的发展产生了全局性的深远影响。①

产业发展的次第性，生产方式演进的次第性，体现的是产业发展的规律性。这种规律性，并不仅仅是由我们的对于自然的手段和方式的前锋达到什么程度来决定的，而是在与社会的互动之中包括我们对于自然的手段和方式能被采用和发挥到什么程度来共同决定的。因此，产业发展的阶段性、次第性反映的是整个的人与自然、社会的关系的演进，是整个的人与自然、社会之网的演进。这就意味着，特别是对于追赶型国家和民族，尽管有前人的经验教训可以借鉴，尽管通过创新可以开辟一些新的发展途径，但是在整体上要实现追赶却是一项系统的全局性的整体渐进过程。在种种具体的情形，产业发展、生产方式进步是与时间、地点和条件相联系着的，并不存在绝对的先进与落后，有时会在某些区域、某些部门、某些行业出现多种生产方式并存的局面。当代社会中，对于某些产业来说，比如对于追求独创性的艺术品、工艺品制作，原初形态的手工生产方式不仅有效，甚至是需要坚守而不容摒弃的。因此，追赶式发展中，一方面是要紧紧跟踪当今先进的生产方式，在条件具备的情况下部分产业和部门力争走到产业价值链的前端，占据产业发展的战略高地；另一方面，生产方式的选择也应因地制宜、因行业制宜、因技术水平和劳动力素质制宜，不要盲目追求形式的更新和功能的突

---

① 王蒲生、杨君游、李平、张宇：《产业哲学视野中全球生产方式的演化及其特征》，载《科学技术与辩证法》2008 年第 3 期，第 96—101 页。

变。通过整体的渐进发展与局部快速超越相结合，反过来局部的跨越带动整体的发展步伐，从而才有可能真正实现又快又好的发展。

作为人的本质力量的展开过程的产业实践和产业发展，一头连着自然，一头连着社会。人的发展，社会自然的生成，无疑是人的社会性对于大自然的"反抗"和"建构"，这种"反抗"和"建构"是一种互动的过程，是通过实践导致自然与社会互动的即在实践基础上的追求合规律性与合目的性的现实结合的探索过程，因此总体上是实践建构的发展过程，一种自然的历史进程。而合规律性与合目的性并非天然的一致，这就为产业实践的不断探索、创造留下了充分的空间。正是在"已知"与"未知"之间能动性的探索过程中，不断地"创造"和"建构"，促进着产业实践和产业的创新发展。

产业实践的创新发展，充分地体现了人类实践的创造性和生成性。产业实践的生成性和创造性，是一个创新行为不断扩散和现实化的过程。产业实践的目的是实现自然规律与社会规律、学术价值和市场价值、眼下发展与长远发展的结合和协调，促进天然自然向社会自然、低级社会自然向高级社会自然的转化和协调；产业实践的过程，是探索人的有目的的创新建构的实现过程，也是探索合规律性与合目的性的辩证结合和协调的过程。因此，产业的发展也是生成性和创造性的，也是一个创新行为不断扩散并产生深刻影响的过程。

在产业实践基础上的合规律性与合目的性的辩证结合和协调，作为社会生活资料的生产和社会自然的生成过程，不仅改变着人与自然的关系，也改变着作为社会系统实在的存在方式，在微观上，它改变了个人的生活方式；在中观上，形成了产业组织和结构；在宏观上，是社会系统实在及其形构。从生产组织，到社会组织，再到城市化进程这样的最一般的社会系统实在的演化中，得到了最充分表现。社会自然的生成、社会系统实在的演进过程，内在地包含着科学技术的进步、生产力的发展、产业发展的兴衰、资源的优化配置的方方面面。而且，在社会自然的生成和演进过程中，既有不以人们的意志为转移的基础性，也有人们积极发挥能动作用的灵活性。

系统自组织理论告诉我们，只有开放的非平衡系统才可能"通过涨落达到有序"。发展总是"非平衡的"，总是有轻重缓急。产业发展史告诉我们，在产业的发展过程中，既有历史的轨道依赖，又有现实的创新跨越，产业发展的阶段性与阶段发展过程中的飞跃，总是纠缠在一起；既需要系统的考量，又需要突出重点，形成主导产业、优势产业、有竞争力的产业，从而带动全局发展。进一步说，产业的发展，还联系着资源禀赋、组织体制、市场机制以及政府政策、金融资本、人力资本等多种多样的因素。甚至也联系着社会精神风貌、社会文化沉淀等等因素。

在当代，知识生产、生活资料的生产方式都已经发生了而且正在继续发生着革命性的变化，尽管物质生活资料的生产仍然是最根本的、基础性的，但是，服务生活资料的生产、精神生活资料的生产已经变得并且将继续变得越来越重要。服务业已经成为当代发达社会的最主要产业，文化产业、创意产业、咨询产业、知识产业等非物质产业的兴起，都在体现着这种趋势。而当代产业的科学技术含量、知识含量越来越高，从而人们获得了越来越大的"建构"自由。这从一个侧面体现了人们从"必然王国"向"自由王国"的进步。

总之，产业实践和产业发展所生成的自然界，是规律与目的、真理与价值的历史地具体地统一的自然界，实现这种辩证的统一是人和自然、社会协调发展的必由之路。但在这种追求辩证统一的过程中，却是一个充满冲突和对抗、充满着不确定性和风险的曲折过程，是"合规律性"与"合目的性"、"已知"与"未知"、"现实"与"生成"、"既在"与"将在"的博弈和转化的过程。在这个过程中，"创新发展"成为必然的要求。

二、社会自然的扩展：城市化与社会文明

随着时代的发展，科学技术、知识在当代产业实践和产业发展中发挥着越来越大的作用，以至我们今天称之为"以知识为基础的经济"时代。科学技术、知识在生产力、社会经济发展中的如此巨大的作用，表明了人离开狭义的自然越来越远，对于社会自然从而广义自然的生成越来越重要。

正因为社会的生成及其社会系统实在方式，是社会系统自组织生成过程的自发形构，是生产力和产业发展过程的，即自然成为人的自然或说社会的自然的历史过程的产物。也可以说，社会系统实在形式是生产力和产业发展关于自身存在方式的一般展现。世界历史的城市化进程，作为社会的一般系

统存在方式的演进，归根结底是科学技术进步、生产力发展、产业化演进，这是一个不以人们的意志为转移的自然历史进程。"文明"（Civilization）源自"城市"（City），本意指的是"城市中形成的文化"，向人们表明了科学技术和产业的发展与社会和文明的发展之间的内在联系。

近代已降，科学技术革命、生产力革命和产业革命，翻开了历史的新篇章。在这个世界的现代化历史进程中，首先在英国实现了近代科学的第一次大综合，发生了产业革命，开始了对于天然自然的大规模开发、利用和改造，开启了现代城市化进程，加快了人工的、社会的自然的建设。进入20世纪特别是在第二次世界大战之后，美国处于世界科学技术发展的领航中心、经济中心，日本的成功追赶和一些新兴工业国家或地区的崛起，经济全球化和知识化的到来，将世界的城市化进程、社会自然的生成加速推向一个更高水平。

城市是现代社会和文明的主要载体形式，城市化对于社会经济和文化发展的聚集效应、规模效应、优位效应、创新效应和辐射效应，使得不仅物质性产业有了空前的发展空间，更使得非物质产业、文化产业繁荣起来，而且随着时间的推移，后者将变得越来越重要。如果说，科学技术是第一生产力、先进生产力的集中体现，是先进文化的重要因素，那么同样可以说，城市和城市化进程成为先进生产力和现代文明的综合体现。[①] 如吴良镛所指出："从现象上看，城市化是农业人口向非农转移，从乡村走向城市；实际上，城市化是产业结构的变化（包括二元经济的变革），社会结构的变化，城市空间结构的变化，农业社会、农业文化向先进文化的变革。城市是提高人的素质与教育人的场所，西哲云'城市者，人师也'，意在人们聚集在蕴有文化的城市中，耳濡目染，潜移默化，文化水平逐步提高，以上说明城市化是社会整体的改造。"[②]

世界银行 1998/99 年世界发展报告《知识与发展》中指出，一项分析了 98 个国家情况的研究表明，未加权的每名工人产出平均增长率为 2.24%，其中该增长的 34%（0.76 个百分点）来源于物质资本的增加，

---

① 曾国屏：《科学技术对人类文明的推动》，载 2005 年 1 月 15 日《清华大学首届永续经营高峰论坛》。

② 吴良镛：《中国城市发展的科学问题》，载《城市发展研究》2004 年第 1 期，第 9—13 页。

20%（0.45 个百分点）来源于人力资本的积累，而 TFP（全要素生产率）增长带来的增长高达 46%（1 个百分点以上）。显然，除了物质资本和人力资本，这里还有更多的东西需要解释。[①] 除了获取知识的能力，难道其中就不包括社会系统实在的形构、布局和演进的贡献吗？普里戈金从系统自组织角度，置入历史维度而重新审视克里斯塔勒（Walter Christaller）模型时，发现了"城市倍增器"效应。这表明的，产业结构、经济结构基础与城市化进程是相互促进的，[②] 产业发展过程与社会自然的生产过程是相互作用着的，产业发展与社会自然的生成是一个自然历史的进程。

"城市是人类社会经济发展的必然产物，是人类生态演化的必然结果。……城市化过程代表了城市生态系统演替的一种趋势。"[③] 这是人与自然、社会协调发展的自然历史过程。在这个历史过程中，作为种种关系协调的主导者的人，必须时时审慎地对待自己的能动性，从而更为自觉而及时地减少和剔除那些必定要出现的、无法完全避免的种种不利于人类生态系统健康演化的因素，或者促进它们向有利于人类生态系统健康演化的方向转化。相应的，人们已经共识的城市经营，即将城市、城市化看作产业发展的经营，需要提高到人类生态系统的演化高度来加以观察和实践。人的全面和自由的发展的实现，只是在人与自然、社会协调发展意义上才可能具有的全面和自由的发展。

总之，现实的科学技术与社会、文明的发展，离不开社会，也离不开社会的一般存在形式。换句话说，科学技术生产力的真正的实现，是不能忽视社会和社会系统实在的生成的，因而是不能忽视作为社会系统实在一般形式的城市化进程的产业功能，对此缺乏应有的重视是应该加以克服的。

进入 21 世纪，斯蒂格利茨（Joseph E. Stiglitz）对世界形势作了如下判断："中国的城市化与美国的高科技发展将是深刻影响 21 世纪人类发展的两大课题。"这个判断值得我们高度重视。

[①] 世界银行：《1998/99 年世界发展报告：知识与发展》，蔡秋生等译，中国财政经济出版社 1999 年版，第 22 页
[②] 伊·普里戈金、伊·斯唐热：《从混沌到有序：人与自然的新对话》，曾庆宏、沈小峰译，上海译文出版社 1987 年版，第 245—252 页。
[③] 曾国屏：《自组织的自然观》，北京大学出版社 1996 年版，第 311—312 页。

从农业社会进入到工业社会，从工业化到信息化，是发达国家产业发展展示出来的自然历史进程。作为面对当代全球化、知识信息化的追赶型后发国家，作出以高新科技改造传统农业、以信息化带动工业化的现实选择，也就是在新的历史条件下，遵循自然历史进程中进行的能动的社会建构。

国际上科技 R&D 发展的 S 曲线告诉我们[1]，进入 21 世纪，我国的科学技术发展进入快速发展的历史性机遇期。我们不仅面临着科技发展水平较低、科技投入仍然较低，更面临着科技体制改革、当代研发新形式的挑战。当代所谓的第四代研发，要求将新兴技术和新兴市场联系起来。美国地理学家诺瑟姆（Ray M. Northam）关于世界城市化进程的 S 曲线也表明，进入 21 世纪，我国的城市化发展也进入了快速发展的历史性机遇期。但是，有关研究表明，中国的城市化与工业化不协调。事实上，由于历史的原因，甚至改革开放以来，我们对于城市化道路一直存在着激烈的争论。如果这种不协调的确是存在着的，那么甚至可以认为，当前中国社会经济发展的诸多问题，产业发展和现代化，都与城市化进程这个自然环境和社会的历史性大变迁紧紧联系在一起。的确，我们需要重温恩格斯的一段非常重要的话：英国的产业革命"是现代英国的各种关系的基础，是整个社会发展的动力。"

对于追赶型发展的国家，如何处理好产业发展的合规律性和合目的性具有重要的现实意义。历史的经验和教训值得注意，亦步亦趋无法实现成功追赶，一厢情愿同样无法成功追赶。追赶，必须认真地研究先发的轨迹，深入认识并能动地利用关于产业发展的规律性认识，才可能在创新发展中获得成功。跨越式发展是可能的，跨越有赖于创新，但无视"规律"的跨越则会"欲速不达"，这对于具有强大行政组织力量的国家，尤其是值得注意的。历史经验表明，对于产业规律、产业结构和产业组织的把握，运用得好，能够促进较快地发展；如果运用得不好，则发展不会那么理想，既不能实现较快地发展，更难以实现较好地发展；如果无视规律的存在和制约，则可能导致更加严重的后果。

中国的发展离不开自己的国情，也离不开世界。我们的科学技术、产业

---

① 曾国屏、谭文华：《国际研发和基础研究强度的发展轨迹及其启示》，载《科学学研究》2003 年第 2 期，第 154—156 页。

以及社会系统实在的宏观发展和战略谋划，需要牢牢把握住这个大趋势。这就需要我们高度地关注科学技术、产业化问题，自觉地把握和推进它们的发生、发展和演化，它们的产业的结构、组织、布局，它们与自然资源、环境、生态的协调发展。如果说，21 世纪发达国家将继续以高科技产业、知识经济来带动社会的发展，那么，像中国这样的发展中的大国，则更要在以人为本的科学发展观指导下，在科技兴国、以知识促发展上大力追赶，同时也要充分地应对社会发展的城市化进程的挑战及其蕴涵的历史性机遇。

三、产业的发展：生态化诉求

产业的发生发展有一个从低级到高级，由简单到复杂的演进过程。

远古时代，人类生存规律基本遵循天然自然界的必然性法则，以采集、狩猎、渔捞等劳动方式去获得所需要的生活资料，以原始的"天人合一"的方式，进行着原始的简单的产业生产。

随着人类社会生产力的发展，人类社会由原始状态进入到农业文明。农业文明对于自然资源的利用能力是非常有限的，对自然的索取在总体上尚未超过自然界自我调节和再生的能力，仍然是朴素的"天人合一"的方式，进行着仍然是比较简单的农业生产。

工业时代文明的兴起，特别是经历了18 世纪开始的工业革命之后，生产力迅猛发展，科学技术也得到了长足进步，资本主义的生产方式确立起来。人类开始以自然的"征服者"身份而自居，由自然的顺应者变为自然的改造者和征服者。正当人类在高唱征服自然的胜利凯歌时，却逐渐发现自己正陷入某种前所未有的生存困境中——全球气候变暖，资源、能源告急，土地沙漠化扩大，森林资源、动植物资源急剧减少……。当人们陶醉于现代工业文明的物质成就中，自然界已经变得遍体鳞伤、千疮百孔了。

从原始状态、农业文明到工业文明，人类走过了漫长的道路。在这个发展过程中，人类在不断地认识自然，也在不断地认识自己，人们开始对文明发展之路重新进行思考，而以知识为基础的发展，走可持续发展的道路，建设生态文明，就成为这种反思的结果和进一步发展的方向。

于是，科学技术、知识在当代产业实践和产业发展中发挥着越来越大的作用，以至称之为"以知识为基础的经济"的时代。这表明人离开狭义的自然越来越远，对于社会自然从而广义自然的生成越来越重要。正是借助和依赖科学技术、知识，人们才可能更深入地更积极地认识自然，并在坚持人与自然和谐发展的前提下利用和改造自然，从而在人与自然的关系中获得更多、更大的自由。换言之，人们的社会实践和社会生活，越来越倚重知本而不是物本。逐渐地远离物本，而不断地深入知本，人在人与自然的关系中获得越来越大的自由。并由于赛博空间、虚拟实践的出现而进一步得到扩展并在继续地扩展之中。人们社会实践结果的对象化，由直接的物化向包含更多的文化的方向发展。

产业的发展，产业的升级，其本质上是使得人在世界中获得更大的解放和自由。如果说，"工业化"使我们获得了关于"物化"的自由，那么，"知识化/信息化"则推动着我们获得关于"文化"的自由。

但是，产业的发展，未必都是宜人地发展，未必都是和谐人与自然关系的发展。人们在追求产业现代化、创造现代文明的过程中，不时会扭曲人与自然、社会的关系甚至会加剧它们之间的对抗；人们在享受着现代文明的同时，也会不断地为"异化"、"传统家园的失落"而痛苦和彷徨；人们在争取自由的同时，也会不断地为"治理"、"秩序"所困惑。在此，既受着认识的局限，也受着社会盲目性的局限。人化的社会的自然，不仅可能导致对于人的社会意义上的异化，而且可能导致对于人的作为生命体发展的异化。人们必须认识到并时刻对此保持高度的警惕，因势利导地进行抵御"风险"的"治理"，去追求和谐的生态化的发展。在知识化/信息化时代的生态化，是产业发展的更高阶段，从而也是社会自然生成的更高发展阶段。

进而言之，生态化，不仅是人与天然自然关系的生态化，而且是人与社会自然关系的生态化，人类社会系统的生态化，因而是关于人的生存和发展系统的生态化。在这个生态系统的发展中，知识资本的力量越来越大，科学技术、知识的含量不断提高，产业经济向低物耗型、资源再生型再利用型和绿色经济转变。因此，我们也必须清醒地认识到，尽管自然资本的主导地位在不断地让位于知识资本，但人类毕竟是离不开自然而生存和发展的，自然资本毕竟是终极意义上的根本性制约力量。因此，要最充分地促进产业的现代化，促进展示着人的本质力量的自然历史进程，就必须要给予人与自然、人与社会的协调发展以最深切的关注，包括对于科学技术、产业的发展和社会自然的生成过程进行不断批判反思。产业的发展，终究目的是为着人的自由和解放，终究要走向和谐的生态文明，这是一个辩证的发展过程。因此，既需要建设性的产业哲学研究，也需要批判性的产业哲学研究。片面地强调某一方面，就是片面的，也是不可取的。

社会自然的生成，作为产业实践的过程和结果，归根结底是人的发展的自然历史过程。科学技术和产业发展所生成的自然界，是属人的自然界，但并不自动地等于以人为本的自然界；这是人和自然、社会协调发展的必由之路，但又是一个充满冲突和对抗、充满着不确定性和风险的曲折过程。在这个过程中，生产力的关怀和生产关系的关怀、经济的关怀和伦理的关怀、眼前的关怀和长远的关怀、现实的关怀和憧憬的关怀，都是同样需要的。而各种各样的关怀，都不可能是一成不变的，都只可能是与时俱进的。马克思说的好：对于人，"他周围的感性世界决不是某种开天辟地以来就直接存在的、始终如一的东西，而是工业和社会状况的产物，是历史的产物，是世世代代活动的结果，其中每一代都立足于前一代所达到的基础上，继续发展前一代的工业和交往，并随着需要的改变而改变它的社会制度。"①

总之，产业的演化发展及社会自然的生成，不能只从人与自然关系来考察，必须从人、自然和社会的复杂相互作用之中来考察。要最充分地促进产业发展和产业的现代化，促进展开着人的本质力量的自然历史进程，就必须给予人与自然、人与社会的协调发展以最深切的全面的关注，而生态化、生态文明之路，则是人与自然、人与社会的协调可持续发展之路。

哲学，不能不对此世界历史进程进行自己的思考并作出回答，特别是联系当代中国的和平崛起来进行思考并作出回答。解读产业这"一本打开了的关于人的本质力量的书"，② 不仅"解释世界"，更在于"改变世界"，③成为哲学工作者的时代责任。这也是产业哲学之旨趣。

---

① 《马克思恩格斯选集》第 1 卷，1995 年版，第 76 页。
② 马克思：《1944 年经济学哲学手稿》，2000 年第 3 版，第 89 页。
③ 马克思：《关于费尔巴哈的提纲》，见《马克思恩格斯选集》第 1 卷，1995 年版，第 57 页。

第　九　章

当代科学知识生产中的几个问题

　　当代科学知识生产的发展受到两种动力的推动，一是来自科学系统自身不断拓展和深化的内部需求动力即内在动力；二是来自经济社会发展需要的动力。20世纪中叶以来，随着科学的社会功能不断增强，科学知识生产日益朝着规模大、成本高、社会影响巨大，从而很大程度上结束了兴趣驱动的学院科学时代，向着使命导向型的后学院科学时代转变。在后学院科学时代，科学的形象由自由探索的小科学走向由国家统一规划管理和协调的大科学；科学知识生产从关注科学的真理维度走向关注科学的社会维度，效用性受到突出强调；在科学观上，从过去强调科学的理论成果和知识的普遍性走向关注科学实践的情景依赖性、文化依赖性和知识的地方性。但是，不管科学知识生产的形象和性质如何发生变化，科学的直接目标是追求真理。这就提出了如何正确认识和把握科学中的计划和自由、求真和求效，以及科学知识的普遍性和地方性的关系问题。

第一节　科学知识生产中的计划与自由

　　自由是科学的灵魂，没有自由，就没有科学的创造。因此，自由对于任何从事科学的人来说，都是至关紧要的。二战后，尤其是进入20世纪90年代以来，随着科学的建制化发展，科学知识生产被纳入政府行为，成为一项国家事业，政府对科学活动的支持和控制不可避免。这种控制是通过一系列科学规划和计划具体体现的。在当代，科学知识生产作为一种社会实践活动，既具有文化象征意义，又具有重要的政治、经济、军事和道德等功能，因而科学中的自由具有多重的意义；政府的科学计划不仅是对科学的计划，而且构成了一种科学运行模式，涉及体制问题，因而也是一个包含多重意义的概念。

一、科学知识生产中的计划和自由的多样性

（一）科学研究的多样性

就一般意义而言，科学研究包括基础研究和应用研究两类活动，若把科学研究界定为获取科学知识的"生产性"活动，在政策层面，科学研究主要归于基础研究的范畴。[①]

关于基础研究，世界经济合作与发展组织（OECD）1970 年给出如下定义："基础研究主要是为获得新的科学技术知识和认识而进行的基本探索，……最初的目标不指向某一方面的实际目的"。[②] 这样，基础研究几乎是"自由探究"的代名词，人们将基础研究称为纯研究，纯研究对应着纯科学或学院科学，它由科学家的兴趣和好奇心驱动。

二战前，应用研究与纯基础研究之间的界限是泾渭分明的。但自 20 世纪 70 年代以来，随着新技术革命的蓬勃发展，科学与技术之间的相互作用不断加强，不仅技术需要科学，科学也同样离不开技术的支持。基础研究既直接受到科学家好奇心对一般知识追求的推动，又日益被技术进步探索的问题加以丰富，应用的考虑已成为基础科学的动力之一。[③] 鉴于科学与技术关系的这种新变化，一些学者提出了应用基础研究或战略基础研究的概念，以强调基础研究和应用目标之间的相容性。于是，1980 年 OECD 进一步把基础研究区分为纯基础研究和应用基础研究两类。2000 年 OECD 关于应用基础研究的定义是："常在被认为对未来经济和社会发展有着重要影响的广泛的科学领域里，探索知识的前沿，一些应用的可能性被认为在中期是可预见的，尽管应用的具体方法目前还不得而知。"[④] 可见，应用基础研究也是知

---

① 李正风：《科学知识生产方式及其演变》，清华大学出版社 2006 年版，第 62 页。
② 司托克斯：《基础科学与技术创新》，周春彦、谷春立译，科学出版社 1999 年版，第 55 页。
③ 司托克斯：《基础研究与技术创新》，周春彦、谷春立译，科学出版社 1999 年版，第 82 页。
④ 经合与发展组织（OECD）：《研究与发展调查手册》，新华出版社 2000 年版，第 75 页。

识取向的，但它与潜在重要领域的技术发展紧密地联系在一起，其目的在于为工程技术和其他应用目的提供广泛的知识背景。因此，应用基础研究体现了国家战略目标要求，它是从促进或制约国民经济发展的问题中抽象出一定的科学问题、引导科学家进行的定向研究。

下面将要讨论的科学知识生产活动，既包括纯基础研究，也包括应用基础研究，而后者在当代科学活动中日益占据主导地位。

（二）科学知识生产活动中的计划的多样性

所谓（经济）计划，是指人们为了达到一定目的，对未来时期的活动作出的部署和安排。科学中的计划是一个具有多重意义的概念。它可能指的是国家层面的集中控制或笼统意义上的干预，或者指的是机构委员会的学科布局安排和公共开支方案，又可以指研究人员对研究工作的具体安排。这里计划的主体有两个，或者说存在着两种不同的计划：一种是政府计划，它是以国家为主体，以满足国家利益和经济发展需要为主要目标，以整个科学活动和内容为对象的计划；一种是研究机构或研究者个人的计划，它是以科学家为主体，以科学认知和深化科学为主要目标，以某一研究项目或方向为对象的计划。科学家的计划主要是一个具体的方法论问题①，是科学活动所固有的，它与科学活动的自由探索精神不矛盾，所以不在本章考虑的范围。

政府的科学计划包括广义和狭义两种区分，广义的政府科学计划即科学规划。科学规划是国家宏观战略层次上的计划；狭义的科学计划与科学规划有着明确的区分，是指科学战略规划的具体实施，即计划是科学规划的操作层面。在下面的论述中，我们主要采用广义的科学计划概念。

政府的科学计划不仅是对科学的计划，而且构成了一种科学运行模式，涉及体制问题。科学体制从属于经济体制，这就决定了政府的科学计划常常具有广泛的应用背景方面的考虑，计划的前提是能够预见到研究成果对经济发展或某种政治需要有贡献。

科学知识生产及其应用都具有极大的不确定性，具体成果的取得是不可预见的。但是，某一学科的发展趋势和宏观进程是可以预测的。具体表现在

---

① 文学锋：《也论科学中的计划和自由》，载《科学学研究》2002年第20（6）期，第577—581页。

以下几个方面：

第一，技术塑造着科学的发展。美国科技政策专家 D. E. 司托克斯（1997）提出，在现代，随着科学与技术的相互作用不断加强，不仅技术需要科学，科学也同样离不开技术的支持；科学研究活动不仅存在着由科学原理到技术的作用模式，而且存在着大量相反的由应用研究引向基础科学原理突破的模式。① 除少数研究主要依靠科学家个人的兴趣外，大量的基础研究将是定向的，它以未来科学发展和未来技术市场的需求为导向。第二，科学突破服从一定的周期规律。引起科学和技术突破的原因有两种：一是技术需要的拉动作用；二是科学知识自身的积累和内在逻辑的推动作用。美国科学家莱恩（Lehn）的研究表明，科学研究从播种到取得成果的周期大约是 10—15 年，这也是新领域的延伸和成长周期②；一项由目的和任务规定的研究活动，将成果用于发展计划，能够在商业或其他方面产生明显影响大致需要 15 年时间。第三，科学创新是"时代的产物"。有研究表明，科学发展方向在很大程度上受社会的主流价值观的影响和制约。③ 在什么年代，做出什么样的发现是必然的和统计决定的。在社会需求和科学发展等各种因素的作用下，某些学科和研究领域将处于科学发展的关键和先导位置。一般地，一个国家科学家的学科布局如果符合当代的学科结构，科学事业将会产生较大的发展。

基于上述的原因，无论从理论上，还是从实践上，政府在宏观层面上对科学活动进行预先计划既是可行的，也是必要的。国家科学事业要取得长足的发展，就必须置于政府正确的计划控制之下。如果否定政府对科学研究的计划积极介入，不仅使科学难以实现与国家目标的结合，影响其发挥应有的社会功能，而且科学研究将不可能得到社会的充足的资金资助和支持，科学的发展不仅是盲目的和无序的，同时也是低效的。

随着科学进步对国家安全和社会经济发展的重要性变得日益迫切，为了

---

① 司托克斯：《基础研究与技术创新》，周春彦、谷春立译，科学出版社 1999 年版，第 82 页。

② 陈玉祥、朱桂龙：《科学选择的理论、方法及应用》，机械工业出版社 1994 年版，第 250 页。

③ 默顿通过对 17 世纪英格兰的科学家科学和技术兴趣转移的研究，说明了这样的事实：这一时期科学兴趣汇聚焦点不完全是由各门科学内部的内在发展决定的，相反，科学家们通常总是选择那些与当时主导地位的价值和兴趣密切相关的问题作为研究课题。默顿：《十七世纪英格兰的科学、技术与社会》，范岱年等译，商务印书馆 2000 年版，第 88 页。

充分发挥科学资源的有效配置作用，世界各国政府普遍加强了对科学事业的宏观管理和协调作用，纷纷制定科学政策和规划，建立科学基金会、国立科研机构和国家科学管理制度等。然而，科学研究的产出贡献具有探索性和长期的积累性特征，具有较高程度的自主性，避免用行政手段干预科学活动的正常进行。因此，尊重科学系统的运行规律，政府对科学活动的计划干预必然是有限的、适当的，否则就会损害科学知识生产的自由。

（三）科学知识生产中的自由的多样性

科学研究的探索性质决定了自由是实现科学创新的基本条件，是科学家从事科学活动的一项基本权利。追求自由是科学家最重要的品质，也是科学的基本精神。科学活动中的自由是内在自由和外在自由的统一。其中，内在自由是科学创造活动不可缺少的精神品质，是科学创造的源泉，也是科学家的一种独立意识和独立人格；外在自由是科学家所享有的能够自由地探索真理、传播科学思想的经济和政治权利，是科学活动的社会环境。正确协调和处理内在自由和外在自由的关系，是保证科学健康和持续发展的重要条件。

科学活动中的自由本质地体现了科学知识生产的内在规律，随着科学研究性质的改变，科学自由具有不同的内容，其内涵发生着历史性变化。

业余科学时代，科学知识生产主要受个人兴趣和好奇心的驱动，科学家的活动只是遵从了科学自身的目标，追求自由本身成为科学的唯一目的，因而业余时代的科学自由只具有目的意义。

在近代，随着欧洲文艺复兴运动的蓬勃兴起，科学研究开始作为实现文化上合法的经济效用的手段进入社会，并逐渐成长为一种专门的职业。职业化的科学知识生产使原来的个体研究者的工作方式变成一种有组织的社会活动，并形成了与其他职业相对独立的科学共同体。这就是学院科学知识生产方式的出现。学院科学时代，科学研究不再是科学家个人的事情了，而主要被看作是服务于国家和民族的长远利益的手段。因此，学院科学家所享有的自由权利则主要从功利主义方面强调了科学的认识论基础，研究自由具有了认识论的含义。在认识论功利主义的保护下，科学家充分享有"为科学而科学"的自由。

从19世纪中叶到二战以前，虽然科学研究已经实现了职业化，但从总体上科学研究只是社会上少数精英拥有的事业，政府并不把资助科学作为自己的责任①，科学研究主要依靠私人基金会和社会慈善机构捐赠的少量经费艰难地维持着。但以二战期间科学的总动员为契机，国家开始为基础研究提供制度性的资助和支持。但是，"国家赞助必然会将政治带入科学中，也将科学带入政治中"②，致使今天的科学不可能保持过去那种纯粹的形象，它已经变成"一个政策范畴"，科学知识生产在总体上需要服从国家利益和相关的科学政策的导引。于是，当代科学知识生产进入后学院科学时代。

与学院科学时代相比，后学院科学时代的科学家拥有较少的自主性和较多的政治约束，他们普遍被政府的"效用规范（norm of utility）"③驱动着，"为科学而科学"的自由研究受到限制，科学求真中渗透着求效的社会责任。这样，后学院科学的自由具有了更加丰富的内涵：

首先，科学自由具有政治含义。随着科学和技术对社会进步作用的凸显，激烈的国际竞争导致知识保护的加强，"增进基础研究与国家目标之间的联系"④日益成为各国政府重要的战略目标之一，科学活动同时也是一种政治活动。国家加强对基础研究的资助和支持，期望基础研究在有关能力、经验和人力资源等方面给予国家安全和经济社会发展提供根本性的支持。因此，关心社会功利成了科学的合法目标之一。

其次，科学自由具有经济含义。随着科学技术进步与国家经济的发展紧密结合在一起，基础研究表现出前所未有的对于经济发展的高回报率。这时，科学的目标不仅是增进公共知识的存量，同时也增进了与社会经济目标之间的联系；科学家不仅从事知识的生产，还致力于解决国民经济中提出的实际技术问题，担负着将科学知识转化为生产力的工作。

再次，科学自由具有道德价值。科学研究作为一项社会事业，社会希望科学能够创造出新的美好事物，创造出一种"更积极的和更和谐的个人和社会生活方式"⑤。然而，随着科学的自由发展，人们在利用科学造福于人

①　约翰·齐曼：《知识的力量——对科学与社会关系史的考察》，徐纪敏、王烈译，湖南出版社1991年版，第51页。

②　约翰·齐曼：《真科学》，曾国屏、匡辉、张成岗译，上海科技教育出版社2002年版，第91页。

③　约翰·齐曼：《真科学》，曾国屏、匡辉、张成岗译，上海科技教育出版社2002年版，第90页。

④　威廉.J·克林顿，小阿伯特·戈尔：《科学与国家利益》，曾国屏、土蒲生译，科学技术义献出版社1999年版，第15页。

⑤　Polanyim, Prosch H.：《意义》，彭淮栋译，联经出版事业公司1984年版，第199—218页。

类的同时，科学对社会和自然所产生的危害也生动地展现在公众面前。科学研究的本性以追求自由为目的，但科学研究不能无禁区，在进行科研选题时，不仅要考虑科学价值，而且要关注科学的伦理要求，将科学追求与人类利益和社会总体价值要求有机地结合在一起，以保证科学研究成果用于改善人类的生活而不是破坏性的目的。

最后，科学自由具有心理学和认识论意义。尽管后学院科学强调了科学的政治和经济目标，但无论是纯基础研究，还是应用基础研究，其基本性质是自由探索，科学知识的创造离不开科学家的兴趣和好奇心。在独创性受到突出强调的现时代，好奇心驱动的科学发挥着愈来愈重要的作用，因此，在以政府的计划控制为主导的前提下，应该给予自由探索研究以一定的自由空间。

总之，随着科学活动由社会的边缘走到社会中心，科学拥有多样的公共形象，遵循着复杂的运行规律，当代科学知识生产中的自由是由包括心理的、认识的、政治的、经济的和道德的等在内的诸多因素组成的复杂系统，具有目的和手段两方面的意义。

二、关于科学知识生产中的计划和自由之争

（一）关于两种对立的科学自由观

20 世纪 30 年代末以来，关于计划和自由，国家目标和自由探索的关系问题是贯穿 20 世纪科学发展史上的一个反复引起争论的问题。[①] 关于这一问题的讨论，存在着两种相互对立又错综复杂交织在一起的观点：

第一种观点是理想主义的科学自由观。它以英国科学家、哲学家博兰尼为代表。该观点从科学的精神本质出发，把研究自由仅仅理解为科学家不可剥夺的一种权利，而无视社会需要和国家意志的正当性，从而将计划和自由完全地对立起来。

20 世纪 40 年代，博兰尼（Polanyi, M.）主张对科学和科学家的活动应采取完全自由放任的态度，反对科学接受政府计划或福利目标的控制。在博兰尼看来，科学是一项完全自主的私人化的事业，科学的目标不是实现普遍

---

① 樊春良：《科学中的自由和计划》，载《科学学研究》2002 年第 20（1）期，第 5—10 页。

的"公众福利利益",而是引导个人"一种合意的知性而道德的生活"①;政府对科学进行任何的计划或福利目标安排,都必将会破坏科学的独立性,其结果必然是取消科学。

二战后,美国重要社会活动家 V. 布什在给国会提交的著名报告《科学:没有止境的前沿》(1945)中强调指出:基础研究是一项国家资源,是"技术进步的先行官"以及"社会福利的源泉"②,所以政府必须资助和支持基础研究。他说:"科学在广阔前沿的进步来自于自由学者不受约束的活动",而让科学一旦受命于不成熟的实用目标,就会断送它的创造力。我们必须"将独立最大限度地归还给我们的科学机构和科学家"。③

第二种观点是功能主义的科学自由观。它以科学学创始人贝尔纳(Bernal,J. D.)为代表。该观点是从科学的实践本质出发,认为现代科学自由的关键是行动自由,主张思想自由服从行动自由,科学自由应与政府的计划相互协调,即主张科学家的自由权利应交由政府计划控制,从而将自由和计划完全统一起来。

贝尔纳在《科学的社会功能》(1939)中率先提出,对科学事业应当由国家实行统一组织和规划管理,并高度赞美苏联的强计划管理体制。在贝尔纳看来,物质利益、经济需要是科学发展的主要动力,科学事业必须由国家实行统一组织和规划管理,如果任由科学自主发展,就会降低科学研究的效率。普赖斯(Price,D.)④ 和巴伯(Barber,B.)⑤ 等人分别从不同角度讨论了计划科学对科学自由的意义。

20 世纪 90 年代,随着科学进步对社会发展的作用日益凸显,国家开始从资助科学事业向管理科学系统转变,并明确在基础研究中引入国家目标。基础研究中引入国家目标,意味着科学研究的方向选择必须首先考虑国家的利益、为国家经济建设服务。于是,围绕着基础科学与国家目标、自由与计

---

① M. 博兰尼:《科学、信仰与社会》,王靖华译,南京大学出版社 2004 年版,第 90 页。
② V. 布什,等:《科学:没有止境的前沿》,范岱年、解道华等译,商务印书馆 2004 年版,第 84 页。
③ V. 布什,等:《科学:没有止境的前沿》,范岱年、解道华等译,商务印书馆 2004 年版,第 54—55 页。
④ D. J. de. Price, Little Science, Big Science. New York:Columbia University Press, 1963.
⑤ 巴伯:《科学与社会秩序》,三联书店 1991 年版。

划之间的统一性问题，在美国而后在其他国家又引起了广泛的讨论和长久争论。在新历史条件下，齐曼（Ziman，J.）在《真科学》中对学院科学时代默顿科学规范的合法性和适用性进行了全面审视，揭示了"后学院科学"的新特征。[1]

（二）对两种观点的简评

第一种观点主要从心理学和认识论的角度考察了科学知识生产的性质。在理想主义的科学自由观看来，科学仅仅被看作是由科学家的好奇心驱动的活动，强调了科学的自主性和科学的独立意义，具有积极合理的因素。但由于它否定了科学家承担社会责任的正当性，把自由仅仅当作目的而没有同时当作手段，这就把科学家的自由的权利绝对化了。

第二种观点强调，科学是一种对经济和社会福利负责的功利性活动，科学与物质功利、科学与政治之间存在着紧密的联系。这一观点也有其相当程度的合理性。但由于这时的科学自由主要被看作是实现社会目标的手段，而忽视了科学的重要精神价值，致使科学本身的目的不见了。这种让科学家的研究活动完全接受国家意志控制的观点，看似实现了计划和自由、国家目标和自由研究的统一，实际上等于取消了研究自由，这就以另一种方式把研究自由绝对化了。

科学本质上不是一项自我封闭的孤立事业，它除了追求内在逻辑上的自洽外，还必须实现整体上的实践性。科学知识生产的发展是受科学内在动力与社会环境二者共同推动的，科学的自主性并不意味着不受社会的控制，而是指科学对社会环境的依赖与科学独立的核心能够自我决定和自我发展这两种因素之间的张力。所以，政府科学计划与研究自由之间既不是截然对立的，也不是绝对统一的。科学中的计划既可以对研究自由构成限制，也可以提升并扩展科学研究的自由空间。关键在于如何把握计划的目标、根据和范围。

三、科学知识生产中的计划和自由的统一性

前已述及，在科学和技术紧密结合的后学院科学时代，基础研究中的自由是由包括心理的、认识的、政治的、经济的和道德的等在内的诸多因素组

---

[1]　J. 齐曼：《真科学》，曾国屏、匡辉、张成岗译，上海科技教育出版社 2002 年版。

成的复杂系统。在当代，不仅列入国家科学规划中的"计划科学"存在着自由探索的问题，而且自由选题的"自由科学"也具有计划的含义，同时在科学研究的过程和结果上都存在着计划和自由的冲突与协调问题。

当代科学研究是一个投资昂贵且极其重要的社会事业，因而科学的发展离不开政府的介入。但在任何情况下，科学研究的目的是寻求真理，造福于人类生活。遵循基础研究的规律，在科学探索所要求的自由与政府有目标的计划之间必须保持必要的张力。

一方面，如果政府给予科学家的研究活动以过多的行政干预，意味着基础研究被定向要求达到某些实际目标，科学成为政府获取某些政治或物质功利的手段。这种显在的功利性取向，将不可避免地把追逐名利的伦理标准引入到科学家的精神气质中去，并在一定程度上扭曲科学家追求真知的形象，从而阻碍着科学精神的弘扬。这样不仅不利于科学的创新发展，而且容易产生学术浮躁心态和滋生学术不端行为，造成一个"有技术却不懂科学；有知识却没有文化；有专业却没有思想"的社会，最终窒息民族的创造力。

另一方面，如果政府对科学家的研究活动过度放纵，让科学家共同体成为一个独立王国而不加以任何社会控制，科学家的自由同样会遭遇危险。这种对科学采取自由放任的运作方式，表面看来可以使科学家获得无限的自由，但这种自由是虚幻的而不真实的。这里可以分为两种情况，一种是政府取消对科学研究的资金资助，任由科学在自由市场上寻求发展；另一种是政府负责为科学家提供科研所需资金和政治保障，而科学家和科研机构在接受政府资金的前提下具有完全的独立性。关于第一种情况这里暂且不论。关于第二种情况，如果仅仅强调社会为研究机构和科学家提供充分的资金和环境条件，科学的发展完全凭科学家的兴趣和好奇心来驱动，势必造成应用研究上有许多的空白点，不仅理论研究成果不能转化为生产力，经济发展因缺乏科学的支撑而难以有实质性的进展，而且科学的发展最终会因缺乏技术的支持而受阻，科学的独立性也就难以维持了。①

总之，当代科学研究既具有内在目的价值，又具有重要的社会功能，科

---

① 科学研究的回报是巨大的，然而实践证明，布什的线性模型因为没有创新的反馈回路，科学的经济回报不会自动实现。如果科学家只是关注个人兴趣而不能对社会有所作为，科学研究所需的资源便很容易枯竭，最终导致科学家内在自由窒息。

学知识生产的自由因而具有多重的意义。政府的科学计划不仅是对科学的计划，而且构成了一种科学运行模式，遵循科学知识生产的规律，政府对于科学的任何计划都应该把研究自由作为一个有机组成部分，在课题选择、研究路线、学术观点发表以及成果评价等方面需要给予科学家以相当的自主性。

第二节　科学知识生产中的求真和求效

作为一种社会活动，科学研究包括求真和求效两个基本目标，科学的进步就是这两个目标之间既相互排斥，又相互依赖、相互引导，不断实现统一的过程。科学的求真和求效问题关联着科学的真理与价值、科学与社会的关系。本节从分析科学知识生产的真理和价值两个维度入手，试图探讨以下问题：科学研究有无价值以及有什么样的价值？它们是怎样演变的？如何最大限度地实现科学研究的正向价值，而使其负面价值降到最小？

一、科学知识生产的两个维度

英国科学史家梅森在谈到科学的起源时指出："科学主要有两个历史根源。首先是技术传统，它将实际经验与技能一代代传下来，使之不断发展。其次是精神传统，它把人类的理想和思想传下来并发扬光大。"[1] 科学起源的这两个传统体现着科学知识生产的两个不同维度，即科学的求真维度和价值维度或社会维度。其中，真理维度属于科学研究的内在价值追求，社会维度是科学发展的外向价值需求。但在科学史上，这两个维度的发展是不平衡的。随着科学知识生产制度的变迁，科学的两种形象呈现出阶段性的变化。

（一）科学的求真维度的确立

真理是标志主观同客观相符合的哲学范畴，是人们对客观事物本质及其规律的正确反映，客观性是真理的本质属性。自然科学是建立在逻辑与经验实证基础上的最具客观性的人类认识活动和实践活动，其最初的和最主要的目的之一，就是求知，满足好奇心和求知欲，获得关于自然界的真实的认识。随着科学活动的不断深入发展，科学的求真维度日趋完善。

---

① S. F. 梅森：《自然科学史》，周煦良等译，上海译文出版社 1980 年版，第 1 页。

人类关于科学的历史可以追溯到古代。在古代社会，存在着两种知识传统，一种是工匠型的经验实用知识传统，一种是学术型的抽象知识传统。在古希腊以外的其他古文明文化意识形态中，主要发展了经验实用的知识传统，研究方法主要通过经验试错，或依赖于典籍或贤人的威望。而古希腊则主要发展了抽象理论知识传统，并在此基础上发展出了一套证明的体系。与其他古代文明一样，在古希腊，科学研究并没有成为一种独立的社会活动，社会上也缺乏科学家的职业角色，这一时期创造和传播科学知识的人通常是一些技术专家（包括医生）、僧侣和哲学家。① 从这些知识生产者群体中逐渐分化出对自然界各种问题感兴趣的学者，被称为自然哲学家。古希腊自然哲学家对近代科学的最大贡献，就是开创了对自然进行抽象性研究的先河，并创立了使科学知识体系化的理性方法，为欧洲近代科学求真范式的形成奠立了理论基础。

以 1543 年哥白尼《天体运行论》的发表为起点，标志着近代科学开始走上了独立发展的道路。哥白尼天文学是将古希腊理性证明传统与科学观察相结合的产物。伽利略在科学史上享有"近代科学之父"之称，而且被认为是近代科学方法的奠基人。在天文学、力学研究中，伽利略将哥白尼的科学观察方法改造为科学实验法，系统地阐述了受控实验，确立了实验科学的地位，并开创了实验和数学、数学和演绎相结合的新研究路径。这一转变克服了古代自然哲学的思辨性和模糊性的方法论缺陷，使原本属于经验性的知识变成了定量的、具有严格的事实和逻辑基础的理性知识。而且也改变了"科学知识生产依附于其他社会活动的状况，使科学知识生产成为具有自身价值和目标的、相对独立的社会劳动。"②

在科学的求真范式的确立过程中，F. 培根给予了重要的方法论影响。在培根看来，科学的发展独立于任何因素，通过纯科学发现自然界的真实本性，能给应用科学和技术奠定坚实的基础，所有技艺都源于它或是对它的应用。在培根理想的影响下，近代西方诞生了第一个被官方认可的科学组织，即英国皇家学会。皇家学会在其成立章程中，明确禁止其会员在科学例会中

---

① J. 本－戴维：《科学家在社会中的角色》，赵佳苓译，四川人民出版社 1988 年版，第 89 页。
② 李正风：《科学知识生产方式及其演变》，清华大学出版社 2006 年版，第 157 页。

谈及政治和宗教问题。例如，皇家学会书记奥尔登伯格提出："借助观察和实验求得有关自然的知识和有用的工艺，并为保卫和便利人类生活而促进这些知识和工艺，是学会的惟一事业。"① 其他很多欧洲大陆学会的章程中都有类似的要求。例如法国皇家科学院的前身表达了这样的意向："会议中绝不能有关于宗教神秘事物和国家事务的讨论。"②

牛顿继承和发展了 F. 培根重视实验和归纳的思想，以及伽利略的思想方法，他在《自然哲学的数学原理》中通过发明微积分这一新数学工具，使实验与数学、归纳与演绎、分析与综合相结合，把天上运动和地面运动统一起来，建立了严整的经典力学体系，使自然科学第一次真正获得了系统化、理论化的知识形态。牛顿的工作为近代科学确立了求真的典范。

随着近代科学研究体制化发展，科学知识生产从原来分散的个体形态向组织化形态演变，并使处于社会边缘的业余科学活动逐渐发展成为一种专门的职业。科学研究进入学院科学时代。

学院科学的出现，使科学求真作为一种生产制度在社会中固定下来。

随着学院科学体制的建立，科学的自主性稳固确立，并成为科学共同体的建制规范。近代科学知识生产学院体制的确立不断强化着科学的真理维度，主张科学知识的客观性和价值中立性，致使科学研究与应用科学之间构成了二元对立：科学家关心的是拓展被验证的知识本身，可以为科学共同体智力宝库提供有用的信息，取得专业认可；科学家贡献的大小也主要以推动知识自身进步为评价指标，而科学知识的应用则由产业部门或其他用户从"公共知识"中提取。人们一般把这种仅凭个人兴趣出发进行选题、不需要对社会承担什么义务，高度自由的科学称为"小科学"。这是西方 17—19 世纪科学活动的基本特点，历史上这一时期被称为"小科学"时代。

总之，在近代的小科学时代，求真目标被认为是科学活动唯一合法的目标，也是科学的唯一发展形态，学术自由、价值中立是科学家的至上信念。所以学院科学有时被称为"学术科学"，或"纯科学"，它是同应用科学相

---

① 李醒民：《科学自主、学术自由与计划科学》，载《山东科技大学学报（社会科学版）》2008 年第 5 期，第 1—16 页。

② 夏平：《科学革命——批判性的综合》，徐国强等译，上海科技教育出版社 2005 年版，第 132 页。

对立的。

学院科学彰显了科学知识生产的真理维度，而贬斥了科学的其他维度的意义。

（二）科学的社会维度

从近代科学诞生之初，直到二战前的学院科学，主要彰显了科学知识生产的真理维度，而贬斥了科学的其他维度的意义。但是，作为文化的一个组成部分，科学的持续不断发展只可能发生在具有某种秩序的社会中，科学与社会环境不可分离。通常我们说，科学研究始于问题，但科学问题很大程度上是从社会物质生产和一般文化生活中引出的。科学研究不仅是一种认识活动，具有真理的维度；而且还是一种社会活动，具有社会的维度。科学的社会性不仅体现为科学的产生与发展受社会动因的推动，而且体现为科学的发展对社会进步产生日益重大的影响。

科学的发生和发展最先是由技术推动的。在古代，物质生产的发展需要深入地了解自然，与人们的物质生活紧密相关的力学、天文学、数学、医学等学科知识首先发展起来了。近代科学在其发轫之初，即兼有来自实践技术的技艺和对自然的理性认识进路双重品格。默顿的研究工作揭示：从1561年到1688年间英格兰公布的317件专利中，约有75%的专利与煤炭工业有关①。这些数据表明，当时占压倒多数的研究课题是从解决生产中的实际问题中产生出来的，只是当时科学知识大树还很弱小，不能有效解决生产中出现的问题，相反则更多地从物质生产技术中获益。正是在这个意义上，恩格斯指出："社会一旦有技术上的需要，则这种需要就会比十所大学更能把科学推向前进。"② 但到了19世纪，"随着无穷无尽的科学成就的涌现，工具变成了目标，手段变成了目的，科学家们认为自己独立于社会，并认为科学是一种自身有效的事业"③。

在以纯科学研究模式占主导地位的学院科学时代，科学以一种温和的方

---

① R. K. 默顿：《十七世纪英格兰的科学、技术与社会》，范岱年等译，商务印书馆2000年版，第191页。

② 恩格斯：《致瓦·博尔吉乌斯（1894年1月25日）》，载《马克思恩格斯全集》第39卷，1974年版，第198页。

③ R. K. 默顿：《科学社会学》（上册），鲁旭东、林聚任译，商务印书馆2003年版，第362页。

式形成了与经济长期的互动。这就是"工业化科学"的缓慢成长。事实上，科学体制化在19世纪的德国大学中一经确立，工业企业便开始了对大学科研的资助，它们与大学合作建立实验室或研究所。工业资助研究活动不可避免地带有强烈的利益动机，但正是工业研究给学院科学注入的"利益"原则这股暗流，历经一百年左右的发展，最终于20世纪70年代把科学研究带入社会中心，使之成为一种社会权威力量，并由此引发了当代科学知识生产制度上的"一场平淡"革命，这场革命结束了学院科学阶段，进入了一种求真和求效高度融合的后学院科学时代。

与学院科学强调科学的价值中立性相比，后学院科学是一项代价高昂、利弊同在的高风险性研究活动，这是在广阔的应用背景中发展起来的一种新型的知识生产方式，既深刻影响着社会的价值观念，同时又受社会价值观念的影响。巴伯写道："时而是这个，时而是另一个社会因素对科学有影响，有时是相对有利于科学的成长，有时是相对妨碍之，这是不可避免的法则，对于科学来说，没有什么东西是与社会相脱离的。"[1]

马克思最早把科学看作是一种社会活动。受马克思思想的影响，苏联科学史家赫森（1931）、美国科学社会学奠基人默顿（1938）以及英国科学学奠基人贝尔纳（1939）等人开创了对科学的社会研究。然而，由于时代的局限性，经典作者的思想在他们那个时代只是一种没有得到充分证明的假说，人类真正揭开科学知识生产的社会性本质，是二战以后的事情。

随着20世纪70年代新技术革命的兴起，科学的发展已成为一系列社会问题的来源，致使科学知识生产制度发生了文化的进化，以适应变化了的社会环境。这就是后学院科学体制的出现。后学院科学制度在促进科学不断进步的同时，更加彰显了科学的社会维度。齐曼对后学院知识生产模式进行了较为系统的阐述，并把它概括为集体化、产业化、效用化、政策化和官僚化等五个基本特征。参照齐曼等人的论断，我们认为科学知识生产的社会维度主要集中在如下三个方面：

第一，科学研究的效用化

所谓科学研究的效用性，就是注重科学研究工作的潜在应用价值或商业

---

① 巴伯：《科学与社会秩序》，三联书店1991年版，第36页。

价值，要求科学研究明确地以可以辨别的实际应用为目标。① 这是当代政府及产业界投资于科学的主要目的和倾向。

随着科学研究规模的扩大，致使科学研究的组织管理、资源配置以及研究方向的选择等问题与科学研究的效率和风险紧密地联系在一起。面对日益严重的预算压力，政府为了向公众说明投入的合理性，效用的考虑引导着科学研究越来越趋向经济、政治和军事等功利目标。例如，在 20 世纪 50—60 年代，美国国家科学基金会（NSF）主要支持大学里的好奇心引起的基础科学研究。从 80 年代开始，NSF 资助基础研究的视野被拓宽到包括工程领域，朝着更加关注社会需要的研究方向移动。②

当代科学知识日益表现出前所未有的对于经济发展的高回报率，致使学术研究中来自企业资助份额在增加，表明科学研究已成为一种增长的产业，知识成为资本。正如费多益指出的，在过去，研究和开发的预算主要被描述为"研究和研究的开发"或"研究和为更多研究进行开发"，而现在的研究和开发越来越多地被看作本身就是开发和研究，R&D 变成了 D&R，甚至在某种程度上变成了"开发和为开发的研究"。③

第二，科学研究的政策化和科学知识的专有性

早在 19 世纪即出现了科学知识生产政策化的萌芽。从科学史上看，在 19 世纪末，在西方发达国家的工业实验室制度中，出现了将其产出的知识产品以专利或知识产权的形式保护起来，成为公司私有物品的做法。20 世纪中叶以来，以美国 1950 年成立国家科学基金会（NSF）为标志，世界各工业化国家都开始加强对科学事业的规划管理，并由政府投资和组织实施各类科学计划等。20 世纪 90 年代以来，随着国际竞争由政治势力的较量转向经济竞争，尤其是高技术竞争。激烈的国际竞争导致对知识保护的加强，基础研究从选题、成果的发表到应用等，都受到国家目标的控制。在科学原创和知识产权保护进一步加强的 21 世纪，随着基础科学成为一个剧烈竞争的

① J. 齐曼：《真科学》，曾国屏、匡辉、张成岗译，上海科技教育出版社 2002 年版，第 90 页。
② D. E·司托克斯：《基础科学与技术创新：巴斯德象限》，周春彦等译，科学出版社 1999 年版，第 107 页。
③ 费多益：《大科学的模式转换——从"研究与开发"到"开发与研究"》，载《中国人民大学学报》2004 年第 1 期，第 81—87 页。

领域，发达国家开始密切注意对科学交流及科学表达进行控制，科学的普遍性和公有性被限定在较小的范围内，而科学研究的政治化和知识的专有性得到进一步强调，从而更加突出了不同国家、不同民族的科学体系有明显的地域性、民族性和历史性。

第三，科学研究的评价走向科学共同体评价与社会评价的结合

科学家的基本职责是为社会提供公共知识，并用知识改善人类生活。在学院科学时代，由于从公共知识转化为技术和财富的周期较长，对科学研究的评价主要针对科研工作结题的知识成果进行评估，而科学家个人从中获得的主要收益是同行承认。

20世纪90年代以来，随着科学研究朝着规模大、成本高、社会影响巨大的方向发展，对科学活动进行效用评价成为管理科学研究的重要手段。面对科学发现及其应用的高度不确定性和深不可测的风险，科学家也成为非专家了。与传统科学评价比较，当代对科学研究的评价有两个突出特征：一是评价的内容不仅涉及研究活动的科学价值，而且重视科学研究多方面的影响，涉及环境生态伦理、经济效益、国家安全、卫生与健康等方面，以反映社会对科学发展的全面要求。二是评价的标准不再仅仅由科学家们独自确定，而是由带有不同价值观和利益取向的多元参与者构成的科学——社会共同体共同来确定。这说明，后学院科学已把研究工作带出了实验室，带进了公众的争论，"所有的人都参与讨论它的社会的、政治的和文化的各种后果。"①

总之，科学的求真内在于科学系统，自立于实证知识的科学王国之中，具有目的意义；科学的求效可以被看作是科学系统与社会系统之间的功能转换，具有手段意义。科学知识生产的发展要求在科学系统内部的自主逻辑和社会需求这两种维度之间保持必要的张力。

二、关于科学的求真和求效问题的争论

在关于科学的求真和求效、科学的真理性和社会性问题的讨论中，存在着价值中立论和价值平权论的分野，它们分别从真理维度或社会维度的单一

---

① 蔡汀·沙达：《库恩与科学战》，金吾伦译，北京大学出版社2005年版，第95页。

视角出发，否定另一方存在的合理性，这是我们应该力图避免的。

（一）科学价值中立论和纯客观主义

在学院科学时代，科学价值中立论一直是占据主导地位的科学意识形态。价值中立论通过对事实和价值的划界，割裂了真理和价值、主观和客观、科学和社会之间的联系，陷入纯客观主义的泥潭。其基本主张是：科学是追求知识的一种纯客观性的活动，是对自然的真实的认识，科学知识是自然之镜。

科学价值中立论可以追溯到 F. 培根的科学与技术相互作用的线性模式。德国社会学家马克斯·韦伯（1914）进一步从学术自治角度首次提出并讨论了科学"价值中立性"的概念，并把它作为科学的规范原则。韦伯认为，科学研究的任务是陈述或描述客观事实，寻求客观规律，科学是中性的；在科学知识的生产中，要获得客观的和可以信赖的真理，科学家必须不掺杂任何非自然的个人和社会因素，对被研究的对象和所获得的结果只能作"事实判断"，而不能作任何"价值判断"。否则他可能会因在科学研究工作中带有偏见而不能保证成果的客观性。

20 世纪 20—30 年代，逻辑实证主义使"价值中立性"的科学观确立下来，主张科学是一个建立在事实和逻辑基础之上的客观知识体系，它使用描述命题，确认在原则上能够被证实的事实，既不受任何社会价值因素的影响，亦无善恶之分，是无价值负载的。

从科学史上看，价值中立论有其存在的合理性。近代科学是在与宗教神学的血与火的斗争中诞生的，强调科学价值中立性可以阻止来自宗教的、政治的等社会价值因素的干扰。正是在价值中立性的保护下，近代科学知识获得了积累增长，从而为后来基础科学的巨大功利价值的实现准备了充足的智力资源。但是在今天，随着国家利益和市场力量对科学知识生产活动的介入，其负载价值的特征突出地表现出来，价值中立论的科学观受到严重冲击。

（二）科学价值平权论和真理相对主义

20 世纪中叶以来，我们全面进入"科学时代"，科学的发展使"我们了解了从原子的内部到遥远的恒星、宇宙构造与组成的大部分；我们能够成功地解释物质及其组分之间的力的基本过程的机制；并且我们正在打开从基因到大脑的生命之谜。"① 正当科学在人类生活中显示出其强大威力的同时，西方学术界对科学作为技术结构的支撑与源泉的价值提出了质疑。一些社会学、多元文化论者开始怀疑，通过科学是否能真正地认识自然世界，即怀疑是否存在可检验的客观真理。尤其是20世纪70年代兴起的科学知识社会学（SSK），在确立科学的社会形象的同时，将科学的社会维度和真理维度对立起来，得出了否定科学真理性的科学相对主义结论。

首先是历史主义学派代表人物库恩，通过"范式"（1962）这一概念，第一次把科学视为科学家从事的劳动，并把社会的、文化的、信仰等价值因素引入科学，揭示了科学的社会维度。科学知识社会学（SSK）循着库恩的思想脉络，通过考察当今被"产业化"的科学实践活动，提出科学知识是"社会的建构"的理论，即科学的社会建构论。其基本主张如下：第一，科学的发现与辩护是一个自始至终都受到了社会的、政治的、文化的因素制约的开放过程，并且这些因素都是科学知识的内在构成要素。第二，科学成果与所研究的外部自然世界毫无关系，它不过是社会磋商的结果，即科学不具有可检验的客观真理的本性。第三，在科学实践中，不存在评判知识的客观标准，科学评价的标准完全受共同体的社会和政治旨趣的控制。

科学的社会建构论揭示了科学的社会维度和人的因素，具有基本的合理性。但它们在强调社会因素、人的因素对科学事实的建构作用时，却否定了自然实在的决定作用，否认科学知识的客观性和真理目标的合理性，主张一切知识都是相对的，这就从根本上抹煞了科学真理与其他知识文化之间的差异性，走向相对主义和神秘主义。

（三）对争论的评述

在学院科学时代，求真是科学的唯一合法目标，科学价值中立论"恰当地描绘了在科学中占优势的信念和实践，即科学贡献的意义独立于个人和社会的特征以及它的作者的动机"②，因此在科学史上曾经有过并将继续发挥着积极的作用。在后学院科学时代，追求真理仍然是科学探索的一个目标，但它不是唯一的目标。甚至不是科学的根本目标。随着科学研究和社会

---

① 罗杰·G. 牛顿：《何为科学真理》，武际可译，上海科学技术教育出版社2001年版，第1页。
② 转引自李醒民：《科学是价值中性的吗?》，载《江苏社会科学》2006年第1期，第1—6页。

的结合日益紧密，致使科学研究的每一环节、每一要素包括选题、研究方法和过程都蕴涵着价值。那些与社会需要、国家安全或市场和商品不相关联的选题，便得不到充足的经费支持。所以贝尔纳感慨地说："要是政治家更明智一些，要是商人更无私一些，而且有更大的社会责任感，要是政府更大胆、更有远见而且更有灵活性，我们的知识就能更为彻底，而且能迅速地用来大大提高生活和健康标准"①。但历史上没有哪个政府愿意拿公众的纳税钱只是让科学家个人消费一番而没有任何责任性要求。科学价值中立论的错误在于它忽视了科学研究中的价值属性和主体的力量，因而是片面的。在当代，除了极少数科学研究是靠兴趣驱动的自由探索研究外，科学知识的生产越来越多地产生于特殊的应用背景中，科学问题从以学科为基础的知识生产模式向着越来越具有综合性质的"超学科"知识生产模式转变，这时知识生产的参与者不再是单一的科学家，而是所有利益相关者都对项目计划有影响。

价值平权论揭示了利益因素对科学研究的影响，肯定了科学的社会维度和价值属性，具有一定的现实合理性。但是，与科学价值中立论用客体力量消解主体力量相反，科学价值平权论则是用科学价值否定科学事实，用主体力量消解了客体力量，把认识论问题看作是一种变幻不定的社会和政治机遇，造成对科学知识的客观性、知识理性和可靠性的全面否定，走向了另一个极端，其内在矛盾是显而易见的。

总之，无论是价值中立论，还是价值平权论，都割裂了主观与客观、真理与价值、求真与求效之间的联系，因而在科学观上都是片面的、形而上学的。

三、求真和求效的统一性

科学具有两种价值：一种是物质性的，它以技术为中介，为生产的进步开辟道路；一种是精神性的，它直接作用于人的理智和心灵，提升人的精神境界。科学的双重价值属性体现了求真和求效的对立统一。科学的求真和求效是同源共生的，它们之间既相互区别，又相互引导、相互促进。

（一）求真是求效的基础和源泉
科学探索的直接目的是求真，求真是科学的本质属性。所谓求效，是指

---

① 贝尔纳：《科学的社会功能》，陈体芳译，广西师范大学出版社 2003 年版，第 193 页。

与求真相对应的科学对于自然和社会的价值和功能。

要改造客观世界，首先必须认识世界。科学具有巨大的实际效用，就是因为它的真实性。价值是客体的属性对主体（包括个体和社会）需要的满足。人们越是深刻地揭示了客体对象的本质属性，意味着客体的价值被主体认识得就越充分，那么主体就越能按照自己的多方面需要确定价值目标，取得社会效用的可能性就越大。在科学王国中，科学家共同体赋予科学发现的优先权以最高价值，社会也给予做出独创性贡献的科学家以重大、公开的奖励，不仅因为它对于科学具有重要的认知价值，而且可以肯定它同样具有巨大的实践效益。相反，如果让科学仅仅停留在短期应用目标层次上，没有对客体对象的本质的深刻认识，就不会取得预期的或持久的社会收益。近代西方文明的历史充分证明了这一真理。

近代西方社会以纯粹的追求宇宙真理、发现自然规律为目的，从而构筑了人类科学知识大厦，也同时营造了尊重科学的社会文化环境。正是在这样的前提下，科学成果引发了划时代的近代工业革命，继而又迎来了当代高度发达的知识社会。西方文明的历史向世人充分证明：只有揭示了真理，才能真正地服务于人类；也只有在服务于人类的过程中，科学研究才能有进一步的发展。近代中国开始向西方学习时，从根本上是把科学作为一种"救国之术"来看待的，仅仅注重了科学的效用或功利价值，而忽视了科学本身的目的意义及其真理价值，致使近代中国丧失了两次腾飞的良机。

（二）求效对求真的引导和规范作用

人们认识世界的最终目的是为了改造世界，改造世界是科学的根本目的。

第一，有助于促进科学的繁荣

"效"，是指科学研究的效用、效果和效益。所谓求效，它有两种含义：一是指追求认知价值，二是指追求功利价值。科学真理可以带来两种收益：理论收益和实践收益。科学真理的理论收益主要与研究者的自我满足有关。对于研究者来说，求真本身就是目的，"它是重要的、实质性收益的载体"[1]；实践收益与满足自身非认知需求的过程有关，它在过程中起着主导

---

[1] 尼考拉斯·莱斯切尔：《认识经济论——知识理论的经济问题》，王晓秦译，江西教育出版社1999年版，第6页。

的作用。实践收益引导和规范着科学家的求真行为。

以求效引导科学，不等于科学上的功利主义。与功利主义只注重知识的短期效益不同，以求效引导科学，是在保证求真目标的前提下，关注科学的潜在的、长远的社会效果及其实现。随着科学的发展日益与经济社会进步紧密地结合在一起，科学研究的周期不是做出一个发现就算完成了，而是延伸到这个发现作为一个观念在社会生活中产生了实际应用，这个周期才算完成。以求效引导和规范求真，就是把科学求真的价值融入到与知识的资本化相一致的关系之中，努力实现真理与价值、科学目标与社会目标的有机统一。

第二，求效引导科学资源的合理配置

科学研究作为一项理性的事业，探索真理的过程也是一个耗费资源的过程，获得真理需要有成本投入，不仅包括资金的投入，还包括时间、精力等其他资源投入。就此而论，人们追求真理与在商业活动中追求财富相似，科学求真活动必然联系着主体的利益，并"具有成本和收益的经济属性"①。事实上，人们正是为了达成某种或某些效果，才会不断地深化对客观规律的探求。如果某些客体对主体和社会没有什么价值，或者主体为扩展对它的认识和理解所花费的成本得不到相应的报偿，即没有产生"成本效应"，人们就不可能去认识它，或者不可能持久地认识它。但是，以求效引导和规范科学求真应该保持在一个适度的范围内。这就是科学家在争取外来经费资助时，既不应失去学术的独立性，把取得经费资助当作目的，又能够在兼顾求真目标的同时，服务于社会的效用目标，在学术独立和效用目标之间保持适度的张力空间。

第三，求效可以有效引导科学资源的合理配置

在当代，科学研究的每一环节、每一要素包括选题、研究方法和过程都蕴涵着价值。越是前沿的科学技术，它给人类带来的负面影响的可能性就越大，像遗传工程、纳米技术等，选题时必须考虑到社会效果。但是，科学不能直接告诉人们其自身有利还是有害，因而不能保证其方向的正确性，求真需要求善来引导。在科学活动中引入"求善"的考虑，充分考虑到研究过

---

① 尼考拉斯·莱斯切尔：《认识经济论——知识理论的经济问题》，王晓秦译，江西教育出版社 1999 年版，第 1 页。

程以及研究结果所能带来的社会影响，不但不会影响求真目标本身，相反它能够有效地促进科学的深入发展。

（三）效用原则与真理原则的统一

美国学者维娜·艾利在《知识的进化》一书指出，科学知识处于知识结构的核心，处于浅层的是关于事实的知识、数据以及简单的技能，而深层或高层的则是伦理原则和价值观[①]。就是说，科学和价值、科学中的真理原则和效用原则是同源共生的，它们执行着不同的功能。科学求真关注的是科学知识的客观性和事实判断，而科学求效关注的是科学知识生产的成本效益和价值判断。价值判断要以事实判断为基础，求效以求真为基础；事实判断本身不关涉认识中的善恶，求真本身并不能保证其方向的正确性，它需要价值判断进行规范和引导。

一方面，科学知识生产的任务是求真，科学从根本上是一种最重要的精神文化，科学的物质价值的实现要以其精神价值的实现为前提。没有对科学的求真目标的加强，就不会有科学事业的繁荣，那么，科学的实践效应就会被阻断，国家的经济实力就上不去。

另一方面，在科学知识生产的发展不断地塑造着社会的发展方向的现时代，科学家从事科学活动日益受到各种实际利益的限制，科学的深入发展离不开社会价值因素的引导和推动。以求效引导科学家的研究活动，不仅可以促进科学技术第一生产力的实现，规避科学的成果运用于破坏性的目的，而且能够激发科学家的求知欲和责任感，使之成为合格的科学家和文明公民。

第三节　科学知识的普遍性和地方性

当代科学不仅是一种知识体系，而且是一种实践形式。一方面，科学的直接目标是扩展对物质世界运行规律的认识，即科学知识具有普遍性；另一方面，具体的科学实践具有情境依赖性和文化依赖性，即科学知识生产又具有地方性。因此，只有把普遍性和地方性结合起来，才是一种普遍的科学观。

[①]　沈铭贤：《科技与伦理：必要的张力》，载《上海师范大学学报（社科版）》2001年第1期，第11—16页。

一、科学知识的两重性

（一）传统科学观与科学知识的普遍性

在传统科学哲学看来，科学活动是一种探求真理的理性活动，它本质上是对自然界的去情境化的数学筹划，真理性、普遍性是科学知识的基本特征。所谓科学知识的普遍性，是指科学知识的真理性和广泛适应性。知识的真理性由理论的自明性和可证实性或可证伪性来判明，因而是非地域的、非历史的、普遍的；而广泛适应性是就知识的功用性或有效性而言的，它包括两方面含义。一是指一种科学理论是对某一对象领域的基本自然规律的深刻揭示，可以普遍适用于该领域的一切对象，如牛顿力学可以有效运用于地面上物体的运动，同样可以有效地运用于彗星等天体的运动等。二是指它能够有效地指导人们的社会实践和社会活动。

从培根时代开始，人们倾向于将科学等同于普遍有效的真理，欧几里得几何学常被当作是实现这个理想的一门典范性科学。为了实现科学知识的普遍性理想，近代哲学家们从不同方面试图为科学寻求一套普遍有效的科学方法，经验论和唯理论两大对立的哲学认识论就是这一努力下的产物。德国古典哲学奠基人康德在前人成果的基础上，系统地讨论了普遍必然性的知识如何可能的问题。在康德看来，科学知识是从认识者和对象世界两种力量的相互作用中产生的，追求客观性和因果必然性是实证科学的基本目标。

19世纪迎来了世界历史上第一个科学世纪。这一时期占主流的科学意识形态是，真正的科学知识必须包含、或者基于由理性建立的必然真理，它是通过可以控制的、消除了个人特质的科学方法程序建立的观察陈述，因而是对真实世界的客观解释；科学奖励也是以一种普遍主义的方式进行分配的，它可以使科学家对知识的贡献得到公正的衡量。①

事实上，直到20世纪中叶以前，人们仍然倾向认为科学是知识体，是关于自然世界的理论和实证命题的集合。在这一占统治地位科学观的影响下，以波普尔等为代表的逻辑经验主义把科学史看作是科学理论和科学观念的历史，坚持科学研究要以解决理论问题为目标，认为观察和实验除了提供

---

① 马尔凯：《科学社会学的理论与方法》，林聚任等译，商务印书馆2006年版，第126页。

可靠的经验基础外，没有可值得研究的内容。如波普尔说："理论家提出某些确切的问题给实验家，后者力图用他们的实验来对这些问题给出一个判决性的回答：他努力排除所有的其他问题。"①

（二）科学实践哲学与科学知识的地方性

20世纪80年代以来，随着新技术革命的蓬勃发展，科学实验有了重大发展，从原来主要以理论假设驱动的实验研究更多地转向探索性实验，物质工具进步成为科学突破的先导。这时，科学知识生产的实践性、实验的介入作用充分展现出来，致使过去那种把科学视为既成命题的集合的科学观受到了严峻挑战。这一时期开始兴起的科学实践哲学，彻底颠覆了过去那种把科学的目标视为追求真理、单纯强调科学观念和理论的进化的传统做法，而是把研究的重心转向了实验实践。

科学实践哲学主要把科学看成是人类文化和社会实践的特有形式，并赋予科学实验以独立的地位。并由科学实践的地方性，推导提出科学的本性是地方性知识的观点。这里所谓科学知识的本性具有地方性，不是指人类学意义上的那种与特定地域有紧密联系的知识，而是一种新型的知识观念。这里地方性的含义是指在知识生成和辩护中所形成的特定情境，诸如特定文化、价值观、利益、技能和由此造成的立场和视域等。在这种地方性知识概念下，根本不存在普遍性知识，普遍性知识只是地方性知识转移的结果。

在科学实践哲学看来，科学不是作为知识体，而是一种实践形式，一种社会实践。作为实践形式的科学，是具体的、历史的。无论知识的生成、发现，还是知识的辩护和传递，都离不开特定情境。因此，科学知识的本性是地方性的。其基本主张如下：第一，科学实验（室）作为科学知识生产的场所，它是高度情境依赖性的。"科学研究是一种巡视性的活动，它发生在技能、实践和工具（包括理论模型）的实践性背景下，而不是发生在系统化的理论背景下。"② 就是说，科学实践的目标不是预先设计好的，而是从真实演化的实践中突现出来的，并在实践过程中转换自身。第二，不仅所有的科学知识都产生于特定的实验室、需要特定的研究方案、特定的地方性共

①　K. R. 波普尔：《科学发现的逻辑》，查汝强、邱仁宗译，沈阳出版社1999年版，第99页。

②　［美］约瑟夫·劳斯：《知识与权力——走向科学知识的政治学》，盛晓明、邱慧、孟强译，北京大学出版社2003年版，第101页。

同体和特定的研究技能，而且"科学话语及其评价同样隶属于特定的社会情境"①。一方面，科学话语可以出现在许多层面上，"它们处于地方化的社会网络之中"②；另一方面，科学评价标准是动态的，"合理的可接受标准随着科学主张出现于其中的情景和支配它们的实践旨趣的不同而改变。"③ 第三，所谓祛地方性的普遍性知识，只是从一种地方性情境扩展到更大的一种地方性情境的结果，这种扩展被称为知识的标准化。第四，科学知识的地方性主要表现为知识和知识实践的语境性、地方性和索引性。

二、关于科学知识的普遍性和地方性的讨论

如果说，传统科学哲学只关注科学知识的理论陈述和命题的合理性，把科学史主要看作是观念的形成与发展的历史、强调科学知识的客观性和普遍有效性，但忽视了对科学观察和实验的说明功能的话，而科学实践哲学则是把科学理解为一种实践形式，弥补了传统科学哲学的理论缺失，揭示了实验的重要特点及其成就。但由于"它没有包括对理论在科学中所起种种关键作用提供充分论述"④，过于强调了实验实践的语境性和地方性，从而得出科学的本性是一种地方性知识的结论。正如邱仁宗教授指出的那样，"强调实验具有自己的生命是有益的，但不应该因此使我们看不到理论也有自己的生命这一事实。"⑤ 由于两种科学哲学存在着理论上的偏颇，致使它们的科学观都是片面的。

（一）地方性知识主张的理论困境

1. 对科学实践活动的地方性的质疑

在科学实践哲学看来，科学的本性是地方性的，只存在地方性知识。并且认为就是在表征层面，科学知识的所谓普遍陈述也是不能成立的。原因在

① ［美］约瑟夫·劳斯：《知识与权力——走向科学知识的政治学》，盛晓明、邱慧、孟强译，北京大学出版社2003年版，第129页。
② ［美］约瑟夫·劳斯：《知识与权力——走向科学知识的政治学》，盛晓明、邱慧、孟强译，北京大学出版社2003年版，第126页。
③ ［美］约瑟夫·劳斯：《知识与权力——走向科学知识的政治学》，盛晓明、邱慧、孟强译，北京大学出版社2003年版，第130页。
④ 邱仁宗编著：《科学方法和科学动力学》（第二版），高等教育出版社2006年版，第187页。
⑤ 邱仁宗编著：《科学方法和科学动力学》（第二版），高等教育出版社2006年版，第186页。

于，科学研究是一种介入性的实验活动，它根植于对专门建构的情景的技能性把握，科学的发现和辩护都是置于具体语境之中的，离开特定的情境和用法，知识的价值和意义便无法得到确认。正如劳斯所指出的："在特定的社会情境之外，论证科学主张是没有人理会的。"①

我们承认，任何现实的科学实践都是具有情境依赖性的，那么，这是否就意味着地方性和情境性是任何实践活动的基本特性或唯一特性，而不具有其他任何的共性呢？进一步地问，由实验实践的地方性，是否必然地对应着作为实验成果的知识的地方性呢？我们把科学仅仅作为一种实践形式来理解，是否能够全面地把握科学的本质呢？对于劳斯等人来说，答案是肯定的。但我们对此不能苟同。

首先，任何特定的科学实验都具有普遍性的品格。唯物辩证法关于共性与个性关系的辩证法告诉我们，共性寓于个性之中，没有个性，就没有共性；个性也离不开共性，个性必然与共性相联系而存在，没有无共性的个性。对于科学实验来说，一方面，任何实际的实验作为具体的社会物质活动，无疑具有地方性的特点，仪器设备、操作技能、文献准备以及研究者的个性偏爱等，决定了实验的主题选择、问题分析、过程结构的具体性。另一方面，科学实验又是一种理性活动，无论是对于假设验证性实验，还是对于探索性实验，不仅因为实验主题的选择、实验的设计都离不开背景理论或高层次理论的指导，对于实验现象的解释也必然要受理论（基本定律）的支配；而且决定实验过程进程的，不是社会因素和人的因素，而是由研究对象的本性决定的。从这种意义上说，科学实验活动又具有祛地方性的特性。就是说，具体的实践活动是地方性的，但它是包含着共性的地方性。正因为实验实践兼有地方性和祛地方性的双重属性，才能理解科学实验的可重复性和事实的可再现性。

其次，实验对研究对象的介入并不改变知识的普遍必然性。科学实验是以对自然的改造为前提的，没有对研究对象的介入，没有社会力量的参与，实验便无法进行。我们知道，自然现象本身既是复杂的，同时又服从简单的

① ［美］约瑟夫·劳斯：《知识与权力——走向科学知识的政治学》，盛晓明、邱慧、孟强译，北京大学出版社2003年版，第124页。

基本定律，它是简单的基本结构与过程多样性的统一。通过实验仪器的介入，可以纯化那些可能暴露自然现象本质的因果关系，从而发现支配这些现象的规律的证据。因此，实验介入和干预对象的过程，是对自然对象复杂过程的简化，因而是普遍性知识的地方化再现过程。正如刘闯教授所指出的，实验室过程的这种人工化或非自然性，并不意味着所生产和证实的知识一定就是地方性的。相反，人工化的知识很可能是具有普遍性的知识。而在纯自然环境中得到的知识很大程度上是地方性的知识，因为后者的自然条件在其他地方往往是不可能再现的。近代科学正是借助于仪器的干预，使科学从定性研究走向客观化、精确化、定量化，拓展了人们关于物质世界的客观必然性知识。

任何时代，科学往往是以一种服务于知识生产的旨趣来实践的，可重复性和可再现的事实是科学理论和定律之客观普遍性的试金石。虽然，在不同的实验室中，对同一个理论的每一次检验都将借助于不同的背景知识、可能的假说、地域资源和实验者的技能，又由于自然现象的呈现方式以及认识本身的复杂性，这就决定了，不同实验室其具体的实验过程以及实验结果的有效性存在着重要差异。但是，实验的可重复性，意味着实验过程本质上是客观的物质过程，它不受实验室资源和研究者技能或信念的支配。就是说，一旦仪器开始工作，是研究对象的本性决定着实验的进程、实验数据和图像。正因为实验结果是由研究对象的运作方式支配的，提供了与世界相对照来检验理论的可能性。当然，试图一劳永逸确定性地把握自然现象，是一种无法实现的乌托邦。但人的思维的至上性使我们的知识可以持续地演变、改进和扩展。通过不断改进实践技能和技术手段，人们对自然对象的认识由浅入深，由局部到整体，沿着普遍性不断上升的方向深入发展。

地方性知识主张的误区，在于它过分强调了实验室实践的独特性，并把实验室所创造的人工环境的地方性混淆为知识的地方性，从而否定了科学的真理目标。

2. 对地方性知识的标准化的质疑

地方性知识主张向人们提出了如下问题：从特定实验室中产生的地方性知识是如何被科学共同体接受的？或者最后为科学共同体所接受的知识是地方性知识，还是普遍性知识？劳斯指出："实验室里产生的知识被拓展到实验室之外，这不是通过对普遍规律（在其他地方可以例证化）的概括，而是通过把处于地方性情境的实践适用到新的地方性情境来实现的。"① 在劳斯等人看来，科学知识在实验室之外的扩展也就是地方性实践经过"转译"以适应新的地方性情景，是地方性知识的标准化过程。我们不禁要问，地方性知识是如何实现成功地"转译"或实现标准化的？如果不借助于抽象的理论，实验知识能否成功地实现从一种特定的地方性情境扩展到另一种地方性情境？

琼·藤村对于癌症科学的案例研究表明，仅有几个标准化的技术（工具），从特定实验室产生的癌症定义无法在其他的实验室情境中取得共识。他指出，只有通过将一种科学理论和一组标准化的技术进行"标准化整合"，特定实验室的知识成果才可能在不同的研究工作中进行交流，并最终在众多不同层次、不同实验场所的研究者之间实现对致癌基因（知识）理论的建构。"抽象概念与标准化工具的整合，理论与方法的整合是确保事实稳定性的强有力工具。"② 换言之，藤村的研究工作表明，由特定实验室中产生出来的知识要被科学共同体所接受，不仅需要抽象理论的帮助，而且离不开标准化技术的运用。而这些标准化技术实质上是由早期科学实验的抽象理论成果改造为常规工具的结果。最后为科学共同体所接受的知识是一种祛地方性的理论表征系统，是普遍性知识。

如果按照地方性知识观，既然科学知识具有强烈的实验室情境依赖性，虽然来自不同学科或知识背景的科学家在同一项目中能够相互吸收各自的异质性的实践和文化的养分，但对于非同一项目的专家，如果没有对普遍规律的概括，仅仅依靠技能性实践的转译来实现知识的传递是很困难的，那么特定实验室生产的知识也就成了少数知识精英和技术专家的专利，地方性知识标准化的理想也将成为不能实现的乌托邦。

地方性知识标准化的误区在于，它以科学的实践本性来否定科学的表征

① ［美］约瑟夫·劳斯：《知识与权力——走向科学知识的政治学》，盛晓明、邱慧、孟强译，北京大学出版社 2003 年版，第 130 页。

② J. H. Fujimura："Crafting Science：Standardized Packages，Boundary Objects，and 'Translation'"，in Andrew Pickering（ed），Science as Practice and Culture，Chicago and London：University of Chicago Press，1992，P. 204.

本性，过分夸大了科学实验有完全独立于理论的"自己的生命"，而忽视了抽象的理论对于实验及其蕴涵的实践理性的启示和指导作用，从而走向科学"不可还原的经验指涉关系"的立场。

总之，科学实践哲学的错误在于，它以科学的实践本性而否定科学的表征本性，只是强调一种对科学的操作性描述，因而它只是从社会规范的视角理解科学实践，而将实验的主要认识论目标排除在外，取消了对对象领域因果关系的认识论分析，同时也取消了对知识有效性的判断标准的认识论解决。但是，如果不解决科学有效性的判断标准，便无法在科学实践和其他人类实践之间做出明确区分，科学将走向一种实用主义和文化相对主义。

（二）普遍性知识的主张及其局限性

脱离开现实的社会背景，单一地强调科学知识的普遍有效性，而否定科学的实践本性，又存在着固有的局限性。

普遍性知识的主张往往同强调科学的客观性、科学标准的唯一性、以及独特的合理性紧密联系在一起的，在传统科学哲学看来，科学是理性的事业，其唯一目的在于精确地描述世界，理论是科学研究的最终成果，是具有普遍性的；一种普遍的科学理论仅仅是比其竞争假说更有力地得到证据的支持，更接近真理，即主张一个世界，一个真理，一种科学。[①] 三百年来的科学实践证明，这种普遍性知识主张使近代科学在改造自然的过程中取得了巨大成功，但是由于这种哲学认识论仅仅把科学视为表征的知识体系，而没有同时关注科学的实践本性和社会属性，没有关注科学知识的历史向度，甚至把强调自然界的客观规律性与科学家可获得的其他社会资源对立起来，致使这种哲学认识论在当代遇到了无法解释的困境。

首先，追求普遍性知识的信念易于接受来自科学内部的批评，而拒斥科学外部最有价值的批评。普遍性知识主张常常是同科学的价值中立论紧密联系在一起的，价值中立论只承认科学发展的内部标准，而否定了其他价值存在的合理性。但从科学史上看，科学活动与人类社会相伴而生，它是在社会利益的驱动下发展起来的。作为社会价值形态的文化环境决不只是科学技术

---

① 桑德拉·哈丁：《科学的文化多元性》，夏侯炳、谭兆民译，江西教育出版社 2002 年版，第 224 页。

知识增长的"牢笼"，而是使科学技术传统更好地理解自然和社会，并且卓有成效地与之互动的"工具箱"[①]。例如，科学上的许多非常有价值的成果具有明确的使命型特点，各个时期的科学研究的项目与其独特的历史社会结构中的其他成分是共同演进的。

其次，追求普遍性知识的信念容易使人只关注自然秩序，忽视了对实验技能、资源、机会、意义等社会的力量和人的力量的关注。而这些在当代是科学研究最重要的认知资源和技术资源。因此，过分强调普遍性知识信仰，将会使科学失去多元发展的机会。

最后，追求普遍性知识的信念容易把科学技术变化的收益内在化，而将其代价外在化，即易于将科学的负面代价看成是由于误用了科学知识或其技术的结果，认为科学的负面代价与科学进程本身无关。我们知道，当代科学研究本身是一项代价高昂、利弊同在的高风险性的活动，因而是一种会导致伦理问题的社会活动，如果看不到这一点，就可能造成对人类的文化、经济乃至人类的生存和发展的严重困境，进而影响到科学事业的持续健康发展。

三、走向知识的地方性和普遍性相统一的科学

综上所见，单纯地强调科学知识的地方性，或单纯地强调普遍性，都将陷入对科学的片面理解。事实上，在当代科学认识体系中，既存在一个相对自主发展的理论研究纲领，同时还存在一个同样也是相对自主发展的实验研究纲领，并且在科学探索过程中，两个研究纲领之间是相互依存、互为补充、共同进化的。[②] 正是两个纲领之间的交互作用，解释了为什么不同的科学家在有着巨大差异的文化和风格背景下所做出的发现，最终能成为全球范围内有效的公共产品这一事实。

传统科学观从知识论的角度倡导普遍性的科学知识，并试图从方法论、知识论和本体论三种途径为人类的科学知识寻找统一性根据，但放弃了对科学观察和实验的说明功能，只是片面地反映了科学认识的理论纲领；而科学

[①]　桑德拉·哈丁：《科学的文化多元性》，夏侯炳、谭兆民译，江西教育出版社 2002 年版，第255 页。

[②]　杰拉尔德·霍尔顿：《爱因斯坦、历史与其他激情——20 世纪末对科学的反叛》，刘鹏、杜严勇译，南京大学出版社 2006 年版，第 11—12 页。

实践观则从活动论的角度，倡导科学知识的地方性，把科学看作是仪器和操作技能等资源的集合，强调了实验操作和观察介入对于理论的独立性，但同时否定了科学的普遍性目标，因而只是片面看到了科学认识的实践纲领。正确的观点应该是，我们既要承认科学的直接目标是扩展对物质世界运行规律的认识，是客观真理性体系，又要承认具体的科学实践的语境性和地方性，重视并考察科学的实践本性。只有将知识的普遍性和地方性有机地结合起来，才是全面的科学观。

一方面，应充分重视科学知识的普遍性。人类的任何知识都是具体的、历史的，但根据马克思主义的真理观，"真理只有作为体系时才是现实的"，才可以表述和表达一种完整的意义。这说明，由特定实验室实践产生的特殊性知识必须上升到思维中的具体，即上升到理论层面，才能达到对事物本质的相对完整的把握。只有这种普遍性的理论知识，才可能与他人进行科学对话与交流。如果不注重对经验知识的理论提升，不注重与国内、国际同行及相关学科之间的知识交流和对话，国家科学事业的发展很快就失去后劲和生命力。"文革"前十七年，我国曾在许多应用科学领域取得了系列独特的成就，但由于没有把这些特殊的经验知识总结上升到理论，致使大部分知识成就在其后的实践中没有发挥其应有的作用，没有被保留下来。我们要切记这个历史教训。

另一方面，重视科学知识的普遍性，需要同时强调科学知识的地方性作为其平衡力量。任何具体的实践活动都具有情境依赖性和文化依赖性的特点，无论科学知识的产生、交流，知识的辩护，还是知识的应用，都离不开一定的地方性情境。这就提示我们，无论是发展科学，还是科学的应用，都不能简单地照搬他国经验。就是说，要使他人的研究成果成为我们的可利用的资源，并产生效益，必须立足于本土资源条件，靠简单的拿来主义往往是难以达到预期目的的。只有强调科学实验资源的本土化，才能做出真正世界一流的科学成就。那种认为只要从国外引进了高端科学仪器，就能创造出国际一流水平的科学成果，这实际上是一种认识上的误区。

总之，无论是发展科学，还是科学的应用，必须将强调科学知识的地方性与强调科学知识的普遍性结合起来。只有这样，才能保持科学事业持续不断地健康发展。同样地，我们对于科学的哲学研究，需要给予理论和实践在科学中的作用以同等对待。

第 十 章

科学终结论问题争论

　　科学，作为人类对自然的洞悉与探索活动，已经取得了辉煌的成就。对于科学进步的未来前景，不同的人却从各异的立场出发得出了不同的甚至截然相反的结论。"科学终结论"就是其中的一种突出的论点，它认为科学正在走下坡路，走向日渐无力的荆棘之地。在当下科学正如火如荼进行着的时代大背景下，初看起来，谈论这些问题有些不和谐，但仔细想来，考察并分析这些观点却是十分有意义的，因为这有利于我们理性地把握科学进步的未来前景，有利于我们更好地反思科学，因而也有利于更好地审视、推动和促进科学的进步。

第一节　科学终结论的提出

一、20 世纪科学发展的基本态势

　　科学，作为人类文明形式之一种，最初从属于哲学与神学，在经过了相当长的积累孕育时期之后，爆发出惊人的能量，从第一、二次工业革命以来，科学展示了前所未有的摧枯拉朽之势，已经极大地改变了整个世界的面貌。诚如马克思在《1844 年经济学哲学手稿》中所提出的，科学是"人的本质力量的公开展示"①。恩格斯进一步提出，科学是"一种在历史上起推

---

① 马克思：《1844 年经济学哲学手稿》，2000 年第 3 版，第 89 页。

动作用的、革命的力量"①。在物质层面上，科学改变了整个世界的面貌，将人类带入现代社会以及后现代社会，与此同时也带来一系列始料未及的问题；在精神层面上，科学从不同领域和角度描绘了众多关于世界的图景，并且这些图景呈现出日渐统一的趋势，再加上科学的巨大成功，这使得人们越来越依靠科学，深信科学是达致人类福祉的最强有力的武器和工具。而对于诸如生命起源、宇宙起源等问题的追寻，则给人类精神以莫大的关怀，为人类精神家园的花房种上了有可能开出绚烂无比花朵的希望植株。

回首 20 世纪的科学技术发展，以 19 世纪末 20 世纪初的物理学危机为开端，爆发了一场物理学革命，产生了相对论和量子力学这两大重要科学成果。这场物理学革命，极大地改变了世界的面貌，把人类对外部世界的认识视野扩展到了高速运动领域，深入到了微观世界，大大扩展了人类科学知识的深度和广度，突破了以前关于真理认识的机械、直观的模式，全面变革了先前的自然图景。在物质观上，彻底推翻了物质与运动无关的观点，物体质量与运动速度关联起来；在时空观上，时空不仅与物质关联，而且本身就是物质，不能离开物质谈时空，也不能离开时空谈物质和运动②。这次深刻的物理学变革已经大大越出了物理学领域，而影响到整个科学领域。以此为先导，自然科学诸学科领域都发生了翻天覆地的变化。

从 20 世纪中期开始，科学发展又开始出现急剧的变革。在传统的分析性科学之外，出现了一些新领域，我们称之为系统科学，其研究对象为抽象系统及其演化。系统科学的出现为我们呈现了前所未见的科学形态，它着重整体，侧重要素之间的相互联系，强调结构和功能。20 世纪 80 年代以来，产生了混沌理论、分形理论和孤立子理论等复杂性科学。系统科学与这些复杂性科学研究交叉在一起，提出了一系列新的范畴：无序与有序，确定与非确定性、线性与非线性、多样性与统一性，等等。而新的科学进展总会带来自然观的新变化：在物质观上，开始关注复杂系统，并且动态地去研究系统的存在和演化；在时空观上，引入复杂对象的时空关联研究和历史观点，揭示了事物的生成与演化。

---

① 恩格斯：《马克思的葬礼》，载《马克思恩格斯全集》第 19 卷，1963 年版，第 375 页。
② 曾国屏等主编：《当代自然辩证法教程》，清华大学出版社 2005 年版，第 63 页。

随着科学的迅速发展，自然科学各学科领域之间相互影响、相互渗透，使新分支学科、交叉学科以及横断学科、综合性学科大量涌现，导致了科学知识的增长从先前的线性积累，聚沙成塔、归纳地进步，发展到科学知识的"涌现"、非线性增长。科学进步可谓是一日千里。

纵观 20 世纪的科学发展历程，科学领域已经发生了翻天覆地的变化。总括起来，当代科学发展的特征是：从追求世界的统一性到关注世界的多样性；从关注世界的简单性到探索复杂性；从关注静止的存在到探索演化的世界；从仅仅关注科学自身，到关心与科学相关的社会问题，如伦理道德、法律和环境问题；从单纯的探索自然，到不仅注重精神追求，同样看重科学效果。总之，科学知识生产正在呈现新的特点和多元发展的新格局，科学与社会之间的交互作用日益强大和突出，科学日益社会化，社会日益科学化。

二、科学终结论问题的提出

面对 20 世纪取得的巨大的科学成就，一些学者从不同的立场出发表现出对科学前景的担忧。有人认为科学研究的对象显现出极大、极小和极复杂的特征，研究对象的这种特征给科学进展施加了客观的限制，并且科学研究所需要的花费也日益呈指数增长，而科学所收获的成果则日益减少，这是其内在因素所导致的必然趋势；另外一些人则认为科学在技术上的应用导致了一系列生态、环境等问题，随着这些问题的日趋尖锐化并越来越威胁到人类的生存，社会对科学的抵制将越发强硬和普遍，科学终将失去了社会的支持和政府的资金、政策等各种支持，科学发展将因外部环境的恶化而停止。这样一来，科学就处于一种无法消除的内忧外患之中，其终结只是时间的问题了。20 世纪即将结束时，《科学美国人》的资深撰稿人霍根（John Horgan）出版了《科学的终结》一书，该书就集中表达了科学可能终结的各种观点。

撇开以上悲观主义不论，"仅就 20 世纪成为新科学范式的相对论和量子力学而言，在这种范式下的科学研究的确给人以无法再走多远的感觉。这种情况与 19 世纪末十分相似。科学的危机就要来临了么？科学认识存在何种意义上的极限？这个极限能够突破吗？这个问题已经成为学术界的一个严肃问题。"①

实际上，早在 19 世纪后半叶近代理论自然科学大发展之时，科学界中关于科学终结的论点已经出现过多次了。早在 1872 年，德国生理学家杜布瓦—雷蒙（Emil du Bois - Reymond）发表了一篇题为"科学知识的极限"的著名演讲；1880 年他又发表了一篇影响更为深远的题为"宇宙的七个谜团"的演讲。杜布瓦—雷蒙将我们关于世界如何运行的知识限定在纯粹机械的法则上，他认为，最基本的问题——物质和力的性质，运动的最终来源，感觉和意识的发端——是无法解决的。他的口号是：我们不知道，并将永远不知道。

如果说，杜布瓦—雷蒙认为科学因无能为力而终结的看法是悲观主义的话，那么同时代的很多科学家则相当乐观地认为科学即将完成任务，这种论调在科学界中相当普遍。当普朗克在 1875 年来到慕尼黑大学时，物理学主管建议他不要研究物理学，因为已经没有什么东西可去发现了。米利肯在 1894 年从哥伦比亚大学毕业时，② 也受到了类似的劝告。同年，迈克尔逊（Albert Michelson）发表预言认为："说物理科学的明天不会出现我们过去所遇到的那么令人惊讶的奇迹，这是不可靠的，但看起来可能的是大多数主要的根本原理已经被牢固地确立下来了，并且进一步的工作将主要会是对这些原理进行精确的应用。"③ 英国物理学家开尔文于 1900 年在回顾当时物理学的发展状况时，就很自信地说，在已经建成的物理学大厦中，后辈物理学家只能做一些零碎的修补工作了。

在 1918 年出版的《西方的衰落》中，斯宾格勒指出，爱因斯坦的相对论等新兴的物理学破坏了真理的确定性和精密性的希望，它是科学之不可避免的即将到来的衰退的可靠迹象。他进一步分析说，现代科学自我毁灭的一个终极原因是它倾向于理论，倾向于使用符号系统。一方面，在认识论上，他把科学降级到文化建构的地位，认为科学与音乐和绘画风格相似，它也将

---

① 曾国屏、吴彤：《当代科学技术前沿的几个基本特征及其哲学问题》，载《学术研究》2001 年第 9 期，第 15—16 页。

② Steven Weinberg：Dreams of a Final Theory. New York：Pantheon Books，1992. pp. 13—14.

③ Nicholas Rescher：Scientific Progress：A Philosophical Essay on the Economics of Research in Natural Scienc. Oxford：Blackwell，1978. p. 23.

随着西方文明的死亡而逐渐走向覆没，科学未来的前途将不会有更多的伟大科学家，而只有"拾穗者"。另一方面，他做了一个形象的比喻，认为每一种主要的文明都经历了相似的过程：从萌芽的春天，到衰落和死寂的冬天；这就是我们文明的命运，科学也包括在内。斯宾格勒甚至精确预言，西方的科学将在 2000 年走到终点。

1969 年，美国著名生物学家、分子生物学的先驱之一、加利福尼亚大学柏克利分校教授斯坦特（Gunther S. Stent）出版了《黄金时代的来临：关于进步终点的一种看法》一书，其核心思想是，科学、技术和艺术以及一些进步的、累积的事业，都正走向终结。他提出，伴随着逐渐减少的回报的快速出现，进步的终结将会很快地出现在科学中，同样也出现在音乐、艺术和文学中，因为虽然在初期，进步因为依靠自身而速度加快，但最终它是自我限制的："目前进步之让人晕眩的速度使得看起来非常可能的是，进步必定很快停止，可能在我们的有生之年内停止，也可能在一两代人内停止。"①在不少人看来，某些特定的科学领域明显地受制于其研究对象的有限性，比如人体解剖学和地理学，没有人会认为它们是永无止境的事业；化学也是如此，虽然可能的化学反应总数十分庞大，而且反应的具体过程也是种类繁多，但化学的目的是探讨决定分子行为方式的规律，这一目标就像地理学的目标一样，显然是有限的；在生物学领域，1953 年对 DNA 双螺旋结构的发现，以及随后对遗传密码的破译，已经基本上解决了遗传信息代际传递的问题，生物学家只剩下三个重大问题尚须探讨，即生命怎样发生、单个受精卵是如何发育成多细胞生物的，以及中枢神经系统怎样加工信息。一旦这些剩下的重大问题完成了，则生物学或曰纯生物学的基本使命也就完成了。

1989 年，在美国古斯塔夫斯·阿道弗斯大学召开了一次专门讨论"科学的终结"的会议，参加会议人数达 4000 人之多。很多相关领域的著名人物，如诺贝尔物理学奖获得者格拉肖（Sheldon Lee Glashow），哈佛大学物理学教授、科学史家霍尔顿（Gerald James Holton），女性主义科学哲学家哈丁（Sandra Harding），还有分子生物学家斯坦特，等等，都参加了此次会

① Gunther S. Stent：The Coming of the Golden Age：A View of the End of Progress. Garden City, N. Y.：Natural History Press, 1969. p. 94.

议。会议发言最后以《科学终结了吗？——攻击与反驳》为名结集出版。此次会议上，关于科学终结论大致可以归纳为以下四种观点：①

（1）传统科学终结论：认为科学的终结并不意味着科学已经发展到尽头，而是意味着传统科学中原有的统一模式的结束，当代科学不再是一个单一的体系，它已经分崩离析，五花八门；

（2）认识极限终结论：认为科学的终结是由于科学的认识极限造成的，并指出科学的三个极限，即语义极限、结构极限和主观极限；而科学的认识极限又是 20 世纪以来科学发展至现代阶段带来的必然结果；

（3）科学无匹敌终结论：认为科学既具有无匹敌的长处，又具有局限性的短处，科学发展至今日，无匹敌的长处已经走到了终点，而局限性无法克服，科学发现的自然规则性是局部的，并且由于人的主观意识的参与，科学理论不可能对事件的真实状态进行完全的描述，因而科学知识是不完全的；

（4）科学事业终结论：认为科学是有害的，是世界上一些问题、危机和罪恶的总根源，为了人类的未来，科学事业应当终结。

关于科学终结论的讨论，影响最大的是霍根在《科学的终结》中提出的观点。他访问了当代科学技术领域内的一些著名人物，就物理学、宇宙学、进化生物学、社会科学、神经科学、混杂学（包括复杂性和混沌方面的科学研究）等领域内的终结问题展开了广泛探讨。霍根雄辩地论证说，那些最优秀、最激动人心的科学发现已经成为历史。今天的众多科学家正被一种深重的忧虑所困扰，这些失落感部分地来自于社会的、政治的刺激，如研究经费的缩减、恶意的抵制以及来自动物权益活动分子、宗教原教旨主义者和技术恐惧者的强烈反对等等。连科学家们自身也开始意识到，科学发现的伟大时代已经过去了，关于宇宙以及我们在其中的位置的终极的、根本的纯粹理论已经被描绘出来。将来的探索已不可能再产生什么重大的新发现和革命了，科学进入了一个收益递减的时代。

霍根的解释基于一些不能被重复发现的重大科学事实：我们知道宇宙经由 150 亿年前的一次大爆炸产生，自此以后一直处于膨胀之中；我们也知

---

① 张明雯：《科学何以终结》，载《哲学动态》1998 年第 4 期，第 28—29 页。

道，所有位置都处在几种基本相互作用——重力、电磁力、强相互作用和弱相互作用——的控制下；我们还知道，地球诞生于 45 亿年前，数亿年之后，生命在地球上出现，并且一直按照自然选择的机制进化；我们已经破译出遗传的基本法则和 DNA 双螺旋结构。这就是基本事实中最为光彩夺目的部分。他怀疑，即使将来能产生什么新发现的话，其数量是否还会有那么多，它们在范围、影响和带给人们的震撼力方面，能否与相对论相媲美。

以上只是我们以时间维度为线索而对科学终结论的简要回顾。这些观点的共同取向是，在科学繁盛之时表现出对科学未来前景的担忧。因为各种终结论的提出者往往背景、出发点和依据不同，所以，为了更好地把握科学终结论的基本观点，我们将尝试概括和归纳几种基本的表现形式并加以详细分析考察。

第二节　科学终结论的几种形式及评价

科学终结论的表现形式是多样的：有的人认为科学正在走向功成名就，科学的基本任务在不久的将来就要完成，我们称之为科学的功成名就论；有的人认为科学如同文学、艺术等其他文化形式一样要经历一个循环的过程，而科学正处在走向终结的路途之上，我们称之为科学的覆没灭亡论；有的人认为科学正在经受收益递减的影响，我们称之为科学的强弩之末论；也有的人认为科学已经带来了环境污染、伦理破坏等严重的社会影响，而这些影响将会增大社会对科学的抵制并从而使科学的进步举步维艰，我们称之为科学的四面楚歌论。以上这些观点又被统称为科学的终结论。需要指出的是，这里的"终结"并非特指科学的灭亡，而是在更广泛的意义上指科学因为种种原因而出现的趋向极限的可能。

一、功成名就论

科学的功成名就论可以划分为终极理论完成论和科学之尽其所能论。终极理论完成论认为，科学必将寻找到终极理论（the ultimate theory），这种思想源头可以从前述迈克尔逊和开尔文等人对科学的看法中找到支持；科学之尽其所能论认为，科学达到了其能力范围的极限，并不能达到终极理论，科学因其达致了其能力范围内的事情而完成，除此之外的事情，是科学所无法解答和完成的，这种思想源头可以从杜布瓦—雷蒙的演讲中得到印证。物理学家费曼（Richard，Feynman）（1964）也表达了类似的看法，他提出，科学（尤其是物理学）只有两种可能的结局：[①] 一种可能是所有的科学定律都找到了，任何的实验观测都符合理论推算，科学就以"功成身退"而终结。另一种可能是我们已经明了百分之九十九点九的自然现象，但一直有那么一点新的发现无法与已知的规律契合，一旦我们解决这个疑点，又会有新的谜题出现。而且实验越来越昂贵，进展越来越缓慢和乏味，人们逐渐失去兴趣，科学就以"被抛弃"而终结。费曼提到的这两种终结情况刚好可以适用于目前我们对功成名就论的划分。

（一）终极理论完成论

持这种观点的人多数是从事实际科学研究的科学家。代表人物有爱因斯坦、温伯格和霍金。他们都是其所处时代的最前沿的科学家，都把科学看成是不断累积进步的事业，都在寻求一个终极理论之梦。这个梦开始于米利都的哲学家们，他们想使用一个物质的基本构成要素（水、空气等等）来说明所有的自然现象；这个梦又被牛顿延续（牛顿的三大定律等等），但直到20世纪20年代中叶，随着描述微观世界的运动规律的量子力学的创立，这个梦才基本成型。该派观点认为，尽管科学的进步路途是迂回曲折和崎岖不平的，但从更长远的时间来看，科学总体上是沿着一条线性的道路前进的，而最终科学将实现其最核心的任务和目标，即寻找到能够说明一切事物和现象的终极理论，或曰万物之理（Theory of Everything），并且能够使得人类对自然的分割的零碎的理解整合成前后一贯的整体性理解。到这个时候，科学因为功成名就而完满收场。

爱因斯坦认为，尽管我们没有可靠的方法，并且需要依靠人类的可错的思考能力来进行工作，但人类受着莱布尼兹意义上的"前定和谐"的引导而前赴后继地寻求隐藏在事物背后的规律。他充分估计到了前进路途上的曲折和困难重重，但还是认为，从长期的历程来看，科学的命运就是揭示终极的统一理论。温伯格也有同样的看法，他提出，随着科学的迅猛发展，各种

---

① Feynman Richard：The Character of Physical Law. Cambridge：MIT Press，1965. p. 250.

科学成就的箭头都将指向一种终极理论，这个终极理论将会构成对支配世界基本要素的规律的可理解性的完整说明，构成对物质/能量的可理解性的完整说明，从而给出为什么自然事物是如此这个状态的最终说明。霍金在一次就职演说中指出，以后有可能流行的扩展的超引力理论能够为这样一个终极理论提供基础。如果理论物理学家能够最终把握并且清晰地表达出终极理论，并且这是在不久的将来，那么这就构成了科学事业的一个顶点。

我们可以看到，尽管终极理论到目前为止从未被达到，但是一旦这种终极理论被掌握和理解，那么科学在其自身的发展轨迹上就达到了其被赋予最大最深重的历史使命。在这个意义上，可以说科学达到了顶点，也可以说科学完成了其最核心的任务，因而是一种因完成了最崇高的任务而达到的功成名就。然而，需要强调的是，哪怕终极理论被发现，那么留给科学的工作，一点也不像斯坦特（Gunther Stent）所说的"邮票收集"工作，相反，正如温伯格所认为的那样，"终极理论不会终结科学研究，甚至不会终结纯粹科学研究，甚至也不会终结物理学中的纯粹研究。奇妙的现象，从紊乱到思想，将仍然需要解释，而无论什么样的终极理论被发现。"[①]

（二）科学之尽其所能论

该派观点以科普作家霍根为代表。他十分认同科学已经取得了巨大成就，但并不坚持终极理论的理想，而是认为科学在获得终极理论之前，就可能因为其先前的突出表现而走向收益递减，趋向极限。

霍根承认科学已经取得的巨大成就，也承认仍然存在许多重大而又使人困扰的问题，比如科学家每个月都能发现数以百计的新基因，但对于如此庞大的基因组群在体内究竟是如何发挥作用的却摸不着丝毫头绪，他们知道艾滋病是由导致人体免疫缺陷的病毒造成的，但对于这些病毒是如何作祟的却只有极其模糊的理解，至于该如何阻止它们作恶则全然束手无策；他们知道黑猩猩的98%的DNA与人类毫无二致，那么这两个物种之间为什么会存在如此巨大的差别，以至于人类竟然拥有把猩猩关进动物园和实验室牢笼中的能力和权力？等等。这些重大问题中的大部分都是不可解的，因为它们已经超出了人类的认知范围。

---

① Steven Weinberg: Dreams of a Final Theory, New York: Pantheon Books, 1992. p. 18.

在这里，我们还可以列举出几个被大多数科学家所认可的必须要回答的问题：宇宙为何而存在？物质是由什么构成的？生命是如何起源的？意识在大脑中是怎样产生和起作用的？在外星上是否存在智慧生命？这些问题又包含很多的小问题。霍根指出说，在神经科学领域，科学家们对于意识如何产生的几乎一无所知，他们只拥有漂亮的假说，譬如数学物理学家彭罗斯（Roger Penrose）把心智力量与量子力学相类比的尝试，而在这些精心炮制的观点中，没有任何一种是经得起检验的。又比如数学物理学家威腾（Edward Witten）就认为世界的最基本构成单位是某种极其细小的弦，它们比夸克还要小。然而威腾所极力提倡和支持的超弦理论有一个最大的缺陷，即"超弦"概念是纯思辨的产物，从未有谁设计过什么实验来验证它。当某种东西不能在实验室里重复出现时，科学共同体往往不愿意承认它的存在。即使对于其他物理学家来说，超弦理论也几乎是难以理解的，威腾本人也是在花了两年多的时间之后，才能理解超弦理论，这也是极为不利的因素。

鉴于科学已取得的巨大成就以及当下所面临的困难的艰巨性，很容易使人产生一种科学正在靠近某种极限的直觉。在霍根看来，这正表明科学即将出色地完成其历史使命，它已经在其能力范围内竭尽所能。如果科学能解决的重大问题已经被解决了，剩下的只是那些不可解的问题，那么今天的科学家们安身立命之所何在呢？霍根提出，这些科学家们可以继续追求琐碎的科学（如修订人类 DNA 图谱）或者从事"反讽的科学"[1]。反讽的科学所提供的思想观点充其量只不过是有趣而已，它不能达致真理。

综上所述，作为科学功成名就论的两种表现形式，终极理论完成论与科学之尽其所能论，分别表达了科学进步在理想上与现实中的两种可能性。理想地看，科学是会达到顶点和完成历史使命意义上的终结的，这是人类的终极理论之梦；现实地讲，达致终极目标的过程是漫长而又迂回曲折，在可预见的未来，科学不断深化认识、累积成果，但与此同时也会不断遇到瓶颈与障碍，呈现出趋近极限的未来态势。很显然，这两种形式的功成名就论在不久的将来都不会出现。换句话说，对于科学的未来前景，过于乐观和悲观的

---

① 约翰·霍根：《科学的终结》，孙雍君等译，远方出版社 1997 年版，第 10 页。

态度都是不可取的。而更可能的情况是，科学在朝向其限度或曰发现万物之理的路途之中，不断提呈新的成果，也遇到新的困难。科学进步的未来前景就是在理想与现实的交叉融合中不断推向前进的。

二、覆没灭亡论

科学之覆没灭亡的原因是多样的，因此其表现形态也繁多，可以分为自我毁灭论、严重政治工具化的灭亡论、降级为纯粹社会建构的灭亡论与突然灭亡论。

（一）自我毁灭论

持这种观点的代表人物是斯宾格勒。在第一次世界期间在非常艰苦的条件下，斯宾格勒就着烛光写成了《西方的衰落》一书。当时他只是一个普通中学教师，因为研究古希腊数学而获得博士学位。1918 年，《西方的衰落》一书问世。在该书中斯宾格勒的基本观点是：对于人类的每一部分，每一个时期，历史基本上采取同一过程，遵循同样的形态学。他指出说，人类的每一种伟大的文化，无论是中国文化，印度文化，还是阿拉伯文化和希腊与雅典时期的文化，都曾经与西方文明一样的有效和显赫，然而都衰落了。那么，西方文明也必然遵循先前文明的运行模式，也要经历类似季节性的循环：从百花齐放的春天，到万物萧瑟的冬天。因此，西方文明的未来之路就是按照可从先例计算出来的时间表走向死亡。

对于西方文明如此，那么对于科学发展而言，同样如此。斯宾格勒提出，科学内部的癌细胞会最终将科学杀死，精密科学不久必将倒在它自己锋利的剑下……长达两个多世纪的科学的放任给我们带来了饱和。① 他警告说，文明进入冬天阶段正是当高级科学在它自身领域内最富有成果的时候，正是它自己的破坏行为的种子开始发芽的时候。这时科学既在它的学科范围之内，也在它的学科范围之外丧失了权威，而在科学自身内部升起的对立的、自我破坏的要素最终将毁灭它。与之同时，科学在其领域之外也将丧失权威，很大程度上这是因为它倾向于把只适用于自然宇宙的思考技术不自量

---

① Oswald Spengler：The Decline of the West. Translated by Charles Francis Atkinson. New York：Knopf, 1926—28. 1：424.

力地应用到历史领域，而在历史领域中，需要的是直觉的方法，而不需要推理和认知。如此一来，科学的内在因素就在外在影响的协助下导致了科学的灭亡。

斯本格勒曾预言科学将于 2000 年灭亡，而实际上如今已经处于 21 世纪了，科学不仅没有灭亡，反而呈现出更旺盛的勃勃生机。事实胜于雄辩，科学自我毁灭论由于其耸人听闻性，在当代几乎没有了支持者。但它所引起的关于科学未来前景的争论，则一直持续到今天，并在特定的环境下一时兴盛起来，表现为典型的世纪末情结（19 世纪末与 20 世纪末都出现了典型的关于科学终结论的讨论）。而且，他对于科学的内部因素所引起的对科学自身的影响的关注，也以一种相对温和的面貌出现在下面我们将要讨论的，关于科学的收益递减效应和累积性抑制增强的问题中。

（二）严重政治工具化而灭亡

此类观点往往为社会科学和人文科学方面的学者所持有。他们强调科学的萌生、兴盛和壮大需要特定的社会历史环境，需要适宜的综合因素构成的文化生境。但是，一旦这种外部条件被人为地扭曲而变质，则在这种环境下的科学就必然变成名存实亡的存在。历史上就曾经出现过科学被操纵起来作为政治工具的情况。想想曾经出现的纳粹时期的雅利安科学和苏联时期的李森科科学就可以得知一二。人们很容易想象极权主义政治或神权政治的滋生和蔓延，而这会抑制一个繁盛的科学所需要的思想和言论自由，因此是非常不适宜科学事业发展的环境。在这种情况下，可以说科学覆没了。我们将这种情况称为科学之严重政治工具化而导致的灭亡论。

时至今日，社会的政治民主化进程的加强和舆论监督的普遍化，使得纳粹时期和苏联专制时期的雅利安科学和李森科科学出现的可能性大大降低了。虽然科学发展的历史已经给了我们深刻的教训，但是仍然存在因科学的严重政治工具化而导致科学灭亡的可能性。对于这种可能性，我们必须保持警惕。

（三）降级为纯粹的社会建构而灭亡

将科学降级为纯粹的社会建构的观点是受后现代思潮影响的结果。后现代主义者往往持有这种看法。所谓科学降级，是指在认识论上将科学看作是一种文化建构，认为科学的认识论主张，如进步、知识积累、客观性、绝对真理等等都是虚妄的，科学无法实现这些主张。在这个意义上，传统的以真理为旨趣的科学可以被看作是名存实亡。尽管当代的科学降级说，在耸人听闻上远较斯宾格勒少了许多，但在他们看来，科学也被降为与文学、艺术等其他文化类型同等的地位，很多传统的科学认识论主张也因此破产了。科学不再被看作是客观性的堡垒，而是科学家们主观创造的产物，是社会因素型塑而成的文化成果。古斯塔夫斯·阿道弗斯会议上以哈丁为代表的学者就认为，科学已经被理解成更加主观主义和相对主义的，已经变成了意识形态的斗争以及权力的基本工具的产物了。

诚然，科学如同其他文明形式如音乐、绘画、舞蹈等等一样，也离不开特定的历史条件，其兴盛发展的速度也并不均匀一致，但是，纵观科学历程，我们可以看到，科学技术所显示的巨大力量已经翻天覆地地改变了我们身处的世界。尽管从事科学研究的科学家的主观因素以及其他社会因素在科学知识的生产、科学实验的进行以及科学技术的应用中起着一定的作用，但是科学本身的客观性和进步性并没有因此而灰飞烟灭。我们可以很肯定地说，自然科学的探究确实在一个尽管细微但却重要的意义上是累积进步的。这并不是说科学的每一步都有新的真理被增加进来，也不是说进步总是一件关于新的真理累积的事情，而是说，随着科学在其崎岖不平的道路上前进，它不断发现新的真理、发明更好的科研设备和更精确的语言词汇以及更充分地利用这些成果的方式。如此一来，经过几个世纪的发展，科学已经建成了一座被很好证明的主张和理论的辉煌大厦（诚然，尽管被丢弃的概念和理论的废品堆到目前为止也很大）。[①] 科学发展的历史告诉我们，在承认主观因素、社会因素在科学中的积极建构作用的同时，我们并不能抛弃科学的客观性和积累性的认识论主张。

总体看来，一方面，科学是人类文化的表现形式之一，是人类作为智慧存在所进行的开创性活动，因此与文学、艺术、绘画和舞蹈等有相似之处；另一方面，科学以自然为研究对象，以把握客观规律为根本目标，它是"求真"的活动，而人文学科如伦理学、美学等则是以"向善"和"致美"

---

① Sheldon Glashow: "The Death of Science!?" In Elvee, ed., The End of Science? Lanham, Md.: University Press of America, 1992. p. 31.

为目标的活动，它们在目标上有着本质区别。也就是说，科学与其他文化形式的关系就是相似性与差异性并存的关系。这才是对科学本身的一个全面的和理性的把握。如果将科学归结为纯粹的社会建构，那么科学就将因失去其本质内容而名存实亡。

（四）其他突然灭亡的可能性

除上述导致科学灭亡的情况外，还存在另一类可能性。比如由于核武器威胁或地外生命的进攻等等导致的地球毁灭而致使科学突然灭亡，这可以被称为不可抗的因素导致的灭亡。尽管这种担忧有杞人忧天之嫌，但我们无法排除这种可能性。一些科学家就流露出这种担忧，如根据牛顿新手稿的发现，他预测 2060 年世界将归于毁灭。虽然我们认为该观点不可信，但至少表明了导致科学突然灭亡的因素和来源是很多的，而无论人类能否想象的到和理解的到。然而这并不是本书讨论的重点所在，其理论价值也很小，因此只列在这里作为科学覆灭论的情形之一。

三、强弩之末论

该派观点往往为具有一定科学素养或从事科学的社会、文化研究的学者所持有。他们认为，科学的发展遵循一条收益递减的曲线。当代科学进步日新月异，但很快我们将面临并进入一个累积性抑制增加和收益递减的时代。在其中，需要投入的人力和物力等资源越来越多，而相应获得的科学发现则越来越少，越来越慢，而且这些发现在范围、影响和带给人们的震撼力方面，也很难与之前的很多重大理论如相对论、量子力学等等相媲美。强弩之末论强调的是科学自身内在发展的轨迹和逻辑，认为这是科学无法摆脱的命运。

雷谢尔（Rescher）在《科学进步与科学的极限》一书中指出，科学作为以经验和实验为基础的学科，必然要面临着资金和技术的束缚，随着自然科学向更深远的领域拓展，观察宇宙更遥远的现象和探测物质更深层的结构，科学活动的开销不可避免地逐步攀升，而取得的收益却要渐次减少。例如，高能超导对撞机的花费最初（1987）估计是在 40 亿美元和 60 亿美元之间，后来（1992）是 80 亿美元，当最后美国国会于 1995 年取消该计划时，其估计花费高达 110 亿美元。尽管花费如此之巨大，但是对更深层次的微观世界的探索却并没有产生出乐观的结果。雷谢尔解释说，减速的出现，主要并不是因为前沿的终结，而是由于将前沿继续推向前的困难增大。① "那些认为科学将会饱和和枯竭的观点是错误的，科学的死亡是被过分夸大了的，而我们确实面对的情况不是科学的灭亡，而仅仅是它的减速。"②

霍根借用诗人布卢姆（Harold Bloom）"强大的诗人"概念表达了他个人的看法。在布卢姆看来，诗人们在"影响的焦虑"下通过将他们自身与莎士比亚、但丁等文学巨匠区分开来而表明自身的个性。而类似的情况在科学中同样普遍存在。霍根指出，当所有可回答的问题都被解答了，那些"强大的科学家"就会继续思考那些无法回答的问题，他们通过将自身与他们伟大的前辈们如爱因斯坦、玻尔等等区别开来而表明他们的个性。但恰恰是科学本身的巨大成就构成了它进一步发展的严重障碍，年轻一代人想要与达尔文、爱因斯坦、沃森、克里克等等伟大科学家比肩甚至超越他们，极其困难。他们所能做的就是在"影响的焦虑"中从事一些解难题活动，或者是以一种思辨的、后经验的方式从事科学，即"反讽的科学"。虽然这种科学所提供的思想和观点很有意义，并能引起反思争论，但并不能趋向真理。

"影响的焦虑"换成另外一种说法，就是科学成就的累积性抑制增加，也就是说既有成就对随后的发展或先行者对后来者存在制约作用。现代科学的迅速发展和知识积累的海量增长，带来了四个方面的问题③：第一，加大了进入科学领域的难度。由于知识的社会积累的无限性与个人能力发展的有限性之间存在着不可协调的矛盾，个人能力必然面临着越来越大的知识压力。一个人要想从事科学领域的专业工作，就必须花费越来越多的时间和精力去储备足够的背景知识和研究技能；第二，加大了个人投资的额度。科学工作者预备期长，需要相应增加经济投入，由于科学职业具有极强的选择性，对个人素质有很高的要求，并且科学职业的经济回报率又较低，所以以从事科学事业为智力投资目标就带有很大的风险性和较低的经济回报，这就会影响

---

① Nicholas Rescher：Scientific Progress：A Philosophical Essay on the Economics of Research in Natural Scienc. Oxford：Blackwell，1978. pp. 2—3.

② Nicholas Rescher：Scientific Progress：A Philosophical Essay on the Economics of Research in Natural Scienc. Oxford：Blackwell，1978. p. 15.

③ 程刚、郭瞻予：《知识的批判》，辽海出版社 2000 年版，第 244—245 页。

到优秀科学人才的产出，如果人才基数减少的话，相应地精英人才的人数也可能下降，而这并不利于科学的发展所必需的人才储备；第三，使个体的科学进取精神低迷。科学的触角已经延伸到各个领域，并且很多领域都产生了卓越的成果，并给人一种难以超越之势，与科学的前辈相比，后代的科学从业人员承受着"影响的焦虑"的压力，如果不能持续产生有建树的，并且能够标明自身成就的科学成果，他们的兴趣与热情以及进取精神会受到挫折并因此低迷；第四，科学的社会公众参与度降低。由于科学的高度专业化和技术化，加大了公众理解和介入科学的难度，远离感性直观世界，并且不断加大的科学抽象性，对于社会大众来说，是一道难以逾越的屏障。这样的科学，也面临着不被公众所理解的危险，公众支持科学的程度就会下降。以上几个方面的综合影响造成这种每况愈下的恶性循环，容易给科学施加上层层的桎梏。

科学发展的累积性抑制的增加与收益递减是同时并存的。"收益递减"规律作为一个经济学概念，其基本含义是说，当连续增加某种投入品，而保持其他投入量不变时，我们会得到越来越少的增加的产量。科学的强弩之末论认为，"收益递减"规律在科学发展的过程中也同样适用，并且现在就已濒临收益递减的转折点，如果继续增加投入，已经不能带来更多的重大科学成果。需要强调的是，这里的"收益递减"主要是指科学在认识上的成果的递减。美国科学进步促进会前主席格拉斯提出，在我们自己的世纪里，科学的增长是如此之迅猛，以至于我们被这一现象所迷惑，认为这样高速的进步会无限持续下去。[①] 事实上，即使社会把所有的资源都投入到科学研究中，科学有朝一日仍将会达到收益递减的转折点。毕竟天文学家已经探测到了宇宙的最远处，如果有什么边界存在的话，那么他们也无法看到边界之外存在着什么。而且，多数物理学家也认为，物质还原为越来越小的粒子最终会走到尽头，也许相对于实践目的而言，已经到了尽头。就是说，即使物理学家们发现了深藏在夸克和电子之后的更小粒子，这种知识对于生物学家而言，几乎没有实际意义或者完全不相干。因为生物学家已经了解到，最有意义的生物学过程发生在分子或分子以上水平。[②]

---

① ［美］约翰·霍根：《科学的终结》，孙雍君等译，远方出版社1997年版，第34页。

② ［美］约翰·霍根：《科学的终结》，孙雍君等译，远方出版社1997年版，第34—35页。

我们认为，科学进步中的累积性抑制增强和收益递减现象确实存在，但是，我们却不能因此得出结论说：科学的发展即将走向终结。历史地看，科学的发展前途既不是遵循固定的循环轨迹，也并不遵循简单的线性轨迹，科学发展往往是连续性和跳跃性的统一，呈现出一种螺旋性开放式前进的特征。科学史同样启示我们，从极长远的历史眼光来看，当下的所谓"收益递减"也许只是积蓄和酝酿时期，是科学发展相对平稳和低速的时期，经过这一段平缓之后，科学又可能经历全新的高速发展时期，走向收益递增的时代。

四、四面楚歌论

这种观点往往为环保主义者和伦理主义者所持有，所强调的是科学的外部环境对科学的影响。这种观点认为，科学的进展以及技术应用，带来了诸多的麻烦和难以解决的问题。随着这些问题的积聚和扩大化，科学随时存在着终结的危险。核技术的大规模应用和化学工业的飞速发展，造成了环境的污染；人类借助各种技术手段对自然资源的掠夺，造成了全球性的生态和环境危机以及人类生存问题；结构性失业造成频繁迁徙并对家庭生活构成了破坏，社会的不稳定性增加；高技术的应用导致了社会的急剧变化并造成了对传统的冲击；克隆人和胚胎干细胞研究带来了众多的伦理问题；科学的进步对宗教信仰慰藉作用产生了侵蚀，宗教的领域不断被科学所占领；社会大众对科学家自以为是的精英优越感产生了越来越明显的愤恨，等等。这些状况的持续增加，积累到一定的程度可能最终导致科学的全面覆没。如古斯塔夫斯·阿道弗斯会议中的一部分人所认为的，科学是有害的，是世界上一些问题、危机和罪恶的总根源，因此他们主张，为了人类的未来，科学事业应当终结。

我们认为，尽管这些言论极尽夸张之能事，人类不会因此停止科学研究的步伐，但它表达了人类对科学技术所带来的众多难题的厌恶和反感之情。这种集体情绪的渲染，无形之中会助长公众对科学研究的本能抵制。按照这种状况发展下去，科学进步终会因外部因素的限制而陷入四面楚歌的停滞境地，在这种情况下，也可以说科学将会终结。

但是，对这种外部因素导致科学覆没的情况，并不能简单归咎于社会文化历史因素对科学的抑制作用，而是应该结合科学的内部因素来考虑。也许正是科学本身发展的特点带来了这些众多的外部因素的变化。在很大程度上，科学的外部环境的恶化，是其自身内部因素所导致的。科学的未来发展前景实际上是科学的内、外因共同作用的结果。

第三节　怎样看待"科学终结论"

尽管科学终结论表现出不同的形式，但归结起来有两种基本倾向：乐观地认为科学即将完成任务；悲观地认为科学已经进入了收益递减的阶段，由于自身抑制以及外部抵制的加强，科学正趋向步履维艰。这两种科学终结论实质上都是将科学发展的轨迹看成是线性的，认为科学已经完成了鼎盛时期，正如霍根在其《科学的终结》一书的扉页上所宣扬的那样，"科学（尤其是纯科学）已经终结，伟大而又激动人心的科学发现时代已一去不复返了。"

科学的未来前景真的如科学终结论所描绘的那样吗？我们认为，科学终结论的观点在某种程度上看到了当下科学所面临的一系列问题以及所表现出来的当下基本特征，这有其合理性的一面，但是由于它持一种静态、线性的眼光来看待科学进步，从而将现有的科学种种特征加以极端化，显然是片面的、形而上学的。要正确地把握科学进步的未来前景，我们需要持一种动态的、发展的眼光来看待科学进步。

一、对科学终结论的批判

（一）以史为鉴：科学终结论的错误

科学发展的历程已经多次证明了科学终结论的错误。19 世纪末 20 世纪初，物理学家们所提到的晴空万里中的两朵小乌云（黑体辐射难题和以太漂移实验）却带来了倾盆大雨，相对论和量子力学相继建立，这使得开尔文勋爵关于物理学的大厦已经建成的判断变得荒谬可笑。而斯宾格勒曾宣称科学在 2000 年灭亡，但如今科学仍然持续迅猛发展，这种预言也不攻自破。

分子生物学家斯坦特在 1969 年出版的《黄金时代的来临：关于进步终点的一种看法》中着重探讨了生物学的进展。他提出，在生物学领域，自从 1953 年对 DNA 双螺旋结构的发现，以及随后对遗传密码的破译以来，已经基本上解决了遗传信息代际传递的问题，生物学家只剩下三个问题尚待探讨，即生命怎样发生、单个受精卵是如何发育成多细胞生物的以及中枢神经系统怎样加工信息。一旦这些剩下的重大问题完成了，则生物学的基本使命也就完成了。后来科学发展的实际状况表明，"不管以什么标准来评判，在自从斯坦特预言将很快除了枯燥的'邮票收集'工作之外没有什么工作留给生物学家去做的三十余年里，在遗传学和分子生物学领域出现了一连串的新发现；并且整个广大范围的新问题——有一些问题是在1969 年才是可想象出来的——仍然需要去回答。"① 1998 年，《自然》杂志原主编玛多克斯（John Maddox）写道："在最近时期，也许只有1925 年到1930 年间量子力学基础形成的狂热时期，能够在热情上与现在分子生物学中的研究相媲美。"从 1968 年逆转录酶的识别，到 20 世纪 80 年代对细胞周期蛋白的确认，再到 90 年代对包含在细胞分裂调节中的分子的识别，至少每一周都会公布一个重要的结果，对各个部分的命名工作飞快地进行。但玛多克斯认为，尽管如此，在某些方面，在理解细胞如何活动上，分子生物学仍然停留在 19 世纪初远未发展的时期。很多仍然未知的重大问题是关于 DNA 处理、RNA 编辑、蛋白质组合、细胞与外部世界的交流、细胞的分化等，而且细胞过程的模拟是远远没有加以探讨的。② 这些问题中的每一个都构成科学的重大问题。很显然，斯坦特对科学进步未来前景的判断也被证明是错误的。

至于霍根的预测，霍尔顿（Gerald Holton）的观点能很好地表达另一部分人的看法："自霍根的书出版以来，自然科学每个领域的新发现实际上都如洪水般地滔滔不绝，当然，这表明我们正处于最激动人心的时代；我们面对着新的、更基本的科学前沿，不论是有人发现了有质量的中微子，或者是星系的加速似乎有一种斥力在起作用，或者是几乎每周都有用遗传学来说明生理和精神病的突破。"③

---

① Susan Haack：Defending Science-within Reason：Between Scientism and Cynicism. New York：Prometheus Books，2003. p. 346.

② John Maddox：What Remains to be Discovered：Mapping the Secrets of the Univers the Origins of Life，and the Future of the Human Race. New York：Simon and Schuster，1998. p. 165.

③ ［美］杰拉尔德·霍尔顿：《科学与反科学》，范岱年等译，江西教育出版社 1999 年版，第 9 页。

事实胜于雄辩，科学史已经证明了科学终结论的错误，并将继续证明其错误性。

（二）乐观主义的看法：科学初期论

实际上，与科学终结论的观点相对立，还存在一种科学初期论的观点，它客观上构成了对科学终结论的反驳。科学初期论者认为，科学并不是在走下坡路，相反，它刚刚起步，如同初升朝阳一般。因为，虽然我们的科学已经取得了巨大的成就，但是与其未来的发展道路相比，已经走过的科学道路仅仅是起步而已。这种论点也可以从很多著名的科学家那里得到印证。如普里戈金就提出："要描述我们演化的宇宙，我们还只是刚刚迈出了步子。科学和物理学远未完成，而不像有些理论物理学家希望我们去相信的那样。恰恰相反，我认为各式各样的概念都表明，我们还只是处在开端。"[①] 与普里戈金一样，科学史上许多伟大的科学家都坚持类似的看法。牛顿认为他自己不过就像是一个在海滨玩耍的小孩，为不时发现比寻常更为光滑的一块卵石或比寻常更为美丽的一片贝壳而沾沾自喜，而对于展现在自己面前的浩瀚的真理海洋，却全然没有发现。很显然，虽然有谦虚之意，但牛顿对科学中的已知与未知的看法却是极其深刻的，后来的科学发展表明，展现在当时牛顿面前那些未知的真理海洋，仍然有很大一部分是未知的，甚至是难以预见的。

如果说，经过牛顿的时代到今天，科学已经有了今非昔比的长足进步，那么人们是否已经发现了知识海洋中的大部分真理呢？要回答这个问题，我们只需要举出当代一些著名科学家对科学未来的看法就可以了，毕竟作为走在科学研究最前沿的科学家的看法是很值得重视的，他们对科学之进步的前途兼具感性的体悟和理性的思索。长期担任《自然》杂志主编的玛多克斯指出："悬而未决的问题依然很庞大。它们会使我们的孩子，孩子的孩子以及后来的很多代人使用几个世纪甚至整个的未来去解答。"[②] 诸如下列这些基本未知问题：宇宙为何而存在？物质是由什么构成的？生命是如何起源

---

① ［比］伊利亚·普里戈金：《未来是定数吗？》，曾国屏译，上海科技教育出版社2005年版，第12页。

② John Maddox：What Remains to be Discovered：Mapping the Secrets of the Univers the Origins of Life，and the Future of the Human Race. New York：Simon and Schuster，1998. p. 378.

的？意识在大脑中是怎样产生和起作用的？在外星上是否存在智慧生命？等等。理论物理学家格拉肖（Glashow）明确指出，科学正走向开始而不是结束。① 爱因斯坦也曾经说，尽管科学有其前进的目标——终极理论，然而在可预见的未来，科学是没有终点的。霍金也认为科学发展远未到尽头。另外，许多其他科学家也都坚持认为，尽管我们之前已经取得了许多卓越的成就，但是我们的科学事业仍然刚刚处于起步阶段，并非面临着终结的危险。

科学初期论者认为，那种认为不会再出现我们刚刚经历的那个世纪所出现的重大科学发现和技术革命的人是想象力贫乏的，想象力的贫乏导致了他们对科学的未来持一种悲观态度。而实际上，令人激动的发现往往来自于那些尚未解决的问题，以及随之出现的新问题。乔治·戈尔（George Gore）曾经说："人们更倾向于恭贺我们已经取得的成就，而很少去沉思和比较那些未被达到的东西。"② 面对几个世纪以来科学技术的繁盛，人们往往沉浸在已经取得成就的喜悦和对未来可能不再出现类似繁盛的担忧上，而更少地去思考那些仍未被解决的问题，以及由此而引发的众多也许具有革命性和颠覆性的问题。正如斯坦特指出的那样，"目前进步之让人晕眩的速度使得看起来非常可能的是，进步必定很快停止，可能在我们的有生之年内停止，也可能在一两代人内停止。"③ 这种对高速发展现状可能导致未来速度减缓的担忧，实质上是将自己当下所处的时代特殊化了，这不仅违反了哥白尼原则（即，在处理问题时，不要将自己所处的位置特殊化）④，而且体现了人类本性中的这种带有普遍性的固定思维倾向，而缺乏发展的眼光也容易使人们对科学进步的未来持一种科学将走向终结或衰退的悲观的看法。

（三）现实主义的考虑：科学局限论

如果说科学初期论的基调是乐观主义的话，那么科学局限论的基调则是现实主义的。科学局限论的基本思想是对科学所面临的种种局限的担忧。我

---

① Sheldon Glashow："The Death of Science!?" In Elvee, ed., The End of Science? Lanham, Md.: University Press of America, 1992. p. 23.

② 乔治·戈尔（1826—1908），英国物理学家和化学家，著有《科学发现的艺术》一书。

③ Gunther S. Stent：The Coming of the Golden Age: A View of the End of Progress. Garden City, N. Y.: Natural History Press, 1969. p. 94.

④ ［英］约翰·玛多克斯：《尚未解开的科学之谜》，张化群等译，国际文化出版公司2002年版，第2页。

们认为，科学的发展是有局限性的，但是这种局限并不是科学无法逾越的极限，相反，正是在不断克服局限的过程中，科学才得以进步，得以突飞猛进。

从科学史上看，我们看到确实存在很多问题，比如历史、法律、文学中的很多问题都是超出了科学能够说明的范围的，而且，任何情况下在科学范围内都存在着当时的科学所不能够回答的许多问题，以及许多在当时甚至都不能问的问题。这是我们人类具有有限的智力资源和其他资源使然，如有限的智识诚实，有限的想象能力，有限的推理能力以及有限的感官范围等。①种种情况表明，科学，无论其发展到何种程度，总是有局限性的。归结起来，我们可以从以下几个维度来分析科学局限说的具体内涵。

1. 科学研究主体具有认知局限性

我们知道，人类的认知能力总是有限的，我们需要依靠视觉、听觉等等感官来与外部世界打交道。然而我们的眼睛往往是茫然的，耳朵常常是轰鸣的。因此，我们需要寻找到能够帮助克服人类认知局限的方式和途径，于是，人类发明了延长人类感官能力的各种各样的工具。借助于愈来愈精致的技术手段，人类的认知能力比之几百年前有了极大的提高。尽管在当代，我们拥有众多丰富的有助于拓展我们的认知能力范围的工具，但与丰富的想象力相比，我们仍然时刻感受到我们的认知能力的众多局限性。比如，借助于功率强大的显微镜和望远镜，我们仍然难以揭示物质世界的更深层、更微观以及更遥远、更宇观的方面。另外，随着科学研究课题的日益复杂化，从事科学研究的人员在知识准备方面，要花费更多的时间和精力，相应地，作为生命有限体的科学研究人员，其实际接触科学问题并寻找出解决途径的时间不断被缩短。总之，来自主体方面的认知局限给科学的发展施加了相当程度的客观限制。

2. 科学研究客体给人类施加很多限制

按照霍根的观点，处在 20 世纪末和 21 世纪之交的科学，正逐步走出易解问题构成的领域，开始接触真正难解的问题。我们研究极大与极小问题，研究复杂性与混沌问题等等，这使得科学的边界越来越难以理解和把握。比

---

① Susan Haack：Defending Science-within Reason：Between Scientism and Cynicism. New York：Prometheus Books，2003. p. 344.

如牛顿世界充满了常识性知识，而量子力学和超弦理论的世界则让人摸不着头脑。不仅从实证的科学转变成反讽的科学印证了科学遭遇了很大的限制，而且关于科学对象的研究成果也给科学自身施加了限制：狭义相对论给物质运动（甚至信息传递）的速度确定了光速的上限；量子力学宣告了微观领域的测不准关系；混沌理论证明诸多宏观现象也是不可完全预测的；哥德尔不完备性定理消除了我们建构一个完备一致的数学描述系统的希望。而进化生物学则提醒我们，人是动物的一种并且人的认识能力是有限的。在霍根看来，这些问题只不过是罗马神话中半人半鸟的海妖，你能听得到她们的声音，但却永远无法睹其芳容。

以超弦理论研究为例。超弦是如此细小的构成物质，以至于它与极小的质子相比，就如同质子的大小与太阳系的尺度比较。超弦理论的热情支持者威腾认为，没有人能真正明白超弦理论，并且它很可能在给出关于自然的精确描述之前也许就过早地夭折了。尽管由于有了计算机等现代技术的便利，使得解决繁杂琐碎的计算工作变得相对容易，超弦理论一度被认为最有希望发展成为物理学统一理论的备选理论。但物理学家却无法通过实验手段观察到"弦粒子"的存在，并且该理论也无法给出可检验的预言。美国曾经计划建造一座超能超导对撞机，周长将达到 54 英里，原计划认为通过实施这一工程，有可能使科学家深入到物质的更深层次。这一工程最终因耗资太昂贵而中止，但是，即使建成了这座超导对撞机，想利用它来研究超弦，也只是九牛一毛、沧海一粟而已。因为要想探索超弦，就需要建造一个至少周长达到 1000 光年的超级粒子加速器。那么，这个超级粒子加速器能够有多大？试想一下，我们的太阳系的周长充其量不过是一光天，我们可以通过与太阳系周长的对比而获得一个直观感觉。退一步说，即使建成了这样的加速器，也并不能穷尽探索超弦的全部维度。另外，温伯格在《终极理论之梦》一书中提出，要解答关于强相互作用、电弱相互作用以及引力相互作用的统一问题，就需要聚集在一个单一的质子或电子上的能量，并且要求这种能量大约是超能超导对撞机所能提供能量的一百万亿倍。可见，研究对象给我们的认识能力和研究能力施加了远远超出想象的限制。

3. 科学方法的局限性

任何科学方法，包括理性方法和非理性方法都是有限的。我们知道，现代科学的巨大成功的重要原因之一，是其独特的科学方法，也即经验的实证方法，包括实验、仿真、模型设计等等。霍根认为这是与其他人类文化形式加以区别的优势所在。然而，随着科学研究转向微观领域、宇观领域以及复杂性和混沌领域，传统科学方法的局限性便十分明显地呈现出来。费耶阿本德等人大声呼吁"反对方法"，便是对传统理性认知方法的有局限性反思的结果。这里所谓"反对方法"，实际上主张科学并无定法，一切能够促进科学研究的方法均是合适之法。尽管在哲学上有这种诉求，然而科学中方法的限制还是日益突出。面对这种困境，科学内部开始从系统科学、复杂性科学等领域总结新方法，力图突破传统科学方法的局限性，探索一种更全面、更具整体性、灵活性和有机性的科学方法。可是直到目前为止，人类的这种努力所收获的成果是捉襟见肘，只能积累一些技术性的经验，却难以在洞悉自然方面取得实质性的突破。

实际上，科学方法的困境，归根结底是由于人类的认知能力存在限度。我们可以转借语言学家乔姆斯基的一个有趣研究①来证明这一点，乔姆斯基认为，人类大脑中的固有结构为我们的认识能力设定了限度。他提出，所有动物都具有由它们的进化历史所形成的认知能力，比如一只小鼠，它可能学会走要求它每隔一个岔路口就向左拐的迷宫，但如你指定一个素数，让它碰到每隔这一素数的岔路口再向左拐，那么它永远也学不会。人类虽比小鼠聪明，但也肯定有自己的认知限度，一些疑难问题和神秘问题在相当长的时期内是人类无法解决的。

4. 科学可资利用的资源的有限性

科学日益增长的花费与人类资源的有限性之间，存在着一种矛盾性关系。人类资源施加给科学的限制是客观存在的，这是我们从事科学研究的基本现实。尽管我们在充分利用资源，提高其利用率上已经做出了很多努力，但是，面对日益幽深和宏大的研究对象，我们所需要消耗的资源成本也必定不断增长。

科学是一项全人类的社会性事业，它不是孤立存在的，它总是受到政治、经济和文化等诸多因素的制约。随着科学研究向极大极小以及复杂性对

---

① ［美］约翰·霍根：《科学的终结》，孙雍君等译，远方出版社1997年版，第220—221页。

象的转移，所花费的成本也在不断增加。我们以回旋加速器和高能粒子对撞机为例说明之。自 20 世纪 30 年代以来，当第一座回旋加速器在伯克利（Berkeley）建成时，发现原子和原子核结构的工作，有赖于专门设计来给粒子加速到大能量的机器。之后，回旋加速器变得越来越强大，建造成本也越来越惊人。另外，要研究外太空的天体星系，也往往花费巨大，到目前为止，美国在探测火星的科学研究中投入了上百亿美元，但却收效甚微。所收获的也仅限于对火星的地表、气候等方面的图片信息资料这样一些最为初级的东西。反思超能超导对撞机的命运以及火星探测计划，我们可以看到，科学研究的费用正日益呈现跳跃式增长，这种增长无形之中给科学施加了一个限制，因为人类的资源总是有限的，如果超过了一定的限度，则科学研究将无法开展下去。

综上所见，人类的科学探究活动，都必然要受到来自主体、客体、研究方法以及研究资源等多种因素的制约，只要科学存在，这种限制就是无法消除的，并且在特定的时候表现出一时难以克服的局限性。恩格斯曾经指出："我们只能在我们时代的条件下进行认识，而且这些条件达到什么程度，我们便认识到什么程度。"① 但这并不是事情的全部。我们可以看到，近代实验科学自诞生以来，伴随着其飞速进展，人类的认知能力有了极大的拓展，科学方法有了长足的改进，对资源的利用也更高效。这些成就的取得实际上都是对既有局限的克服，同时，既有局限被克服后，新发展的科学又面临新的难题，新的局限又会出现。在很大程度上，科学进步就是这样不断面临局限又不断克服局限的过程，这是一种动态的科学进步观。

通过上面的分析，我们认为，科学终结论对科学发展的未来前景的判断是片面的、错误的。科学终结论看到了科学发展所遇到的各种局限，这是正确的，但是却将其推向极端而认为科学将会因这些局限而终结，则是错误的。因此，科学终结论这种悲观主义的态度是不足取的，同样地，那种无视科学发展的局限性而盲目乐观的科学初期论也是失之偏颇，我们应该持一种动态发展的眼光看待这些局限，正确的态度应该是现实主义的：科学的发展是在出现局限与克服局限中不断前进的。

① 恩格斯：《自然辩证法》，于光远等译编，人民出版社 1984 年版，第 118 页。

二、科学发展的二重性

面对科学终结论，我们认为，科学的发展确实是有局限性的，但却并不因此走向科学终结论这种极端，而这种局限尽管是客观存在的，但却是可以不断加以克服的。综合看来，无论是科学终结论、科学初期论，还是科学局限论，都是面对同样的事实（20 世纪科学的迅猛发展）而对科学的未来前景做出的不同判断。归根结底，产生分歧的根源在于对科学的本质这一基本问题的认识不同。科学是什么？它的基本性质又是什么？对这一基本问题的回答，有助于我们树立正确的科学进步观。

关于科学的定义有多种，但其中最为基本的一种看法，是将科学看作是人类探究自然奥秘的实践活动。这种实践活动具有以下几种典型特征。

（一）社会性与个体性的统一

从总体上，科学是一种全人类的事业，以探究自然的奥秘为目标。这体现了科学的社会性。科学活动必然由个体科学家进行，而个体科学家在具备基本的理论知识、掌握科学工具和方法的同时，个人本身的预期、想象等因素都在科学活动中扮演着重要程度不等的作用。因此，科学认识的成果往往打上了个人的烙印。这样一来，错误就是在所难免。考察科学史，我们在看到科学知识的宏伟大厦的同时，也看到其所丢弃的错误成果的边角废料堆也是十分庞大的。然而这并不是科学活动的全部。尽管个体科学家的活动往往是带有偏见和易错的，但是仍然有一种基本的方法来调整、纠正甚至代替这种可能的错误性，而达到对自然的正确把握，那就是通过视域融合。我们将每个科学家的认识成果看作是一种视域，不同的科学家从不同的角度出发，对同一现象进行理解，形成的不同视域。这些不同视域之间通过不断交叉融合而形成新的更深刻更合理的理解，最终消除了科学的个体性特征。这种个体性与社会性的统一，反映了科学活动的基本面貌。正是通过个体研究与视域融合相结合的方式，科学不断取得进步。在这种意义上，只要人类的努力持续不断，那么对自然的理解就将永远进行下去，我们无法判断此刻的成果已经达到了顶点，也无法判断下一刻的前景将走向衰落。

（二）共同性与差异性的统一

从整体上看，科学的各个分支学科具有一种家族相似的关系，比如采取观察、实验、设计模型和使用仿真等共同的科学方法，遵循共同的科学规范，都是为了理解自然的奥秘而进行的实践活动。从部分上看，我们如今所统称的科学，实际上包含了众多的科学分支和学科，这些学科大都是按照物理学的研究范式而建立并发展壮大起来的，它们在保留了与物理学的相通之处外，也具有自身的特色，比如生物学既有实验和建立模型的方法，也具有使用功能（目的）说明而进行科学研究的独特方法。不同的科学分支，其发展情况也各不相同，有的学科发展的比较成熟和平稳，如传统的物理学、化学；而一些学科如生物学等则方兴未艾，正面临着急剧的变革。各学科发展的这种不均衡的复杂性，决定了我们在谈论科学的时候应该考虑到不同科学分支的特异性。关于科学的终结问题，亦是如此。有些学科如解剖学、地质学以及化学，其研究范围和内容是有限的，如果没有其他学科的发展的引导，单靠学科内部的发展，确实面临着终结的危险，而更多的学科如生物学、物理学等，则很难明确地确定其已经达到了已有限度，更不用说终结问题了。

科学的共同性与差异性的统一，决定了我们不能泛泛而论科学的未来前景将会如何，而要具体地考察各个学科，不仅需要考察各个学科内部的发展状况如何，而且应该考察各学科之间存在的关联作用。只有将整体和部分的视角结合起来，我们才可以综合得出对科学的未来前景的全面把握，也才可以更好地指导分支学科的发展。这体现了科学的部分与整体的辩证关系。

（三）连续性与跳跃性的统一

科学的发展轨迹是什么样的？回望科学发展的历程，我们看到，科学的历程不是一种封闭式的循环，而是呈现出一种开放式螺旋上升的趋势。斯宾格勒将科学看作是一种类似于四季更替的循环是对科学的误解，那么，那种把科学的发展视为是不断累积知识和真理的线性过程的观点，也是失之偏颇的。我们赞同科学是一种进步的事业，但科学发展的轨迹不是仅仅具有线性的连续性特征，还体现为一种跳跃性的特征。科学进步的历史，体现了连续性和跳跃性的交互更替。常规科学时期，科学进步往往相对平缓，体现出一种连续性的增长；而科学革命时期，科学进步往往涌现出众多的科学成果，体现了一种跳跃性。科学革命时期与常规时期的交替，决定了科学进步是连续性和跳跃性、累积性和创新性的统一。

科学进步既具有连续性又具有跳跃性，表明科学可能在一段时期内高速增长，也可能在下一段时期内缓慢增长甚至增长较少，但我们却不能因此得出结论说科学已经进入收益递减的阶段。科学史一再告诉我们，在每次科学的革命性进步之前，往往有相当长时期的积蓄阶段。因此增长的缓慢所预示的更可能的情况是，科学在未来某个时刻将可能呈现新的快速增长。

总之，作为人类探究自然奥秘的科学，是个体性与社会性、共同性和差异性以及连续性和跳跃性的统一。如果将作为科学研究主体的科学家所构成的社会与由自然对象构成的自然界作为两个基本要素的话，科学的未来发展前景就是这两个基本要素相互作用的结果。自然界给人类提供了从事科学研究的基本对象、工具以及资源等等条件，也给人类施加了客观性的限制，与此同时，正如马克思所言，"最蹩脚的建筑师从一开始就比最灵巧的蜜蜂高明的地方，是他在用蜂蜡建筑蜂房以前，已经在自己的头脑中把它建成了。"① 人类是具有主观能动性的存在物，能够积极主动地把握和发现自然规律并加以利用。这样一来，作为实践活动的科学，就使作为主体的人类与作为客体的自然始终处于一种相互作用的矛盾关系中，处于一种动态的平衡关系中。每次平衡关系的打破，都意味着科学的进展，而新进展又使人类与自然处于一种新的矛盾关系和平衡关系之中。人类与自然这种交互作用的基本态势，意味着只要人类和自然继续存在下去，那么科学活动就会继续开展下去，科学的未来也因此就充满着多样的可能性。

三、需要正确的科学进步观

对于科学进步的未来前景，我们需要做出理性的全面的判断，树立正确的科学进步观。

首先，我们反对科学灭亡论的观点，斯宾格勒式的担忧已经被证明是一种误导，因为它错误地预设了循环论的科学观。科学并不是如同植物从生到死那样的封闭轮回过程，而是一个不断开放的过程。作为人类所从事的一项基本事业，只要人类存在，这种活动必然会持续进行下去。我们也不赞成科学即将功成名就，在朝向理想的终极理论前进的路上，我们还有很多困难需

---

① 马克思：《资本的生产过程》，见《马克思恩格斯选集》第2卷，1995年版，第178页。

要克服，路途的曲折是我们难以想象的。当然，科学自身的发展在某种程度上呈现收益递减的面貌，并且科学及作为其应用的技术给人类的社会生活带来了环境的、经济的、伦理的等等负面影响，科学的外围环境也因此对科学表现出某种抵制的姿态。这些都是当下以及相当长一段时期内科学所面临的重要问题。因此，那种认为科学已经是强弩之末的观点是不足取的，四面楚歌的论调也过于悲观了。

科学终结论作为一种对科学之未来前途的反思，其基调虽然过于悲观（除功成名就论外），但同时我们也应该看到它的积极意义，它可以使我们对科学的未来保持一种清醒认识，时刻警惕科学误入歧途。我们应该发挥其牛虻的刺激作用，促进科学进行自身反省，以规范科学研究，而并不用过分担心这种思潮对政府对科学研究投入的影响。与此同时，"拿证据来"，证明科学的发展正在走向新的无尽的未来，并不是行将结束；正要产出划时代的革命性成果，而不仅仅是琐碎的科学成就。如果不能拿出证据，而仅仅沦为本能地捍卫科学传统的认识论主张，认为科学是无穷尽的，则这种捍卫行为本身就是软弱无力的，不仅事倍功半，而且会误入歧途。

其次，对于科学初期论的乐观态度，我们表示谨慎的赞同。毕竟，如果从大尺度的时间上看，科学的飞速发展也仅仅是近几百年的事情，可以想象，如果按照这样的速度发展，若干年的科学进步又将会是另外一番天地。然而无论这些进步是多么巨大，与仍然遗留的问题和仍然存在的众多疑问相比，我们已经取得的科学成就又是多么的初级。但根据哥白尼原则，既然我们不能断定科学正在走向终结这个特殊时期，那么同样我们不能断定科学仍然处于初期这另一个特殊时期。我们所能做的判断是，从大尺度的时间上看，我们的科学刚刚起步，但与最初的科学形态相比，当下的科学已经相当成熟了。所以，可以肯定地说，在探索自然秘密的路上，我们已经走出了很多步。我们借用波普尔经常使用的登山隐喻来形象地表达对这一现状的看法：在烟雾缭绕的情况下登山的人，看不到最高的顶点在哪里，而有可能认为他所在的地方就是顶点，而实际的可能性是多样的，或者他一直在山下，或者已经在山顶，又或者他仍在半山腰，因为他不知道到底最高处存在与否，以及如果存在，自己距离最高顶点还有多远的路要走。正所谓"不识庐山真面目，只缘身在此山中"。

最后，科学进步时时刻刻都有局限存在，但是这些局限却是可以克服的。这是对于科学进步的未来前景的现实主义的看法。科学家自身具有认知局限、自然对象给我们施加了很多限制，科学方法也是有限的，而人类可资利用的资源也是有限的，并且科学的内部发展逻辑与外部环境都给科学施加了重重限制。换言之，科学是集自然的、经济的、认知的限制与外部支持与舆论的限制于一身的。然而，我们并不能持静止的态度，而应该坚持用发展的眼光来看待这些局限。穷则思变，作为一种充满主观能动性的智慧存在物，在面临困境时，人类总会爆发出惊人的创造力，柳暗花明的前景也许就在眼前。历史一再表明，在每一次局限突破之后，都会带来翻天覆地的革命性变化，已经出现过的几次科学革命就足以为明证。实际中的科学进步就是在突破局限与出现新的局限的交替过程中实现的。

总的看来，科学的未来并非是定数，科学始终处于存在与生成之中。[①]面对科学未来的不确定性，悲观主义的态度是不可取的，因为科学已经给我们带来了巨大的成就，科学势必有持续给我们带来更多成就的态势；而过分乐观主义的态度也是失之偏颇的，毕竟我们确实面临着一系列看起来很难突破的限度。我们的最佳策略是采取适度乐观的现实主义态度，在克服局限中推进科学进步，又在科学进步中应对新的局限的出现，始终使科学处于一种动态的可持续发展中。这是我们应有的基本态度。

---

① 伊利亚·普里戈金：《未来是定数吗？》，曾国屏译，上海科技教育出版社 2005 年版，第 2—3 页。

第 十 一 章

科学技术的价值与伦理

当今科学技术的飞速发展和广泛应用所带来的诸多自然和社会问题，为价值与伦理研究提供了丰富而现实的思考空间。运用马克思主义的立场、观点和方法去解析当今科学技术的价值、伦理及其社会效应，已经成为当代科学技术哲学、价值哲学和道德哲学关注的重大问题。

第一节　科学技术价值论

科学技术价值问题的探讨已成为今天学术界的热点领域。然而，对此问题的探讨带来了认识上的重大分歧，"中立论"与"价值负载论"争论不断，对此我们必须认真对待。

一、科学技术的价值负载

（一）价值的本质：价值主体与价值评价

价值及其本质一直是学术界颇有争议的一个问题。概括起来，关于价值的主流看法大致有三种：（1）价值主体论，即价值完全依赖于认识主体的经验或只与认识主体的经验有关；（2）价值客观论，认为价值由客体自身属性所规定，是不依赖于主体认识逻辑的存在；（3）价值关系论，主张价值体现了主体与客体之间的关系，是主体需要的满足与客体固有属性之间的关系。在我国，学术界较为认同的是价值关系论。

当我们说到某物的价值时，其实是依据我们的需要观念地建构起的一种价值关系。这已不是价值本身而是一种价值判断，属价值评价的范畴。价值主体与价值评价主体在逻辑上是两个不同的概念。价值评价主体只能是人，而价值主体并非必然地是人。两者既可以完全重合或部分重合，也可以是分离的。评价者判断的是价值客体对自己的意义、价值，则评价主体与价值主体完全重合；若评价者只是价值主体中的一员，或是一种价值关系的旁观者，那么，评价主体与价值主体只是部分重合或完全分离。在人类生活中第一种情形最为常见，常常被人视为价值评价的唯一情形。由于价值评价的过程是根据评价者所把握的价值主体的需要为尺度来衡量价值实体的意义，因而它是主观的。

然而，在系统哲学和生态哲学领域，人们试图将"价值"概念从以人为价值主体的社会领域扩展到自然领域，以便使价值理论能适用于一切开放系统、复杂系统和生态系统。① 他们与主流价值理论的分歧在于价值主体能否扩展到人以外的世界？在这一分歧的背后隐含着要求：一是价值主体与价值评价主体分离；二是人并非是唯一的价值主体。不论它们分歧如何，把价值关系由社会系统推向自然系统，以便建立起一个统一的价值体系，至少能够使我们在人与自然、身与心统一的基础上更深刻地理解价值的发生、本质与特征。

按照这种理解方式，我们便可以把科学技术作为价值主体来进行考察。

（二）科学技术价值中立论批判

持有科学价值中立论者认为，科学不反映人类的价值，科学的价值源于其实际的应用，而与科学本身无关。② 对这种价值中立的"纯科学"理想最著名的辩护者是马克斯·韦伯（Max Weber）。他认为，科学的目的是引导人们做出工具合理性的行动，科学是通过理性计算去选取达到目的的有效手段，人们通过服从理性而控制外在世界。因而他主张科学家对自己的职业的态度应当是"为科学而科学"，他们"只能要求自己做到知识上的诚实……确定事实、确定逻辑和数学关系。"③ "科学中性论"的一个主要论点是科学知识是关于事实的判断，因而是客观的。

---

① 张华夏：《广义价值论》，载《中国社会科学》1998年第4期，第25—37页。
② 吴兴华：《科学价值中立吗？》，载《自然辩证法通讯》2004年第2期。
③ 马克斯·韦伯：《学术与政治》，三联书店1998年版，第107页。

与此相对应，技术中立论者也提出了四个支持论据：第一，技术作为一种纯粹的手段，可以被应用于任何目的。技术的中立性是指技术作为工具手段的中立性，它与它所服务的价值目的只具有或然相关性。第二，技术与政治之间并无关联，无论是社会主义还是资本主义社会都是如此。斧头就是斧头，涡轮机就是涡轮机，这些工具对任何社会都有用，与社会和政治因素无关。第三，技术的社会—政治中立性归因于它的"理性"特征和它所体现的真普遍性，如同科学一样，在任何社会中都具有认知作用。第四，技术的普遍性意味着同一度量标准可以被应用于不同的背景之中。①

价值"中立论"者把科学技术看成工具理性，是一种没有道德判断或实践智慧的计算精神，科学技术只关心手段的效率而不关心目的的选择，因而与价值无关。然而，如果从认识角度、从整体上来历史地考察科学产生及其发展的社会背景，考察科学对社会，尤其是现代社会的影响，那么，我们只能把"中性论"看作一种神话或一种理想。

科学建制化以后，科学系统被纳入整个社会大系统之中，科学系统只有服务于社会大系统的整体目标，其自身才能得到支持和发展空间。马克思把科学首先看成是历史的有力的杠杆和最高意义上的革命力量，他指出，在知识形态上，科学是一般社会生产力而表现为固定资本的特征，作为真正的生产手段而加入生产过程的科学则是直接的生产力。②

马克思主义认为，科学技术是蕴含价值的社会事业。首先，科学技术活动的动机是蕴含价值的；科学探索是人类有意识、有计划、有明确目的的创造活动，不管其动机是高尚或卑劣，纯粹或功利，为人类、为祖国、为集体、为雇主或为个人，为名利或为地位、声望，其背后都有其价值观的支撑。其次，科学知识、技术产品渗透着人类的价值；科学活动受价值观约束，科学家的动机、利益、偏好会影响科学家的选题，影响他重视什么、忽视什么，影响他对数据的记录、描述、分析、解释、取舍。第三，科学技术成果的社会价值。③ 技术哲

---

① Feenberg, A: Critical Theory of Technology, New York, Oxford: Oxford University Press, 1991. pp. 15—16.

② 马克思：《政治经济学批判》，载《马克思恩格斯全集》第 46 卷，1978 年版，第 225—226 页。

③ 曹南燕：《科学技术：蕴含价值的社会事业》，载《清华大学学报》（哲学社会科学版）2001 年第 6 期，第 76—81 页。

学家拉普也指出："技术同科学、文化一样，不能独立存在。技术领域中的一切事物都是人创造出来的，因而取决于特定时期的人所持有的价值观和目标。技术发展导致确定的结果或当前技术水平决定所要采取的措施一类过于简单化的说法，归根到底总是与人的行为和意图有关"。①

事实上，科学技术特征的展现并不能由它自身独立地决定，它本身负载着价值。科学技术的价值负载是由科学技术所处的社会历史文化所决定的。科学知识社会学（SSK）、技术的社会建构（SCOT）和技术的社会形成（SST）的研究表明，无论是科学还是技术都不可能孤立地自我生长，必须与一定的历史背景、社会建制和文化体系结合起来，才能生存和发展。反过来，科学技术的价值负载表明任何科学技术在本性上都是积极性与消极性、建设性与破坏性的统一体，在社会、文化、政治、伦理等各个方面均是如此。这就决定了科学技术后果的两重性。

按照马克思主义的观点，科学技术的发展及其社会价值，都是在科学技术与社会历史文化环境双向互动中实现的。科学技术主体的价值取向在很大程度上决定着科学技术的功能，规定了科学技术发展的方向。这种决定通常是以科学技术某些功能的强化来掩盖或抑制其他功能的实现。近代以来的工业技术就是因为过分强化前者和弱化后者而产生出诸多难题，生态资源的破坏和生存环境的污染就是这种价值偏向的后果。既然我们试图用一种多要素综合的方法去说明科学技术，那么我们就不能对科学技术功能作单一的运用，只重视某些环节而轻视另一些环节。科学技术功能的健全实现要求对科学技术的综合运用，即重视科学技术功能的所有方面。

二、科学技术的价值生成

（一）科学自身对有效性的追求

科学技术体系一旦形成有必然拥有其固有的属性，这种内在价值往往是隐含的，需要借助外部因素助其展现。现代科学技术内在价值向外展现的一个重要特征就是对有效性的追求。

众所周知，现代科学技术是科学与技术融合的产物，这种融合既是科学

---

① F. 拉普：《技术哲学导论》，辽宁科学技术出版社 1986 年版，第 122 页。

与技术发展的内在要求，又是外部人文因素作用的结果。然而，严格地说来，科学与技术并非是同一种事业。科学的目标是追求真理，科学活动本身是不断追求真理、检验真理和运用真理的过程。技术的目标才是追求有效性。然而，随着价值关系进入科学领域，现代科学便开始了从对真理的单一目标追求转向对真理和有效性的双重目标追求，这无疑是科学技术思想的一大变革。它表明现代科学已不再是纯粹的理性活动，而是与技术的发展和人的需要更加紧密相关的实践活动。科学的体制化和研究者的职业化，使得现代科学越来越受到人的社会需求和价值观的制约。科学研究领域的拓宽、研究手段的日益复杂、研究人员的职业化，使得科学已不再是按照个人爱好进行自由探索的事业，而成为一种国家支持的事业。科学有效性及其社会功能成为追求的首要目标。这样，研究领域和发展方向一开始就被规定：如国家财政的支持和固定的完成期限；研究成果在很大程度上是按照社会价值体系的标准进行评价等等。所有这一切表明，有效性的追求和社会价值目标的实现已成为现代科学技术活动最基本的目的。

早在 1996 年，获得诺贝尔奖的五位科学家指出：目前的繁荣与发展是基于几十年前的基础研究成果，忽视基础研究将威胁 21 世纪的人类进步。各国政府在增加对科学技术投入的同时，强调基础研究要体现国家目标。作为多年基础研究成果积累的高技术代表了当前科学技术发展的特点，它的基础研究趋于实用化，又不断提高应用技术中的知识含量。[1] 由此可见，追求有效性已不仅仅是人类社会进步所必需，而且成为当代科学技术发展的内在要求。

（二）科学技术的外部效用

20 世纪科学技术领域的这一变化，大大强化了科学技术的社会功能。沿着有效性目标，科学技术发展到当代，这种内在的有效性便会呈现出显著的外部特征：高效率性和高效益性。现代科学技术属于精细型技术，因为融汇了各种先进的科学手段和技术工艺，自身又具有优化的内部组合方式和高效的能量转移机制，所以效率非常之高。特别是各类自动控制系统，不再需

---

[1]　朱丽兰：《部署未来　迎接挑战》，载童天湘主编：《高科技的社会意义》，社会科学文献出版社 1997 年版，序言。

要人的直接操作，克服了人类生理和心理上的局限性，设备可以在复杂的条件下长时间的高速运行，其效率之高是人力操作的技术系统无法比拟的。一般说来，技术群体只有结成一定的内在关系或联系并构成统一的整体，才能充分发挥其功能，达到社会现实运用的目的。现代科学技术中的各技术群相互作用、相互渗透，构成了一种协调的能流、物流和信息流网络，可以在非常广阔的地域范围里形成高效的技术系统。这种高效的技术系统必然带来技术的高效益。

现代科学技术的高效益性主要体现在三个方面。其一，当代现代科学技术群中几乎每一项技术都是以追求最大经济技术效益为特征，因此在研制和设计阶段就运用了各种措施和方法来实现这一目标，以至于现代科技制品都具有省材料、省能源、省劳力、省空间的"四省"特性。其二，现代科学技术是智力高度密集型科学技术，其价值主要体现在其包含的理论、知识和工艺方法的多少和水平高低上。由于科学技术信息是高技术价值的主要承担者，而信息又不会因转让、出售或传播而消失，它能为多数人所共享，能够发挥最大的效益。其三，与传统科学技术相比，现代科学技术总体上较注意它与环境之间的关系。现代科学技术的这种环境效益对人类的持续进步展示着不可估量的意义。

较之于传统科技，现代科学技术能够对人类社会产生巨大影响的一个重要的方面就在于它的智能化特征。所谓智能化，是指人的智能通过智能计算机和智能机器的放大来实施生产过程的自动化、智能化，并通过人的自然智力和机器的人工智能的紧密结合，达到社会的智能化。科学技术的智能化实质上包含着两个方面：内在智能化与外在智能化。内在智能化是脑内智能的开发，即一个由人脑智力资源开发——技术与知识——技术产品的过程；而外在智能化则是这些智能产品作用于社会并发生效应的过程。智能技术的广泛应用不仅大大提高了生产效率，更重要的是它将改变生产体制。传统科学技术以及与其相伴的现代工业产生体制的一个重大的缺陷就是只关注效率而忽视了人性，导致了人—机矛盾十分尖锐，科学技术的智能化发展趋势将会有效地缓解这一矛盾，使由人服从机器转向机器服从人。又例如，由于以机器人为代表的柔性生产系统的出现，使"规模经济"的概念发生根本的改变，使生产体制由大规模生产向多品种小批量生产体制转变。

人工智能技术的应用将促使生产者向更高级、更适合于发挥创造能力的工作转移。不过，这并不意味着劳动者将必然地从体力劳动者向纯粹的脑力劳动转化，而更可能意味着使生产劳动逐渐变成可使人们作为"全人"均衡地发挥其智力和体力的"生活第一需要"。事实上，人工智能技术的发展与应用，不仅会促进人的知识水平和技术能力的提高，促进机器设备的自动化、智能化程度的提高，而且还将改造生产活动；改造能源、交通、通信等基础设施；乃至改造整个城市，使之更能适应新工业文明发展的需要。人工智能技术通过改善人的素质、提高机器设备的自动化、智能化水平、改进生产环境和基础设施等生产活动的条件，促使工业文明达到更高的层次。

需要指出的是，科学技术的内在价值是其外在价值实现的基础，但这种内在价值并不能自然地转化为外在价值。科学技术价值实现是一个现代科学技术与社会互动的过程，需要多种人文因素参与协同作用方能完成。

（三）科学技术价值形成中的人文因素

虽然现代科学技术价值观作为一种意识形态不易为人直接感知，但它却隐含在发展现代科学技术的社会实践中，发挥着更深层的作用。而且，在当代社会，科学技术价值形成及其实现越来越取决于其中的人文因素。在这些人文因素中，人的素质、科学技术体制以及社会对科学技术角色确认直接影响到科学技术的价值实现。

科学技术活动的主体是人，人的素质是科学技术价值实现的决定性因素。由于科学技术价值需要通过研究开发、生产、应用及其效应等诸多环节的实践中展现出来，因而对科学技术价值实现产生直接影响的就不仅仅是研究与开发人员，而且还包括组织决策者、管理经营者、生产者乃至消费者，社会成员的素质环境对于现代科学技术的社会化和社会的现代科学技术化具有更为重要的意义。在更广泛的意义上，现代科学技术要求社会的全体成员相应地提高科技文化素质，这种素质是促进科技健全发展与价值实现必要的外部环境。

科技体制是科学技术功能健全发挥即价值实现的根本保障。没有一个合理有效的体制，科学技术自身的发展将会受到限制，价值功能的实现也会受到阻碍。现代科学技术的体制化，大大强化了政府的干预功能，使政府能够根据社会经济发展目标对科学技术活动进行宏观引导，如制定科学技术发展战略和科学技术政策，通过资金分配来体现国家科研重点，协调政府组织机构、大学、企业和科研机构的关系，以实现国家的科学技术发展目标等等。科学技术体制化不但使科学技术自身的发展方向与形态发生了变化，而且也改变了它在社会文化系统中的地位和作用，从而使当代科学技术越来越与社会文化系统相整合。

　　科学技术价值实现的一个必要条件，就是社会对科技的社会角色的定位和确认。科学技术社会角色的定位与确认是在科学技术的社会化过程中逐步实现的。日益社会化的科学技术使它的社会角色更具表现性和功利性，即它既能够产生经济效益（如促进产业结构进步，提高社会生产力水平）；又能够产生政治效益（如显示国力）；同时还能够产生一定的社会效益（如改善人们的社会生活质量）；所以，现代社会一般都对科学技术的发展寄予厚望。

　　当然，经济发展水平和文化背景不同的社会，对科学技术社会角色的期望是不一样的。例如，美国发展高科技的主要目的，就是要确保全面领先地位，维护世界超级大国形象。日本发展高科技则不仅仅是纯粹的经济的目的，它更多的是想谋求与其经济地位相称的政治大国地位。新兴工业化国家，希望通过发展高科技来实现本国产业结构的向知识和技术密集型转化。而对于发展中国家，则是期望通过发展高科技来跨越常规的发展阶段，以求缩短与发达国家之间的差距。因此，现代科学技术的价值功能与不同社会环境对科学技术社会角色的价值定位及其实现目标密切相关。这也从一个侧面反映了社会对科学技术这一角色的价值功能及其性质的认识与理解。

　　就功能而言，现代科学技术的价值功能与传统科学技术一样，也同时具有显性与潜性的功能。即现代科学技术的发展往往既有与人们的直接目的相关，并能被人们认识到的社会意义与后果的显性功能，同时又有与人们的直接目的并不十分相关且社会意义和后果常常被人忽视的潜性功能。就其性质而言，科学技术能够实现社会目的所要求的政治、经济、社会等效益，社会功能实现的后果与其社会目的相一致，这种形态即为科学技术的正价值；相反，若科学技术社会功能的实现后果与其社会目的不一致，即与它的政治效益、经济效益和社会效益之间出现较大偏差，这种形态通常表现为科学技术的负价值。一般来说，在科学技术社会化的初期，人们更多的关注科学技术的显性功能和正价值，只有随着科学技术社会化进程的深入，其潜性功能和负价值逐渐显露，人们才能深刻地认识和理解它。

如果把科学技术的负价值产生的原因作一更深层的讨论，我们就会遇到一个难题，那就是大多数的负价值产生往往由个体行为或局部行为所致。例如，经济活动中的个体通常只考虑自己的预期收益和预期代价，而不会考虑他给社会带来的效益和代价，因此，他不会去主动关心一种新技术对社会的外部代价和负面作用。这实质上是把负面效应转嫁给了社会，最终必然导致政府的干预。然而，当政府为控制和减轻技术的负面作用而采取措施，以限制个人决策者应用那些给社会带来负面作用的技术的自由时，就会出现与其文化传统相抵触的情形。尤其在西方传统中，个体的人具有不可剥夺的权利的自由、追求真理的自由、个人决定自己命运的自由等等，这些一直被看成是人类最基本的价值。现代技术与西方观念中人类基本价值的冲突，导致许多人文主义者否定技术对于人类的价值。因此，如何在现代技术的需要和人类价值的愿望之间保存必要的张力，通过这种张力调整决策结构，为科学技术的社会运用提供更多的机会，并且在某些新技术的作用变得无法控制之前就能对它的运用进行限制，则是需要深入探讨的，而且还需要从经济、文化、政治和生态等更为具体的层面来认识现代科学技术社会价值的功能。

三、科学技术的价值实现

现代科学技术价值的外在表现具有三个层次：科技产品、科技体制和科技意识。这三个层次并非彼此孤立存在，乃是相互渗透、紧密关联、融为一体的三个方面。现代科技的发展固然离不开器物的生产和体制的运作，但同时更需要精神意识的支撑和导向。尽管可以对现代科学技术的不同侧面和层面进行透视。但却不能把现代科学技术的整体形态还原或肢解为各个部分以对这些孤立部分的片面认识代替对整体性现代科学技术的全面认识，这成为理解现代科学技术系统的一个基本原则。

（一）科学技术的经济价值

在现代科学技术的诸价值中，经济价值是最具现实性和根本性的方面，人们对现代科学技术价值的确认总是先从其经济表现入手的。在当代世界历史进程中，人们不仅越来越清醒地认识到科学技术对提高生产力水平的重大意义，而且还越来越深刻地体会到发展科学技术，尤其是发展现代科学技术，对于推动人类进步和社会发展、增强综合国力的决定性意义。

迄今，人们已经认识人类物质生产有两种途径：一种是依靠增加生产资料和劳动力投入的外延扩大模式；另一种是依靠科学技术进步的内涵增长模式。这是两种截然不同的经济模式。前者把经济的增长建立在大量消耗资源基础上，是一种高投入低产出的经济模式。这是在经济发展水平较低阶段，为获得必需生活资料采用的模式；而后者则是把经济的增长建立在科学技术进步的基础上，是一种低投入高产出的经济模式，它是在经济发展程度较高，市场较成熟时期所采用的模式。科学技术的经济价值实现主要体现在后一种生产模式上。有人运用系统工程学和经济数学方法对第二种模式进行定量化评估的结果表明，20 世纪 80 年代以来，发达国家的科学技术进步对于经济增长的贡献率已高达 60% 至 80%。据测算，美国在航天计划上每投入10 亿美元，劳动生产率则提高 0.1%，而相应的年国民生产总值便可增加30 亿美元。①

科学技术促进经济发展、实现经济价值的主要机制，就是从不断优化生产要素开始的。生产要素的改变首先通过生产工具和生产方式反映出来；进而引起生产体制的改变；最后导致产业结构的全面迅速提升，从而促使整个经济结构发生变化。从生产工具的改变到经济结构的改变是一个十分复杂的过程，科学技术与其经济价值的实现之间并非简单的线性关系，即科学技术并不能必然地产生人们所期望的经济价值，只有其经济价值被人们认识和利用才能真实地实现。科学技术的经济价值只有通过产业化和社会化的生产活动才能充分地显示出来。

高科技产业化的出现与蓬勃发展，是 20 世纪后半叶人类社会发展最重大的成就。社会生产方式、生活方式以及人的思维方式都随着科学技术进步正在发生重大转变。人类社会已进入了以现代科学技术为主要推动力时代，科学技术的第一生产力性质已被社会所广泛认同。随着科学技术创新活动的逐步深入，知识在生产活动中已成为提高劳动生产率和实现经济增长的原动力，以知识和创新为基础的经济也随着科学技术产业化的发展壮

① 钟明：《现代科学技术系统论纲》，载《科学学研究》1992 年第 2 期，第 32—38 页。

大而成长。

（二）科学技术的文化价值

尽管对文化含义的表述十分繁杂，但我们仍然可以把文化概括为物质文化、行为文化和观念文化三类，相应地代表了文化结构中的三个不同层面。

现代科学技术对文化发生作用最深刻的是文化的观念层面。观念层面是文化结构的核心，观念文化可以通过诱导人们价值观念的变化，推动社会的消费需要，调节整体的经济行为，进而达到影响整个民族或国家的运行机制。现代科学技术对文化观念层面的影响，从根本上讲是源于它对生产方式和生活方式的转变。现代科学技术引起生产方式的变革，使人们认识到现代科学技术的巨大力量，从而确立起现代科学技术在社会发展中的地位。现代科学技术导致生产方式的转变越全面、彻底，它对文化系统内部的影响就越广泛、越深刻。与此同时，科学精神、科学思想、科学活动规范、科学道德、科学方法等也由此渗透到社会的文化观念层面。例如科学的民主精神渗透到思想观念之中，增强了人们在政治上的民主意识，推动了政治思想的更新。科学思想及方法渗透到哲学理论之中，成为推动哲学理论发展的强大动力；科学理论还是破除迷信的思想武器，并对人们的宗教信仰产生影响。

一定的生产方式总是与生活方式联系在一起的，在生产方式发生转变的同时，生活方式也随之发生相应的变化。由于大量的现代科学技术产品进入到人们的日常生活之中，不可避免地造成人们的生活习惯、交往方式以及情感生活等各个方面的变化。如互联网的出现，使人足不出户就可以获得大量的信息和处理各种事务，因而强化了人与物的关系，淡化了人与人的关系。此外，信息技术使人受教育的方式也发生了变化。生活方式的一系列变化，使文化系统内部的某些观念和行为规范已不能适应新的生活方式而与之发生矛盾，某些新的观念和行为规范在生活方式的变化过程中形成并得到普遍认可，最终引起人们思想意识、价值观念、伦理规范、审美情趣等各方面发生变化，从而促进文化的发展。

现代科学技术通过生产方式和生活方式的变革对文化的物质层面产生影响，进而作用于文化的观念层面，是现代科学技术文化价值实现的主要方面。同时，随着人文因素越来越广泛地渗透到当代现代科学技术之中，现代科学技术文化本身也日益成为当代文化的重要部分。

　　文化总是在交流与传播中形成和发展，交流与传播的技术手段对文化发展起着重要作用。当代的种种新媒体的出现，使得文化传播本身成为当代文化的重要组成部分。近 20 年来形成的赛博空间文化（Cyberspace Culture）就是一种全新的文化形式。高科技时代的最重要的文化特征——文化的"趋同性"，在被称之为第三种文化的赛博空间文化中得到了充分的体现。赛博空间文化突破了狭隘的地域观念和人的差异性，是一种高度开放性的文化。理论上讲，在赛博空间文化中人人享有平等表达、交流思想的权利。那么，它就不能避免道德价值的悖论：它既强调尊重个人的价值，但又不能使每个个人的价值得到尊重。问题在于按照它的价值原则，它不能限制任何个人根据自己的意志行善或作恶。绝对的自由和开放性必然导致无序的状态。其实，任何一种文化形式都是多样性的统一。赛博空间文化的"趋同性"也依然是多样性的统一。文化的价值就在于它形式与内容的多样性和丰富性，丧失了多样性与丰富性的文化就失去了存在的价值和意义。赛博空间文化亦是如此。可以设想，赛博空间会加速世界不同文化之间的相互渗透，也会加剧文化间的冲突，然而，最终还将是促成各种文化的融合。它反映了现代科学技术时代最基本的文化要求。

　　无论我们对新的文化形式做出何种评价，但有一点却是事实：现代的传播手段，以及它具有的超越时空特点冲垮了各种社会意识形态屏障，打破了不同区域的封闭性文化体系，并且把原来风俗、礼仪、经验、知识等表层文化传播发展为政治、经济、认识方式、价值观念、行为模式等深层文化内容。不过，打破并不是消解，而是一种文化的融合。现代科学技术的发展和世界经济一体化发展趋势，要求一种全面、高速的文化交流，这就加速了文化隔阂的突破和文化断层的弥合，为文化的重组、创新创造了条件。地域文化或民族文化之间的相对封闭被打破以后，必然会代之以一种更为开放的超越各民族文化的世界性文化。这种新的世界性文化必然是多元文化的互补，体现着文化多样性的统一。

　　（三）科学技术的政治价值

　　在我们生活的世界里"一种崭新的、以知识为基础的经济确实正在取代大烟囱工业生产，那么，我们就会看到一场历史性的斗争。这场斗争将重建我们的政治机构，使之适应革命性后批量生产经济。"① 政治机构的核心是权力结构，政治机构的重建则意味着权力的重新分配。

任何一个时代的政治权力都包含了三个方面基础：经济状况、政治地位和技术能力。在实际过程中，这三个基础总是重合和交织在一起的。现代科学技术带来的社会信息化，大大加强了技术对权力结构的调节作用。信息化对权力的作用是双重的：它既可以通过信息的分散化而使权力分散，使基层单位独立自主；也可以通过信息的集中化而使权力集中。就权力本身的属性来看，在同等的可能条件下，它总是趋于集中化的，因为就权力者对权力的追求而言，总是贪婪的、无止境的。但社会的信息化总是趋向于使普通公民易于进入大众传播媒介，自由表达意见，并在最广泛的范围内即时传播。信息网络作为民间沟通方式和民众与政府间的沟通方式，使政治最大限度地透明化，有利于民主制度的建设。因此，社会的民主与集权既与科学技术发展的程度密切相关，又与公众和政府关系之间所保持的张力紧密联系。

现代科学技术对政治的另一影响在权力分配问题上尤其突出。技术与社会政治组织结合起来就会成为权力的主要手段，这种权力被称为技术权力。在某种意义上，技术权力是技术上的权力的一种延伸，并随着技术发展和技术的社会化过程而更加深化。信息化造成技术专家和公众之间权力分配上的两极分化是客观存在的。无论是技术专家还是公众，虽然个人权力都因信息化而在增加，但增加的质与量却有所不同。很明显，技术专家由于分享着一般公众所不能比拟的技术权力优势，从而在权力角逐中遥遥领先。这就造成了权力的两极分化：专家越来越有权，公众相对越来越没权。社会的信息化过程大大提高了技术专家在政治生活的权力地位，这种权力若不能合理的运用，便会产生各种的后果。例如，技术专家可以借助先进的信息技术以各种合法的名义强化对社会公众的监督功能，而这往往会侵犯个人的权利。例如在公共场所安装监控设备，对打击犯罪十分有效，但在一个一举一动都受到严密监视的社会中，犯罪可能没有了，可个人的自由也没有了。

科学技术的发展使政治决策的技术化倾向比以往任何时候都要明显。它的积极意义是十分明显的：利用现代科学技术手段迅速、准确、全面地获取

---

① 托夫勒：《权力的转移》，中共中央党校出版社1991年版，第268—269页。

大量与政治活动有关的信息，从而服务于政治决策；决策的技术化显然要比人为的政治决策更加理性化和科学化，因而具有更大的合理性；现代科学技术中人文因素的作用使技术问题具有更多的政治含义，同时许多政治问题也要求技术方式的解决，客观上要求决策的技术化。但另一方面，决策技术化本身也必然地产生某些负面效果：它助长了技术专家统治和技术官僚主义倾向；排斥公众的政治参与；使不合理的决策合法化。现代科学技术的发展使政治决策技术化，但并不必然地导致政治决策的民主化。

现代科学技术的发展以及社会信息化趋势，使全球的相互依赖程度大大提高。这就必然导致国家主权与国家安全观念受到全面冲击，从而弱化了国家主权观念，而国家安全问题则变得更加突出。例如，互联网的建立无疑将对一个国家原有的内部传播秩序和个人的信息接受秩序产生重大影响，并使一个国家的政治制度、意识形态及文化传统面临挑战。信息的流动既可以凝聚一个国家，也可以分化一个国家，威胁到国家政权。众所周知，流量有限的信息便于国家政权机构的控制和垄断，信息流动越是通达，参与和影响政治的人愈多，对国家政权的冲击性越大。可见，信息技术在国际政治领域里的作用，不是缓和而是加剧了不同意识形态国家间的对立，带来了国际间更大的政治欺压和技术殖民。但从另一方面看，信息技术又促进了各国间的交流，这为消除意识形态堡垒，增进文化的融合提供了条件。从上述问题来看，相对于现代科学技术的其他价值而言，其工具价值特征更为明显。

（四）科学技术的生态价值

生态系统是一个由各种要素（生态因子）相互作用构成的整体，系统中各种要素的协同作用是推动系统演化发育的主要动力。自从人这个物种从消费者地位上升到调控者地位以后，生态系统的发育便加进了人的意志。随着人对自然生态系统干预能力的逐步增强，技术正在成为一种新的生态要素对生态过程产生重大影响。在某种程度上，技术正决定着生态演化的方向和速度。

20世纪中叶以后生态环境的急剧恶化和生态环境运动的兴起，对当代现代科学技术的发展提出了新的要求。现代生物技术为现代科学技术深入全面地介入生态过程并成为决定生态过程的重要因素奠定了基础。在生态过程中，生物物种对环境的适应性具有重要意义。传统技术主要通过环境要素的改变使生物去适应环境，经过环境选择后适者生存，不适者淘汰。问题在于自然选择过程是一个渐进的过程，而传统技术不能有效控制急剧变化的环境因素，必然导致许多物种因不能适应而惨遭淘汰。现代生物技术的重大进展，已使生物体能够通过在实验室中改变了的性状去主动地适应改变了的环境。在过去的30多年里，基因工程、单克隆抗体技术、DNA扩增、蛋白质工程和生物组织工程的重大进展，使研究人员能够比以往更精确、更快速地改良生物体的遗传和生物化学结构，从而使人类能够有效地控制和改造生物物种，并与其他现代科学技术协同作用实现对生态过程的全面控制和调节成为现实。目前，许多生物技术成果在农业、工业、医学及环境领域中的应用已经预示着这一时刻的来临。例如，培育高产、高品质农作物以提高单产，从而缓解因土地扩张对自然生态系统的压力；培育抗病虫害的品种，或改良的微生物用作生物杀虫剂，从而减少化学农药使用对生态环境造成的危害，等等。

按照人的目的控制生态过程，使之向着有利于人类生存和发展的方向演化是人类的理想，而当代现代科学技术已经具备了实现人的这种目的的能力。生物技术所产生的新基因对物种本身在抗性、繁殖率、竞争力等方面是有利的，但人们担心，生态系统的演化有其自身的规律，当引入的个体影响到其他物种的生存和群落的正常演替的时候，或当人类的利益与生态规律之间发生冲突，而人类为达到自身目的又试图打破生态系统演化规律的时候可能会产生难以预料的后果。这种可能的后果主要有四个方面：（1）产生有害生物。许多原本无害的种属引入新生境后变成了有害生物。（2）危害生物群落。改良的有机体释放于环境，有可能通过干扰与竞争消除群落原有的野生种和其他有利自然物种，并可以通过食物链间接影响群落结构。（3）改变生态系统过程。遗传工程生物体对生态过程的影响是人们目前关注的一大问题，焦点是遗传修饰微生物的释放。微生物在物质循环中起着关键作用。利用生物技术制造新微生物菌系，用于分解环境中的有毒物质和有机物质，增加氮素固定等等，这可能会深刻地影响到一系列的生态功能。（4）直接危害人类。无意识的危害可能来自实验室或工厂逸出的遗传工程生物、生物遗传废物以及用于生产疫苗的有害病毒等等；有意识的危害中最令人担忧的是生物战争。

　　人们的担心不是没有道理的：（1）人们认识能力的相对不足。这种认识上的缺陷有两方面，一方面是对生态过程的复杂机制认识不足；另一方面是对当下现代科学技术的实际认识与期望值之间差距过大。（2）科学的体制化和商业竞争机制使研究与开发活动与商业利用之间的周期大大缩短，从而加剧了应用的风险。现代科学技术作用于生态环境所产生的后果与影响表面看是现代科学技术自身的问题，而实质上是人的问题。现代科学技术的价值负荷，决定了它必然依照人的意志介入生态过程，结果将使自然的生态过程人化。问题是人将如何应对这种迅速的变化，并使生态过程能够平稳地持续下去。

　　今天，我们强调的生态文明就是试图建立一种人与自然的协调发展关系。现代科学技术发展中生态意识日益增强，有利于生态建设和环境改善的技术越来越受到重视。例如，电子计算机技术的发展与应用，既带来了工作高效率和生活高质量，又大大缓解了人类对自然资源的需求压力；材料科学技术的发展正在使大量的自然资源为人工合成材料替代；能源科学技术正在朝着提高能源利用效率、减轻环境污染方向发展，对环境无污染的新能源备受重视；现代生物技术的发展可能带来社会发展的生物化、生态化。基因工程、蛋白质工程、细胞工程正在显著地改变着农业、制药、食品、医疗及环境状况，微生物工程将使工业生产向高效率和无污染方向转变，环境科学技术也在发挥着越来越大的作用。现代科学技术的"生态化"发展趋势最终将导致社会生产和生活方式的根本性转变。在生态价值观下，人类依靠科学技术发展，将有能力消除面临的生存危机，最终建立起一个持续发展的社会。

四、科学技术价值的社会评价

　　科学技术是一种在历史上起推动作用的、革命的力量。进而言之，这种力量的价值并不仅仅表现在经济和政治方面，它更加深刻地蕴含在文化之中。如果说近代科学技术的价值在于它体现了人的本质力量，那么，当代现代科学技术更是将这种价值提升到一个空前的水平，使人以一种全面的方式，即作为一个完整的人，再现自己的本质力量。因此，从最根本的意义上讲，人的全面而自由的发展，人的本质力量的充分显现，乃是科学技术系统社会功能的最高表现，是科学技术文明的终极价值所在。

当代科学技术作为推动社会经济、文化和政治的革命的力量，在很大程度上是因为现代技术已经被置入到社会的文化系统之中，技术本身已经被社会化、人文化了。

技术活动是发展着的人类社会实践。现代的科学技术与古希腊时代的技术毕竟有本质的差别，因此，对技术价值的理解也应发生变化。毕达哥拉斯时代，人们把技术理解为人的器官或四肢的延伸与替代，技术的作用只是使人更好地生存下来，因而把技术的文化需求排除在技术之外也是自然的。同样，我们对现代技术价值的理解也不能是柏拉图式的。由于价值在文化上并非独立的，因历史而变化，且在不同的社会中其含义不同，因而有人要求对现代技术的价值含义进行重新审定，并把技术对有效性、简单性、稳定性、精确性、持久性、可受益性的追求视为自身的价值。这种要求反映了一种把技术置于更宽泛的"社会—文化"框架中去理解技术的立场。从这一立场出发，我们能够更深刻理解现代科学技术对人类活动能力的增长，以及它造成的巨大而深远的影响；更重要的是，我们对科学技术活动本身及其产生的后果，如风险、滥用、责任、权利、公正、资源分配、价值冲突等问题，能够进行更为合理的规范与评价。

把技术置于"社会—文化"框架内，并在一个大尺度时空中来考察，可能有助于我们对现代技术及其价值实现的合理评价。无论是作为文化形态的技术，还是作为社会建制的技术，最初都是缘起于解决人与自然关系问题。众所周知，从自然作为人类崇拜、仿效的对象到成为人征服的对象再到人与之协调的对象，人与自然的关系经历了深刻的变化。科学技术一直是推动这种关系演化的主导力量。今天，人类正在逐步确立的人与自然的协调关系，乃是科学技术对人与自然的原始同一关系否定之否定的结果。近代科学技术的兴起，首先否定了古代人与自然的原始同一关系，使人在认识上把人与自然区分开来，并视自然为自己的对象，在实践上，人能够依照自己的意愿实现对自然的改造和控制，使自然越来越深地被打上人的印迹。17世纪机械自然观的兴起，使人性的原始自然性转变为机械性。人的思维、行动及交往无不遵循着人类的进步和文化的进化。然而，这种由否定原始同一关系而发生的人与自然认识上的日益分离，以及实践中人对自然日益深入的介人，最终导致了人与自然的价值背离，使人与自然关系难以持久维持。然而，这仅仅是第一次的否定。当代主科学技术的发展正是在第一次否定基础上的再否定。这种否定就是力图在更高层次上重建人与自然的关系，即在本体论上揭示人与自然的不可分性；在认识论上揭示主客体的联系与发展；在实践上寻求人与自然的协同进化。这是人与自然关系在经历了否定阶段后，向着否定之否定的方向辩证复归的过程。随着这一过程的完结，人与自然关系将在更高层次上达到"天人合一"。从这种意义上讲，科学技术是调节人与自然关系的本质力量。

第二节　科学技术伦理论

马克思主义把科学技术看成是人的实践活动，而人的实践活动总是有明确目标和指向性。科学技术的终极目标是促进人类的福利，这种目标本身就具有强烈的善恶指向，在这种意义上，科学技术的价值蕴含也必然地包含了道德价值，科学技术因而也与伦理道德具有了天然的联系。

一、科技伦理的合理性探索

众所周知，伦理学是关于人类事务的道德哲学，其主要功能就是在社会活动中的人建立起约束性的道德原则与规范，从而使每个人都能在不损害或影响他人的情况下最大限度地追求自己的利益。任何一种人的活动，只要与他人发生利益关系，那么在道德上它就是可以被评价的，因而其活动自然就会被纳入道德活动的范畴。科学技术是人类活动中的一种，因而也必然与伦理相涉。

尽管在元伦理的层面有诸多概念（诸如善、正义、权利等等）需要进一步探讨，但我们从规范伦理的层面仍然可以对科学技术活动的道德与否进行判断。科学技术是科技工作者所从事的事业，就如同职业伦理一样，各行各业都有自己的道德规范，科技工作者也必然有自己的职业道德规范。然而，科学技术是一门独特的社会实践，对科技工作者不能仅用职业伦理来规范，还需要一门专门针对科技活动的伦理来对科技工作者的行为规范进行道德约束。科技伦理就是这样一门专业伦理。

在人们对科学技术与道德价值关系的理解中，常将科学与技术区分开来，原因在于，科学的目标是追求真理，是建构关于自然的知识体系；技术则是改造自然的活动，具有强烈的功利主义色彩，以追求有效性为目标。有人甚至认为，科学的求真属纯粹的"事实"判断，若是将其与伦理的"价值"判断相联系，便是犯了"自然主义"的谬误。然而，这一"G．E·摩尔问题"已经越来越多地受到来自伦理学内部（如 C·史蒂文森）和科学哲学家（如蒯因、普特南等人）的批评。这里我们姑且不谈科学理论的建构从来就是"事实"判断与"价值"判断相互蕴含的过程（尽管已有学者做过详尽的研究），单就科学的目的、动机就不难看到，纯粹的科学活动虽然只是一种求真的行为，但这种求真的终极目标却是促进人生活的意义，因而其本身就是一种善的行为。事实上，当我们承认科学研究是一种社会性实践活动时，就不应把建构知识体系看成是科学的全部内容。历史地看，19 世纪以来的科学研究活动，正在经历着由个人的事业向社会的事业转变过程，科学的体制化和科学家角色的职业化是这种变化的最重要特征，科学事业成为一种特殊的社会建制。从个人探索的"小科学"向群体协作的"大科学"的转变，意味着追求真理，建立知识体系不再是科学的唯一目标，而是一个具有多元价值取向的领域。当真理性和有效性同时成为它追求的目标时，科学研究本身就会越来越多地受到社会价值观的制约，尤其当科学研究领域成为一种国家支持的事业时，它的研究领域和发展目标在很大程度上会与国家的目标和利益联系在一起，譬如，国家财政的支持，固定的完成期限，研究成果按照社会价值体系的标准进行评价等等。

既然我们把科学发现和技术发明看成是一种区别于其他社会活动的独特领域，并用"科技"一词来表征它，那么，在讨论这一领域的伦理问题时用"科技伦理"一词也就在情理之中。问题是，人们在讨论"科技伦理"时，常常用技术中的伦理来说明整个"科技"领域中的伦理，常常导致两方面的问题：一是由对技术的规范变成了对整个"科技"领域的规范；二是使人产生误解，即伦理问题都源于技术领域中，科学领域，尤其是"价值中性"的基础科学领域并不存在伦理问题。由此可见，区分技术的伦理与科学的伦理是十分必要的。

技术领域中的伦理问题是显而易见的。核伦理、计算机伦理、生命伦理、生态伦理、工程伦理都是它关注的内容。科学中的伦理问题虽不像技术伦理问题那样明显，却也不是与伦理无涉。科学是什么？通俗地说，科学就是科学家所做的事（J·齐曼语）。这样的话，我们还能把作为道德主体的科学家的伦理责任排除在科学伦理之外吗？离开了科学家的科学又是什么？事实上，科学家的伦理责任是科学伦理的一个重要部分。这一点，科学家比别人更清楚，因为，最先注意到科学家伦理责任的人正是科学家本人。

罗素曾经说过："科学自它首次存在时，已对纯科学领域以外的事物发生了重大的影响。"这种影响可以是经济的，也可以是伦理的。当某个科学理论对主流的社会伦理范式产生冲击时，科学的伦理问题就会由潜而显。达尔文在创立他的"进化论"理论时，并没有想到会有如此震撼的社会效果。进化论带来的不仅仅是一个科学伦理问题，而是伦理的革命。当进化论用大量的科学事实证明了人类不是上帝的管家，而是猴子的表亲时，这是否又意味着把一种新的伦理关系引入到科学认识中来？当达尔文的表弟高尔顿把《物种起源》中的遗传观念用于人类智力的遗传研究创立优生学时，同样也带来了一个棘手的伦理问题。生物学家贝特生说得直率："哲学家宣布人人生而平等。生物学家却知道这句话是不正确的。无论测量人的体力或智力，我们都发现有极端的差别。""遗传学研究的结果说明，人类社会，如果愿意的话，是可以控制自己的成分的。"结果，种族主义者和纳粹分子在这里找到了大屠杀的理论依据。1924 年美国通过移民限制法，理由是移民"在生物学上是低等人"。30 年代美国 31 个州根据优生学家的建议通过了强制绝育措施，对象是"身心缺陷者"、"性反常者"、"瘾君子"、"酒鬼"。有趣的是，美国科学院在 1972 年仍然通过了一项关于智力差异具有遗传基础的声明。当理性、意志和智力能力成为道德关怀的基本标准时，当社会对科学充满了依赖之情时，这些遗传学的理论所起的作用是可想而知的。现在，（动物）社会生物学的研究已经获得大量成果。研究者认为，动物界所得出的结论适用于各个社会物种，人类也不例外。这是否意味着能够用"自然选择"来解释人类社会？

看来，纯粹的科学领域并不像我们通常想象的那样与伦理无涉。同技术一样，科学本身也蕴含着伦理，只不过表现形式不同。

在弄清了科学也蕴含伦理后，我们可以明确地说：无论我们对科学技术的功能和目的持什么样的看法，无论我们对科学技术已有的功过是非持什么样的评价，只要我们的价值世界中还有善恶之辨，只要我们对未来还有人道性的追求，那么我们心目中科学技术合乎人性的功能与目标就应该是达善避恶。①

如果我们承认科学技术是人的社会活动，那么，这种活动就必须符合大多数人的利益，必须受到社会规范的约束，因此，科技伦理关注人们在从事科学技术活动或将科学技术运用于社会时所产生的一切善恶问题，它的首要任务是为科技活动中的人确立一套行动的道德准则，这套准则包含了科技工作者及其共同体应恪守的价值观念、社会责任和行为规范。这样一来，科技伦理就至少要涉及科技活动中的社会道德规范、科技成果运用中的道德规范和技术决策中的社会责任三个方面。

二、科学活动中的伦理

科学知识作为人类知识的典范，不仅需要有效的研究方法，而且也需要科学家认真、严谨、求实的工作态度，科学知识的获取和交流都是以科学家的诚信为基础的。

今天的科学，成为一种体制化的操作系统。它除了有明确价值目标和信念外，还必须要有一套有效率的规范制度和完备的组织体系以保障目标的实现。科学社会学家的研究已经揭示，科学活动的有序和高效的运行源于科学内部严格的规范机制和奖励机制的作用。

从外部来看，科学活动的规范机制保证了科学知识生产的严谨和可靠性。而在科学活动的内部，人们普遍遵循着一种被罗伯特·默顿称之为"精神气质"的研究规范，即普遍性、公有性、无私利性、有条理的怀疑精神，这种只有科学工作者才拥有的独特"精神气质"不仅是对科学家价值观和行为规范的约束，也使得科学研究成为一种特殊的社会建制。

一般认为，这种"精神气质"规定了科学工作者应该做什么和不应该做什么，在这种意义上，它也是一种伦理规范。这意味着科学工作者必须崇高、严谨、诚信，任何个人偏见和越轨行为都会受到严厉的道义或制度性制

---

① 肖峰：《从元伦理看科技的善恶》，载《自然辩证法研究》2006年第4期，第14—17页。

裁。例如,公有性要求研究者承认和尊重他人的研究成果,即使是在对待自己的研究成果时也必须保持客观公正的态度,并将研究成果与科学共同体中的成员共同分享;而无私利性更是明确的道德规范,它要求研究者动机要纯洁,不应把对个人荣誉、地位和财富的追求掺入到科学研究之中,更不能把科学研究作为谋取私利的阶梯。无私利性绝非是对于科学家从事科研活动动机的规定。相反,它是从科学追求真理的本质出发,对科学工作者的制度性设计。

然而,科学工作者是人,他们也有人性弱点。正如在任何社会制度中间都会存在越轨和失范行为一样,科学活动也无法避免。在科学发展的历程中,由优先权争夺所引起的剽窃、作伪、恶意中伤,甚至借助权力来压制和迫害竞争对手的事件并不少见。大科学家如牛顿与莱布尼兹关于微积分发现优先权的争夺,表明即使是杰出科学家也不能完全置身于名利之外。

今天科学活动已经进入到了后学院时代,然而,为什么后学院时代的不端和越轨行为会频繁发生?仅从奖励机制难以得到合理的说明。的确,奖励机制使那些做出了贡献的科学工作者能够获得相应的社会承认,即同等的认可、拥有学术地位和良好的社会名声等等,但自近代以来,这种奖励的传统并未发生改变,在逻辑上它不应发生数量和性质的根本变化。不过,当我们将科学活动看作社会实践时,便会发现,20世纪的科学专业发展的不断细化,内部分工越来越细致,科学共同体的分化也越来越明显,对于科学交流和科学评价的难度也在不断增加。另一方面,科研活动日益成为一种耗资庞大的组织事业,单凭科学共同体越来越无力承担,政府、企业对于科研活动的支持,使得科学作为一种相对独立的社会制度不得不与其他制度结合。更重要的是,科学成果的广泛应用使科学也从中得到好处,科学、技术与社会的一体化趋势都在不断得到加强,从而使科学工作者明白自己能从研究中获得利益。从轰动一时的冷核聚变、巴尔的摩事件到近几年发生的黄禹锡事件,再到我国的汉芯事件,都无不说明了科学道德规范的重要性。

所有这些都表明,后学院时代的科学活动较传统科学已经发生了巨大的变化,今天科学活动常常会受到来自社会的现实压力,政府的支持和巨大资金投入,民众不切实际的崇拜,科学家作为技术官僚的寻租倾向,常常会助长科技工作者的不端或越轨行为,因此,今天在科学共同体中倡导学术诚信，自觉抑制不端行为，已经成为推动科学事业健康发展的重要步骤。

三、科研成果运用中的伦理

就伦理的层面而言，科学技术的善恶必然是通过其成果的运用来实现，一项研究成果，若是在运用中为人类谋得福利，它就是善的；相反，就是恶的。当今科学技术在生态环境、核威胁、能源、人口等方面造成的负面效应，其实正是其恶的一面的反映，据此，人们称科学技术是一柄双刃剑并不无道理。如何运用道德的力量最大限度地减少或消除这种"负面效应"已经成为今天科技成果运用中不可回避的重大问题。

科技成果运用中的伦理问题由于其应用广泛而形成了专业伦理，学界通常将其划分成多个领域，如核伦理、网络伦理、生命伦理、生态伦理和工程伦理等等。限于篇幅，我们将主要讨论网络技术和生物技术这两大先导性的技术所引发的若干伦理问题。

（一）网络时代的伦理

网络技术产生于 20 世纪 60 年代。经过短短的三十年时间，网络已经扩展到全球范围，成为与我们生活密切相关的互联网（Internet）。仅在我国，经常性上网人数就超过 2 亿。

网络的出现，为人类提供了文明史上最为方便的交流传播途径，扩大了个人交往的范围。网络的发展，也带来了经济增长模式的变革，使信息主导的知识经济成为可能。进入 20 世纪 90 年代以后，网络经济迅速发展，世界各国都开始重视发展与网络、信息相关的产业。此外，网络的普及，也推动着社会文明不断进步。网络的开放性、多元性和包容性，促进了信息交流，扩大了各种资源共享，使得平等、自由的大众参与成为可能。同时，网络的发展催生了"虚拟空间"的出现，虚拟空间为个人提供了不需要太多成本和限制的展现平台，个性的充分张扬，以及获得理解和认同的机会大大增加。

作为一种技术性的工具，互联网已经超越了单一的技术型特性，它构筑了一种全新的实质生活方式，这种被称之为"数字化"的生活方式，改变了人们的思维方式和行为模式，从而也引发了一系列的伦理道德问题。一方面，网络为我们提供了大量的信息资源，使我们能够便捷地获取知识，但另一方面，许多资源是未经作者同意的，产生了很多网络侵权和盗版行为。一方面，网络使我们的交流沟通变得迅速和方便，但是，虚拟空间交流中的非实名化，也使得网上充满了欺诈陷阱。一方面，网络使我们的生活更加方便，但是，网络安全的脆弱性，黑客的横行，使得我们的隐私、财产等权利都受到极大威胁。网络已经成为我们生活中间不可分割的一部分，但是，网络发展所带来的负面效应却必须引起我们的高度重视，必须思考网络发展所导致的伦理道德问题，建立一种能够克服危机的伦理道德规范。这种规范，不是仅仅针对网络的负面效应而制定的限制性规范，而是要看到网络已经作为与人类生活息息相关的现实存在，看到它为人类文明进步所作出的巨大贡献，从正反两个方面来建立一种网络伦理道德规范。

　　针对网络引起的问题，美国计算机伦理协会曾制定"计算机十诫"：1、你不应该用计算机去伤害别人；2、你不应该干扰别人的计算机工作；3、你不应该窥探别人的文件；4、你不应该用计算机进行偷窃；5、你不应该用计算机作伪证；6、你不应该使用或拷贝你没有付钱的软件；7、你不应该未经许可使用别人的计算机资源；8、你不应该盗用别人的智力成果；9、你应该考虑你所编的程序的社会后果；10、你应该以深思熟虑和慎重的方式来使用计算机。[①]

　　我国学者针对网络引发的伦理问题，也提出了相应的网络伦理基本原则，如无害原则、行善原则、公正原则、自主原则和知情同意原则。[②] 还有学者依据这些原则提出了更具体的网络伦理规范：1、继承现实社会伦理道德内在精神；2、构建网络伦理道德底线；3、遵守相关法律；4、理解"能"与"不能"的辩证关系；5、明确伦理道德责任主体；6、维护网络信息的真实性；7、确保网络信息资源的高效流动和充分利用；8、在知识产权与信息共享的中间搭起桥梁，最大可能实现资源共享；9、尊重涉及网络的传统；10、国家政府网络行为也有伦理道德规范；11、普遍性网络伦理。[③]

（二）转基因作物和转基因食品的伦理冲突

　　转基因作物和转基因食品是目前生物技术最活跃的领域之一。由于人类

---

①　黄寰：《网络伦理危机及对策》，科学出版社 2003 年版，第 221 页。

②　曾国屏等：《赛博空间的哲学探索》，清华大学出版社 2002 年版，第 163—164 页。

③　黄寰：《网络伦理危机及对策》，科学出版社 2003 年版，第 214—220 页。

所面临的人口膨胀、粮食短缺、土地资源日益减少、环境恶化等共同问题，利用生物技术来缓解上述问题被人们寄予厚望，而转基因作物和转基因食品最被看好。转基因产品最明显的优点就是可提高产品的质量和产量，降低生产成本，生产出具有优良性能的产品，并且可以提高土地利用率。

转基因作物就是应用现代基因工程的手段改造野生物种的遗传物质——基因，使其获得新的优良性状，如抗病、抗虫、耐旱、耐盐碱等。地球上的生物是经过长期自然选择进化来的，其形成是一个自然的过程；转基因作物用人为的手段对生物的遗传信息进行改变，其形成是一个急剧的进化过程。这种人为的进化手段究竟会对生态环境和人类健康造成哪些潜在风险和危害，人们了解的还很少。因为生命本质上是不可预测的，我们不能完全预料我们在这个领域进行某种活动时将会产生什么后果，有些危害是要经过很长时间才能看出来的。因此转基因作物和转基因食品引起了研究人员、环保人士、社会学家的广泛质疑和争议。转基因作物和转基因食品的风险主要包括对生态环境的潜在危害和食品安全性两个方面。

就生态危害而言，反对者认为，转基因作物在自然生态条件下有可能和周围生长的近缘野生种发生天然杂交，从而将自身的基因转入野生种。如果所转基因是抗除草剂基因，就会使野生杂草获得抗性，这将会带来灾难性的后果，就可能出现人们所熟知的抗数种除草剂的"超级杂草"。[①] 通常转基因生物比野生物种更具有生存优势，研究者担心，如果转基因生物大规模释放到自然环境中，将可能造成无法弥补的生态灾难，包括基因扩散、生长失控、危害其他生物、物种异化和产生病毒等。[②] 比如，被植入人类生长激素的三文鱼，要比普通的三文鱼大3倍以上，并且生长速度更快；人们将黑樱桃树从德国移到北美，就灭绝了当地原有的樱桃树；将尼罗河鲈鱼放到非洲的维多利亚湖中，使得湖中原有的鲈鱼大大减少。生态学家们担心，有生存优势的转基因生物会在"物竞天择、汰弱留强"的进化过程中淘汰自然界原有的物种。由此，生态的自然规律被搅乱、生态平衡被打破、生物多样性遭到破坏。

①　钱迎倩、马克平：《生物技术与生物安全》，载《自然资源学报》1995年第10期。
②　钱迎倩等：《转基因作物在生产中的应用及某些潜在问题》，载《应用与环境生物学报》1999年第5期。

由转基因作物生产的转基因食品也包含了新的、非天然的遗传物质——基因。这些基因可以使转基因作物获得优良的性状，但当这些基因通过食物进入人体后，究竟会产生什么后果，人们了解得还很少，因为人类食用转基因食品的历史本来就很短。1999 年 5 月《自然》杂志刊登了一篇论文，引起世人的震惊。① 研究人员把抗虫害转基因玉米的花粉撒在苦苣菜叶上，然后让蝴蝶幼虫啃食这些菜叶。4 天之后，有 44％ 的幼虫死亡，活着的幼虫身体较小，而且无精打采。而另一组幼虫啃食撒有普通玉米花粉的菜叶，则未有出现死亡率高或发育不良的现象。科学家认为，植入抗虫害基因使玉米能够产生杀伤害虫的物质，从而具有抗虫害能力，但也因此而具有了毒性。这对生态环境造成不利的影响。

环境伦理学家、社会学家和环保组织从生态安全和公众利益的角度出发，对转基因作物和转基因食品持谨慎的态度。他们通过各种研究资料向公众宣传转基因产品的危害性，鼓动政府通过限制转基因产品的法案。而支持转基因产品的力量则指责反对者通过不实的数据夸大了转基因产品的风险、误导消费者、忽视转基因产品给解决粮食匮乏和贫困人口带来的好处。这场支持和反对的争论，不仅仅是局限于伦理学范畴内的观点之争，而是涉及社会伦理和现实利益的博弈。转基因作物和转基因食品为参与的国家、商业机构、研究机构和研究人员带来实实在在的经济利益，这些经济利益团体总是极力宣传转基因产品的安全性，以使消费者接受。而另外一些没有从转基因产品中获得利益的力量也是千方百计地限制、抵制转基因产品，甚至夸大其风险。

由此可以看到，这场争论仍会持续下去，但争论将不再仅仅限于伦理安全范畴。

（三）克隆技术的伦理问题

在现代技术带来的伦理问题中，没有哪一项会比克隆技术的问题更多了。自 1997 年首例无性繁殖的高等生物"多莉"羊在英国诞生以来，无性繁殖技术终于从实验室里走进了公众的视野中。"多莉"羊的诞生，意味着无性繁殖技术用于人类繁殖，即在实验中造出"克隆人"也不再是科幻小

---

① JE Losey, LS Rayor, ME Carter: Transgenic pollen harms monarch larvae. Nature, 1999 (399): 2141

说中的离奇想法，而是存在确实的可能性。人们担心，如果将克隆技术应用到人身上，那将会给人类社会带来怎样的影响。

人们对克隆技术的担心不是多余的，诺贝尔和平奖获得者、英国科学家罗特布拉把克隆技术的突破与制造原子弹相提并论，把克隆技术归于"比核武器更容易获取的大规模破坏手段"。一旦克隆技术被一些非法目的的团体或个人所掌握，并用于大量制造克隆人，那么对人类社会的人身安全、财产安全、家庭和社会关系会引起怎样的冲击和破坏，人们简直难以想象。

迄今为止，大多数科学家和伦理学家对克隆人持否定态度，许多国家的政府都明确表示反对和禁止有关克隆人的实验。克隆人一直遭到全世界绝大多数人反对的原因主要有以下几个方面：

克隆技术还不成熟，克隆人可能有很多先天性生理缺陷，涉及健康安全；

克隆人的身份难以认定，他们与被克隆者之间的关系无法纳入现有的伦理体系；

人类繁殖后代的过程不再需要两性共同参与，将对现有的社会伦理关系、家庭结构造成难以承受的巨大冲击；

克隆技术有可能被滥用，成为恐怖分子的工具，威胁到人类的生存；

从生物多样性上来说，大量基因结构完全相同的克隆人，可能诱发新型疾病的广泛传播，对人类的生存不利；

克隆人可能因自己的特殊身份而产生心理缺陷，形成新的社会问题。

尽管大多数的科学家和社会学家反对克隆人，但有些科学家也持赞成态度。如美国科学家卡尔松认为，克隆人能够改善健康、发展智力和提高人类的社会责任感。麻省理工学院教授布洛克认为克隆人绝对是科学上了不起的进步，克隆技术必将创造 21 世纪的辉煌。[1] 有人认为，克隆技术不成熟不能成为反对克隆人的理由，克隆人在家庭伦理关系上存在着不易定位的问题，但在家庭自由选择下、医务人员严格遵守伦理原则下，克隆人的社会问题可以解决。[2]

---

[1] 徐宗良：《伦理思考：克隆人技术与人的生命》，载《医学与哲学》2002 年第 9 期。
[2] 王延光：《生命伦理与生物技术及生物安全研讨会会议纪要》，载《医学与哲学》2001 年第 7 期。

在关于克隆技术和克隆人的伦理、安全的争议声中，也包含着利益团体和个人的利益诉求。克隆技术的一个明显好处是可以使那些无法生育或者不愿通过有性繁殖获得后代的人很容易得到后代，这里面隐含着一个巨大的市场经济利益，这使得很多利益团体和个人，出于自身的利益考虑，积极推动探索克隆人的研究，因而充满着社会伦理和经济利益的较量。

虽然目前对社会伦理安全的考虑占了上风，但谁也不能保证，在一些私人资助的实验室里，随着克隆技术的进步，克隆人不会从实验室里跑出来。毕竟，通过发展克隆技术，那些商业力量可以从中得到可观的回报，他们不会充分考虑对社会伦理与安全的冲击。

（四）独占专利的伦理冲突

生物技术的发展由于受到商业利益的推动而加快了步伐，同时也使得商业机构得到可观的回报。商业力量获得回报的基本途径之一就是申请专利，通过专利使其独享科研成果，从而保证其投资获得回报。然而，在生物技术发展过程中，对于哪些成果是可以授予专利的，哪些是属于公众共享资源、不应该授予专利的，有时存在着很大的争议，这其中最为明显的就是基因专利问题。

"嘉拿芬"之战是一例典型的基因专利相争事件。嘉拿芬是一种遗传性的儿童脑退化失调症，具有种族特异性，即这种疾病的基因只在特定的人群中才存在。迈阿密儿童医院的医生马达龙通过抽取患病儿童的血样和组织样本收集了这种疾病的基因资源，在 1993 年发现了嘉拿芬基因，并发明了一种诊断该疾病的遗传学检测试验。于是，马达龙所在的迈阿密儿童医院理所当然地申请了此项技术专利，并于 1997 年获得该基因的专利权。这意味着每个患者要进行嘉拿芬基因检测，医院除了要收取检测费用外，还要收取专利使用费。患者家属指控医院违反了知情同意权，基因是从他们的孩子身上获得的，他们有权处置。2000 年 10 月，美国芝加哥联邦法院受理此案。[①]它也成为美国第一个与基因专利有关的案件。

伴随着人类基因组研究的不断深入，基因资源的专利已成为近年来国际社会的一个重大的伦理问题。近年来，约有 1500 个已被分离和确认并申请

---

① 葛飞鹰：《基因壁垒》，载《中国科技信息》2002 年第 11 期，第 23—25 页。

了专利，全球仅5个公司就拥有全人类95%的基因专利。随着越来越多的人类基因被鉴定，基因专利的争夺将更加激烈。

对于基因能不能授予专利的问题存在广泛争议。反对基因专利的理由主要是以伦理道德为根基，以道义的力量为支撑，强调科学研究的前提应以全人类的共同利益与共同进步为航标、造福全人类。而赞同基因技术专利保护的立足点是定位在维护产业利益和鼓励促进展开研究的基础上，赞成的理由是立足于现实经济利益和经济秩序，对科学研究带来的巨大利益进行平衡和分配。由此不难看出，在这场关于基因专利的纷争中，充满了社会伦理道德和商业利益力量的较量。

四、科技工作者的社会责任

在公众的心目中，科学研究是一项崇高而又纯粹的事业。科技工作者的任务就是公正、客观地寻求知识、发现真理。然而，20世纪包括原子弹在内的众多大规模杀伤性武器的出现和使用打破了人们对科学的美好印象。在日本和纳粹德国，一些科学家甚至还投入到与种族屠杀、种族灭绝有关的所谓"科学研究"。这些问题的出现，迫使人们反思对科技工作者传统的社会定位，重新思考科技工作者的社会责任问题。

科学作为一种人的有意识的实践活动，是与社会紧密联系的。从现代科学技术的发展来看，科技工作者已经不是单纯的知识生产者。现代科技的高度专业性和复杂性，使得科技成果应用的不确定性或风险性越来越大，这就必然要求科技工作者在研究过程中必须考虑在应用上可能导致的后果，这也就意味着科技工作者需要承担相应的社会责任。然而，要求科技工作者承担由成果应用导致的社会责任是否过分？或者，承担的社会责任有多大？这涉及对科技工作者角色的社会定位问题。

（一）大科学时代的角色定位

在科学技术日益成为"第一生产力"的现代社会，人们对科学技术的依赖程度不断增加，社会对科学技术促进经济发展和社会进步的期望使得社会资源被大量地投入科技事业，而社会活动对科技的依赖也使科学工作者的社会地位和社会责任大大提升。另一方面，科学组织和研究过程的日益的系统化和复杂化，使得潜在的风险不断加大。因此，今天社会对科技工作者的评价不再只是是否把工作做好了，而是是否做了好的工作。社会评价标准的变化必然会促使科技工作者的社会责任大大加强，由此导致科技工作者的社会角色定位发生变化。

首先，科技工作者是知识和技能生产者，这是科学技术的本质特征所要求的。在知识生产过程中，科技工作者必然遵循基本的研究规范。其次，科技工作者是科技成果应用的指导者。科技成果的高度专业性使得专家指导变得极其重要，对于科技成果可能出现的问题和风险，局外人很难把握，只能依赖专家，由于专家能够从纯粹技术视角去发现问题，因而能提供更为恰当的解决方案。第三，科技工作者是技术和社会工程的决策者。科学技术如何才能促进经济发展和社会进步，社会如何才能使科学技术的应用产生最佳效果，一旦涉及具体领域或产业，只有技术专家才能弄清楚，在多大程度上能够解决问题也取决于技术专家。在大型的工程技术领域，如水利工程、大飞机工程、高速铁路等等从决策到实施都要依赖技术专家。尤其是科学共同体中的权威科技工作者，在决定科技与社会资源分配、大型工程项目等问题方面拥有决策权，因而社会责任更大。

总之，今天的科技工作者已不再是书斋里的学者，而是推动社会进步的主导者，因而具有不可回避的社会责任。今天的伦理学即是正义的伦理，也是责任的伦理。按照今天的伦理评价，一位称职的科技工作者，不仅要恪守职业道德，还必须承担职业所赋予的社会责任。

（二）科技资源的分配正义

科技资源是科技活动的物质基础，它是创造科技成果，推动整个经济和社会发展的要素的集合。就其内容而言，科技资源包括科技财力资源、科技人力资源、科技物力资源、科技信息资源四个方面。它们在科技活动过程中都是必不可少的基本要素，它们的数量和质量将最终决定一个国家的科技发展水平，进而影响经济社会及其发展。[①]

任何一个国家，无论其是否发达，科技资源总是有限的。有限的科技资源如何运用才能获得最佳的效果，是世界各国高度重视的问题。当我们从伦理的立场来看待科技资源的分配时，常常会发现一些非理性因素影响到科技

---

① 周寄中主编：《科技资源论》，陕西人民教育出版社1999年版，第107—108页。

资源的合理分配，从而导致非正义的情况。

有关科技资源在科学共同体内部如何公正、合理地分配问题，早已有"马太效应"的说法。科学活动中的"马太效应"使得较早在科学发现中做出重大贡献的科学家会占据科学共同体内部的最高等级，获得最有益的科技资源，并掌握着科学共同体内部的资源分配的权力。因此，科技资源的分配常常要受到科学以外的众多因素的影响。如掌握着资源分配权力的科学家往往会因为个人的好恶、种族、国籍、性别以及同一学科中不同学派之间形成的门户之见，从而影响科技资源的分配。

在大科学时代，科技工作者不仅要面对科学活动中间的"马太效应"，还要面对随着科学越来越政策化、效用化而来的新的科技资源以及利益分配的不公情况。而且，这种分配不公不仅表现在科学共同体内部，也表现在不同利益驱动下的科学研究与社会大众层面的冲突。比如，科技工作者为了获得更多的研究资金、研究条件，或者是为了满足自己的一己私利，或者是受权力等因素的影响，可能会选择有利于自身最大限度获得科技资源的研究方法得出研究结论。然而，这些研究成果由于受到上述因素的影响，也许并不能真正解决问题，甚至还会掩盖或激发出新的问题。在一些关乎国家或人民切身利益的研究方面，这种科技资源分配方式的危害就更为巨大。

科学活动中的"马太效应"表明，要实现科技资源在科学共同体内部完全公正、平均地分配，不仅不可能，同时也是忽视科学活动的基本特征，完全脱离实际的。我们只能通过建立一些科技资源分配的合理措施，来减少在科技资源分配中间不公正和不平等分配的现象。这些措施主要有：一是科技工作者要尽量遵守基本的科研伦理规范，尽量减少个人因素在面对科学活动和科技成果评价时占到的比重；二是要承认科技工作者正当合理的利益诉求和资源分配要求；三是要不断完善科技评价体系，建立一个对科技研究活动能给予较为全面、公允认识的评价标准；四是要改革科技管理的模式，尽量使科技工作者自身能在科技组织、科研活动中发挥更大作用，减少外界因素的不合理干预和影响；五是要建立一个更为广泛的科学交流机制，使科技工作者的工作能超出共同体之外得到认识和评价，从而获得一种有着广泛参与和认同的科技资源分配模式。

（三）决策中的责任确定

大科学时代的科学研究受研究对象和研究手段的影响，科学的组织规模在不断扩大，组织的集体化趋势不断加大，系统化和复杂性的程度在不断加深。这就使得科技活动的成本在不断加大加深，科技与政治、经济的关系越来越密切。同时，大科学时代的科学技术，由于规模庞大，耗时耗资的巨大，使得对于科技成果的认识和评价都相对滞后和隐蔽，科技成果所蕴涵的风险在不断加大。因此，大科学时代，越来越重视科技决策的重要性。对一个科研项目进行研究的可行性分析和论证，对于其可能导致的后果的风险评估，都成为科技决策所应考虑的重要问题。成功的决策，会产生巨大的经济社会效益。比如，20 世纪 60 年代，美国政府经过论证而后实施的"阿波罗登月计划"。工程历时 11 年，耗资 255 亿美元。包括大学、企业和各类研究机构共有超过 30 万人参与。该计划的成功，不仅极大地推动了美国航天科技的发展，也带动了其他相关产业的发展，20 世纪后期在美国开始的经济转型，也从中受益颇多。

当然，决策的不当常常导致重大的损失，世界各国均有教训。如我国的三门峡水库，在设计规划和相关论证方面，主要不是从科技发展的客观规律出发，而是受当时政治气氛的影响，完全听从苏联专家的设计方案。结果是，一项本来是造福于民的重大科技建设，到后来演变成为对生态环境造成巨大破坏，成为威胁到水库周边居民生命财产安全的重大隐患。[①]

大科学时代的科学研究对有效性的追求，导致其不得不受到来自外部（如给予其资助的政府和企业）的影响。这种研究模式下的科研活动，科学研究有时会出现与社会价值观念和伦理准则相背的情形，于是便有了当今的科学研究，究竟是为全人类的福利还是为了国家的利益或少数人的利益的讨论。

在面对这类问题时科技工作者应该如何行动？显然，把科技工作者放在责任之外是不恰当的。在大科学时代的科技工作者需要承担科技决策的责任。一方面是因为科技成果的应用后果越来越难以预料和控制；另一方面，

---

① 包和平、曹南燕：《"规划"的失误及其对三门峡工程的影响》，载《自然辩证法研究》2005 年第 9 期。

科技与政治、经济的关系日益紧密，科技工作者也不再单纯是知识生产者的角色，而是受制于许多因素制约和支配的社会参与者。在科技决策的制定和出台过程中，科技工作者的角色越来越重要，影响力越来越大。例如原子弹研制过程中，爱因斯坦一直是积极的倡议者和支持者，但在看到原子弹的巨大破坏力以后却深感不安。科技工作者作为科技活动的主体，作为科学知识的生产者和直接拥有人，在对于科技应用的后果认识和把握方面，有着比一般民众和政治家、企业家深刻的认识和预见力。因此，如果一项科技决策最终失败，并造成严重后果，参与决策制定的科技工作者是难脱其咎的。

综上所述，我们必须明确，科技工作者不能回避其在科技决策中所应承担的伦理责任，然而，如何来承担或究竟应该承担多大的责任，则需要依具体场景和相关的标准来衡量。要有效地解决这一问题，则可以依决策和实施两个环节上科技工作者的认识程度和实际参与程度来界定其责任。如果一位科技工作者参与了从决策制定到执行的所有过程，并在其中发挥了重要影响，那么，对于决策的后果，他就要承担直接的责任。但是，如果他仅仅只是在决策执行过程中间参与进来，并且没有担负重要的科研领导任务，其所承担的责任相应的会减少，但这并不能使其免责。相反，如果参与的科技活动是直接违反人类基本的生存底线和伦理价值尊严，即便没有参与决策的制定，仍然要担负不可推卸的责任。在第二次世界大战中间，许多德国科学家从参与了犹太人的种族灭绝计划，研究如何利用科技来更有效地提高杀人效率。这些科学家和工程师，绝大多数都没有参与计划的制定，在他们看来，他们也是按照科学本身的规范出发来研究和解决问题，因此，他们不应对此事负责。但是，这些科学家和工程师并没有认识到他们所信奉的科技理性，以及在此指导下的科技活动，是与人类的根本价值观完全背离的。因此，他们无法脱离相应的责任承担。

责任伦理的建立是对科技工作者良知的重大考验，一位称职的科技工作者不仅要以追求真理为己任，更应深深地关怀人类命运，始终把增进人类的福祉作为奋斗的目标。

第 十 二 章

人的发展：科技发展与社会发展的统一

人的发展是人类生存的永恒主题，现代科学技术的发展与人的发展在本质上是一致的。马克思主义认为，自然界是一切事物的本源，人类是从自然界中分化出来并依存于自然界而生存；人的发展，是在人与自然和人与社会的不断相互作用中获得普遍联系和永恒发展的。人类对自然界的认识产生了科学，对自然界的改造产生了技术，正是科学技术展开了人的可能性空间，人类才有可能从根本上改善自己的生存境遇、潜能发挥和实现途径。同时，人与自然的关系又是在人与社会的关系之中展开的，人类社会的发展中不仅产生了自然科学技术，也产生了人文社会科学，不仅产生了科技文化，也产生了人文文化。随着时代的进一步发展，需要科技文化与人文文化的交融，呼唤着人的自由而全面的发展。

第一节 科学技术与当代社会

科学技术对社会发展有着重要的作用，成为决定现代社会特点和走向的决定性力量，成为人类社会变迁的根源之一，也成为国家和民族兴盛的关键。科技革命对社会发展的影响包括对生产方式、生活方式、交往方式、思维方式的影响。

一、科学技术推动生产方式的变革

生产方式是历史唯物主义的一个重要范畴。按照马克思的唯物史观的两大基本原理：生产力决定生产关系，经济基础决定上层建筑。生产方式是决定社会生活的基本力量。科学技术的发展对人与人的联合体—社会的影响，首先在于对生产方式的影响。随着科学技术的进步，生产方式从低级到高级，从落后到先进的不断演进。

（一）生产方式的内涵

按照马克思的理解，生产方式是生产的物质要素和生产的社会形式或者说是生产力和生产关系不可分割的统一体。

马克思在阐述相对剩余价值生产问题时说：劳动者"不改变他的劳动资料或他的劳动方法，或不同时改变这二者，就不能把劳动生产力提高一倍。因此，他的劳动条件，也就是他的生产方式，从而劳动过程本身，必须发生革命。"① 因此，每一次技术革命必将引起一次生产的技术方式方面的革命。例如，第一次技术革命实现生产方式的机械化，第二次技术革命实现了生产方式的电气化，第三次技术革命实现了生产方式的自动化……这里所谓的生产方式均指生产的技术方式。生产的社会形式，也就是制约或影响社会生产的各种生产关系或经济制度。马克思曾说："大体来说，亚细亚的、古代的、封建的和现代资产阶级的生产方式可以看作是经济的社会形态演进的几个时代。"②

（二）科学技术对生产力的决定性影响

科学技术使得劳动者、生产工具和劳动对象这三个生产力的基本方面发生了巨大变革。

劳动者素质的提高。生产是一种有目的、有意识的活动。通过科技教育，提高劳动者的科学技术水平和劳动技能，是发展社会生产力的重要途径。劳动生产率提高的速度越快，劳动力转移的速度也越快。科技进步将使蓝领减少，白领增多。

生产工具的改进。生产工具既是生产力发展程度的重要标志，又是科学技术发展水平的显示器。生产工具的重大变革，常常带来社会生产力的飞跃。蒸汽机和电动机的出现，放大了人的体能，带来了经济的飞速发展；电

---

① 《马克思恩格斯全集》第 23 卷，1972 年版，第 350 页。
② 《马克思恩格斯选集》第 2 卷，1995 年版，第 33 页。

子计算机的出现，部分取代并增强了人脑的功能，使人们得以摆脱大量繁重点重复的脑力劳动，有更多的时间从事创造性工作。生产工具是人制造的，是人类智慧的物化。人们运用科学原理，通过技术发明，物化为现代化的机器设备。

劳动对象随着科学技术的发展而不断被开拓出来。现代科学技术不仅使人类利用新的自然资源，而且开发已有资源的新用途，把一些废料重新投入到物质循环中去。现代科技还研制出自然界未曾有过的新物质品种，如新型人造材料、合成材料和复合材料，形成新的劳动对象。科学技术扩大了人类劳动的对象范围，扩大了人类对自然资源的利用。

（三）科学技术对生产关系的变革

科学技术不仅是生产力中最活跃的因素，而且对生产关系的变革产生巨大影响。

产业结构的显著变化。在社会生产和再生产过程中，体力劳动和物质资源的投入相对减少，脑力劳动和科学的投入相对增大。高新技术革命的兴起，激光、光导纤维、生物工程、新能源等新兴的"朝阳"工业蒸蒸日上；以微电子技术为基础的信息产业发展尤快。这也导致就业结构的变化。技术上的重大突破，极大地刺激了新的需求，推动新产业的形成和发展。技术进步使资源消耗强度降低，可替代资源增加，也将改变需求结构，使产业结构发生变化。科技密集型产业中产业结构的比重越来越大。

劳动方式的变化。科技进步，脑力劳动逐渐代替体力劳动。与用脑生产相适的应当是"知识"替代"劳动"。比如制药业中，在药品的成本中，劳动力的成本只占15%，而知识投入要占成本的50%。

社会管理的科学化。资本家把科学技术与管理称作工业的两条腿。随着科技进步和劳动工具的变革，对企业的管理要求越来越高。19世纪末、20世纪初伴随新的科技革命，企业管理的方向是标准化、专业化、同步化、集中化、大型化和集权化的发展。二战之后，运用现代科技成果和技术手段实现了管理组织的现代化、管理方法的现代化和管理手段的现代化。

从马克思的"科学技术是生产力"到邓小平关于"科学技术是第一生产力"以及"三个代表"、"科学发展观"的论断，刻画了马克思主义哲学随着科学技术不断发展的脉络。科技进步既推动了生产力的发展，又推动了生产关系的变革，作为生产力与生产关系统一体的生产方式，必然随着科技的发展而改变自己的形式。马克思说过，生产方式的变革，在工场手工业中以劳动力为起点，在大工业中以劳动资料为起点。那么，在当代产业结构中则以科学技术为起点。

（四）生产方式由工业化向知识化的转变

现代科学技术的发展对生产方式的深刻影响在于促进生产方式从工业化向知识化的转变。

工业化生产方式是从大机器生产开始的。大批量、高度专业化以及以体力劳动为主是它的主要特点。随着科技进步，人们的需求越来越多样化、个性化、时尚化。使得知识化生产方式有以下一些特征：第一，不断的技术创新。为了适应日新月异的市场变化及人们多种多样的消费需求，企业必须不断地进行技术创新，研究开发新品种、新规格。因此，技术创新成为生产的主要任务。第二，灵活高效的生产系统。"固定流水线"生产难以适应瞬息万变的市场要求，根据客户的要求，迅速进行设计、生产、并按合同规定的期限保质保量地把产品送到客户手中。第三，生产人员以脑力劳动为主。在知识化生产中，由于新的生产思路、新的生产系统，新的生产单位，从而对人员组成提出新的要求，那就是必须以脑力劳动为主。简单的重复性的或危险性的体力劳动可交由机器人去完成。

知识化生产方式的核心是信息化或数字化。当代科技革命，不仅使生产方式信息化。生产技术方式的信息化包括两个层次：其一在于通过信息控制系统保证生产的正常运行，使既定的计划与任务顺利完成；其二在于从全球信息网络中及时取得有关技术进步及市场变化之信息，对生产活动不断创新。所以，为了企业的生存与发展，一个企业不仅要看到今天，还要看到明天，不仅要看到本地域，还要看到全国、全球；不仅要注重本行业，还要关注科学技术的走向，产业结构的变化以及整体经济发展趋势。

二、科学技术引发生活方式的变革

科学技术是改变人类生活的重要因素。使人的生活方式发生重要的改变，既改变了人类生活活动的形式，也改变了人类生活的行为特征。生活方式是人类社会生活的总形式或一定的社会生活结构，包括劳动生活、消费生活、社会生活（从家庭生活、社会交往到政治生活）和精神生活（如科学、艺术、宗教和道德生活）等方面。

（一）科技创造了生活方式

科学技术的进步创造了各种生活方式。正像马克思恩格斯所认为的"在社会生产的每一个时代，这些个人的一定的活动方式，表现他们生活的一定形式、他们的一定的生活方式。"① 迄今为止，人类已经经历的生活方式：渔猎时代的游动迁徙的生活方式、农业时代的自给自足的自然经济生活方式、工业时代商品经济生活方式以及现代生活方式。21 世纪高科技对生活方式的影响更是深刻的、普遍的、全面的。信息技术的发展使人走向"数字化生存"，生物技术的发展使人更加健康的生活等等。

科学技术的发展促进了工业革命的产生，工业化在许多国家实现。科学技术在生产中的广泛使用，使手工作坊式的小生产迅速发展为机器大生产，特别是机械化、电气化、自动化的发展，为社会生产提供了非常丰富的物质产品。工业产品的生产、分配、交换和消费通过市场进行，发育了巨大的商品和服务市场，形成商品经济的生活方式，即现代社会的生活方式，包括工作、生活节奏，以及消费和享受的方式。

人类生活方式的历史表明，人们生活活动的方式是由生产力和科学技术发展决定的。当科学技术和生产力发展到一个新水平时，一种生活方式发展为另一种新的生活方式。

（二）高科技引领新生活方式

21 世纪高新科学技术的发展，对生活方式的影响是深刻、普遍和全面的。计算机技术、生物技术、航天技术、原子核技术、新材料技术和新能源技术、海洋技术，等等的发展，改变了社会物质生产，提供许多知识含量高、质量好、品种多样化、符合人的需要的产品，丰富人类的物质生活和精神生活，引起教育和健康生活全方位的深刻变化。

第一，电子技术和信息技术的发展，人的"数字化生存"。计算机的开发和利用，正在改变着我们的生活。美国学者尼葛洛庞帝在《数字化生存》一书中认为，"信息 DNA"正在迅速取代工业经济时代的原子，成为人类生

---

① 《马克思恩格斯全集》第 3 卷，1960 年版，第 24 页。

活的交换物。移动电话、笔记本电脑、高清晰电视、数字相机等数字化产品，进入人类生活，成为日常生活用品。它改变着我们的学习方式、工作方式、娱乐方式。

现代计算机已经拥有多方面的功能，人们只需动一动手指，就能调动出大量信息，对信息进行阅读和处理，从而带来新生活。人们可以在家里办公，网上购物，学习。人们步入虚拟生活。信息技术的发展，使劳动形式改变，人的很多劳动被计算机取代，改变传统的劳动社会，这是一种新的生活方式——虚拟的生活方式。

第二，纳米技术成为改变人类生活的又一项决定性技术。"纳米"是一个长度单位，1 纳米等于 10 亿分之一米。纳米管的强度是钢的 100 倍，直径只有头发的 5 万分之一。现在生产这种微型机器的技术称为"纳米技术"。纳米可以制成在人体血管中运行的机器，能发现并分解血管壁上的胆固醇，能将剪下的草屑变成面包。因而，纳米技术可以治疗疾病、延缓衰老、清除有毒废料、增加食品供应，等等，它适用于医药保健、计算机、化学、环境保护和航天领域，不仅带来新产品，而且是提高产品质量的新技术。

第三，生物技术使人类更健康的生活。以生物技术的发展为主的各种高新技术的发展对人类生活方式的影响是深刻、普遍和全面的。

今后几十年中，我们的生活方式将发生比过去上千年还要深刻的变化：历史上将出现新型的农民和土地利用，食品和衣物将由室内的大型培养槽获得；人们可能得到自己详细的遗传读本，从而预知预测和计划自己未来的生活；通过对人的基因修饰，可以提高他们的性格、行为、智力和体格等方面的遗传素质。生物技术给世界提供了丰富的遗传工程植物和动物食品；由遗传学方法生产的能源和纤维，将推动商业贸易并建立一个"可再生"社会；奇妙的药物和基因治疗，使孩子们更健康，人类的疾病痛苦得以解除，人类的寿命进一步延长。

基因将取代化石燃料、金属和矿藏等，工业时代的原始资源将会得到更充分的利用。基因的破译，将解开人类生老病死问题，将解开一切病变的原因，它将带来一场全面的人类革命。生物技术给人类社会带来了一种新资源，一整套改造人类和自然的新技术，新的刺激贸易的商业保护形式，通过国际贸易市场在全球重新播种人工育种的产物。基因技术在生物生育、生育控制、治疗疾病、生产制药、环境保护、冶金采矿、生产能源等方面，正在为人类做更多的事情。

三、现代科技引发交往方式的变革

（一）交往方式

按照马克思的理解，交往包括了物质交往与精神交往。人们之间的社会关系之外并不存在人与自然的关系；离开人们的交往活动，社会生产活动无法进行。也就是说，社会生产只能在人们之间的交往过程中展开。而交往活动也是以生产活动不可缺少的环节而发生和发展的。生产和交往二者互为前提、互为媒介，共同构成完整的社会实践活动。

生产活动是人与自然之间物质、能量、信息的交换过程，交往活动则是人与人之间物质、能量、信息的交换过程。生产活动是以人为主体，通过一定的手段同作为客体的自然物相互作用的过程。交往活动则是人与人之间通过一定的手段互为主客体的相互作用过程。在交往活动中，作为主体和客体的人，可以是个体，也可以是某种共同体、集团、阶级或民族。随着社会分工的发展，生产活动分化为物质生产和精神生产，相应地，交往活动也分化为物质交往和精神交往。

按照马克思的历史唯物主义的观点，人类的交往方式的变革大体上经历了三个阶段。一是以人的依赖关系为基础或统治服从关系为基础的交往。二是建立在交换价值基础上的一切产品、能力和活动的私人之间的交往。三是自觉联合起来的自由人联合体的个人之间的交往。[①] 我们目前处在第二个阶段，也就是商品交换成为最普遍的物质交往形式的阶段。这个阶段又分为若干小的阶段，交往手段发生着一系列的变革。变革的一个表现就是交往手段从符号化向数字化的转化。

（二）交往方式从符号化转向数字化

人类社会的交往历史，不论在精神交往和物质交往中，交往手段的符号化倾向一直存在。由一系列可感知的符号单元组成的完整系统成为交往的中

---

① 参见《马克思恩格斯全集》第46卷（上），1979年版，第105页。

介手段，其中最主要的是语言符号系统。人类的发展，是从原始行为中提升出语言和符号系统，从而使思维在语言和符号所形成的思维空间中运行。思维一旦形成了自己的符号空间，从此才有了人类在思维空间中的各种创造，才有了想象空间、理性空间、逻辑空间、艺术空间等，思维才插上自己的翅膀，才有了想象力和创造力，才有了思维中的构想、幻想、随想，才形成了人类思维的巨大的爆炸式的发展，才有了人类迄今所具有的一切文明成果。因此，语言符号中介系统的形成，是人类现在一切创造的基础，卡西尔这样的思想家把人称之为"会使用符号的动物"。使用符号是人类中介系统的革命的产物。

交往手段的符号化过程，从最初的物物交换就已初见端倪。马克思说："在最原始的物物交换中，当两种商品互相交换时，每一种商品首先等于一个表现出它的交换价值的符号。"① 商品作为符号，象征着交换价值，用今天信息论的语言来说，交换价值实际上是以物质符号的形式所负荷的信息。因为，商品的这种符号功能，使在质上不同的产品在量上可以通约，从而可以让渡，这实际上是以符号为媒介，把质转化为量，——商品作为符号是具有信息量的东西。

当偶然的商品交换行为发展为经常的交换行为，体现交换价值的符号职能就固定在某种特殊商品上。这就是货币符号的产生。货币的发生意味着在交换者观念上对价值的抽象，"而在实际交换中，这种抽象又必须物化，象征化，通过某个符号而实现。"然而，"这种象征，这种交换价值的物质符号，是交换本身的产物，而不是一种先验地形成的观念的实现。"② 历史上，充当过货币符号的物质材料如白银、黄金、纸币等等，都是经过人们实践加工了的物质产品或想象中的观念产品，因而是以一系列的技术发明为基础的，没有冶炼技术、造纸印刷技术等等发明，作为交换媒介的各种符号手段也无从产生。

20 世纪以来，随着科学技术的迅猛发展，尤其是信息技术的出现，交往手段的变革发生了巨大的飞跃。这个飞跃的特征就是交往手段从符号化转

---

① 《马克思恩格斯全集》第 46 卷（上），1979 年版，第 86 页。
② 《马克思恩格斯全集》第 46 卷（上），1979 年版，第 88、89 页。

向数字化。交往手段的数字化技术的优点是速度快、灵活、准确可靠，而且几乎每一天都在降低成本。

信息技术革命对人们的精神交往活动的发展有积极的意义。互联网作为人们之间的精神交往手段，极大地扩大了人们的视野，有助于破除狭隘地域性观念，有助于世界各地人们的文化交流，为实现马克思提出的"由狭隘地域性的个人向世界历史性的个人的转变"提供了新的契机。

四、现代科技引发思维方式的变革

科学技术进步是引起人类思维方式变化的重要因素。现代科学技术的发展促进了人类思维方式的变革、新的思维方式的产生。

思维是对客观世界的主观反映和构建，恩格斯说："思维是能的一种形式，是脑的一种功能。"[①] 人的思维具有社会性，它是用语言思考、表达一种观念的过程，一定的思想形成的过程。思维方式是人的大脑思考问题的方式，大脑对信息进行加工的方式。人按照一定的方式思考，人的精神生产总是通过一定方式进行的。这就是思维方式的问题。人为了真实地反映客观世界的规律，其思维方式就需要尽可能地与客观世界的规律保持一致，因此，科学技术的每一次进步，人对自然规律的每一次深入认识，既是科学成果，也是思维方法的成果，都会对人的思维方式产生重要的影响。

人的思维方式是历史地形成和发展的，是一个历史性概念。恩格斯指出："思维过程本身是在一定的条件中生长起来的，它本身是一个自然过程。"[②] 生产力的发展和科学技术进步，与思维方式发展具有一致性。按照科学技术发展的历史轨迹，我们把占主导地位的思维方式发展分为四种主要形式：渔猎时代的直观思维、农业时代的形象思维、工业时代的逻辑思维（分析性思维）和后工业时代的非线性思维（整体性思维）。

（一）工业文明前的思维方式

远古时代，科技处于萌芽阶段，生产力水平很低，人类的生活和动物没有太大的区别。人类的思维与动物思维很相似，这是人类的原始思维阶段。

---

① 《马克思恩格斯选集》第3卷，1995年版，第704页。
② 《马克思恩格斯全集》第32卷，1974年版，第541页。

原始思维是一种直观思维，思维过程同人的活动联系在一起，是在活动中进行的，带有直观性和具体性，意会性和模糊性，是直接认识事物的过程，因而是一种直观思维。

农业社会是人类历史上的第一个文明社会。随着工具的改进，生产力的发展，文字的发明，形成了形象思维。形象思维能够通过事物形象的联系、想象来认识事物和过程。它不仅带有具体性，而且有形象性特征。形象思维源于经验、知识，它用于指导人的实践，产生了经验形态的科学和技术。这种思维方式在古代中国、古希腊等文明古国达到了最高成就。恩格斯说："在希腊人那里——正因为他们还没有进步到对自然界的解剖、分析——自然界还被当作一个整体而从总的方面来观察。自然现象的总联系还没有在细节方面得到证明，这种联系对希腊人来说是直接的直观的结果。"①

（二）从分析型思维走向整体性思维

工业社会，随着科技和生产力的发展，人类思维方式从经验思维向理论思维发展，逻辑思维方式不断完善。逻辑思维方式有两类代表：一是牛顿的机械论思维方式，二是马克思恩格斯的辩证思维方式。机械论思维用机械论思考问题。笛卡尔曾经构建机械论的世界图式。他认为，世界是一台机器，由可以分割的构件组成，所有构件还可以分割为更基本的构件。宇宙作为一个机械装置，它依靠机械运动，通过因果过程连续从一个部分传到另一部分。所以，这种思维方式又称为分析思维。

20世纪中叶之后，微观和宇观领域的研究，生命运动和社会运动的研究，它们所涉及的不是单一物质运动形式，而是许多物质运动形式的关系和相互作用，成为"大科学、大技术"问题。现代科学揭示的是自然界、社会、地球的整体性，随着生产力发展和社会进步，出现了世界政治、经济、文化发展的整体性；还揭示了科学技术及其发展的整体性。所以要求一种新的思维方式的出现——整体性思维。是用整体论观点代替机械论观点思考问题的新的思维方式。现代整体论思维方式更强调系统性、多维性、创造性。

整体性思维在本质上是一种创造性思维方式，整体的客观世界不是凝固不变的，而是永恒发展、变化的；人类对整个客观世界的认识也是不断创

---

① 恩格斯：《自然辩证法》，于光远等译编，人民出版社1984年版，第48页。

新、深化的。因此，创造性思维方式是整体性的灵魂和发展方向。创造性思维是用新的方式思考问题，以一种无定形思维或无约束、无限制的开放思维思考问题。诺贝尔奖获得者朱棣文曾说："要想在科学上获得成功，最重要的一点就是要学会用与别人不同的方式、别人忽略的方式思考问题，也就是说一定要有创造性。"①

（三）科学技术催生着现代思维方式

现代思维方式是人类现代生产和社会实践的结果和反映，它植根于人们现代实践和科学技术的发展，并与之相适应。与其传统的思维方式比较，现代思维方式与人类思维主体所处的时代条件，思维客体的变化以及人类思维所利用工具的发展密切相关，现代思维由不同于以往一系列的思维要素、概念结构、思维方法和活动操作方式所决定。思维的发展是时代智能的精华。恩格斯曾指出："每一个时代的理论思维，从而我们时代的理论思维，都是一种历史的产物，它在不同的时代具有完全不同的形式，同时具有完全不同的内容。"

在现代科技实践活动中一方面改变并创造出不同于以前的思维客体，包括自然界和社会，另一方面也改变了思维主体，创造了更高素质的人类思维主体，并创造和产生出了现代化的思维工具系统。从人类认识的客体角度和范围来观察，随着人的认识工具的科技水平提高和人的思维能力发展，人类对客观世界认识的领域和深化有了更进一步的拓展。人类的思维已从常规系统深入到客观、宏观和微观的系统。人类的认识和实践的范围由于现代科学技术的作用有了更大范围的发展，包括太空、海洋，从而向更深、更广的领域进军，而现代实践对象的整体性、反复性和深刻性则必然促使和推进人的思维方式发生深刻变化。从人的认识主体方面来分析，伴随着人类的科学技术的发展，人类实践范围的扩大，使得人的主体结构，包括其思维结构、思维方式、心理结构和知识结构都发生了巨大变化。思维主体由以个人为主发展到以群体、团体为主，那种以单兵作战去进行科学研究，获得科研成果的方式已难以奏效。以人脑为主的研究方式发展到了以人—机系统为主。大量的科技工作要借助于计算机来完成，这就是思维主体在现代科技发展中的重

---

① 黄麟雏：《高科技时代与思维方式》，天津科学技术出版社 2000 年版，第 144 页。

要变化。而以科学家个人为主到集团协调为主，这又是人的实践对象复杂化、整体化、相互交叉发展的必然产物，这是现代思维方式发展变化的重要表现。从人的思维工具系统来考察，现代科学技术和实践活动极大地推动和促进了人类思维发展，新的思维科学，如系统方法、信息方法、控制方法等不断发展和完善；同时，现代科学的发展又为人们提供了许多前所未有的思维工具，如观察工具、试验工具、计算工具等各种技术设备。恰恰是人们借助这些物化思维工具使得思维操作系统发生了巨大变化，从而也进一步为人类研究更加复杂的客观世界提供了更大可能。

创造性思维是用新的观点思考问题，创新是现代新思维的主要特征。科学进步和发明的本质是创新。科学精神就是创新精神。科学思维就是创新思维。创新思维是用新观点思考问题，这是人的观念、人的认识能力和潜力、人的价值观的历史性的变革。

第二节　社会发展与人的素质的全面提高

按照马克思主义的观点，在现实社会中，人是一切社会关系的总和，所以人既是社会的产物，又是社会的主体。人的素质伴随着社会的发展而不断提高，高素质的人又是推动社会发展的"源泉"。伴随着科学技术对社会的广泛影响，科技不可避免地促进人的素质的全面提升。

科技所创造的奇迹不仅改变了自然和社会，而且也改变了人本身：从最初的工具的发明和使用到最终完成了人从动物界的提升，实现了人的体内的进化，到不断改进的技术不断地延长着人的肢体、感官以至大脑，实现着体外的新进化，再到由新技术带来的新的生产方式、生活方式、工作方式、交往方式、思维方式、情感方式等等，这一切都表明技术无不直接或间接地影响着人自身，产生种种的人文效应。

人是有自然属性和社会属性两方面特征的人。人是一种自然的存在，人的肉体组织器官的自然生理构造与机能构成了人的自然属性。自然属性是人的一种给定的特征，是确定性了的；社会属性是人的属性中能把人和动物区别开来的一些根本特征，是未确定性的，是人在共同的生产劳动基础上形成的。对于人来讲，更重要的是人作为一种社会存在物有自己的社会属性。人的社会存在包括经济的、政治的、文化的存在。正是人的社会存在内容使人与动物相区别，人作为自然存在物在其肉体组织器官生理构造与机能中所具有的潜能与素质，只有当人同时作为社会存在物在社会中存在的时候，才能真正成为人的潜能和素质，并使这种潜能和素质得到发挥，从而形成和发展出人的各种现实的规定性和本质力量，同时也使外部自然界越来越普遍地成为人的存在的基础。正如马克思所说："只有在社会中，人的自然的存在对他来说才是自己的人的存在；只有在社会中，自然界才是人自己的人的存在的基础。"[①] 因此人自己的人的存在，是一种社会的存在，只有作为社会存在物的人，才是作为人的存在的人。

一、人的自我发展阶段

人是社会的基础和构成要素，社会发展的关键和实质是人的发展，而这种发展是和科学技术的发展紧密联系在一起的。

（一）人猿揖别的标志

严格意义上的科学是近代产生的，而技术则是从人一诞生就存在的现象，远古人类就是依靠原始技术使自己与其他动物区别开来的，因此说技术是人猿揖别的标志，是人之为人的根据，人不同于动物的地方就在于能够制造和使用工具，从某种意义上人与技术是互相创造的：人创造了自己所使用的技术，同时对技术的使用和改进也创造了人本身，形成了真正意义上的人。

生活在大自然中的人，本是自然界众多生物中极其普通的一员。人的自然能力很一般：比如，在体力上不如猛兽；在感觉上，不如各有所长的动物，在适应自然的能力上，则不如许多动物那样能够忍耐恶劣的环境。既然人的自然属性不如动物那么强，那么人支配动物的力量从哪里来呢？其答案是从人在理性支配下所创造的工具中获得的，也就是人造的技术中获得的。人凭借手中的技术，改造自然界，可以实现自己的目的，满足自己的衣食住行。正是在这个意义上，人取得了在自然界中的支配地位，成为与一般动物不同的种类。所以，可以说技术创造了人，技术使人实现了从动物界到人类

---

① 马克思：《1884 年经济学哲学手稿》，2000 年版，第 83 页。

的提升。

"技术创造人"和"劳动创造人"这两个命题，实质是一致的。因为技术在现实中是制造工具或使用工具的活动，而劳动也是制造工具和使用工具的活动，是技术得以实现和发挥的活动。

（二）人的社会进化的手段

人猿揖别后，还不断发生着社会和文化意义上的进化，也即社会性的进化，而科学技术则是这种进化的强大的也是必不可少的手段。可以说，自从人从动物界分化出来之后，在他身上所发生的许多变化就在很大程度上是借助于科学技术进行的。人不仅用科学技术从体外武装了自己，从而产生了体外的新进化（例如借助种种工具和仪器延长了自己的肢体、感官甚至大脑），而且还可以从其他方面来改变人，包括从体内改变人，使其发生体内新进化。

人的体外进化，首先表现为人的手脚在体外的延长。斧头、锄头、起重机等人类所创造的生产工具，是人类肢体的进化。这些工具使肢体的能力得到补充和加强，从而使其生理功能在体外得以延伸和发展，并且这种延伸和发展随着科技的高速发展越来越趋向无限。这是根本不同于改变肉体组织和结构而实现的肢体本身的进行，但它的确是一种新型的肢体进化方式。

其次，人的感觉器官在体外的进化。例如借助于望远镜、显微镜、雷达和航天飞机等设备，人的视力不仅能超越银河系，而且又能深入到微观世界。尤其是网络技术的飞速发展，使人类足不出户便可"上九天揽月，下五洋捉鳖"。

再次，人脑在体外的进化。这是人的体外进化的一个重大发展。电子计算机之所以被称为电脑，就是因为它放大和部分代替了人脑的功能。这种人造的外脑已越来越成为人脑在功能上不可或缺的辅助手段。

可见技术成为人体外延长的直接载体，借助各种工具，人不断延长了自己的肢体、感官和大脑，成为具有越来越强大的认识世界和改造世界的能动主体。

人的体内进化，主要是指人的精神方面的进化，包括思维方式的演变和文化知识水平的提高两方面。这些变化都是与科学技术的发展密不可分的。不同的科学技术发展水平，影响和形成了不同的思维方式。

在农业社会，与个体劳动和手工业劳动水平相适应，产生了以经验为中心的思维方式；在工业社会，与机械发达水平相适应，分析型思维方式成为主导；在信息社会，系统型思维方式日益得到重视。从科学技术的发展到思维方式的转变，其中间的桥梁是科技文化知识水平的提高。

而生物技术和医疗技术的快速发展使得对疾病的预防、诊断和治疗方面都得到了革命性的变化。人类基因图谱的破译，对人类预防和治疗一些先天性疾病有着实质性的进展；克隆技术和干细胞技术的突破也将会使器官培植和克隆生命成为可能。人类有可能不再因器官的老化和衰竭而走向衰老和死亡。并且技术越发达，人类的寿命将越延长，或者说可以在更长生存时间中更健康地生活，这也可以说是一种体内进化。

（三）提高人的能力的基础

人作为一个整体的能力最主要地体现在实践能力和认识能力两个方面。随着人的实践能力和认识能力的提高，人类便不断向前发展。

人的实践能力，在人刚刚从动物界分化出来不久，当人还处于原始人阶段时是极为低下的，只是随着人的不断进化，随着人的技术水平的不断提高，创造出了越来越先进的实践工具，才使得人的实践能力得到了不断的提高。在这个不断提高的过程中，工具技术的职能越来越多，代替了人在先前实践活动中必须从事的一些体力劳动，进而还代替了人的部分脑力劳动，技术便不断地实现着人的体力劳动的解放进而到脑力劳动的解放。具体来说，第一次技术革命使生产方式实现了机械化，第二次实现了电气化，第三次实现了自动化，主要是使人类从繁重的体力劳动中解放出来；而现在是进一步实现信息化和智能化，主要是使人从简单的脑力劳动中解放出来。在这个过程中，人一次又一次地从充当工具手段的地位中摆脱出来；当人通过技术的手段创造出了形态越来越高级的人工运动之后，人自身的实践能力也借助于人工运动被极大地放大与强化了。因此，人工运动不只是简单地取代了人的行动，而是在工具载体上以大得多的规模和快得多的速度扩展了人的行动，是人的实践能力超出于自身在人的创造物上的施展和发挥。因此，技术强有力的手段帮助人们实现不断增长着的目的意图，使人的实践能力不断提高。

技术在提高人的实践能力的同时，也促进了人的思维认识能力。因为人的思维认识能力是和人的实践能力同步增长的。人类历史的发展表明，人对世界的实践改造能力是和人对世界的认识能力互为因果的，人身的作为实践工具的手和作为认识工具的脑是相互依赖、共同进化的。根据现代心理学的观点，人的内部思维活动是外部实践活动之内化，那么人的认识能力当然就是在观念的领域中内在地表现了人的实践能力，因而也可视之为实践能力的一个侧面。反过来，人的实践能力则外在地表现了人的认识能力。

技术也标志着人的思维认识水平，一部技术发展的历史，可以说同时也是一部人类思维及认识能力发展的历史。工具形态的技术，是人类思维认识水平的标志。

任何工具都是人造的，人具有了什么样的能力——包括对制造工具的材料、过程、工艺等等的把握——才能创造出什么样的工具；而人创造出了什么工具，就说明他思维认识达到了什么水平。

随着技术从低级向高级的发展，人借用技术而能够驾驭和利用的自然力就越来越大，人将纳入到人工系统中所构成的支配外物的力量也就越来越强大，人所能摆脱外界的限制和束缚也就越多，这就意味着人的被动性减少而主题性、自由度得到了提高。同时技术越发展，由它造成的人工运动就越高级，就越能代替人的复杂的行动，人就转入从事更高级、更复杂的行动，不断实现从体力解放到脑力解放，随之而获得更大的自主性、能动性和创造性，即提高自己的主体性。

（四）人的生存条件改善的依托

科学技术促进人的发展的一个重要方面，还在于它不断改善人的生存条件，提高人的物质生活水平。人们发明技术，从事生产，追求更高水平的实践能力，最终目的无非是改善自己的生存状况，提高生活质量，使人们的生活方式朝着更富足、更充实、更美满的方向发展，减少乃至消除人类在物质生活上的贫穷和精神生活上的单调，让人们在生活中能更多地体验到人生所应有的幸福和快乐，使人作为劳动主体和享乐主体的双重价值都能实现。

从人类发展的历史不难看出，人所创造的技术水平，在很大程度上决定着他们的生活水平，人类生存状况和生活质量的改善，是随着技术的发展而进行的。因为技术很大程度上标志着人类的实践能力，即生产物质财富的能力，决定着能为社会的物质生活提供多少财富，从而决定着人们的物质生活能达到什么样的水平。正像培根所说，"在所有的能为人类造福的财富中，我发觉，再也没有什么能比改善人类生活的新技术新贡献和新发明更伟大的了"。

原始农业和畜牧业的兴起，改变了渔猎时代食物来源的不稳定性，进入靠人工控制动植物的生长和繁殖来取得生活资料的时代，人类生存的根基变得更加可靠和有保障。而工业手段则使人类突破了天然物品的限制，并以大生产的方式为人提供大量的消费品。到了信息时代，在提供了比机器时代高得多的劳动生产率的基础上，为人类生产出更多的物质财富，使人们的物质生活更加富足。并进一步向个性化的方向发展，使生活成为更有个性的活动，使消费成为真正丰富多彩的领域。

我们知道，大机器生产时代，产品是批量生产的，同一种产品批量生产的数目越大，成本才越低，"经济效益"的这种必然要求使得人们只能大量地使用格式单一的消费品，很难满足富有个性的多样化需要。而在使用了电子计算机的机器系统的现代，设计并不断改变产品的样式、品种——则成为一种十分容易的事情。于是人们完全可以根据自己的兴趣、爱好生产出符合自己个性要求的丰富多彩的消费品来，使物质生活能够更充分地实现和满足人的多样化需要。

当然，科学技术的发展给人的生活所带来的富足远远不止这些，比如，它还为人们的健康提供了越来越先进的医疗保健手段。医疗技术的日益现代化，使不少的疾病得到预防和治愈。医疗技术的发展还不断地延长人的寿命。有资料表明，人类的平均寿命在青铜器时代仅为18岁，以后随着技术、生产力的发展、文明程度的提高而呈不断上升的趋势，比如古罗马时期为29岁，文艺复兴时期为35岁，19世纪中叶为40岁，20世纪初期为60岁，到80年代初期为66岁，此后还在继续延长。人均寿命的延长，不仅为人们提供了更多的为社会服务的时间，也使人们享有更多的人间欢乐。

二、人的社会性发展阶段

（一）人是一切社会关系的总和

人，作为一切社会关系的总和，人是构成社会的基本要素，社会性是人的基本属性。但社会绝不是人的简单堆积。人的社会性首先是相对于其他动物而言的。但是，动物的群体生活是出于本能，是一种遗传行为，下一代不需要学习，长大后自然而然地就过着群体生活。所以动物的群体生活只是一种生物现象，而不是一种社会现象。人类的群体生活，是人类自己创造的一种以生物本能为基础而又超越了生物本能的社会现象，是一种复杂的、高级的群体生活。为了弥补这种先天的缺陷，同时也是为了适应更复杂、更高级的社会生活的需要，人类必须要经过社会化过程，通过学习，掌握知识、技能和规范，才能够获得参与社会生活的资格。社会化过程实际上就是人类发展自己社会性的过程。马克思和恩格斯认为，人总是和社会的物质资料生产相联系的，人类的群体生活就建立在物质资料生产的基础上。人要通过劳动，改造自然，创造物质生活资料。这是人类谋生的主要手段。在强大的自然力面前，单个人的力量是不能维持自己生存的。正如马克思所说，人们"如果不以一定方式结合起来共同活动和互相交换其活动，便不能进行生产。为了进行生产，人们便发生一定的联系和关系；只有在这些社会联系和社会关系的范围内，才会有他们对自然界的关系，才会有生产。"所以，人们一经开始生产他们所必需的物质生活资料的时候，就是在和他人进行合作，因而，也就生产出了与其他动物不同的生活群体。无论是劳动能力的获得还是劳动本身，也不管是就个人的发育成长过程还是纵观整个人类历史，人类处处都显示出了与其他动物截然不同的特征——社会性。

人的社会性更重要的含义是相对于他人而言的。从自然生理的角度讲，每个人都是一个独立的生命功能单位，不需要依赖其他人就能实现自己的生命功能运动。但是，人之所以为人，不在于他的自然属性，而在于他的社会性。亚里士多德有句名言："能够不在社会里生存的人，不是野兽就是神明。"所以，个人不能不依赖于他人而存在和发展。社会发展的历史，实际上也是分工发展的历史，精细的分工是现代社会的一个重要特征。但是，分工只是手段，合作才是目的，分工本身就意味着合作。分工越是精细，就越是需要加强合作。而合作的加强，必然是人们交往与联系的加强，必然是人们社会性的加强。这种社会性的主要表现就是个人对他人的依赖关系。

第一，个人的存在要以他人的存在为前提。人们生存和发展所需的物质和精神产品，要靠别人提供。任何人都有不同的需要，既有衣食住行等物质方面的需要，又有求知、娱乐、自尊和成就等精神方面的需要。尽管这些需要在不同的时代和民族，水平与层次不尽一致，但是，最基本的需要从来都要靠别人的帮助才能满足。尤其是当人类走出自给自足的自然经济社会以后，几乎任何消费品都具有合作的性质，都是社会的产物。而生产社会化的实现，更使得人们越来越依靠别人的劳动果实实现自己对物质和精神生活的需求。

第二，个人的行为要受他人的规定与制约。对此，萨特曾经作过生动的阐述。他以"羞惭"为例说，如果我是一个人，我摆出一副粗鄙的姿态，我既不会去评头论足，也不会去责怪非难，"但是，我现在突然抬起头来，一些人在那儿并看着我"，于是我便意识到我的姿态的粗鄙，产生"羞惭"心理。"羞惭"就是由别人的"目光"造成的。这种所谓别人的"目光"，就是制约个人行为的外在力量。社会规范之所以能够对个人的行为发生约束作用，正是因为存在着他人这种有意或无意的规定和制约。当然，萨特讲的所谓人（包括"我"与"他"），完全是超越社会、超越历史的抽象物，是一种唯心主义的说教。但是撇开这种本质，只从形式上分析他对人与人之间关系的论述，对我们研究人的社会性问题是能够有所启迪的。

第三，个人的价值也要以别人的价值为前提。个人在社会生活中价值大小，只通过自身的纵向比较是无法得到体现的。只有把个人的价值放在他人的价值中进行横向比较，才能体现出自身价值的大小

无论相对动物的自然属性来说，还是人类群体中一个人相对于他人而言，人的社会性都表明了人之所以为人的本质规定，即人都是社会互动的产物。人的社会性观点是社会学研究的理论起点，它的系统化和完整化无疑会成为社会学基本理论发展的坚固基石。同时它也有助于人们正确认识和处理个人与他人、个人与社会的关系，在现实生活中克服利己主义倾向，积极发展同他人的联系与交往，增强自己的社会性。

（二）人是确定性与非确定性的统一

人作为一种生命的存在，是确定性与非确定性的统一。人类的确定性，指的是人类的规定性。如兰德曼所说"自然赋予人某些预定安排的性格和智力，如何运用这一自然倾向，以及人试图成为一个什么样的人，在一种难以确定的程度上取决于人自己。"这就是柏格森的"自我创造自我"的具体运用。毕竟人开始认识到了人是自己的创造者。"对于古希腊和现代人来说，人开始认识到，人是最伟大和最美好的工作，是根据人自己选择的模

式，或者没有任何模式，只是根据自身的原则来建造人的生活。"① 我们按照尼采所说的"人是尚未决定的动物"的说法，指出了与动物相比，人在本质上是非决定的。也就是说，人的生命轨迹不是沿着事先被预定的路线，事实上"自然只是使人走完了一半，另外的一半尚待人自身去完成。"②

正是人的未确定性决定了人的本性与其他动物的不同，在于人有永不满足的欲望需求。动物的欲望只是为了满足生存（生理和生命安全）的需要，而人由于有了自主意识，除了满足基本的生存需要之外，还会不断衍生出种种更高的需求，诸如，财产安全、交往、尊重、自我实现等等，这些需求既有物质的，也有精神的。一种需求的满足又会导致另一种甚至更多种新需求的产生，永不停止，永不满足，正是这种永不满足的需求欲望才促使人类社会的进步。而实现这些需要，满足这些欲望的手段主要靠技术（在现代社会里，甚至许多精神或文化的需要也要靠科学技术手段来满足）。只有技术才能把"自然的物质本质变为由人类意志驾驭自然或人类在自然界里活动的器官"③，现在，技术的发展甚至可以让人体验一种自然界里从来没有的，完全由人创造出来的虚拟生存方式，甚至可以通过生物技术驾驭和改变人类自身的组织结构，乃至于通过转基因和克隆技术创造新的人类。但即使如此，我们也只能说技术的发展不过满足了人类空前的需要，还不能说人类的欲望达到了登峰造极的地步。人类的欲望永不满足，技术的发展，也就永无止境。

就自然的物质基础来说，人是有肉体组织的、有生命力、自然力和欲望的自然存在物，但人作为现实的人的存在，则是人的社会的存在。也就是说，人只有作为社会的存在，人的自然的存在才是现实的人的存在。所以马克思指出："全部人类历史的第一个前提无疑是有生命的个人的存在，因此，第一个需要确认的事实就是这些个人的肉体组织以及由此产生的个人对其他自然的关系"④；但是他又强调"它的前提是人，但不是处在某种虚幻

① ［德］兰德曼：《哲学人类学》，工人出版社1988年版，第7页。
② ［德］兰德曼：《哲学人类学》，工人出版社1988年版，第8页。
③ 马克思：《政治经济学批判大纲》（草稿）（1857年—1858年），载《马克思恩格斯列宁斯大林论科学技术》，人民出版社1979年版，第31页。
④ 《马克思恩格斯选集》第1卷，1995年版，第67页。

的离群索居和固定不变状态中的人，而是处在现实的、可以通过经验观察到的、在一定条件下进行的发展过程中的人。"① 这也就是现实的人。这种现实的人，只能是社会地存在着的人。

由于人的本质的社会性，只有着眼于人的社会环境，才能真正理解人及其存在。马克思认为，揭示人的本质的现实性就必须从人的实际社会环境出发，也就是"从人们现有的社会联系，从那些使人们成为现在这种样子的周围生活条件来观察人们"②，社会环境是使人作为社会的存在物成为现实的最直接的原因。马克思说："人的本质不是单个人所固有的抽象物，在其现实性上，它是一切社会关系的总和。"③ 这是说人在社会关系中表现出来的本质特征，也就是人的社会关系本质。

人作为自然存在物的存在，是人的全部特性的物质基础；但是人只有作为社会存在物的存在，他的作为自然存在物的存在，才是他自己的人的存在，才能按人的方式进行活动，才能形成他自己的人的特性和本质，并按人的方式形成和发展人的世界。马克思一再强调人是社会存在物，只有在社会中，人才是人的存在，并按人的方式进行活动。当然，人的生物属性和人的自然属性是分不开的。也就是说，人的作为社会性的存在，是人作为自然存在物的存在的提升，但仍然是以人作为自然存在物的存在为基础的。

（三）人的社会发展动力是人的需要

那么人从可能的人转变为现实的人的动力是什么哪？马克思说，是人的需要。1844 年，马克思在《詹姆士·穆勒〈政治经济学原理〉一书摘要》中说："我的劳动满足了人的需要，从而物化了人的本质，又创造了与另一个与人的本质的需要相符合的物品"。这里马克思是把人的本质与人的需要联系起来考虑的。④

在《1844 年经济学哲学手稿》中马克思指出，人的需要的对象是表现和确证人的本质力量的不可缺少的重要力量。他说，人直接地是自然存在物，一方面具有生命力，是能动的自然存在物；另一方面又是受动的、受制

---

① 《马克思恩格斯选集》第 1 卷，1995 年版，第 73 页。
② 《马克思恩格斯选集》第 1 卷，1995 年版，第 78 页。
③ 《马克思恩格斯选集》第 1 卷，1995 年版，第 60 页。
④ 《马克思恩格斯全集》第 42 卷，1979 年版，第 37 页。

约的存在物，他的欲望与需要的对象是不依赖于他而存在于他之外的。"但
是，这些对象是他的需要的对象；是表现和确证他的本质力量所不可缺少
的、重要的对象"。① 这就是说，人的本质力量的确证就是人的需要的满足，
人的本质与人的需要是同一的。马克思恩格斯还指出，在现实世界中，他们
的需要即他们的本性。这就明确指出了人的需要是人的本性，因而是人的全
部生命活动的动力和根据。

人的需要包括物质需要和精神需要。为了满足人的需要，人必须从事实
践活动。最基本的形式是物质资料的生产劳动。人是靠制造工具、利用工具
进行劳动的，他们自己生产满足自己需要的对象。人类的劳动不同于动物的
活动特点之一，就是人的劳动是自觉的有目的的活动，是一种创造性活动。
劳动是人类生存和发展的基础，也是人区别于动物的根本特征。马克思恩格
斯说："可以根据意识、宗教或随便别的什么来区别人和动物。一当人们开
始生产他们所必需的生活资料的时候（这一步是由他们的肉体组织所决定
的），他们就开始把自己和动物区别开来。"② 当人的物质需要得到满足之
后，又会产生新的需要。马克思指出："已经得到满足的第一个需要本身，
满足需要的活动和已经获得的为满足需要用的工具又引起新的需要。"③ "人
以其需要的无限性和广泛性区别于其他一切动物。"④ 人的需要的这些特点
蕴涵着一种内在升华力，进而产生人所特有的精神需要，从而使人的需要具
有层次性的特点。美国心理学家马斯洛将人的需要从低级到高级分为：生理
需要、安全需要、归属与爱的需要、自尊的需要、自我实现的需要。他的这
种划分可看成是马克思关于"人的需要的丰富性"和"人的本质力量的新
的证明和人的本质的新的充实"理论的发展和证明。

为了满足人的各种需要，人参与社会活动并表现其在社会中的存在，他
作为自然存在物所具有的自然力量、自然素质、自然潜能，即他的天资、天

---

① 马克思：《1884 年经济学哲学手稿》，2000 年第 3 版，第 105 页。
② 马克思和恩格斯：《德意志意识形态》（1845 年秋—1846 年 5 月），《马克思恩格斯选集》第 1
卷，1995 年第 2 版，第 67 页。
③ 马克思和恩格斯：《德意志意识形态》（1845 年秋—1846 年 5 月），《马克思恩格斯全集》第 3
卷，1960 年版，第 32 页。
④ 《马克思恩格斯全集》第 49 卷，1982 年版，第 130 页。

赋才能作为一种自然的基础，形成和发展出他自己的人的特性和能力。也就是说，只有在社会中，在社会的文化环境中才能塑造出现实的人。正如兰德曼说："人只有在担负着传统的、他自己同类的群体中成长，才能完全成为一个人，他的文化方面只有以这种方式才能发展起来。如果独立地成长，他的精神仍然处在儿童的水准上；如果在狼群中成长，那么他模仿其环境的冲动会十分强烈，以致他接受这些动物的习惯。林奈举出了狼人的例子，它们不时地发现，像一个分离的人的变种一样。林奈指出，它们缺乏直立行走的姿式和语言能力。"①

就人自身来说，由于其非特定化，具有未确定性，因而具有极大的可塑性，这可以说是在自然的意义上人与其他动物的区别。但是只有在社会中，在文化环境中，才能塑造出作为人的人。当然，社会是由人"生产"的，文化环境是由人"创造"的。一定的社会，一定的文化环境，是人的活动的产物。但一定的社会、一定的文化环境作为人的活动的结果，又是塑造人生产人的前提。人生产社会，创造文化环境，社会、文化环境也生产、塑造"作为人的人"。

社会本身是作为人的存在和发展的基础。在社会中，人使自身和自身以外的环境实现了一种扬弃、一种提升、一种超越，不仅使人的生物属性成为了人的存在的属性，而且使外部自然变成了人的物质的和精神的生活的一部分，形成和不断发展人同自然界实现了本质的统一的人的世界。

人作为有生命的存在物是一个开放的有机动态系统。在这个系统中，满足了人的两种需要。维持最基本的生存的需要和在保证生存基础上追求发展的需要。前者是后者的前提和基础。当发展的需要具备了充足有效的条件时，它又转化为普遍的生存的需要。这种满足，又为更高水平的发展需要的产生确立了前提和基础。

人在社会关系中生活，社会关系就制约着人的需要，决定人的现实本性。由基因所潜在决定的"可能的人"从来到人世间，一开始就遇到历史强加给他的生产关系以及各种社会关系，因为他们的需要是和社会相互联系的。人要满足自己的各种需要，从"可能的人"成为现实的、具体的人，

---

① ［德］兰德曼：《哲学人类学》，工人出版社 1988 年版，第 248—249 页。

他必须在一定的社会关系中形成对别人、对社会的错综复杂的关系。并把社会的需要当作自己的需要，唯其如此，才能满足自己的需要。因此，马克思指出："人的本质不是单个人所固有的抽象物，在其现实性上，它是一切社会关系的总和。"① 这个关于人性的论断，深刻揭示了人性的最本质的内容。必须补充强调，马克思这里所言的社会关系必须是以健康人类的社会关系为准绳。

人是一种未完成的存在物，他是处在发展变化之中的；人并没有一种绝对标准的所谓人的存在状况和绝对标准的所谓人的规定性。人的未完成，蕴含着可塑性和创造性，因而他总是处在不断的自我塑造和自我创造之中。人通过实践活动，不断地创造属于人的新世界，从而不断地塑造自己的新形象，不断创造自己的新的存在状况和新的规定性。这是一个没有止境的人的进化发展过程。人对自身的认识没有绝对的终极标准，它总是适应人的不断发展的自我实现、自我创造的需要，并随着人的新的规定性的产生而不断变化着。

三、科技文化与人文文化的统一

科技文化和人文文化是人类在认识自然与改造自然、社会以及人自身的过程中形成的两种价值体系和思维方式。

（一）科技文化与人文文化

自人从自然界中分化出来以后，人的存在与发展要依托于自然界，在人类不断地对自然界认识和改造的活动中，发生了人与自然的关系，人对自然的认识产生了科学，对自然的改造产生了技术，由此萌生出最初的科技文化。为了更好地适应与利用自然界，人与人必须结成一定的社会关系，形成人类社会，并在社会历史领域内运用一定的方法认识和处理好人与他人的关系和人与自身的关系，由此萌生出人文文化。所以，科技文化与人文文化是伴随着人类的产生而出现的一对范畴，人类社会的历史本质上是一部文化史、文明史，二者构成了人类文化的重要组成部分。

当我们把科技文化与人文文化相比较时，人们首先会注意到，科技文化

_____

① 《马克思恩格斯选集》第 1 卷，1995 年版，第 56 页。

本质上是侧重于关于物的文化，人文文化是侧重于关于人的文化。

人有两大基本需要，物质需要和精神需要。长期以来，科学技术提供了自然界满足人类两个基本需要的丰富手段。科学技术具有双重属性：物质属性和精神属性。科学是关于自然现象的有条理的知识，是对于表达自然现象的各种概念之间的关系的理性研究。当它是一种知识时，可以转化为物质生产力，物化为各种人造物或技术物。从这个意义上的科技文化包含了物质文化和精神文化两方面的内容，使科学技术成为了连接人与自然，物质世界与精神世界的中介，成为科技文化。所以，科技文化由科学文化和技术文化构成。自然科学是对自然界的观念化，它的研究对象是天然自然物。工程技术的研究对象是人造物，为人工自然物提供方法和手段。相对于人来说，人工自然物和天然自然物都是物。

人文文化是人类在对自身的认识、发展、完善自身的需要过程中形成的，并规范、指导和约束着人类自身的各种活动。人文文化以人文精神为核心，而人文精神是对人的"存在"的思考，是对人的价值、人的生存意义的关注，对人类命运、人生痛苦与解脱的思考与探索。人文文化包括了社会科学、人文科学和文学艺术。社会科学是关于社会的科学，人文科学是关于人的思想和精神的科学。社会科学和人文科学相互渗透、相互包含，二者的区别是相对的、模糊的。人文现象是人类社会的文化现象，是离不开人类社会的，不能在人类社会之外谈人文，所以人文科学与社会科学是不能截然分开的。

相应地，知识有两类，关于物的知识是自然科学，关于人的知识是社会科学。如果我们把"术"理解为人的行为之巧，那么，术也有两类：应用物性之术——技术，展示人性之术——艺术。两种知和两种术构成了两种文化。

科技文化与人文文化应当是统一的，这是由人的本质决定的。科学帮助人认识物质世界，技术帮助人改造物质世界，但是人体的体力（物质力量）很微弱，必须通过物质工具（技术）来超越，所以人要改造世界，就必须通过物质工具转化成物质力量。这就是人文文化对科技文化的互补。人类要生存和发展，就必须物化，充分发挥人的能动性。人的作用和物的作用应该是统一的，这就意味着两种文化也是统一的，二者相辅相成，互相促进。它们共同的基础是人类的创造力，它们追求的目标都是真理和普遍性。这充分地体现在科学文化与人文文化的相互交织、互动的辩证关系中。

（二）科技文化与人文文化的历史发展

科技文化与人文文化的关系是一个历史的范畴，是随着历史的发展而演变发展的。

1. 原始图腾时期：科技与人文的和合未分

在漫长的文明演进过程中，人对外部世界（物性）的知识和对自身的知识基本上是分流运行的。但是，在文明时代产生以前，就已曾发生过将人的知识——主要是人对自身的种种体验和猜测——寄托于人之外的外在的力量，比如说，原始宗教和巫术。最早的科学的产生，是专注于自然本身的运行的，比如在西方，继巫术、占星术和宗教之后，首先对经验知识加以理性考察（像简单的算术、年历、对天象的周期性的认识、还有对日食和月食的认识），人们首先探索其内部各部分之间的因果关系，首先创立原初形态的科学。

人类为了生存，开始了制造和使用工具以改造自然，通过劳动获得了最初的对自然的朦胧认识，成为了最初的科技文化。其中也包括了对人与人关系的认识成果即人文文化。可见在人类发展的早期，科技和人文都是融合于人本身的。

人类为了自身的生存与发展，必须在自然界中劳动，取得最基本的生活资料。原始人类正是用石器、弓箭和火等这些原始的技术和自然作斗争，积累了丰富的经验，形成了最初的对自然的认识。因此，技术的产生与人类的劳动密不可分。在科学诞生之前，原始技术本身就是自然物，几乎是自然界现成提供的，当然其中沉淀着具有粗糙加工性质的人类劳动。人类利用自然特性来影响自然，于是原始的技术与科学之间产生了密切的联系。

原始社会，人类透过巫术、图腾企图寻找原始社会的科学经验。通过对超自然力的信仰，人们把自己的生活同生灵、精灵、神等联系起来，以巫术、迷信来满足人类的精神需要，来解答生存的意义方面的终极性问题。图腾成为人类与自然关系的反映。

原始社会还未形成我们今天意义上的"科学"和"人文"概念，科学在当时是对人与自然关系所作的萌芽式理解，是人们对自然现象的初步认识，尽管这种认识很低级，甚至有点荒谬，但它反映了人类对自然和自身的关注，成为人类认识自然和征服自然的象征。在生产力相对低下的原始社会，科学和人文处于相互包含的状态，不能很明确地把它们区分开来。

2. 农业文明时期：人文的中心化和科技的边缘化

在文明的最初阶段，人类学会了使用金属工具，并开始过定居的农业生活，人类从游牧、狩猎、采集生活过渡到简单的农业文明。人类的生存方式是自然生存，主要依赖自然界提供的生物资源生存。在农业文明中，人与自然、土地具有格外密切的亲和关系，人对大自然的认同感、天地间一切都是人直接领悟的。

那时，人们更多注重的是物质需要的满足，忽视精神需要。人们有生存意识，缺乏发展意识。农业劳动是非专业化劳动，农业生产依靠的是体能，对技术的要求不高，工具的作用不占主导地位。农业文化是一种土地里生长出的文化，不可能提出发展科学技术的强烈要求。农业文化的主要内容之一是，教导人们吃苦耐劳，勤俭持家的精神。在农业社会时代，系统的科学文化还没有形成，是一种原始的"人文型文化"。我们国家几千年来封建体制的以人文文化为主而使得科技文化长期落后的历史也证明了这一点。

在中国古代社会受传统文化的影响，科技和人文是相互对立的，不过这种对立是人文处于中心地位，而非现代社会人文处于边缘。这和古代社会推崇的儒家思想贬低实用科学和技艺直接相关。在中国的传统文化中，有过两种文化分裂的现象，尤其是通过重人文轻科技而表现出来的。在封建社会中，人文文化是居于至高无上的地位的，几乎是一统天下的，科学技术被视为雕虫小技，不为士林所重视，有"巫医乐师百工之人，君子不齿"之说，因为科技文化与功名进取毫不相干，所以从事技术的大多是失意的文人和传统工匠，科学家和技术活动的社会地位低下，技术活动也不被社会重视。知识分子的最大出路是"学而优则仕"，其中的学也是与做官有关的学问，是儒家修身、齐家、治国、平天下的学问，是文史哲一类的知识，所以，古代做官的人必须会写诗，一般古代的官员常常集诗人、文学家、哲学家于一身。在漫长的中国历史中，为科学献身的人极为罕见，而为某种道德原则献身的不少。由于，科学与人文在古代的这种"中国式分裂"，使得科学文化在中国一直未能真正地发展起来，还成为我们介绍西方科学技术的阻碍，导致了中国近代的科技落后，社会发展受到严重阻碍。

3. 工业文明时期：科技的中心化以及科技与人文的关系

发生在欧洲大陆的文艺复兴运动高扬人文旗帜，重视人的价值，唤醒人的理性。正是在这场运动本来是从神文走向人文的一场文化运动中，导致了近代科学技术的诞生。

恩格斯在谈到文艺复兴运动时说："这是一次人类从来没有经历过的最伟大的、进步的变革，是一个需要巨人而且产生了巨人——在思维能力、热情和性格方面，在多才多艺和学识渊博方面的巨人的时代。给现代资产阶级统治打下基础的人物，绝不是受资产阶级的局限的人。相反地，成为时代特征的冒险精神，或多或少地感染了这些人物。那时，差不多没有一个著名人物不曾作过长途的旅行，不会说四五种语言，不在好几个专业上放射出光芒。列奥纳多·达·芬奇不仅是大画家，而且也是大数学家、力学家和工程师，他在物理学的各种不同部门中都有重要的发现。……那时的英雄们还没有成为分工的奴隶，分工的限制人，使人片面化的影响，在他们的后继者那里我们是常常看到的。"[①] 在那个年代，人们还没受到专业的限制，他们既是科学的化身，又有人格的魅力。在他们那里，科技文化和人文文化融为一体。

随着近代科技的发展，机器大工业生产方式的诞生，科技文化对工业经济的发展起主导作用。于是，科技文化便越来越成为工业社会的主导文化。从而就开始了对于科技文化与人文文化关系的追问。

18世纪德国古典哲学家康德对"自然与道德"的探讨可以说是对科技文化与人文文化的研究。按照康德的理解，科学是以自然为对象的认识，能回答"是什么"的问题；而道德以社会生活为对象，回答"应该怎样"行为的问题。并且他认为，既然永恒理念不能通过人的认识来感知和证明，那么就只有通过实践理性来信仰。康德看到了科学认识或科学理性的局限性，所以他要限制知识的应用，为道德信仰、为自由保留地盘。这样，康德就在纯粹理性（科学理性）与实践理性（道德理性）、知识与信仰、必然与自由之间划出了严格的界限。康德还认为，实践理性优于或高于纯粹理性，道德

---

① 恩格斯：《自然辩证法》，于光远等译编，人民出版社1984年版，第6—7页。

重于科学，实践理性对纯粹理性具有"规范"作用。他强调我们不能颠倒次序，"而要求纯粹实践来属于思辨理性之下，因为一切要务终归属于实践范围，而且甚至思辨理性的要务也只是受制约的，并且只有在实践运用中才能圆满完成"，① 因为就纯粹理性（自然科学）而论，我们所能认识的无非是宇宙森严的必然规律，地球不过是无限宇宙中的一粒微尘，而人类只是被偶然地赋予了生命，只是这微尘之上的微乎其微的存在物，不知何时又要把生命还给自然，重新加入到永恒轮回的物质循环之中，在这里，任何人都无法逃脱这无情的必然法则。然而，另一方面，我们又是有理性的存在物，我们内心的道德律使人们独立于动物界，甚至独立于全部感性世界，追求崇高的道德理想，摆脱尘世的限制，向往无限的自由世界，这才真正体现了人类的价值。这样，康德这种分法不仅构成了科学与道德、自然科学与人文科学的分立，而且也在事实与价值标准之间划了一道明确的界限。

新康德主义的代表文德尔班用规范的（nomothetic）和表意的（ideograhic）这两个词来描述两种文化，认为自然科学是寻找普遍性和法则，人文科学则是寻找个别和唯一性。他认为"由于科学认识目的不同，便相应地存在着两种不同的思维形式和研究方法：在自然科学中占主要地位的是'综合思维'的形式，所采用的是'规范化'的方法；而在历史学中占主要地位的是'个别记述思维'的形式，所采用的是表意化的方法。"② 文德尔班把知识体系划分为"自然科学"和"历史科学"。他认为，自然科学的目的在于建构一般规律，依据一般规律来"解释"个别事件，而历史科学的思维方式则是"个别化的"，所关注的只是特殊事件。文德尔班说："规律与事件同是我们世界观中最后的不可通约数，永远处在对峙状态中。"③ 自然科学是规律科学，文德尔班又称之为"制定规律的"；历史科学是事件科学，文德尔班又称之为"描述特征的"。用形式逻辑的话来说，第一类科学的目的是一般的、必然的判断，而第二类科学的目的则是单一的、描述性的判断。由上我们可以看出，文德尔班对两种文化的界定主要是从科学的认识目的的角度，并且区分为"自然科学"和"历史科学"。

---

① 康德：《实践理性批判》关文运译，广西师范大学出版社 2002 年版，第 117 页。
② H. 李凯尔特：《文化科学和自然科学》涂纪亮译，商务印书馆 1986 年版，第 51 页。
③ 洪谦：《现代西方资产阶级哲学论著选辑》，商务印书馆 1982 年版，第 67 页。

"两种文化"作为一种理论，则是由英国物理学家和小说家斯诺于1959年提出来的。斯诺认为，在科学家和人文学者当中存在着两种文化，一种是科学家所代表的科学文化；一种是人文学者所代表的人文文化。科学文化是在崇尚理性的科学精神基础上发展起来的，在科学家中广泛流传的一种文化。人文文化是在注重人的价值的人本主义思想基础上发展起来，在人文学者中广泛流传的一种文化。两种文化之间存在着严重的对立和分歧，存在着互不理解甚至是轻视、反感和敌意的鸿沟。"这种两极分化对我们大家说来都是损失，对于我们个人，对于我们社会都是损失。同时还是实际应用上的智力的和创造力的损失"。

总体上看，人文与科技的分化与对立主要是近代科学技术产生以来的事。近代科学技术的发展及广泛应用，一方面极大地推动了社会的发展，强化了人的认识和实践能力，高扬了人的主体性，创造出巨大的物质和精神财富，改变了人的生产方式、生活方式、思维方式、交往方式等，拓展了人的生活和发展空间。另一方面也加剧了人与自然、个人与社会、人的物质生活与精神生活之间的分化与对立，在现实社会中造成了人文文化与科技文化的分化与对立。直接表现在社会领域的方方面面：在人与自然的关系问题上，生态问题、环境问题、资源问题、气候问题、物种问题等日趋严重，实际上是以"天灾"方式表现出来的"人灾"，以至造成人类自身生存的危机、发展的极限等。在人与社会的关系方面，阶层矛盾、阶级矛盾、民族矛盾、国家与国家和国家集团间的矛盾等，并未随着社会财富的迅速增长和全球一体化进程的加速而消失或减弱，而是以更加复杂多变的形式存在，并时常以异常尖锐的形式表现出来。在人的精神生活领域，拜金主义的横行、物欲主义的泛滥、精神家园的迷失、人文关怀的淡漠、宗教信仰的冲突、行为方式的失范等种种现象被叫作人文精神的失落。现代文明的人类不得不品尝和咽下自己酿成的苦果。

（三）未来社会：科技与人文的融通共建

科技文化与人文文化本来就是、也应该是相互促进的、交融的。

一方面，科学文化促进人文文化的发展。科学方法应用于研究人文现象，在人文领域内开始以"实证判据"来为人文文化及人文精神的合理性提供证明。人文科学的课题，开始注重实证，通过增加科学性来取得"合理性"的身份。科学利用其成果对人文现象的微观构造解释、历史起源解释、因果规律解释等等，增加了人文知识的确实性和实在感，以便于它能在人类生活中发挥出更大的功效，促进人文文化的深化和发展。另一方面，人文文化影响着科学文化的发展。科学日益唤醒其内在的人性觉悟，在科学的视野中日益重视科学活动及其成就对于人类命运的影响，从而将科学的兴衰与人类的发展紧密地结合起来。当代科学事业越来越多地贯穿了以人为中心、以人为目的的宗旨。科学伦理学、技术伦理学的兴起，使科学家合理地使用科学手段日渐成为科学家的自觉意识。他们与人文学者共同探讨科学的人文效应与社会功能，在一定程度上规范着科学的发展。

另一方面，科技文化能保证人文文化得到真正的实现，而人文文化则能保证科技文化的正确指向。科学技术所创造的物质财富推动了人类文明的提升和社会的不断进步。但是我们也应该看到，科学技术是人类追求发展中的手段和工具，而非发展的最终目的。科技文化的发展需要人文文化的正确价值引导，从而达到人的发展。所以人文文化是科技文化之光。

科技文化与人文文化的交融，不仅是两种文化本身的交融，还是两种教育的交融，更是两种文化所蕴涵的知识、思维、方法与精神的交融。四者之中，知识是基础、载体，没有知识就没有文化；思维是关键，是"人为万物之灵"的"灵"，能活化知识、超越知识、创新知识；方法是根本，是穿山的"路"、过河的"桥"，只有经由方法，才能将活化、超越、创新了的知识付诸实践；精神最为重要，是灵魂，熔铸在、充满着文化所蕴涵的方方面面。如果讲，科学主要是讲客观世界，讲"天道"，人文主要是讲主观世界，讲"人道"，那么，两者的交融就应该是"主客一体"、"天人合一"。历史事实和现代科学都已证明：主客不可绝对分开，天人不能绝对割裂，这是我国的优秀传统，也是中华文化哲理中整体思想在世界观方面的精彩体现。

科学技术及其发展同人类的生存、发展、自由和解放息息相关，从而在价值层面上体现了科技文化与人文文化的统一性本质。首先，科学技术的发展大大提高了人类社会的生产力，创造了巨大的物质财富，从根本上改善了人类的生存和发展条件；科学的迅猛发展必然影响到哲学、文学、艺术、道德、伦理等人类知识和精神生活的其他方面，丰富和提升着人类文明的内容和形式，从而促进人类社会的整体进步。其次，科学技术的高度发展不仅是使劳动真正成为自由的活动并赢得充裕的自由时间的必要条件，而且也是人们扩大社会交往和社会联系的必要条件。最后，无论是人类从自然力中获得解放，还是从社会关系中获得解放，或者同这两方面相联系的思想解放，科学文化、科学技术都是一种在历史上起推动作用的、革命的力量。现代高科技由于其高度的社会化，高速的商品化、产业化和全球化，它自身隐含的对人、自然和社会的积极的正价值和消极的负价值空前显著。同时，高科技作为一种面向知识经济时代的人的社会实践活动，必然融入人的价值、目的、心理情感、审美要求、伦理道德等人文因素。因此，只有把高科技与人文统一起来，才能使社会快速、稳定、健康地发展。

马克思主义认为：人的本质在其现实性上是一切社会关系的总和，人是人类社会的主体，人的一切活动都是围绕人本身的生存和发展来进行的，人类社会的一切科学都是由人自身向自然界、社会和人本身拓展的科学。无论是对自然物质现象和本质与规律的探索，还是对社会以及人与宇宙本质与规律的揭示，实质都是人的思想和行为，都是人对事物本质和规律的认识、把握和运用。因此我们在考察两种文化的发展时离不开人的发展。就不能撇开人这个决定性的因素。两种文化的融合与人的全面发展的轨迹是相符合的，即两种文化从分立走向融合的过程，也就是人从片面发展走向全面发展的过程。所谓人的全面发展，是指"社会的每一个成员都能完全自由的发展和发挥他的全部才能和力量"。[①] 人的全面发展和科技与人文的发展是密切相关的。社会生产力和经济的发展水平是逐步提高、永无止境的历史过程，人的全面发展程度也是逐步提高、永无止境的过程。这两个历史过程应相互结合、相互促进地向前发展，我们要在发展社会主义物质文明和精神文明的基础上，不断促进人的全面发展。

四、人的自由而全面发展

在马克思看来，人的全面发展作为人自身发展的理想状态，是社会历史发展的必然趋势。

---

① 《马克思恩格斯全集》第 42 卷，1979 年版，第 373 页。

社会发展是指人类社会形态在历史长河中由低到高的客观演进过程，它既体现为社会物质财富和精神财富的增长，也体现为社会系统的整体完善化趋向。个人发展是指每一个人人性的自我实现，它体现为个人不断增长的需要的满足，个人能力、独特性、创造性的发挥，个人社会关系的全面性、丰富性，以及人的类属性在个人身上的充分实现。社会发展同个人发展，有着不可分割的密切关系。个人离开了社会就不能生存，每个人都必须根据一定的社会条件来设计自己的发展目标，人生的一切价值都要在社会中才能实现。所以，社会发展是个人发展的前提和依据。而社会的发展，又不同于自然的发展，它具有创造性，具有多种选择可能，具有一定的自主意识。社会的发展，要受到人的需要、人的能力和素质的牵制，要由具有主体能动性的人来提供动力，离开了具体的个人，社会就成了抽象的空洞物。因此，社会发展最终要以每一个人的全面发展作为自己的目标。

按照马克思的观点，人是一切社会经济活动的承担者，人本身的能力、素质如何，必然直接制约着经济活动的效益和社会发展的状况。每个人的全面发展，已不仅是个人的自我完善问题，而首先是社会发展的需要、现代化的需要。在传统社会中，社会发展的历史虽然也涵盖了人们个人发展的历史，但由于生产水平的、阶级的、社会结构的、文明程度的种种局限，个人的自由发展是极其有限的。只有到了现代社会，随着阶级、民族生存权利的逐步解决，个人发展的独立意义才日益凸显出来。这种独立意义表现为，个人在多大程度上把握、设计、实现、发展自己，也是衡量社会是否发达、是否现代化的标志。正如马克思所说的："共产主义所建立的制度，正是这样的一种现实基础，它排除一切不依赖于个人而存在的东西。"① 所以，现代社会发展的伦理原则，就是必须为每一个社会成员的全面而自由的发展，提供更多的机会和可能。

"人的全面发展"学说，是马克思主义的重要组成部分。"人的全面发展"是指人的劳动能力、社会关系和个体素质多方面的自由而充分发展。具体来说，它包括以下几方面的内容：第一，人的综合素质的全面提高。人的综合素质，包括思想道德素质、科学文化素质以及身体健康素质。全面提

① 《马克思恩格斯全集》第 1 卷，1964 年版，第 78 页。

高人的综合素质，就是要将人培养成"有理想、有道德、有文化、有纪律"和身体健康的公民。第二，人的物质生活全面富裕。第三，人的精神文化生活得到极大丰富。第四，人能够充分享受政治民主权利。在社会生活里，人能够当家作主，共同管理社会事务，享有平等的权利。第五，人的个性得到全面解放，人的聪明才智得到充分发挥。人能按照自己的个性特长，充分自由地发展，并且能够将自己的聪明才智最大限度地贡献于社会。第六，人与社会、人与自然的关系协调而和谐。也就是说，人能生活在一个安定祥和的社会里，生活在一个美好愉快的环境中，没有战争和动乱，没有灾难和困扰，政通人和，安居乐业，环境优美，人寿年丰。应该指出，人的全面发展是一个不断完善、永无止境的历史过程。这一过程是与社会经济文化的发展相统一的，随着社会生产力和经济发展水平的提高，人的全面发展程度也在逐步提高。社会发展从最高价值导向上来说，发展的最终目的是为了人，为了人的自由而全面的发展，那么社会发展包括经济发展、文化发展、生态发展等都是围绕人的发展而全面展开。

马克思的人的全面发展学说，为我们具体地指出了社会发展和人的发展相统一的现实历史过程。这一理论的提出对我国社会主义现代化建设具有深远的意义。一方面，这一理论告诉我们：社会发展的最终目标和最高理想不是经济的增长和物质的繁荣，而是在此基础上人的全面发展；另一方面，人的全面发展作为人自身发展的理想状态，并不是不可实现的乌托邦，而是可以通过一代代人的实践活动去逐步实现的伟大目标。我们必须在这一理论的指导下，结合我国现实，加强社会主义物质文明和精神文明建设，为实现这一最高理想创造条件。

后　　记

本书是我们参加黄枬森教授领衔的科研项目的结果。

本部分的研究和本书写作过程中，根据总体项目的要求，由曾国屏设计了第一个整体框架，提出了一个初步的基本思路。然后，将各章的研究内容和写作落实到具体的研究者和执笔人。其间，项目成员多次进行交流、讨论。在研究过程中，又有吴彤、李建会和马佰莲参加了进来，并贡献了他们的成果。

各章具体执笔的作者如下：

导言：曾国屏（清华大学教授）；

第一章：田小飞（现为清华大学博士毕业生）；

第二章：于金龙（现为北京航空航天大学教师）；

第三章：张君（现为北京理工大学教师）；

第四章：李建会（北京师范大学教授）；

第五章：邱惠丽（现为中国人民解放军军械工程学院教师）；

第六章：万长松（现为燕山大学教授）；

第七章：吴彤（清华大学教授）；

第八章：曾国屏（清华大学教授）；

第九章：马佰莲（现为山东大学教授）；

第十章：袁航（现为清华大学博士毕业生）；

第十一章：雷毅（清华大学副教授）；其中第二节与朱嘉（现为清华大学硕士毕业生）合作；

第十二章：王巍（现为中国地质大学［北京］副教授）。

在整个研究过程中，先后还有李红林、王程韡等博士生以及李宏芳博士后参加了一些研究工作；万长松在博士后期间协助了最初的写作提纲的整理，马佰莲在博士后期间曾协助了初稿的通稿工作，提出了不少的修改，承担了不少的联系工作。

众所周知，"现代科学技术与马克思主义哲学"问题的探讨，不仅内容艰深，而且涉及科学技术的众多学科和前沿领域。因此，研究内容的把握时，不仅要考虑到应该探讨的一些重要方面，还要考虑到有可能承担探讨的现实制约；而且，各位作者的理解有不同，风格有差异。尽管在整个研究和写作过程中进行了不断的协调，最后还进行了整体的统稿，但仍然会有这样那样的不足。这些，只有留待今后的研究中，进一步克服并提高了。

曾国屏

策划编辑:柯尊全
责任编辑:田士章　柯尊全
装帧设计:肖　辉
责任校对:周　昕

图书在版编目(CIP)数据

现代科学技术与马克思主义哲学创新/曾国屏 主编.
　-北京:人民出版社,2011.4
(马克思主义哲学创新研究)
ISBN 978 - 7 - 01 - 009933 - 0

Ⅰ.①现…　Ⅱ.①曾…　Ⅲ.①科学技术-研究②马克思主义哲学-研究
　Ⅳ.①G301②B0 - 0

中国版本图书馆 CIP 数据核字(2011)第 098773 号

现代科学技术与马克思主义哲学创新
XIANDAI KEXUE JISHU YU MAKESI ZHUYI ZHEXUE CHUANGXIN

曾国屏　主编

人民出版社 出版发行
(100706　北京朝阳门内大街 166 号)

北京市文林印务有限公司印刷　新华书店经销

2011 年 4 月第 1 版　2011 年 4 月北京第 1 次印刷
开本:700 毫米×1000 毫米 1/16　印张:24.5
字数:392 千字　印数:0,001-3,000 册

ISBN 978 - 7 - 01 - 009933 - 0　定价:48.00 元

邮购地址 100706　北京朝阳门内大街 166 号
人民东方图书销售中心　电话 (010)65250042　65289539